# 4桁の原子量表（2020） (質量数12の炭素($^{12}$C)を基準とした)

| 元素名 | | 元素記号 | 原子番号 | 原子量 |
|---|---|---|---|---|
| アインスタイニウム | einsteinium | Es | 99 | (252) |
| 亜 鉛 | zinc | Zn | 30 | 65.38 |
| アクチニウム | actinium | Ac | 89 | (227) |
| アスタチン | astatine | At | 85 | (210) |
| アメリシウム | americium | Am | 95 | (243) |
| アルゴン | argon | Ar | 18 | 39.95 |
| アルミニウム | alumin(i)um | Al | 13 | 26.98 |
| アンチモン | antimony | Sb | 51 | 121.8 |
| 硫 黄 | sulfur | S | 16 | 32.07 |
| イッテルビウム | ytterbium | Yb | 70 | 173.0 |
| イットリウム | yttrium | Y | 39 | 88.91 |
| イリジウム | iridium | Ir | 77 | 192.2 |
| インジウム | indium | In | 49 | 114.8 |
| ウラン | uranium | U | 92 | 238.0 |
| エルビウム | erbium | Er | 68 | 167.3 |
| 塩 素 | chlorine | Cl | 17 | 35.45 |
| オガネソン | oganesson | Og | 118 | (294) |
| オスミウム | osmium | Os | 76 | 190.2 |
| カドミウム | cadmium | Cd | 48 | 112.4 |
| ガドリニウム | gadolinium | Gd | 64 | 157.3 |
| カリウム | potassium | K | 19 | 39.10 |
| ガリウム | gallium | Ga | 31 | 69.72 |
| カリホルニウム | californium | Cf | 98 | (252) |
| カルシウム | calcium | Ca | 20 | 40.08 |
| キセノン | xenon | Xe | 54 | 131.3 |
| キュリウム | curium | Cm | 96 | (247) |
| 金 | gold | Au | 79 | 197.0 |
| 銀 | silver | Ag | 47 | 107.9 |
| クリプトン | krypton | Kr | 36 | 83.80 |
| クロム | chromium | Cr | 24 | 52.00 |
| ケイ素 | silicon | Si | 14 | 28.09 |
| ゲルマニウム | germanium | Ge | 32 | 72.63 |
| コバルト | cobalt | Co | 27 | 58.93 |
| コペルニシウム | copernicium | Cn | 112 | (285) |
| サマリウム | samarium | Sm | 62 | 150.4 |
| 酸 素 | oxygen | O | 8 | 16.00 |
| ジスプロシウム | dysprosium | Dy | 66 | 162.5 |
| シーボーギウム | seaborgium | Sg | 106 | (271) |
| 臭 素 | bromine | Br | 35 | 79.90 |
| ジルコニウム | zirconium | Zr | 40 | 91.22 |
| 水 銀 | mercury | Hg | 80 | 200.6 |
| 水 素 | hydrogen | H | 1 | 1.008 |
| スカンジウム | scandium | Sc | 21 | 44.96 |
| スズ | tin | Sn | 50 | 118.7 |
| ストロンチウム | strontium | Sr | 38 | 87.62 |
| セシウム | caesium(cesium) | Cs | 55 | 132.9 |
| セリウム | cerium | Ce | 58 | 140.1 |
| セレン | selenium | Se | 34 | 78.97 |
| ダームスタチウム | darmstadtium | Ds | 110 | (281) |
| タリウム | thallium | Tl | 81 | 204.4 |
| タングステン | tungsten(wolfram) | W | 74 | 183.8 |
| 炭 素 | carbon | C | 6 | 12.01 |
| タンタル | tantalum | Ta | 73 | 180.9 |
| チタン | titanium | Ti | 22 | 47.87 |
| 窒 素 | nitrogen | N | 7 | 14.01 |
| ツリウム | thulium | Tm | 69 | 168.9 |
| テクネチウム | technetium | Tc | 43 | (99) |
| 鉄 | iron | Fe | 26 | 55.85 |
| テネシン | tennessine | Ts | 117 | (293) |
| テルビウム | terbium | Tb | 65 | 158.9 |
| テルル | tellurium | Te | 52 | 127.6 |
| 銅 | copper | Cu | 29 | 63.55 |
| ドブニウム | dubnium | Db | 105 | (268) |
| トリウム | thorium | Th | 90 | 232.0 |
| ナトリウム | sodium | Na | 11 | 22.99 |
| 鉛 | lead | Pb | 82 | 207.2 |
| ニオブ | niobium | Nb | 41 | 92.91 |
| ニッケル | nickel | Ni | 28 | 58.69 |
| ニホニウム | nihonium | Nh | 113 | (278) |
| ネオジム | neodymium | Nd | 60 | 144.2 |
| ネオン | neon | Ne | 10 | 20.18 |
| ネプツニウム | neptunium | Np | 93 | (237) |
| ノーベリウム | nobelium | No | 102 | (259) |
| バークリウム | berkelium | Bk | 97 | (247) |
| 白 金 | platinum | Pt | 78 | 195.1 |
| ハッシウム | hassium | Hs | 108 | (277) |
| バナジウム | vanadium | V | 23 | 50.94 |
| ハフニウム | hafnium | Hf | 72 | 178.5 |
| パラジウム | palladium | Pd | 46 | 106.4 |
| バリウム | barium | Ba | 56 | 137.3 |
| ビスマス | bismuth | Bi | 83 | 209.0 |
| ヒ素 | arsenic | As | 33 | 74.92 |
| フェルミウム | fermium | Fm | 100 | (257) |
| フッ素 | fluorine | F | 9 | 19.00 |
| プラセオジム | praseodymium | Pr | 59 | 140.9 |
| フランシウム | francium | Fr | 87 | (223) |
| プルトニウム | plutonium | Pu | 94 | (239) |
| フレロビウム | flerovium | Fl | 114 | (289) |
| プロトアクチニウム | protactinium | Pa | 91 | 231.0 |
| プロメチウム | promethium | Pm | 61 | (145) |
| ヘリウム | helium | He | 2 | 4.003 |
| ベリリウム | beryllium | Be | 4 | 9.012 |
| ホウ素 | boron | B | 5 | 10.81 |
| ボーリウム | bohrium | Bh | 107 | (272) |
| ホルミウム | holmium | Ho | 67 | 164.9 |
| ポロニウム | polonium | Po | 84 | (210) |
| マイトネリウム | meitnerium | Mt | 109 | (276) |
| マグネシウム | magnesium | Mg | 12 | 24.31 |
| マンガン | manganese | Mn | 25 | 54.94 |
| メンデレビウム | mendelevium | Md | 101 | (258) |
| モスコビウム | moscovium | Mc | 115 | (289) |
| モリブデン | molybdenum | Mo | 42 | 95.95 |
| ユウロピウム | europium | Eu | 63 | 152.0 |
| ヨウ素 | iodine | I | 53 | 126.9 |
| ラザホージウム | rutherfordium | Rf | 104 | (267) |
| ラジウム | radium | Ra | 88 | (226) |
| ラドン | radon | Rn | 86 | (222) |
| ランタン | lanthanum | La | 57 | 138.9 |
| リチウム | lithium | Li | 3 | 6.941 |
| リバモリウム | livermorium | Lv | 116 | (293) |
| リン | phosphorus | P | 15 | 30.97 |
| ルテチウム | lutetium | Lu | 71 | 175.0 |
| ルテニウム | ruthenium | Ru | 44 | 101.1 |
| ルビジウム | rubidium | Rb | 37 | 85.47 |
| レニウム | rhenium | Re | 75 | 186.2 |
| レントゲニウム | roentgenium | Rg | 111 | (280) |
| ロジウム | rhodium | Rh | 45 | 102.9 |
| ローレンシウム | lawrencium | Lr | 103 | (262) |

IUPAC発表の最新値を日本化学会の原子量専門委員会が独自の表形式にまとめた．元素の同位体比が自然変動や測定誤差に左右されるため，原子量の有効数字は元素ごとに変わる（表の値を使う際に注意したい）．原子量は有効数字の4桁目が±1以内（亜鉛は±2以内）で正しい．安定同位体がなく，天然の同位体比を定義できない元素では，代表的な放射性同位体の質量数を（ ）内に示した（原子量ではないのに注意）．市販のリチウム化合物でリチウムの原子量は6.938～6.997の範囲にある．

©2020 日本化学会 原子量専門委員会

# 教養の化学
## ―暮らしのサイエンス―

D. P. Heller・C. H. Snyder 著
渡辺 正 訳

東京化学同人

# VISUALIZING
# EVERYDAY CHEMISTRY

**Douglas P. Heller**
*Senior Lecturer, University of Miami*

**Carl H. Snyder**
*Professor Emeritus, Department of Chemistry,
University of Miami*

Copyright ©2016 John Wiley & Sons, Inc. All Rights Reserved.
This translation published under license.
Japanese translation edition ©2019 Tokyo Kagaku Dozin Co., Ltd.

# 原著者の紹介

**Douglas P. Heller**（ダグラス・ヘラー）

　マイアミ大学化学科講師．シカゴ大学化学科卒業，MBA取得，大学院修了，Ph.D. 専門は有機化学．生物医学分野の技術移転・商品化と製薬業界の事業管理にからむ実務経験ののちアカデミアに転向．法科学の客員研究員を経て2005年からマイアミ大学に奉職し，文系学生向けの化学と有機化学，優秀な学生向けの生物学と計算科学を含む一般化学の講義を担当．学内の文章作法センターでは大学院生に作文と口頭発表の技術を指導．先端機器を活用する双方向対話型授業，集団授業，斬新なデモ実験などのくふうを通じ，科学を専攻しない学生向けの授業づくりと改善に努めている．

**Carl H. Snyder**（カール・スナイダー）

　マイアミ大学化学科名誉教授．ピッツバーグ大学化学科を最優秀の成績で卒業後，オハイオ州立大学大学院修了，Ph.D. 専門は有機化学．学位取得後，1年間のイーストマン・コダック社勤務と2年間のパデュー大学ポスドクを経験（1979年ノーベル化学賞受賞者 Herbert C. Brown 教授の研究室で有機ホウ素化合物を研究）．1961年の助教を皮切りにマイアミ大学（フロリダ州）化学科の教員となり，2006年に定年退職．化学の教科書は "Introduction to Modern Organic Chemistry"（Harper and Row, 1973年）と "The Extraordinary Chemistry of Ordinary Things"（John Wiley & Sons, 第4版, 2003年）を刊行．化学研究・化学教育に関する学術論文は20編以上．在職中は有機化学，化学教育へのコンピュータ利用，文系学生向けの化学を講義．1976年に始めた教養課程の化学講義は，当初の1単位から3単位に拡大している．

# 献　辞

　本書を妻 Jane に捧げる．

　本書の刊行を心待ちにしていた Lauren と Myles に —— ようやく出たよ．
　これからも好奇心いっぱいの人生を送ってほしい．

Douglas P. Heller

　本書を故 Jean に捧げる．

Carl H. Snyder

# 本書の使いかた

本書では，以下に例示するような文章や図版，確かめ問題などを機能的に組合わせ，内容がつかみやすくなるよう努めた．

**学習目標**：節の冒頭に短い問いかけ文2～5項目を置き，学ぶ内容を予告する．

**図　解**（計216点）：図やグラフ，写真で内容をつかみやすくする．半数以上に簡単な問い（"確認"，"考えよう"）をつけ，その大半に解答を添えた．

**節末の"振返り"**：節の要点を2～3項目にまとめた．知識の確認に使う（解答は付記せず）．

**本文中の"確認"**（3章と5～10章に計42点）：やさしいQ & A（解答つき）で学習内容を振返る．

**章末問題**（原著の約700点から219点を精選）：解答は巻末にまとめてある．

**計算のヒント**（計14点）：単位の換算も含め，具体的な計算のしかたを紹介する．

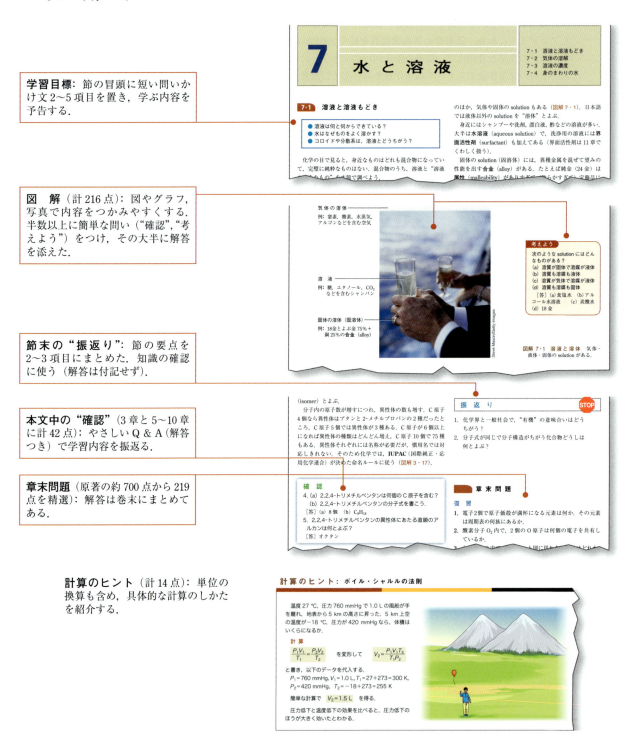

**化学者の眼**（計10点）：身近な製品や現象にひそむ化学を浮き彫りにする．

**流れをつかむ**（計24点）：段階的に進む化学変化や物理変化，製品の動作原理などを"見てわかる"形に提示する．

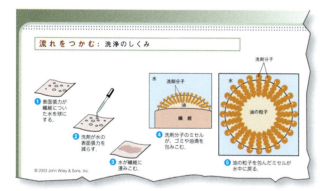

**深い考察**（計4点）：図解や写真を手がかりに，発展的な化学の話題を扱う．

**マクロとミクロ**（計14点）：章の内容を象徴するような話題を，原子・分子レベルで解剖する．

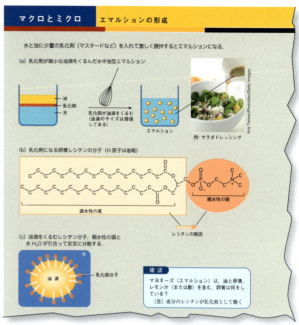

**化学こぼれ話**（計9点）：化学史も含め，化学と人間社会のかかわりを見つめる．

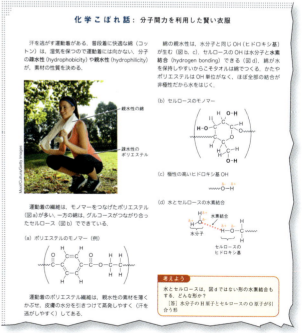

# まえがき

人文系を含め，化学専攻でない学生にも役立つ1学期分の教科書として本書を書いた．読み進めるにつれ，化学と暮らしの密接な関係がよく実感できるだろう．化学の言語と発想を修得すれば，類似商品のうちからベストなものを選ぶのも，人間活動が起こす環境問題の素顔をつかむのもむずかしくない．

教養課程向けに化学の基礎を順序よく述べた教科書や，社会問題を化学で解剖する副読本ふうの本はいくつもある．それぞれ図や写真を使ってはいるが，化学の発想や応用を"確実にわからせる"本は，あまり多くないと思う．

若者たちは，"見てわかる"やりかたを好む．そこで，学生の関心をひき，教える側にも使い勝手のいい本を私たちは目指した．目に見えないばかりか，専門外の人にはイメージしにくいミクロ世界の現象をわかりやすく図解し，現実世界の写真もつけた本書は，"化学者と同じ目線を養える"本になったのではないか．

本文に添える図解や写真は，ただの飾りではなく，化学の事実や考えかた，変化の原理や道筋などを読み手に伝えるものでなければいけない．図解が多くても"見るだけ"に終わらないよう，説明のあとに簡単な問いや計算を設け，要点を押さえつつ前進できるようにした．

化学の講義は，身近な現象あれこれとの関連を語りながら進めると，受講者の理解も速い．長年の経験から，私たちはそう確信している．だから本書でも，生活の中で出合う化学を多く取上げ，読者の日々を，そして日々が織りなす人生をも，化学がしっかり支えていることを浮き彫りにしようと努めた．

社会全体にかかわるエネルギー利用や環境汚染の問題も，化学なしでは語れない．そんなジャンルだと，ある行動の利害得失を考えるときも，化学知識が役に立つ．いまはまだ見えない未来，たとえば次世代自動車の望ましい姿や，いつか生まれる新材料の姿も，原子・分子をあやつる化学の知恵が生み出したものになるだろう．

本書の内容は，化学の基礎（1～3章と6～8章），エネルギーと環境（4・9・10・13章），"からだ"の化学（5・11・12・14章）に大別できる．もう少しくわしい内容構成を以下にまとめた．基礎の7章（水と溶液）と8章（酸と塩基）は，環境や命・健康との関係もたいへん深い．

- 1章　全巻のガイド，物質の便益とリスク，化学（科学）研究の方法や単位を扱う．
- 2章　原子と元素の研究史，周期表の姿，人体や環境をつくる原子を眺める．
- 3章　化学結合のしくみ，結合の種類と化合物の性質，化学式や化学構造，物質の命名を扱う．
- 4章　エネルギーの本性と消費量，化石燃料の環境影響，エネルギー利用の未来を考える．
- 5章　食品成分のエネルギー価値，脂肪・炭水化物・タンパク質の化学を調べる．
- 6章　物理変化・化学変化と暮らしの関係，化学反応式の扱いかたを身につける．
- 7章　水溶液を基本にした濃度の表現，飲み水の成分，水道水ができるまでを調べる．
- 8章　酸と塩基の定義，pHの意味と使いかた，人体内や環境中の酸と塩基を眺める．
- 9章　放射能，核エネルギーの利用，原発と核兵器の比較，核技術のリスクを扱う．
- 10章　燃焼や電池の基礎になる酸化・還元，電池，エネルギー産生のしくみを学ぶ．
- 11章　石鹸や洗剤（界面活性剤）の化学，化粧品をはじめパーソナルケアに使う製品の化学をつかむ．
- 12章　市販薬と処方薬の開発史，乱用薬物，命や健康と遺伝学のかかわりを眺める．
- 13章　プラスチックの合成法と用途，石油化学と環境汚染，汚染対策を考える．
- 14章　ビタミンやミネラル，食品添加物，天然の毒物を調べ，"食の安全とは何か"を考える．

ミクロの出来事が物質の多彩な性質を織り上げ，物質たちが日々の暮らしを支えてくれる——そんな化学の世界に分け入り，楽しみながら知恵を身につけていただけるよう願っている．

マイアミ大学化学科<br>
Douglas P. Heller<br>
Carl H. Snyder

# 謝　　辞

本書の原稿に意見をくださった次の方々にお礼申し上げる．

Nicholas Alteri, *Community College of Rhode Island*
Mark Bausch, *Southern Illinois University — Carbondale*
Toni Bell, *Bloomsburg University*
Ruth Birch, *Saint Louis University*
Bill Blanken, *Reedley College*
Alison Bray, *Texas Lutheran University*
Bruce Burnham, *Rider University*
Andrew Burns, *Kent State University*
Kirsten Casey, *Anne Arundel Community College*
Susan Choi, *Camden Community College*
Roy Cohen, *Xavier University*
Milagros Delgado, *Florida International University*
Steven Desjardins, *Washington and Lee University*
Jason Dunham, *Ball State University*
Frank Dunnivant, *Whitman College*
Jeannine Eddleton, *Virginia Tech*
Ronald Fedie, *Augsburg College*
Ralph Gatrone, *Virginia State University*
Steven Gwaltney, *Mississippi State University*
Alton Hassell, *Baylor University*
Steven Higgins, *Wright State University*
Xiche Hu, *University of Toledo*
Richard Jarman, *College of DuPage*
Yasmin Jessa, *Miami University*
James Kilno, *SUNY Cobleskill*
Shari Litch Gray, *Chester College of New England*
Joseph Maloy, *Seton Hall University*
Nathan McElroy, *Indiana University of Pennsylvania*
Shaun Schmidt, *Washburn University*
James Schreck, *University of Northern Colorado*
Bradley Sieve, *Northern Kentucky University*
Anne Marie Sokol, *Buffalo State College*
Randy Sullivan, *University of Oregon*
Kenneth Traxler, *Bemidji State University*
Ken Unfried, *Sacred Heart University*
Ed Vitz, *Kutztown University*
Vidyullata Waghulde, *St. Louis Community College — Meramec*
Robert Widing, *University of Illinois at Chicago*

次の教員各位からは，講義の組立てや読者層につき貴重な情報を頂戴した．

Michele Antico, *Farmingdale State College*
Chris Bahn, *Montana State University*
David Ball, *Cleveland State University*
John Bonte, *Clinton Community College*
Simon Bott, *University of Houston*
Tim Champion, *Johnson C. Smith University*
Douglas Cody, *Suffolk County Community College*
Jeannie Collins, *University of Southern Indiana*
Bettie Davis, *St. Vincent College*
Edward Delafuente, *Kennesaw State University*
Anthony Durante, *Bronx Community College*
Darlene Gandolfi, *Manhattanville College*
Marcia Gillette, *Indiana University — Kokomo*
Donna Gosnell, *Valdosta State University*
Karin Hassenrueck, *California State University — Northridge*
Shauna Hiley, *Missouri Western State University*
Adam Jacoby, *Southeast Missouri State University*
Mian Jiang, *University of Houston*
Subash Jonnalagadda, *Rowan University*
Amy Kabrhel, *University of Wisconsin — Manitowoc*
Joanne Kehlbeck, *Union College*
Angela King, *Wake Forest University*
John Kiser, *Western Piedmont Community College*
Terrence Lee, *Middle Tennessee State University*
Lisa Lindert, *California Polytechnic State University — San Luis Obispo*
Cynthia Maguire, *Texas Woman's University*
Garrett McGowan, *Alfred University*
Ricardo Morales, *University of La Verne*
R. John Muench, *Heartland Community College*
Aram Nersissian, *Occidental College*
Akinyele Oni, *Baltimore City Community College*
James Pazun, *Pfeiffer University*
Shaun Prince, *Lake Region State College*
Jeffrey Rahn, *Eastern Washington University*
Prafulla Raval, *Creighton University*
Ron Rolando, *LoneStar College System*
Scott Schlipp, *Milwaukee Area Technical College*
Jennifer Shanoski, *Merritt College*
Kim Simons, *Emporia State University*
Matthew Smith, *Walters State Community College*
Dan Stasko, *University of Southern Maine*
Gail Steehler, *Roanoke College*
Lou Sytsma, *Trinity Christian College*
Amy Vickers, *Cisco College*
Francisco Villa, *Northern Arizona University — Yuma*
Lane Whitesell, *University of Central Oklahoma*
Matthew Wise, *Concordia University Portland*
Joseph Wu, *University of Wisconsin — Platteville*
Regina Zibuck, *Wayne State University*

本書の刊行では Wiley 社編集部・企画部・営業部のお世話になった．まず，本書の窓口になった編集長 Nick Ferrari に深謝する．同社 *Visualizing* シリーズ担当の事業開発部長 Nancy Perry は，本書のビジュアル化をリードしてくれた．構想を最終原稿に仕上げるうえで助言をくれた企画編集者 Charity Robey と担当編集者 David Chelton に感謝．最終原稿のレイアウトは Furino Productions 社の Jeanine Furino が担当した．写真素材の収集では，写真にくわしい Elizabeth Blomster, Hilary Newman と，編集助手 Mallory Fryc の助けを受けた．学生・教師用ウェブ教材の収集は企画部長 Jennifer Yee が担当し，制作・販売戦略では営業部長 Kristine Ruff の助言が役立っている．

　著者二人とも，執筆を暖かい目で忍耐強く見守ってくれた家族と友人に特別な感謝を捧げる．とりわけ Heller は，マイアミ大学化学科の専任講師 Tegan Eve 博士と James Metcalf に深謝したい．

# 訳者まえがき

　本書は，*Visualizing* という共通の形容詞をかぶせて Wiley 社が十数年前から刊行中のシリーズ本に属し，2016 年に出た本書の原題 *Visualizing Everyday Chemistry* を直訳すれば，"見てわかる 暮らしの化学"とでもなりましょうか（同じシリーズに"環境科学"，"地質学"，"心理学"，"ヒト生物学"など）．日本なら，中学校と高校の化学をもとに（大学受験レベルの化学は不要），大学 1 年生が"暮らしと化学の深いかかわり"を学ぶための本だといえます．

　理科系の本格的な大学教科書ではありませんが，日々の暮らしや，体内，環境中で起こる出来事をつかむには，"原子たちはなぜつながり合う？"，"放射能はどんなふうに出る？"，"医薬はなぜ，どのように効く？"，"毒とは何か？"など，日本の高校レベルを超えた知識も，ときには欠かせません．ただし半面，理想気体の状態方程式とか，電子軌道の話，結晶構造の分類，化学平衡のくわしい扱いなど，味気ない理論問題のネタあれこれを原著者は思い切りよくカットしました．

　そんな内容を盛りこみ，原著名どおり図版や写真をふんだんに散りばめた本書は，身近で起こる多彩な化学現象の奥に分け入り，"賢く生きる知恵"を身につけたい大学初年次生にとって，ぴったりの教材でしょう．むろん，化学専攻の学生や教員が"暮らしとの関連性"をつかんで学習や研究，授業の幅と厚みを増やすにも，一般の方々が食品や環境のことを掘り下げて考えるのにも，大いに役立つ本だと思えます．

　一部は訳者の無知をさらすことになりますが，"目からウロコ"だった内容のいくつかを披露しましょう．まず"暮らし"関係では，こんな記述に感心しました．

- 原油を蒸留するだけだとガソリン分が足りないため，ほかの留分を化学変化させてガソリン分をつくっている．［4・3 節，p.42］
- 水道水を処理しただけのボトル水も多い．蒸留のあとミネラル分で味をつけ，殺菌もするから値段が高くなる．［7・4 節，p.102］

食品や身づくろいも含む"からだ"関係だと，こんな箇所が"いい勉強"になります．

- 脂肪そのものは無味無臭でも，親油性の風味分子や香り分子が混じっているため肉の脂身はおいしい．［5・2 節，p.54］
- 消化がまず進む胃の中は強酸性なので，食品にも酸性〜中性のものが多く，塩基性の食品はほとんどない．［8・3 節，p.112］
- 毛髪のキューティクル（いわばウロコ）は弱酸性で整列し，光を一方向に反射させて，髪に"つや"を与える．だからシャンプーは pH 4〜6 の弱酸性にする．［11・3 節，p.165］
- 野菜も果物も必ず毒素を含む．1 種類の毒素を大量に摂ると危険だが，複数の毒素を少しずつなら体はらくに処理できる（だからバランスのいい食事をしよう）．［14・3 節，p.212］

"環境"がらみなら，多くの読者には次のような事実が意外だったかもしれません．

- 世界の $CO_2$ 排出量が激増中だった 1960〜70 年代には，"地球寒冷化"が世の話題をさらっていた．［4・5 節，p.49］

- 雨水は弱酸性なのに，天然で進む中和反応が河川水や海水を弱アルカリ性にする．［8・3節，p.115］
- 生分解性プラスチックとして名高いポリ乳酸（PLA）も，分解はたいへん遅いため，生分解性を"売り"にするのは正しくない．［13・2節，p.198］

以下の四つは，"おもしろくて有益な豆知識"でしょうか．

- ウランの濃縮度に注目すると，原発そのものは核兵器にはなれない．［9・4節，p.132］
- 初期の自動車は大半が電気自動車で，ガソリン車はわずか2割台だった．［10・3節，p.149］
- 英語のcosmetic（化粧品）はギリシャ語の*kosmos*（宇宙，秩序）にちなみ，"秩序あるものは美しい"という古代人の感性を伝える．［11・2節，p.159］
- ゴムの英語rubberは，鉛筆の字をこすって（rubして）消せるところからきた．［13・1節，p.194］

むろん"お勉強"的な部分にも，ハッとさせられる次のような記述が見つかります．

- 大きさほぼゼロの正電荷（$H^+$）を授受するのが酸塩基反応，大きさほぼゼロの負電荷（$e^-$）を授受するのが酸化還元反応と考えてよい．［8・1節，p.108］
- 初期の研究者が糖類を"水が結合した炭素"と誤解したため，carbohydrate（炭・水化物）という用語ができた．［5・3節，p.59］
- ビタミン（vitamin）という用語も誤解の産物だった．［14・1節，p.205］

いかにも米国の教科書らしく，一歩進むごとに振返らせ，これでもかと例題や演習問題をそろえる姿勢が全巻に貫かれています．とはいえ，総計560ページ，重さ1.23 kgの原著を約250ページの邦訳に圧縮する都合上，原著名にふさわしい大迫力のカラー写真のほか章末問題も，涙を呑みつつ大幅スリム化しました．

図解やコラム中の"確認"と"考えよう"も，計219点の章末問題も，"馬鹿にするな！"と叱られそうなほど簡単なものばかりです．けれど飛ばさずに全部をこなし，"化学の生きた知恵"を身につけていただけるなら，訳者としてそれ以上の喜びはありません．

末筆ながら，邦訳の刊行にあたって（株）東京化学同人の篠田 薫氏には企画の段階でご尽力いただき，また内藤みどりさんには，制作に際し多種多彩な素材のレイアウト作業を手際よく進めていただきました．心より感謝申し上げます．

2019年1月

渡 辺　　正

## ■ 要 約 目 次 ■

1章　化学の世界 …………………………1
2章　原子と元素 …………………………10
3章　化学結合 ……………………………23
4章　エネルギーと暮らし ………………38
5章　食品のエネルギー …………………52
6章　物理変化と化学変化 ………………70
7章　水と溶液 ……………………………88
8章　酸と塩基 ……………………………104
9章　放射能の化学 ………………………118
10章　電子移動とエネルギー ……………136
11章　キレイの化学 ………………………152
12章　くすりと遺伝子 ……………………169
13章　石油化学と環境汚染 ………………190
14章　食品の微量成分 ……………………205
　　　章末問題の解答 ……………………218
　　　索　引 ………………………………223

Tim O. Walker

# 目次

## 1章 化学の世界 ……………………………… 1
### 1・1 暮らしと化学 …………………… 1
- エネルギー ……………………… 1
- 洗剤 ……………………………… 1
- 衣料と高分子 …………………… 1
- 食品 ……………………………… 2
- 薬 ………………………………… 2

### 1・2 物質の恵みとリスク ……………… 2
- 恵みもリスクもある物質 ……… 3
- 自覚しないまま体に入る物質 … 3

### 1・3 資源の利用 ………………………… 4
- 有限な資源 ……………………… 4
- 資源保全の化学 ………………… 4

### 1・4 化学というサイエンス …………… 4
- 他分野との深いかかわり ……… 5
- 科学の方法 ……………………… 6

### 1・5 単位 ………………………………… 6
- メートル法と SI 単位 …………… 7
- 単位につける接頭語 …………… 8
- 単位の換算 ……………………… 8

章末問題 …………………………………… 8

■化学者の眼：自動車と化学 ………… 2
●化学こぼれ話：犯罪現場に行かない
　　　　　　　　法化学者 … 7

Thomas Koehler/Photothek via Getty Images

## 2章 原子と元素 ……………………………… 10
### 2・1 原子の姿 …………………………… 10
- 根源の問い ……………………… 10
- 初期の原子モデル ……………… 10
- 原子の核モデル ………………… 11
- 究極の原子モデル：
　　　　　　　量子力学 ………… 14

### 2・2 原子核 ……………………………… 15
- 原子番号 ………………………… 15
- 質量数 …………………………… 15

### 2・3 同位体と原子量 …………………… 16
- 同位体 …………………………… 17
- 質量と重さ ……………………… 17
- 原子量 …………………………… 18

### 2・4 周期表 ……………………………… 18
- 身近な元素 ……………………… 21
- 生体の元素組成 ………………… 22

章末問題 …………………………………… 22

●深い考察：波としての電子 ………… 14

Scanrail/123RF

## 3章 化学結合 ………………………………… 23
### 3・1 周期表と価電子 …………………… 23
- 価電子 …………………………… 23
- ルイス構造 ……………………… 24

### 3・2 イオン結合と共有結合 …………… 25
- イオン結合 ……………………… 25
- 共有結合 ………………………… 25
- イオンと電流 …………………… 28
- 水と食塩の融点 ………………… 28

### 3・3 イオン化合物 ……………………… 28
- イオン結合の生成 ……………… 28
- イオン化合物の化学式と名称 … 29
- 式量 ……………………………… 30

### 3・4 共有結合化合物 …………………… 31
- 分子の描きかた ………………… 31
- 分子式と分子の呼び名 ………… 32
- 共有結合化合物とイオン化合物 … 33

### 3・5 有機化学の第一歩 ………………… 34
- 有機化学とは？ ………………… 34
- 有機化合物の命名 ……………… 34

章末問題 …………………………………… 36

■化学者の眼：多原子イオンを含む
　　　　　　　日用品 … 33

Yana Gayvoronskaya/123RF

## 4章　エネルギーと暮らし……38

- 4・1　エネルギー……38
  - エネルギーの定義……38
  - エネルギーの利用……39
- 4・2　化石燃料……39
  - 化石燃料の種類……39
  - 化石燃料の燃焼……40
- 4・3　石油精製とガソリン……41
  - 内燃機関……42
  - 石油精製……42
  - ガソリン……44
- 4・4　化石燃料と炭素循環……45
  - 光合成と呼吸……45
  - 炭素循環……46
- 4・5　温室効果ガスと気候変動……46
  - 温室効果……46
  - 気候変動……47
- 4・6　エネルギー源の未来……49
  - 代替エネルギー源……49
  - 炭素系の燃料……50
- 章末問題……50

- ●化学こぼれ話：歴史の古い
  バイオ燃料…51

Fred Froese/Photodisc/Getty Images

## 5章　食品のエネルギー……52

- 5・1　エネルギー量と代謝……52
  - エネルギー・熱・仕事……52
  - エネルギー代謝の化学……52
- 5・2　油脂……54
  - 油脂のつくり……55
  - 食品の油脂……57
- 5・3　炭水化物……59
  - 炭水化物の分類……59
  - 炭水化物と食事……59
- 5・4　タンパク質……64
  - タンパク質のつくり……65
  - タンパク質と食事……67
- 章末問題……67

- ●深い考察：α-グルコースと
  β-グルコース…63
- ■化学者の眼：タンパク質の変性……66
- ●化学こぼれ話：低カロリーの
  合成分子…68

@lexandra panella/Flickr Open/GettyImages

## 6章　物理変化と化学変化……70

- 6・1　三態と状態変化……70
  - 物質の状態……70
  - 密度……73
- 6・2　気体の性質……75
  - 空気の特徴……75
  - 気体の法則……75
  - 気体の圧縮と膨張……79
- 6・3　化学変化……81
  - 化学反応の性格……81
  - 化学反応式……81
- 6・4　原子や分子の数えかた……83
  - 化学の会計……83
  - 化学反応の量的関係……85
  - 化学反応で出入りする熱……86
- 章末問題……87

- ●化学こぼれ話：分子間力を利用した
  賢い衣服…74
- ●深い考察：温度・圧力と三態……80

Alexey Kljatov/123RF

## 7章　水と溶液……88

- 7・1　溶液と溶液もどき……88
  - 溶液のタイプ……88
  - 溶けやすさ……88
  - コロイドと分散系……89
- 7・2　気体の溶解……92
  - ヘンリーの法則……92
  - 溶存気体と生命……93

（次ページにつづく）

7・3 溶液の濃度 …………………95
　モル濃度 ………………………95
　パーセント濃度 ………………95
　血液の溶質 ……………………96
　たいへん低い濃度の単位 ……96
7・4 身のまわりの水 ……………97
　意外に少ない淡水 ……………97
　純粋な水はある？ ……………98
　水質基準 ………………………99
　水の供給 ……………………100
　章末問題 ……………………103
　■化学者の眼：酒気帯び運転の判定 …95
　●化学こぼれ話：ボトル水の光と影 …102

## 8章　酸と塩基 ……………………104
8・1 酸・塩基・中和 …………104
　酸と塩基：見た目の区別 …104
　中和反応 ……………………104
　分子レベルの酸・塩基 ……105
8・2 pHという尺度 …………108
　水の両性 ……………………108
　酸性・塩基性の指標：pH …109
　強酸と弱酸 …………………112
8・3 暮らしの中の酸・塩基 …112
　体と食品，日用品 …………112
　環境中の酸 …………………114
　章末問題 ……………………116
　■化学者の眼：身近にある
　　　　　　"酸素原子を含む酸" …105
　●化学こぼれ話：化学にちなむ
　　　　　　日常表現 …116

## 9章　放射能の化学 ………………118
9・1 放射能 ……………………118
　放射能の発見 ………………119
　放射壊変の種類 ……………119
9・2 放射線の作用と利用 ……121
　放射線と健康影響 …………121
　半減期と年代測定 …………124
　医療・安全分野への放射性同位体の
　　　　　　　　　　　利用 …124
9・3 核の質量欠損と
　　　結合エネルギー ………127
　質量とエネルギー …………127
　核内で進む"質量→エネルギー"
　　　　　　　　　　　変換 …128
9・4 原子力の利用 ……………128
　核分裂 ………………………128
　原子力発電 …………………132
　核融合 ………………………135
　章末問題 ……………………135

## 10章　電子移動とエネルギー ……136
10・1 酸化と還元 ……………136
　酸化還元と電子移動 ………136
　暮らしの中の酸化還元 ……136
10・2 レドックス反応と電池・
　　　電解 ……………………139
　原子の酸化数 ………………140
　レドックス反応から電池へ …140
　標準電極電位 ………………142
　実用電池 ……………………144
　電解 …………………………146
10・3 燃料電池と太陽電池 …148
　燃料電池 ……………………148
　太陽電池 ……………………148
　章末問題 ……………………151

　■化学者の眼：鉄の腐食 …………140
　●化学こぼれ話：意外に古い
　　　　　　電気自動車 …149

# 4章 エネルギーと暮らし ……………………………38

## 4・1 エネルギー …………………………38
エネルギーの定義 ………………………38
エネルギーの利用 ………………………39

## 4・2 化石燃料 ……………………………39
化石燃料の種類 …………………………39
化石燃料の燃焼 …………………………40

## 4・3 石油精製とガソリン ………………41
内燃機関 …………………………………42
石油精製 …………………………………42
ガソリン …………………………………44

## 4・4 化石燃料と炭素循環 ………………45
光合成と呼吸 ……………………………45
炭素循環 …………………………………46

## 4・5 温室効果ガスと気候変動 …………46
温室効果 …………………………………46
気候変動 …………………………………47

## 4・6 エネルギー源の未来 ………………49
代替エネルギー源 ………………………49
炭素系の燃料 ……………………………50

章末問題 ……………………………………50

● 化学こぼれ話: 歴史の古い
　　　　　　　　バイオ燃料 …51

Fred Froese/Photodisc/Getty Images

# 5章 食品のエネルギー ……………………………52

## 5・1 エネルギー量と代謝 ………………52
エネルギー・熱・仕事 …………………52
エネルギー代謝の化学 …………………52

## 5・2 油脂 …………………………………54
油脂のつくり ……………………………55
食品の油脂 ………………………………57

## 5・3 炭水化物 ……………………………59
炭水化物の分類 …………………………59
炭水化物と食事 …………………………59

## 5・4 タンパク質 …………………………64
タンパク質のつくり ……………………65
タンパク質と食事 ………………………67

章末問題 ……………………………………67

● 深い考察: $\alpha$-グルコースと
　　　　　　$\beta$-グルコース …63

■ 化学者の眼: タンパク質の変性 ……66

● 化学こぼれ話: 低カロリーの
　　　　　　　　合成分子 …68

@lexandra panella/Flickr Open/GettyImages

# 6章 物理変化と化学変化 …………………………70

## 6・1 三態と状態変化 ……………………70
物質の状態 ………………………………70
密度 ………………………………………73

## 6・2 気体の性質 …………………………75
空気の特徴 ………………………………75
気体の法則 ………………………………75
気体の圧縮と膨張 ………………………79

## 6・3 化学変化 ……………………………81
化学反応の性格 …………………………81
化学反応式 ………………………………81

## 6・4 原子や分子の数えかた ……………83
化学の会計 ………………………………83
化学反応の量的関係 ……………………85
化学反応で出入りする熱 ………………86

章末問題 ……………………………………87

● 化学こぼれ話: 分子間力を利用した
　　　　　　　　賢い衣服 …74

● 深い考察: 温度・圧力と三態 ………80

Alexey Kljatov/123RF

# 7章 水と溶液 ………………………………………88

## 7・1 溶液と溶液もどき …………………88
溶液のタイプ ……………………………88
溶けやすさ ………………………………88
コロイドと分散系 ………………………89

## 7・2 気体の溶解 …………………………92
ヘンリーの法則 …………………………92
溶存気体と生命 …………………………93

(次ページにつづく)

7・3 溶液の濃度……………………95
　モル濃度……………………………95
　パーセント濃度……………………95
　血液の溶質…………………………96
　たいへん低い濃度の単位…………96
7・4 身のまわりの水………………97
　意外に少ない淡水…………………97
　純粋な水はある？…………………98
　水質基準……………………………99
　水の供給…………………………100
　章末問題…………………………103
■化学者の眼：酒気帯び運転の判定 …95
●化学こぼれ話：ボトル水の光と影…102

## 8章　酸と塩基 ……………………………………………………104

8・1 酸・塩基・中和 ……………104
　酸と塩基：見た目の区別………104
　中和反応…………………………104
　分子レベルの酸・塩基…………105
8・2 pHという尺度 ……………108
　水の両性…………………………108
　酸性・塩基性の指標：pH ……109
　強酸と弱酸………………………112
8・3 暮らしの中の酸・塩基……112
　体と食品，日用品………………112
　環境中の酸………………………114
　章末問題…………………………116
■化学者の眼：身近にある
　　　　　　"酸素原子を含む酸"…105
●化学こぼれ話：化学にちなむ
　　　　　　日常表現…116

## 9章　放射能の化学 …………………………………………………118

9・1 放射能 ………………………118
　放射能の発見……………………119
　放射壊変の種類…………………119
9・2 放射線の作用と利用………121
　放射線と健康影響………………121
　半減期と年代測定………………124
　医療・安全分野への放射性同位体の
　　　　　　　　　　　　利用…124
9・3 核の質量欠損と
　　　　結合エネルギー………127
　質量とエネルギー………………127
　核内で進む"質量→エネルギー"
　　　　　　　　　　　　変換…128
9・4 原子力の利用 ………………128
　核分裂……………………………128
　原子力発電………………………132
　核融合……………………………135
　章末問題…………………………135

## 10章　電子移動とエネルギー ……………………………………136

10・1 酸化と還元 …………………136
　酸化還元と電子移動……………136
　暮らしの中の酸化還元…………136
10・2 レドックス反応と電池・
　　　　　　　　　　電解……139
　原子の酸化数……………………140
　レドックス反応から電池へ……140
　標準電極電位……………………142
　実用電池…………………………144
　電解………………………………146
10・3 燃料電池と太陽電池………148
　燃料電池…………………………148
　太陽電池…………………………148
　章末問題…………………………151

■化学者の眼：鉄の腐食 …………140
●化学こぼれ話：意外に古い
　　　　　　電気自動車…149

## 11章　キレイの化学 ……………………………………… 152

### 11・1　石鹸と界面活性剤 ………… 152
表面張力 ……………………… 152
界面活性剤 …………………… 153
硬水と軟水 …………………… 156

### 11・2　化粧品とスキンケア ……… 158
化粧品の今昔 ………………… 158
スキンケア …………………… 159

### 11・3　口腔ケアとヘアケア ……… 164
口腔ケア（歯の手入れ）……… 164
ヘアケア（髪の手入れ）……… 164
章末問題 ……………………… 168

●化学こぼれ話: グリーン洗剤 ……… 158
■化学者の眼: 色が命の化粧品 ……… 161

## 12章　くすりと遺伝子 ……………………………………… 169

### 12・1　市販薬 ……………………… 169
鎮痛薬 ………………………… 169
風邪薬とアレルギー薬 ……… 171

### 12・2　処方薬 ……………………… 171
創薬（新薬開発）……………… 171
治療薬 ………………………… 172

### 12・3　快楽用ドラッグ, 違法ドラッグ, 乱用ドラッグ ……………… 175
アルコールとマリファナ …… 175
アルカロイド ………………… 176

ほかの乱用ドラッグ ………… 178

### 12・4　遺伝子の化学 ……………… 180
遺伝の分子化学 ……………… 180
健康と病気の遺伝的因子 …… 185
遺伝子工学 …………………… 185
章末問題 ……………………… 189

●深い考察: 鏡像異性とアデロール … 179
●化学こぼれ話: 遺伝子組換えでつくる
　　　　　　　有用物質 … 188

## 13章　石油化学と環境汚染 ………………………………… 190

### 13・1　高分子の用途と化学 ……… 190
プラスチックと社会 ………… 190
高分子の合成 ………………… 190
高分子の性質 ………………… 192

### 13・2　高分子の進歩と未来 ……… 194
開発の初期 …………………… 194
プラスチックと環境 ………… 196

### 13・3　環境汚染と廃棄物 ………… 198
環境汚染 ……………………… 198
汚染のタイプ ………………… 199
章末問題 ……………………… 203

■化学者の眼: 低密度ポリエチレンと
　　　　　　　高密度ポリエチレン … 193
■化学者の眼: 先端高分子材料 ……… 197

## 14章　食品の微量成分 ……………………………………… 205

### 14・1　微量栄養素 ………………… 205
ビタミン ……………………… 205
ミネラル ……………………… 207

### 14・2　食品添加物 ………………… 209
当局の規制 …………………… 209
食品添加物の働き …………… 209

### 14・3　食の安全 …………………… 212
毒とは何か？ ………………… 212
食品の"安全性" ……………… 214
章末問題 ……………………… 216

■化学者の眼: 周期表にみる
　　　　　　　ミネラル類 …… 208

章末問題の解答　218

索　　引　223

## コラム: 流れをつかむ

| 章番号 | タイトル | ページ |
|---|---|---|
| 1 | 科学研究の手順 | 6 |
| 2 | ボーアの原子モデルと線スペクトル | 13 |
| 3 | 原子番号と電子配置 | 24 |
| 3 | 塩化ナトリウムの生成 | 25 |
| 4 | 4行程エンジンのしくみ | 41 |
| 4 | 石油の分留（分別蒸留） | 43 |
| 5 | 酵素の仕事 | 60 |
| 5 | タンパク質の構造 | 65 |
| 6 | 冷蔵庫のしくみ | 79 |
| 7 | ヒト体内のガス輸送 | 94 |
| 7 | 地球上の水循環 | 99 |
| 7 | 浄水操作 | 101 |
| 8 | 塩化水素HClの電離 | 107 |
| 8 | 希硫酸の雨 | 115 |
| 9 | 年代測定の原理 | 125 |
| 9 | 核分裂の連鎖反応 | 129 |
| 9 | 加圧軽水炉の原発 | 132 |
| 10 | ダニエル電池 | 141 |
| 11 | 洗浄のしくみ | 154 |
| 11 | "パーマ"の化学 | 167 |
| 12 | タンパク質合成 | 184 |
| 12 | 大腸菌を使う遺伝子組換え | 187 |
| 13 | 光化学スモッグ | 201 |
| 14 | エイムス試験 | 216 |

## コラム: マクロとミクロ

| 章番号 | タイトル | ページ |
|---|---|---|
| 3 | 塩化ナトリウムの成り立ち | 29 |
| 4 | 人為起源の温室効果ガス | 47 |
| 5 | 脂肪，コレステロール，心臓病 | 57 |
| 5 | デンプンとセルロースの大差 | 62 |
| 6 | 化学変化 | 81 |
| 7 | 溶解性と水の極性 | 90 |
| 7 | エマルションの形成 | 91 |
| 8 | 酸と塩基の定義 | 107 |
| 9 | 陽電子放出 | 126 |
| 10 | 酸化と還元 | 137 |
| 11 | 表面張力 | 152 |
| 12 | 抗生物質の略史 | 173 |
| 13 | 縮重合でつくる高分子 | 192 |
| 14 | 食品添加物 | 211 |

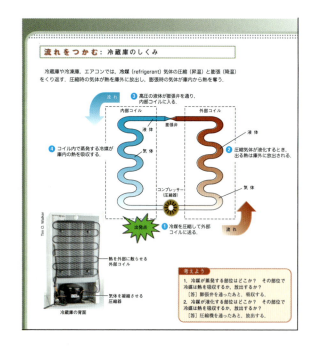

# 1 化学の世界

1・1 暮らしと化学
1・2 物質の恵みとリスク
1・3 資源の利用
1・4 化学というサイエンス
1・5 単　位

## 1・1　暮らしと化学

- 化学では何を調べる？
- 化学は暮らしにどう役立っている？

　身近には化学があふれる．天然物も合成物も，物質はみな化学のルールに従う．化学を学べば，目に見え，手に触れ，においをかぎ，味わう物質の世界をつかめる．また化学は，岩の成分や水や空気から多様な製品をつくるのにも役立つ．暮らしで使う日用品も装飾品も，ほとんどが化学の知恵と技術から生まれた．

　朝がくると私たちは，明かりをつけて身支度し，朝食をとる．家族の世話に忙しい人もいるだろうが，どのシーンにも化学がからむ．そこでまず，暮らしに必須のエネルギーや洗剤，衣類，食品，薬を化学の眼でざっと眺めておこう．

### エネルギー

　快適な暮らしは，いつでも使える安いエネルギーが支える．照明や電化製品を働かせる電気は，電力会社の送電網からくる．いろいろな発電法のうち，いまは化石資源（石炭，天然ガス，石油）を燃やす火力発電が主役の座にある．電気エネルギーは屋内と街路を明るくし，工場を動かし，住まいの温度と湿度を快適に保つ（4 章）．

　石油精製所（図解 1・1）では，掘った原油を成分に分ける．ガソリンやディーゼル油など燃料は，人や荷物の輸送に使う．重いアスファルト分は道路の舗装に回る．

　石油精製に利用する**蒸留**（distillation）は，4 章で学ぶ**物理変化**（physical change）の例になる．また石油など化石資源の**燃焼**（combustion）は**化学変化**（chemical change）にあたる．

### 洗　剤

　体や食器などを洗う洗剤の類は化学が生んだ．石鹸（せっけん）の原型は 4000 年ほど前にあったという．石鹸や洗剤の有効成分を**界面活性剤**（surfactant）とよぶ．界面活性剤を含む製品は，シャンプーやシェービングクリーム，洗剤，練り歯磨き，コンタクトレンズ洗浄液など，種類がたいへん多い（11 章）．

### 衣料と高分子

　たいていの衣服は**高分子**（polymer）の繊維でつくる．綿や羊毛などの天然高分子と，ポリエステルなどの合成高分子がある．多彩な合成高分子から，しわにならない繊維や汚れにくい繊維，乾きやすい繊維，抗菌性繊維などを，化学の知恵でつくる．水蒸気が逃げやすくて“むれない”シャツも，軽くて丈夫で色があせないリュックも，高分子化学の知恵が生み出した（13 章）．

　高分子の用途には果てがなく，パソコンやスマホの外装，飲料ボトル，ボールペン，テーブルの天板なども化学の知恵がつくり出す．

**図解 1・1　石油製品をつくる化学**　天然資源（原油）を掘り出して精製工場に運び，化学・物理・工学の知恵で成分に分ける．その結果，輸送・暖房・発電用の燃料や，プラスチック・農薬・医薬などの合成原料，舗装用アスファルトが手に入る．

## 食　品

　化石資源（石炭，天然ガス，石油）系の燃料がエネルギー源として社会を動かす一方，食品が含む脂質や炭水化物，タンパク質などの**多量栄養素**（macronutrient）は，生命のエネルギー源になる（5章）．食品はビタミンやミネラルなどの**微量栄養素**（micronutrient）も含むけれど（14章），食卓にのぼる手前で，肥料や除草剤，殺虫剤とか，収穫・輸送に使う燃料など，さまざまな天然物・合成物が働いた．食品の安全性や栄養価，香味，見た目などは食品化学者が検討する．

## 薬

　薬は病気を治し，慢性症状を和らげる．日々欠かさずに飲む薬も，病気のときだけ飲む薬も私たちを助ける．アスピリンやイブプロフェンなど**鎮痛剤**（analgesic）・**解熱剤**（antipyretic）になるものや，細菌感染を防ぐ**抗生物質**（antibiotic）はおなじみだろう（12章）．

　医薬の開発と製造にも化学の知恵を使う．コレステロール値を下げる**スタチン**（statin）類は，生化学者が特別な菌類から分離した．

　日ごろ使う製品も，利用する現象も，たいていが化学にからむ．自動車にひそむ化学を調べてみよう（コラム）．

### 振　返　り　🛑

1. 暖房と冷房にはどんな化学変化を利用する？
2. 次の(a)～(d)はどんな種類の物質を含む？
　(a) 衣料，(b) 洗剤，(c) 食品，(d) 薬

## 1・2　物質の恵みとリスク

- パラケルススとはどんな人物？
  彼は毒と薬をどう区別した？
- 食品と薬の場合，物質の恵みとリスクはどんな関係にある？
- ビスフェノールAなどの合成物質は，どんな経路で体に入る？

---

### 化学者の眼：自動車と化学

　快適なシートには発泡ポリウレタンを使う．丈夫なタイヤはカーボンブラックを含む．自動車に使う物質の種類はおびただしい．燃費をよくし，大気汚染を防ぐのも化学の知恵だ．自動車は車体と燃料，バッテリー（蓄電池），潤滑油があれば走るけれど，シートベルトやワイパー，バンパー，燃料タンクなども石油由来のポリマーでつくる．

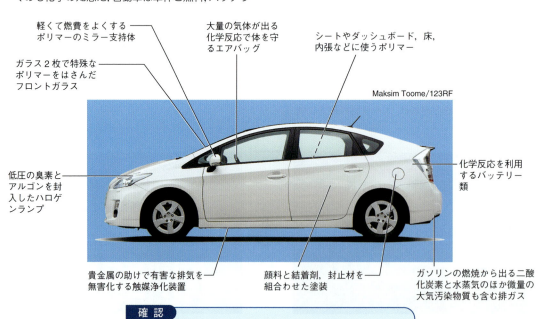

- 軽くて燃費をよくするポリマーのミラー支持体
- 大量の気体が出る化学反応で体を守るエアバッグ
- シートやダッシュボード，床，内張などに使うポリマー
- ガラス2枚で特殊なポリマーをはさんだフロントガラス
- 低圧の臭素とアルゴンを封入したハロゲンランプ
- 化学反応を利用するバッテリー類
- 貴金属の助けで有害な排気を無害化する触媒浄化装置
- 顔料と結着剤，封止材を組合わせた塗装
- ガソリンの燃焼から出る二酸化炭素と水蒸気のほか微量の大気汚染物質も含む排ガス

Maksim Toome/123RF

> **確認**
> 自動車のうち，化学変化が進むのはどこか？
> ［答］エアバッグ，エンジン内，排気浄化装置，バッテリー

## 1・2 物質の恵みとリスク

化学物質（chemical）は評判が悪い．"化学物質ゼロ"と表示した加工食品も多い．だが物質に化学も物理もないため，"化学物質ゼロ"は意味をなさない．また，メディアの使う"化学物質"は，たいていが**汚染物質**（pollutant）や**添加物**（additive），**毒素**（toxin）を意味する．そうした誤用が"化学"に負のイメージを植えつけてきた．だから読者も，"化学物質"ではなく，ただ"物質"とよんでいただきたい．

天然物だろうと薬や鎮静剤だろうと，飲食物の成分だろうと，体に入るどんな物質にも恵みとリスクがある．恵みとリスクのどちらになるかは，体質や摂取方法，摂取量で決まる．摂取量の大事さは，16世紀スイスに生きた医師・錬金術師のパラケルススが鋭く見抜き，こんな言葉を残している．

> 万物は毒を含む．ただし毒（害）になるか
> 薬（恵み）になるかは摂取量で決まる．

### 恵みもリスクもある物質

パラケルススの言葉は，"毒と薬は量しだい"と言い換えてよい．たとえばカフェインを考えよう．起きがけのコーヒー1〜2杯が含むカフェインは，中枢神経に働いて爽快な気分にする．だが大量は命にあぶない．ネズミの試験データがヒトに当てはまるなら，コーヒー70杯分のカフェインがヒトの半数致死量になる（14章）．一気に70杯を飲めば別の急性症状も出るけれど，少しなら恵み，多ければリスクになる点は，パラケルススの洞察に合う．

これも名高いアスピリンはどうか．化学名を**アセチルサリチル酸**（acetylsalicylic acid）というアスピリンは，世界年産量が4.5万トンにのぼり，平均で年にひとりが80錠を飲む．1853年に合成され，20世紀の初頭に高い鎮痛・解熱・抗炎症効果が確かめられた（12章）．血栓形成を抑えて心臓発作を防ぐ効果もあるため，心臓が心配な人はアスピリンを日ごろ少しずつ飲むといい．

恵みの多いアスピリンにもリスクはある．少しなら血栓の形成を防いでも，大量投与は内出血を促し，幼児の大量摂取は命にかかわる．だからアスピリンの瓶は，幼児がキャンディーとまちがえて開けないよう，栓を固くしてある．

そんなふうに，合成物のアセチルサリチル酸も天然物のカフェインも，恵みとリスクの両方をもつ．

水も例外ではない．生命に欠かせない水も，一気に大量を飲めば命があぶない．体内の電解質バランスが狂う**水中毒**（water intoxication）だ．水を飲ませる"しごき"や，水飲み競争，激しい運動後のイッキ飲みでそうなりやすい．パラケルススが見抜いたとおり，命に必須の水もときに命を奪うのだ．

### 自覚しないまま体に入る物質

パラケルススは，意図的に摂る物質（薬など）に注目した．カフェインもアスピリンも水もそんなもの．だが昨今は，そうとは知らずに摂る物質も多い．そのひとつ，**ビスフェノールA**（**BPA**）という合成物質を考えよう．

BPAは1960年代の初め，プラスチックや樹脂の素材になった．2009年の世界年産量は300万トンを超え，大半がポリカーボネートやエポキシ樹脂に添加される．食品や飲料の容器に適した性質だから，ミネラル水のボトルや哺乳瓶，缶詰の内張に使う．BPA添加プラスチックは丈夫だし，内容物の風味も質もまず変わらない．

だがBPAは，ほんの少しずつプラスチックから出て食品や飲料に移り，体に入る．動物の胎児に悪影響するという実験結果がある（ヒトへの悪影響は不明）．BPAが体に入るルートを図解1・2にした．物質の恵みとリスクは，あとの章でも折々に紹介しよう．

---

**振返り** 🛑

1. パラケルススは"毒"をどのようにみた？
2. (a)カフェインと(b)アスピリンが適量で示す恵みと，過剰のとき示すリスクは何か？
3. BPAはどんな製品に含まれ，どんな経路で人体に入る？

---

| | 自覚した摂取 | 自覚しない摂取 |
|---|---|---|
| 発生源 | 物 質 | 摂取ルート |
| コーヒー豆（天然物） | カフェイン | 食品や飲料中のBPA |
| アスピリン（合成物） | アセチルサリチル酸 | 容器や缶から出るBPA |
| 自然界 | 水 | プラスチックや缶の内張が含むBPA |

**図解 1・2 体に入る物質たち** 日ごろ私たちはさまざまな物質を体に入れる．

---

**確認**

1. プラスチックに添加したBPAの恵みは何か？
   ［答］プラスチック材料が強くなる．容器素材に接した食材の変質を防ぐ．
2. BPAの添加はなぜ心配なのか？
   ［答］食品に移ったあと人体に入るから（ただし体への悪影響は未確定）．

## 1・3 資源の利用

- 資源の消費量はなぜ増え続ける？
- 再生可能資源と再生不能資源は，どう区別する？
- 化学は資源の保全にどう役立つ？

企業広告にもメディア記事にも，モノが豊かなら人生は豊か……といったメッセージが多い．世界人口の約2割でしかない先進国の民が，エネルギーと原料の半分以上を使い，環境汚染と廃棄物の75%を生む．米国だと国家経済の3分の2以上を家庭の消費が占める．

世界人口が増え，生活水準が上がって消費が増えるにつれ，環境汚染と資源の枯渇がどんどん心配になる．化学はその解決にも大きな役割を果たす（13章）．

### 有限な資源

天然資源のうち，雨からの淡水とか，太陽光のもとで世代交代する草や木や農作物などを**再生可能資源**（renewable resource）という．かたや化石燃料（天然ガス，石炭，石油など）のように，短期間では再生しないものを**再生不能資源**（nonrenewable resource）とよぶ．再生不能資源は，地殻内の量が減るにつれて採掘しにくくなり，ついには枯れる．再生不能資源が枯れてしまうと，再生可能資源も乱用や過剰利用をされやすく，消費速度が再生速度を上回るようになればもう使えない．

以下，資源の利用と化学の関係を眺めよう．

### 資源保全の化学

消費は増えるのに有限な資源は，寿命をなるべく延ばしたい．たとえば，世界のエネルギー需要が増え続けるなか，化石資源の消費量を増やさない方法を考える．省エネの推進に加え，バイオマス（植物体）や太陽光，風力，地熱，水力，原発など，一見したところ環境汚染も少なそうなエネルギー源に目を注ぐ人が増えた．

物質とエネルギーにからむ話だから，化学の守備範囲になる．太陽エネルギーの利用法では，光エネルギーを電気エネルギーに変換する太陽電池の新材料を探す．変換効率を上げ，コストを下げるほど，化石燃料と競合しやすい．

太陽光エネルギーで水を水素と酸素に分ける研究もある．水素は燃料になり，燃えたとき水しかできない．まだ実用化は遠いものの，実用化には化学者の知恵が欠かせない．

食品や台所用品，化粧品，衣料，電子機器，家電製品，自動車など日用品の分野でも，資源と環境のことを考える．日用品には"天然素材使用""毒性物質ゼロ""化学物質ゼロ"と表示したものが多い．だが"化学物質"という語には注意しよう．"化学物質ゼロ"はタワゴトだし（p.3），物質の安全性も単純ではない（天然物だから安全とはかぎらない）．

昨今は，製品の**ライフサイクルアセスメント**（life-cycle assessment．以下 LCA）を考えることが多い．製品の"ゆりかごから墓場まで"，環境影響をなるべく減らす発想をいう（図解1・3）．洗濯用の洗剤は，濃縮物にして包装と輸送

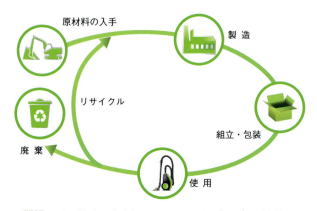

**図解 1・3 ライフサイクルアセスメント（LCA）** 製品の製造，包装，輸送，使用，廃棄は，必ず環境に影響する．段階のうちひとつだけ危険でも，プロセス全体を考え直すのがいい．

のコストを下げる．家庭用塗料なら，揮発性有機化合物の量を抑えて毒性を減らす．製品の設計から製造・使用・廃棄までの LCA をきちんと考えれば，環境負荷の小さい家庭用品ができる．

LCA と似た**グリーンケミストリー**（green chemistry）では，製品の原料に有害物質を使わず，有害物質が副生するような反応も避ける．原料にはできるだけ再生可能資源を使う．そうすれば，環境を汚さないばかりか，処理の工程とコストが減って企業の収益にもつながる．むろん，回り回って資源の保全にも役立つ．

### 振返り　STOP

1. エネルギーと製品の消費はなぜ増え続ける？
2. 再生可能資源と再生不能資源をそれぞれ3種ずつあげよ．
3. 化学はエネルギー資源の保全にどう貢献できる？

## 1・4 化学というサイエンス

- 化学者の仕事にはどんなものがある？
- 化学をセントラルサイエンスとよぶのはなぜか？分野間の共同作業はなぜ必要か？
- 科学の研究はどのように進める？

化学者の仕事は，暮らしをよくする確率が高い．多くの化学者は企業で働き，一部は大学や政府機関で研究する．仕事場はオフィス，実験室，工場など．個人仕事もあり，規模

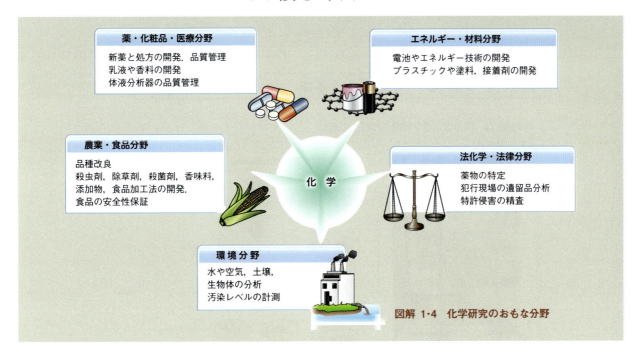

図解 1・4 化学研究のおもな分野

大小さまざまなチーム仕事もある．研究スキルのほか，共同作業をする姿勢とコミュニケーション力も欠かせない．化学者の仕事には次のようなものがある（図解 1・4）．

- 物質の化学組成や性質をつかむ分析
- 新しい物質の合成
- 製造工程の管理と制御
- 新化合物を医薬や化粧品，食品，洗剤，農薬，塗料などに製品化する処方のくふう

化学のおもな研究分野を図解 1・4 に示す．

## 他分野との深いかかわり

物質の性質と変化を通じ，生命現象や環境の土台にもなる化学は，ときにセントラルサイエンスとよぶ．化学の成果は，他分野との共同研究から生まれることが多い．

新薬をつくる化学者なら，生物や医学の知識を**研究開発**（research and development）に活かす．何千もの物質から新薬の候補を選ぶには，コンピュータ科学やロボット工学が生み出した高速スクリーニングを使う（12 章）．

とりあえず応用は考えず，自然界についての新しい知識を得るのが**基礎研究**（basic research）だ．宇宙科学者と組んだ基礎研究なら，たとえば天体表面の化学組成を突き止める（図解 1・5）．

自然についての知識を増やす基礎研究の成果は，往々にして有用物質や新技術を生む．たとえば医療に役立つ磁気共鳴画像（MRI）法は，物理と化学の基礎研究から生まれた．

(a) 土星の衛星タイタン（太陽系の中で厚い大気をもつ唯一の衛星）

(b) 天文学者と化学者が共同で突き止めた液体メタンの海（青の疑似色をつけた場所）　地球上の気象現象は水が起こすところ，タイタン上の気象現象はメタンが起こす．

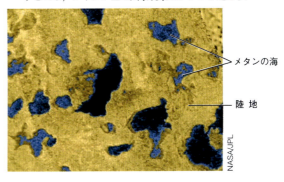

図解 1・5 **基礎研究の例**　ある天体がどんな物質でできているのか知りたい天文学者は，化学者の助けを仰ぐ．化学者は分光学という手法を使い，天体が反射する光を調べて化学組成を決める．

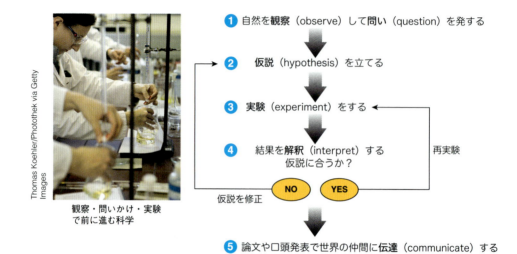

### 流れをつかむ: 科学研究の手順

科学研究は，以下のような段階をたどって進む．

1. 自然を**観察**（observe）して**問い**（question）を発する
2. **仮説**（hypothesis）を立てる
3. **実験**（experiment）をする
4. 結果を**解釈**（interpret）する 仮説に合うか？
   - NO → 仮説を修正
   - YES ↓
5. 論文や口頭発表で世界の仲間に**伝達**（communicate）する

再実験

観察・問いかけ・実験で前に進む科学

**考えよう**
科学理論の証明は，数学の証明とは異なる．どう異なるか？
［答］科学理論は，関連する実験結果の全部に合うとき，正しさが証明されたことになる．

---

**DNA**（デオキシリボ核酸＝deoxyribonucleic acid）の発見は，分子生物学を一新し，新しい診断薬や治療薬を生んだ（12章）．がんやアルツハイマー病に効く新薬も，タンパク質の働きを調べる基礎研究から次々に生まれるだろう．基礎研究は，政府機関からの資金援助で進めることが多い．

### 科学の方法

英語の科学 science はラテン語の *scire*（知る）からきた．万物を調べ，理解する手続きをいう．科学者の一部をなす化学者も，**科学の方法**（scientific method）に従って前に進む．問いを発し，実験や観察で調べ，実験・観察の事実を解釈し，結果がまとまったら他の科学者に伝える．個人やチームの成果は広く世界に発信し，仲間の検証と解釈を待つ．当初の実験や解釈にミスがあれば修正を受けつつ，最終結果が固まっていく．

最初の問いには，まず**仮説**（hypothesis）を立てたあと，実験にかかる．十分な数の実験結果を説明できる仮説は，**理論**（theory）の候補となる．ただし候補になったあと，たったひとつの実験結果が，"候補"でなくすこともある．本物の科学理論とは，矛盾する実験・観察結果がまったくないものをいう．

科学の方法を上のコラムにまとめた．

### 振返り　STOP

1. 図解 1・4 の 5 分野では，それぞれどんなことを研究する？
2. 科学の研究はどのように進める？

### 1・5　単　位

- 距離，質量，時間の基本単位は？
- 単位記号につける接頭語（ミリ，キロなど）は何を意味する？
- 単位の換算はどのように行う？

単位は暮らしでもよく出合う．自動車の速さは**時間**（hour）あたりの**キロメートル**（kilometer）で表す．パソコンの記

## 化学こぼれ話：犯行現場に行かない法化学者

TVドラマの犯罪捜査（写真a）には，生物学者や医師のほか化学者も登場する．ドラマでは個人が犯罪現場で遺留品を集めて分析し，容疑者の自白を引出すけれど，現実の捜査はいろいろな専門家の分業で進む．法化学者（化学担当の鑑識係）なら，事件全体のことは知らず，実験室でひたすら分析と考察に励む（証言台に立つこともある）．

ドラマのように一発で分析結果が出るのは珍しく，実際は細かい複雑な作業を続けたあとようやく結論を出す．たとえば紙幣にコカインが検出されたとしよう．米国で流通する紙幣の9割には，1枚あたり1ナノグラムほどのコカインが付着している．

売人がうっかり紙幣にコカインをこぼしたり，常用者が紙幣でコカインを巻いたりする．そんな紙幣が流通し，どこかの銀行で計数機を通るとき，計数機にコカインがくっつく．そのコカインが別の紙幣にも移るのだ．

紙幣の9割が"コカイン汚染"されているなら，麻薬探知犬（図b）は，札束入りバッグの全部に反応するのか？ 麻薬マネー密輸事案の弁護士はそこを突き，探知犬の反応を見て当局が私物検査するのは行き過ぎだと反論する．だが探知犬は，コカイン自体ではなく，コカインが含む揮発性の**安息香酸メチル**（methyl benzoate）などに反応すると判明．またイヌの鼻も万能ではなく，マイクログラム（ナノグラムの1000倍）程度の安息香酸メチルにようやく反応する．だから探知犬は，近ごろ大量の麻薬に触れた紙幣だけを見つけ出す．

(a) 実験室でたちまち結果を出すTVドラマの法化学者

(b) 訓練中の麻薬探知犬

### 考えよう

1. 鑑識ラボの化学者は，事件の全体像を知らされないまま分析作業をする．なぜか？
   ［答］先入観にとらわれず，結果の客観性を保つため．
2. 見た目だけプラスの結果を擬陽性という．記事の範囲で擬陽性の例はどれか？
   ［答］コカインに反応する（ように見える）探知犬．

---

憶容量を表すギガバイトやテラバイト，飲料の体積を表す**リットル**（liter），重さを表す**グラム**（gram）や**キログラム**（kilogram）はおなじみだろう．

人類はたぶん1万年ほど前，単位で量を表せば便利だと気づいた．やがて，集落や国をまたぐ交易が発達するにつれ，共通の単位が必要になっただろう．

### メートル法とSI単位

フランス革命が起こった18世紀末に，メートル法が成立する．それを改良したものといってよいSI単位系（仏語 *Système International d'Unités*）を，いま科学と交易に使う．SIには，長さ，質量，時間など七つの**基本単位**（base units）がある．**質量**（mass）は"実体がどれほどあるか"を表す．

## 計算のヒント：単位の換算

ジェット機の最高速さは時速ほぼ 600 マイルとなる．秒速にすれば何メートルか．

**計算** 1 メートル = 3.28 フィート，1 マイル = 5280 フィートから，次の関係が成り立つ．

$$\frac{1 \text{ メートル}}{3.28 \text{ フィート}} \times \frac{5280 \text{ フィート}}{1 \text{ マイル}} = \frac{1610 \text{ メートル}}{1 \text{ マイル}}$$

$$600 \text{ マイル} \times \frac{1610 \text{ メートル}}{1 \text{ マイル}} = 966{,}000 \text{ メートル}$$

また，1 時間は 3600 秒なので，答えは次のようになる．

$$\text{速さ} = \frac{966{,}000 \text{ メートル}}{3600 \text{ 秒}} = 268 \text{ メートル/秒}$$

3DDock/Shutterstock

日ごろ区別しない質量と**重さ**（weight）の関係は，次章でくわしく説明する．

長さの基本単位はメートルだが，長距離には**キロメートル**（kilometer）km が適し（ロサンゼルス～ニューヨーク間は 3900 km），短い距離には**ミリメートル**（millimeter）mm が適する（数値と単位の間は，**必ず少しあける**）．

大きな値や小さな値は，単位記号に**接頭語**（prefix）をつけて書く．1000 を表す**キロ**（kilo-）と 1000 分の 1 を表す**ミリ**（milli-）はすぐ上に登場した．

質量の基本単位は**キログラム**（kilogram）kg だが，軽いものはグラム（g）単位で表してもよい（茶さじ 1 杯の砂糖は約 5 g）．

時間の単位は少々むずかしい．1 秒は，日常生活なら "1 分間の 60 分の 1" ですむけれど，1 分間は人間が勝手に決めた長さだから，定義したことにはならない．つまり時間は，何か絶対的な尺度で定義する必要がある．

SI 単位は従来，国際機関が決めた**参照基準**（reference standard）をもとに定義された．たとえば 1 秒の定義には，セシウムという物質の性質を使った．米国の国立標準技術局にある**セシウム原子時計**（caesium atomic clock）は，6000 万年に 1 秒しか狂わない．また長さの 1 メートルは "ある時間に光が真空中を進む距離" と定義された．

体積の単位は，SI なら立方メートル（m³）だが，**リットル**（liter = L）や**ミリリットル**（milliliter = mL）も使ってかまわない．SI 単位には今後もしじゅう出合う．

2019 年 5 月，SI 基本単位七つの定義が，**基礎物理定数**に基づく形に変更された．たとえば，質量は "プランク定数"，長さは "真空中の光速" という誤差ゼロの定数で定義することになった（新旧の対照と詳細は東京化学同人のホームページ参照）．

### 単位につける接頭語

先ほどのキロやミリを "単位の接頭語" という．接頭語にはそのほか，**ギガ**（giga-，10 億）や**メガ**（mega-，100 万），**ヘクト**（hecto-，100），**デカ**（deca-，10），**センチ**（centi-，100 分の 1），**マイクロ**（micro-，100 万分の 1），**ナノ**（nano-，10 億分の 1），**ピコ**（pico-，1 兆分の 1）などがある．1 マイクロ秒は 100 万分の 1 秒に等しい．

上の**コラム**に，現実問題で出合う単位換算のしかたを少しだけ紹介した．

### 単位の換算

暮らしでも実験でも，単位の換算はおろそかにできない．たとえば，100 ヤード走に 12.0 秒かかったとき，100 メートル走なら何秒だろう？

1 メートルは 1.094 ヤードだから，100 メートルは 109.4 ヤードに等しい．すると 100 メートル走では，次の計算により 13.13 秒だとわかる．

$$\frac{12.0 \text{ 秒}}{100 \text{ ヤード}} \times \frac{1.094 \text{ ヤード}}{1 \text{ メートル}} = \frac{13.13 \text{ 秒}}{100 \text{ メートル}}$$

### 振返り 🛑

1. 速さは，SI 単位のうちのどの二つを使って表す？
2. 単位につける接頭語は何を意味する？
3. 1 キロメートルは何ミリメートル？

## 章末問題

### 復 習

1. (a) 界面活性剤を含む家庭用品にはどんなものがあるか．
   (b) 界面活性剤はどんな働きをするか．
2. 高分子でできた日用品にはどんなものがあるか．
3. パラケルススとは何者か．彼は毒をどうみたか．

### 発 展

4. 質量，長さ，時間のSI単位は何か．
5. (a) 基礎研究と応用（開発）研究はどうちがうか．
   (b) 基礎研究にはなぜ価値があるのか．
6. (a) 仮説と理論はどうちがうか．
   (b) 観察と実験はどうちがうか．

### 計 算

7. (a) 1年は何ミリ秒か．(b) 1トンは何ミリグラムか．
8. 光は真空中を毎秒300億センチメートルで進み，光が1年間に進む距離を1光年という．1光年は何メートルか，また何マイルか．

# 2 原子と元素

2・1 原子の姿
2・2 原子核
2・3 同位体と原子量
2・4 周期表

## 2・1 原子の姿

- 原子モデルはどのように進化してきた？
- ラザフォードとボーアの原子モデルはどうちがう？
- 原子も万物もスカスカだといってよい．なぜか？

万物は原子からできている —— それが化学の原点だった．物質のふるまいは，原子の性質が決める．原子の構造に迫る研究の略史をたどり，化学の基礎を習得しよう．

### 根源の問い

銅線を半分に切り，できた 2 本も半分に……という作業に終わりはくるのか？ 2000 年以上前の古代ギリシャでも，その問いが大物たちを悩ませた．アリストテレス率いる一派は，どこまでも分割できるとみた．万物に"切れ目"などないという発想だ．

かたやデモクリトスの一派は，分割はいつか終わると考えた．万物は，分割できない極微の粒からできている．ものを分けていくと，ついには究極の成分に突き当たる．デモクリトスはそれを *atomos*（分割できないもの）とよんだ．

ご存じのとおり，正しいのはデモクリトスのほうだった．つまり万物は原子（atom）からできている．それが化学の基礎をなす（図解 2・1）．

### 初期の原子モデル

アリストテレスの高い権威が，ものは連続的だという彼の物質観を，以後の 2000 年以上も西欧世界に浸透させた．思弁の産物だというのに，デモクリトスの原子論（むろんそちらも思弁の産物）を退けてしまう．しかしやがて実験科学の歩みが，真実を明るみに出す．

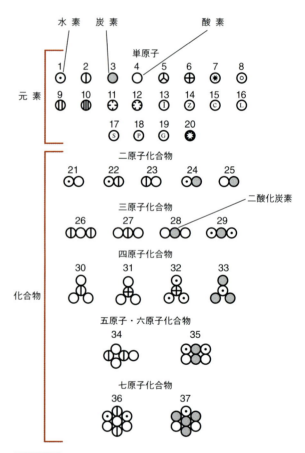

確認
ドルトンの記号で化合物 $H_2O$ はどう描く？　［答］◯◉◯

図解 2・2　ドルトンの元素記号　ドルトンが 1808 年に描いた元素と化合物．［図出典: John Dalton, "A New System of Chemical Philosophy" (London: R. Bickerstaff, 1808.) Courtesy of the Gerstein Science Information Centre, University of Toronto］

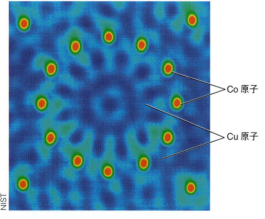

図解 2・1　原子の画像　高度な観察手法で見た銅 Cu 表面のコバルト Co 原子．

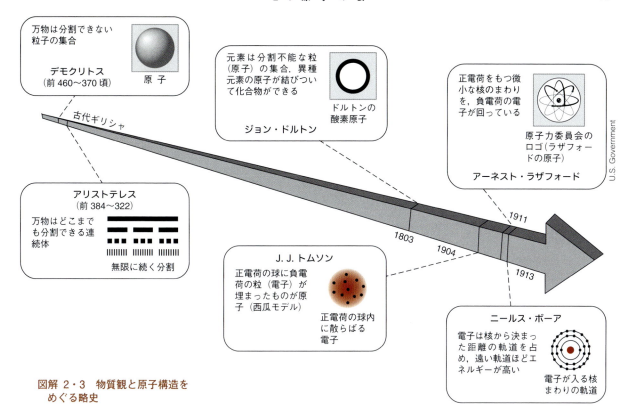

**図解 2・3** 物質観と原子構造をめぐる略史

19世紀の初め，数学と科学（当時は"自然哲学"）の教師だった英国のジョン・ドルトンが，空気中の気体をじっくり調べた．彼の結果は，ものがアリストテレス流の連続体ではなく，デモクリトス流の原子集団だと示す．彼もデモクリトスと同様，原子は壊れないと考えた．

ドルトンの発想で**化合物**（compound）は，**元素**（element）の原子が決まった数ずつ結びついてできる．化合物と原子の関係は 3 章でじっくり調べよう．

ドルトンは元素と化合物を図解 2・2 のように描いた．☉が水素，○が酸素，●が炭素……を表し，二酸化炭素 $CO_2$ は ●○○ になる[*1]．

アルファベットの大文字か，"大文字＋小文字"で書く元素記号は，ときに元素の原子も意味する．たとえば H は，水素という元素か，水素原子 1 個を表す．また He は，ヘリウムという元素か，ヘリウム原子 1 個を表すけれど，さらに原子が集まったヘリウムという物質をも指す[*2]．

炭素（元素，原子，単体）は C，カルシウム（元素，原子，単体）は Ca，塩素（元素，原子）は Cl と書く（塩素の単体は $Cl_2$）．同様に，単体が $N_2$ の姿をとる窒素（元素，原子）は N，ナトリウム[*3]（元素，原子，単体）は Na と書く．

### 原子の核モデル

ドルトン以後の科学者が，**原子構造**（atomic structure）の解明に挑む（図解 2・3）．いま通用するイメージは，ようやく 20 世紀の 1910〜20 年代に得られた．

1897 年に**電子**（electron）を見つけた英国の J. J. トムソンが，1904 年に原子の西瓜モデル（別名"プラム・プリン"モデル）を提案する．正電荷をもつ球の中に，負電荷の電子が散らばっているイメージだった．

トムソンの発表から数年後，英国のアーネスト・ラザフォードが，若いアーネスト・マースデンとハンス・ガイガー（放射能検知管の発明者）に画期的な実験をさせる．数原子分の厚みしかない金箔に α（アルファ）粒子をぶつける実験だ（α粒子はヘリウム原子核 $He^{2+}$．9・1 節）．α粒子の向きがどれほど曲がるかを測って，原子の内部を探ろうとした．

ほとんどのα粒子は，金箔をほぼまっすぐ突き抜ける．だがごく一部は進路を大きく変え，なんと手前に跳ね返るα粒子もあった（図解 2・4）．後日ラザフォードがこんなふうに回想している："ティッシュが大砲の弾を跳ね返したようなものだから，びっくり仰天でしたね"．その結果（1911 年発表）から，原子は"西瓜"とまったくちがうとわかる．

---

[*1]（訳注）：ドルトンは水を二原子化合物と考えていたため，21 番の"☉○"が水を表す．"水＝☉○"の表記は，19 世紀中期の化学教科書にも残っている．

[*2]（訳注）：英語の element は"元素"と"具体的な物質＝単体"の両方を指すため，英語の教科書を読むときは混同しないよう注意．その点で日本語は"進化形"だといえる．

[*3]（訳注）：元素名や物質名のカタカナ表記は，ほぼ例外なくドイツ語読みとする（英語読みの"ソウディアム"とはしない）．

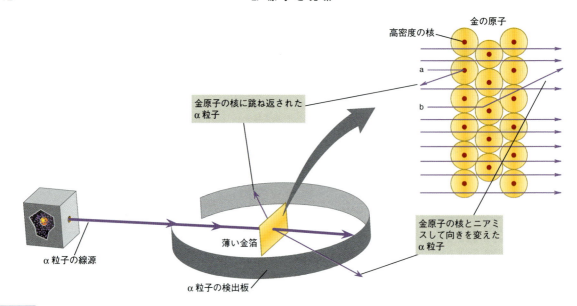

**図解 2・4 原子核の発見**
[ⓒ 2013 John Wiley & Sons, Inc.]

**確認**
大半のα粒子が金箔を通り抜けた事実から，核はたいへん小さいとわかる．なぜか？
[答] 核が小さいほど，α粒子のぶつかる確率が低い．

重くてちっぽけな正電荷の**原子核**（核 nucleus）を，負電荷の軽い電子がとり囲んでいるとしか思えない．

やがてデンマークのニールス・ボーアが，画期的な原子モデルを発表する．核のまわりにある電子は決まった軌道（いまの用語で**電子殻** electron shell）を占め，電子殻のそれぞれは整数 $n=1, 2, 3, \cdots\cdots$（**量子数** quantum number）で区別できる——というモデルだった．

当時のこうした研究は，いま科学と暮らしに役立っている．トムソンが電子の発見に使った陰極線管（CRT）から，テレビやレーダーや心拍モニターができた．ラザフォードの実験は，レントゲン撮影やX線構造解析の基礎になる．またボーアの原子モデルは，光と原子の働き合いを考える基礎となり，ネオン管やレーザーの発明につながった．

ボーアの原子モデルには，注目点が二つある．まず，電子は特定の殻だけに入り，ある殻と別の殻との間には存在できない．また，殻それぞれが収容する電子の数には上限があり，量子数 $n$ の殻なら最大数が $2 \times n^2$ になる（表2・1）．

原子説（ドルトン），電子の発見（トムソン），原子核の発見（ラザフォード），電子殻の提案（ボーア）と表2・1——を合わせ，原子のイメージは2種類できる．ラザフォード流の図解2・5(a)と，ボーア流の図解2・5(b)だ．世にあふれる前者は"いかにもな"姿だけれど，原子の実像からは遠い．いいかげんに描いた雰囲気の後者が，化学では大いに役立つ（理由はいずれわかる）．

ボーアのモデルは，20世紀初めに見つかった現象の謎を解く．水素原子が出す不思議な光だ．飛び飛びの線に見えるので**線スペクトル**（line spectrum）という．ご存じのとおり，プリズムに通した太陽光は，連続的な虹の七色（赤・橙・黄・緑・青・藍・紫）に分かれる．

だが，ガラス管内の水素ガスに高電圧をかけて出る光をプリズムに通すと，虹のような姿ではなく，飛び飛びの色になる．ボーアのモデルを使えば，飛び飛びになる理由も，具体的な色（波長の値）も，余すところなく説明できたのだ（コラム）．

元素がちがうと，$n$ 値が同じ殻も，そのエネルギーはちがう．光の吸収も放出も，ある $n$ 値の殻から別の $n$ 値の殻へ電子が移る（遷移する）ときに起こる．水素原子だと，$n=4 \to n=2$ の遷移が青緑の線を生む（コラム）．花火のきれいな色もそういう現象が生み，赤はストロンチウムの化合物，緑はバリウムの化合物，青は銅の化合物が出す．

化学と物理の共同成果といえる応用技術のうち，波長の決まった強烈な光を出すレーザーでは，物質をつくっているすべての原子が，いっせいに同じ電子遷移をする．

**表 2・1 殻が収容できる電子の最大数**

| 殻の量子数 $n$ | 最大収容数 |
|---|---|
| 1 | $2 \times 1^2 = 2$ 個　●● |
| 2 | $2 \times 2^2 = 8$ 個　●●●●●●●● |
| 3 | $2 \times 3^2 = 18$ 個　●●●●●●●●●●●●●●●●●● |
| 4 | $2 \times 4^2 = 32$ 個　●●●●●●●●●●●●●●●●●●●●●●●●●●●●●●●● |

(a) ラザフォードのモデル（原子の中心に重い正電荷の核がある）

(b) ボーアのモデル（電子は同心球状の殻内を運動し，殻のエネルギーと電子の最大収容数は決まっている）

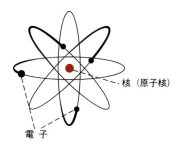

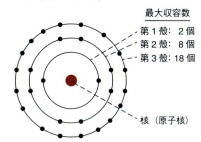

最大収容数
第1殻： 2個
第2殻： 8個
第3殻：18個

> **確認**
> 両モデルに共通の要素が二つある．何と何か？
> ［答］中心にある核と，核をとり囲む電子．

**図解 2·5　ラザフォードとボーアの原子モデル**　核を主役とみるのがラザフォードのモデル，電子を主役とみるのがボーアのモデルだった．ただし後日，どちらも単純化しすぎだとわかる．

## 流れをつかむ：ボーアの原子モデルと線スペクトル

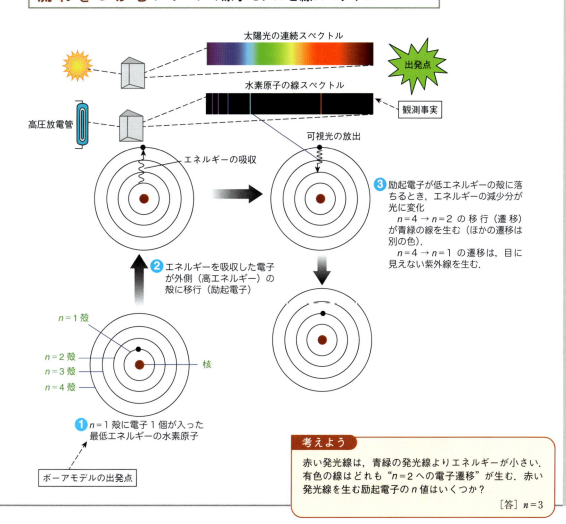

> **考えよう**
> 赤い発光線は，青緑の発光線よりエネルギーが小さい．有色の線はどれも"$n=2$への電子遷移"が生む．赤い発光線を生む励起電子の $n$ 値はいくつか？
> ［答］$n=3$

## 究極の原子モデル: 量子力学

ボーアモデルから時を少し経た1925〜27年, エルヴィン・シュレーディンガー, マックス・ボルン, ヴェルナー・ハイゼンベルクらが, **量子力学**（quantum mechanics）や**波動力学**（wave mechanics）とよばれる斬新な理論を発表した. 電子を波とみた理論で, ほぼ全部の実験事実をみごとに説明できる（図解2・6）. 原子・電子のミクロ世界は量子力学に従うのだけれど, 化学の話にかぎれば, 単純なボーアモデルで十分なことも多い.

ボーアモデルを刷新した形の量子力学モデルだと, 電子は核のまわりで, 決まった形（空間分布）の**原子軌道**（atomic orbital）を占めているとみなす（コラム）.

よく出合う原子の絵には, いいかげんなものも多い. とりわけ核が大きすぎる. 核は原子のサイズ（電子雲の分布空間）よりずっと小さい. たとえば水素原子のサイズは核の約10

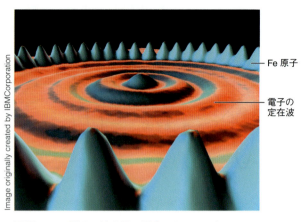

**図解 2・6 電子の波を見る測定** 銅 Cu の表面に並ぶ鉄 Fe の原子を特殊な方法で観測した結果（IBM の研究部門）. 波打つように見えるのが電子の定在波（下のコラム参照）.

---

### 深い考察　波としての電子

電子は, 波の性質をもつ粒子だ. そのため, ある瞬間に電子が"ここにいる"とはいえず, 空間内の一定体積を考えたとき, そこに"見つかる確率"しかわからない. 単純な波として, 両端を固定した弦の振動を考えよう. 弦が震えている部分はぼやけ, **節**（node）になる位置だけは動かない. 一方向に進まないそういう波を**定在波**（standing wave）という.

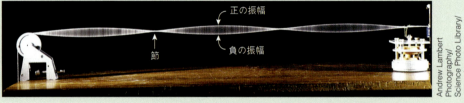

シャッター開放で撮った弦の振動（定在波）

核まわりの電子は"三次元の定在波"とみてよく, それを**原子軌道**（atomic orbital）とよぶ. 原子軌道は**電子雲**（electron cloud）の形に描ける. 弦の写真なら, ぼやけた振動部分が電子雲にあたる. 振動する弦の節と同様, 原子軌道の節に電子は見つからない. 単純なものから3種までの電子軌道を下に描いた［© 2014 John Wiley & Sons, Inc.］.

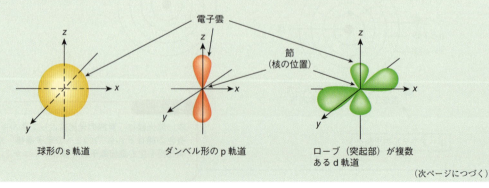

（次ページにつづく）

(つづき) それぞれの軌道には，電子が2個まで入れる．いままでに何度か紹介した"殻"は，1種か数種の軌道に分かれている．番号の大きい殻ほど核から遠い（下の表）．

| 殻 | 軌 道 | 収容電子数 |
|---|---|---|
| $n=1$ | s軌道1個 | 2個 |
| $n=2$ | s軌道1個，p軌道3個（計4個） | 8個 |
| $n=3$ | s軌道1個，p軌道3個，d軌道5個（計9個） | 18個 |

> **考えよう**
> $n=4$ 殻は何個の軌道を含むだろうか（表2・1も参照）．
> [答] 16個

万倍だから，直径 1 cm の核を描いたら，原子の直径は 1 km にしなければいけない．そんなふうに原子は，"スカスカの空間に電子の波が満ちたもの"だと心得よう．

## 振返り 🛑

1. ドルトンは，デモクリトスの発想をどう進化させた？
2. ラザフォードとボーアのモデルは，トムソンのモデルとどうちがう？
3. 水素原子のサイズは，原子核のほぼ何倍か？

## 2・2 原子核

- 陽子，中性子，電子の電荷は？
- 元素の種類と原子番号はどんな関係にある？
- 質量数とは何か？

原子の個性つまり元素の種類は，ちっぽけな核＝原子核が決める．それをじっくり確かめよう．

### 原子番号

核まわりの殻にいる電子の負電荷は，核の正電荷とちょうど等しい．核の正電荷は**陽子**（プロトン proton）が担い，絶対値で陽子1個と電子1個の電荷は等しい．元素のうちいちばん単純な水素の原子は，陽子1個と電子1個からなる（図解2・7）．むろん原子全体は電荷をもたない（電気的に中性）．ほかの元素の原子も，陽子と同数の電子をもつ．

核内の陽子数（＝核外の電子数）を**原子番号**（atomic number）という．原子番号は水素が1，ヘリウムが2，……と元素に特有だから，原子番号がわかれば元素が決まる．

元素名と原子番号を一緒に伝えたければ，水素 $_1$H，炭素 $_6$C，カルシウム $_{20}$Ca，塩素 $_{17}$Cl，窒素 $_7$N，ナトリウム $_{11}$Na，ネオン $_{10}$Ne …… のように，原子番号を元素記号の左下に添える．原子番号の順に元素を並べたものが周期表（2・4節）にほかならない．

### 質量数

原子の成分には，電子と陽子のほか**中性子**（neutron）もある．天然にいちばん多い水素原子を除き，どの原子の核も中性子を含む．電荷ゼロの中性子は，原子番号と無関係だけれど，質量が陽子とほぼ同じだから，原子の重さを決める（質量と重さの相違は次節で考察）．記号では中性子を n か $n^0$，陽子を p か $p^+$，電子を e か $e^-$ と書く．陽子と中性子を合わせて**核子**（nucleon）とよぶことが多い．

核子の合計数（原子の質量に正比例）を**質量数**（mass number）という．質量数も伝えたければ，元素記号の左肩に質量数を添える．たとえば，いちばん多い水素原子はこう書く．

$$\text{質 量 数} \longrightarrow {}^1_1\text{H}$$
$$\text{原子番号} \longrightarrow$$

ちっぽけな核子と電子のサイズも質量も，日常の尺度では表しにくい．そこで**指数**（exponential）表記を使う（次ページの**コラム**）．核子の直径は約 $1\times10^{-15}$ メートル（1000兆分の1メートル）しかない．最新鋭の光学顕微鏡も，その2億倍をかろうじて見分ける．電子は核子よりさらに小さい（当面，大きさがあるといってよいかどうかもはっきりしない）．

(a) ボーアモデル 核のまわりを電子が周回
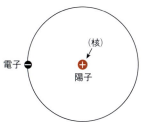

(b) 量子力学モデル 核を囲む電子雲
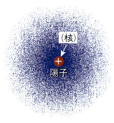

**図解 2・7 水素原子のイメージ二つ** (b)が実体に近い．現実には，原子（"雲"の広がり）と比べたとき，核（陽子）も電子も"サイズはほぼゼロ"と考えよう．

## 計算のヒント：指数表記

子どもの年齢（3歳）と地球の年齢（46億歳）や，缶ビール（300円）と国家予算（約100兆円）など，同じ単位でも数値が大幅にちがう量は，**10のべき乗**（power of ten）で書くとわかりやすい．それを指数表記といい，10の右肩につける数 $n$ を指数とよぶ．

次の図で，べき乗のイメージをつかもう．$10^2$ は "10の2乗" と読む．

| | | |
|---|---|---|
| ……… <br> 10のまとまり1個 <br> ＝10のかけ算1回 <br> ＝$10^1$＝10 | ⋮ <br> 10のまとまり10個 <br> ＝10のかけ算2回 <br> ＝$10^2$＝100 | "10のまとまり10個" が10個＝10のかけ算3回＝$10^3$＝1000 |

20 は "10のまとまりが2個" なので，$2\times10^1$ と書ける．
同様に，2,000,000,000 は $2\times10^9$ と書く．
1未満の数は，"1以上の数を10の何乗で割ったか" の形に書き，指数は負の値とする．たとえば 0.03 は "3を$10^2$で割ったもの" だから，$3\times10^{-2}$ と書く．
正の指数 $n$ は小数点を右に $n$ 回だけ動かし，負の指数は小数点を左に $n$ 回だけ動かす．たとえば $5.3\times10^4$＝53,000，$5.3\times10^{-4}$＝0.00053 が成り立つ．
10のべき数をかけた結果は，指数を足した数になる：$10^3\times10^2=10^5$

**例** 陽子と中性子（まとめて核子）は約 $1.67\times10^{-27}$ kg の質量をもつ．核子 $10^{30}$ 個の集まりが示す質量は，次の計算で 1670 kg（ほぼ自動車1台の重さ）になる．

$$1.67\times10^{-27}\text{ kg}\times10^{30}=1.67\times10^{(-27+30)}\text{ kg}$$
$$=1.67\times10^3\text{ kg}=1670\text{ kg}$$

10のべき数どうしで割り算をした結果は，指数の引き算をした数になる：$10^8\div10^5=10^3$

Yuri Bizgajmer/123RF

## 振返り 🛑

1. 原子をつくる3種の粒子は何か？ そのうちで核子はどれか？
2. 元素どうしは，何に注目して区別する？
3. 核にある中性子の数は，質量数と原子番号からどう決まる？

## 2・3 同位体と原子量

- 同位体とは何か？
- 質量と重さはどうちがう？
- 原子の質量は，どこに集中している？

元素の種類は，核内の陽子数が決めるのだった．多くの元素には，中性子数のちがう原子もある．そんな原子のことを調べよう．

## 同 位 体

同じ元素でも中性子数がちがう原子を,周期表の同じ位置にあるところから,互いに**同位体**(isotope)という.たとえば水素には3種の同位体がある(図解2・8).

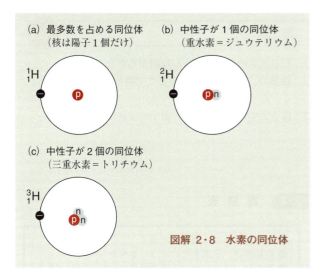

図解 2・8 水素の同位体

同位体どうしは質量数がちがう.水素の場合,中性子1個の**重水素**(deuterium) $^2_1$H を D, 中性子2個の**トリチウム** (tritium) $^3_1$H を T と書くことがある.

天然の水素原子は同位体3種の混合物だが,99.985%までを $^1_1$H が占める (0.015%が重水素.トリチウムは何桁も少ない).

ほかの元素も,天然では同位体の混合物になっているものが多い.たとえば炭素原子には,中性子6個,7個,8個の同位体がある.陽子数(6個)を足した質量数は12, 13, 14 だから,3種の同位体は次のように書く.

$$^{12}_6C \qquad ^{13}_6C \qquad ^{14}_6C$$

上記の3種は,C-12, C-13, C-14(水素なら H-1, H-2, H-3)と略記してもよい.

## 質量と重さ

日ごろ"質量"と"重さ"はまず区別しない.だが科学では二つをきちんと使い分ける.

肝心なのは質量のほうだ.質量は"ものに固有の性質"を表す.読者の体も自動車も,宇宙空間を飛ぶ衛星も,陽子も中性子も電子も,固有の質量をもっている.**質量**(mass)は"加速に逆らう度合い"を意味し,"物体を構成する実質の大きさ"ともいえる.

一方の**重さ**(weight)は,物体に働く重力が生み出す.作用する重力が変わると重さも変わる.地球上で体重 60 kg の人は,地球の6分の1しか重力がない月面だと 10 kg になる.地球を回る宇宙船内なら,自由落下と同じ無重力環境だから,体重はゼロとなる.質量は重力に関係せず,地球上でも月面でも宇宙船内でも 60 kg に変わりはない(図解2・9).

スーパーで商品を詰めこんだカートは質量が(重さも)増え,空のカートに比べて加速しにくい(図解2・10).現実の自動車とミニカーのちがいも同様.

ものの質量は,核子(陽子・中性子)と電子からくる.陽子と中性子の質量は $1.7 \times 10^{-24}$ g で,電子の質量は $9.1 \times 10^{-28} = 0.00091 \times 10^{-24}$ g しかない.つまり核子は電子の $1.7 \div 0.00091 = 1900$ 倍も重いため,原子の質量はほぼ核の質量に等しい.

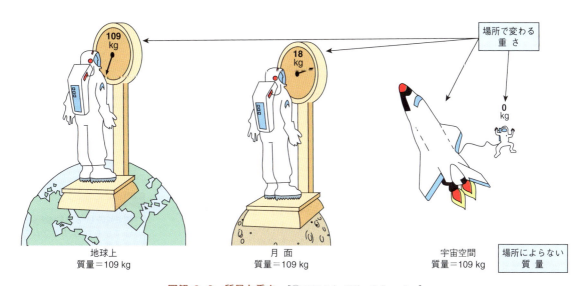

図解 2・9 質量と重さ    [© 2003 John Wiley & Sons, Inc.]

質量が大: 加速に必要な力が大きい　　質量が小: 小さな力で加速できる

**図解 2・10　質量と力と運動**　質量が大きいものは動かしにくく，質量が小さいものは動かしやすい．
[© 2003 John Wiley & Sons, Inc.]

別のたとえをしよう．茶さじ1杯の砂糖（約5 g）と同じ質量をもつ核子の数は，

$3×10^{24}$ 個＝3,000,000,000,000,000,000,000,000 個

（3兆個の1兆倍）にものぼる．

$10^{24}$ や $10^{-24}$ がつく数は扱いにくい．そこで，相対的な**統一原子質量単位**（unified atomic mass unit，記号 **u**）というものを使う．陽子と中性子の質量をどちらも1uとみた場合にあたる．また，原子の相対質量は，炭素の主要同位体C-12（陽子6個，中性子6個）を"正確に12u"と約束して表す．核子と電子の性質を表2・2にまとめた．

**表 2・2　核子と電子の性質**

|  | 質量(g) | 質量(u) | 居場所 | 電荷 | 記号 |
|---|---|---|---|---|---|
| 中性子 | $1.67×10^{-24}$ | 1 | 核内 | 0 | n, $n^0$ |
| 陽子 | $1.67×10^{-24}$ | 1 | 核内 | +1 | p, $p^+$ |
| 電子 | $0.0009×10^{-24}$ | 0 | 核外 | −1 | e, $e^-$ |

## 原子量

$10^{-24}$ のような指数がない相対質量は，たいへん扱いやすい．たとえばトリチウム原子（陽子1個，中性子2個）の相対質量は3uになる．

相対質量から単位（u）を外した"ただの数"を，元素の**原子量**（atomic weight）という．天然にある同位体の質量数と存在比から，かなり正確な原子量がわかる（下のコラム）．

### 振返り　STOP

1. 同じ元素の同位体どうしは何がちがう？
2. 物体の"重さ"は宇宙のどこで測るかにより変わる．なぜか？
3. 陽子と中性子の質量は，電子の何倍ほど大きい？

## 2・4　周期表

- 元素どうしは，何がちがう？
- 周期表は，元素をどのように並べたもの？
- 縦の列（族）に並ぶ元素の性質は，なぜ似ている？

いま名前をもつ元素118種のうち，約90種が天然にある（ほかは人工元素）．まず，原子番号1の水素から始まる元素6種を眺めよう（図解2・11）．1歩だけ先に進めば，陽子が（電子も）1個ずつ増す（中性子数の変化はさまざま）．

全体を眺め渡すと，性質のよく似た元素たちに出合う（図解2・12）．たとえばヘリウム（He，原子番号2）とネオン（Ne，原子番号10）は，反応性がほとんどない気体だ．固体金属のリチウム（Li，3）とナトリウム（Na，11）は，水と激しく反応して水素を出す．原子番号でHe (2) と Ne (10) の差は8，Li (3) と Na (11) の差も8になる．

---

### 計算のヒント: 原子量の計算

天然の炭素は，C-12 (98.9 %)，C-13 (1.1 %)，C-14 ($1.2×10^{-10}$ %) からなる．超微量のC-14を無視すれば，炭素原子100個のうち，ほぼ99個がC-12，1個がC-13だといえる（図）．

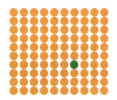

単位記号uを外した数で，炭素原子100個の相対質量は　99×12＋1×13＝1201　だから，1個あたりの平均値は　1201÷100＝12.01．
この12.01が，ほぼ炭素の原子量になる．

**考えよう**
約8%のLi-6と約92%のLi-7からなるリチウムの原子量はいくつか．
［答］6.92

第1殻に電子1個

水 素：
宇宙船の打ち
上げに使う
可燃性ガス

第1殻に電子2個

ヘリウム：
空気より軽い
不活性ガス

第1殻が満ちたあと，第2殻に電子が1個ずつ入る

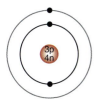

リチウム：
電池に使う
軽金属

ベリリウム：
帰還宇宙船の
熱遮蔽に使う
軽金属

ホウ素：
化合物の炭化
ホウ素を防弾
装備に使用

炭 素：
ダイヤモンド，
黒鉛，木炭の
姿をとる生命
の必須元素

**図解 2・11 最初の6元素: 原子構造と性質** 陽子（電子）が1個ずつ増えるだけで，元素の性質は激しく変わる．

さらに進もう．He と Ne に続く不活性ガスには，アルゴン（Ar, 18）とクリプトン（Kr, 36），キセノン（Xe, 54）がある．また Li と Na に続く活性な金属には，カリウム（K, 19）とルビジウム（Rb, 37），セシウム（Cs, 55）がある．

いまの元素群二つで原子番号の差を比べると，どちらも同じ値になっている（図解 2・12）．つまり，性質の似た元素が周期的に現れる（元素の周期性）．暮らしにも周期性があり，空は毎日，夜明けから真昼に，夕暮れから闇夜に変わる（翌日もそれがくり返す）．1年の姿なら，春から夏へと日が長くなって気温は上がり，秋から冬へと日が短くなって気温は下がる．空の姿も気温も，時が流れると周期的に変わる．春になれば花が咲き，秋になれば作物を収穫する．

1869年にロシアの化学者ドミトリー・メンデレーエフが，**周期表**（periodic table）の原型に思い至る．当時の既知元素

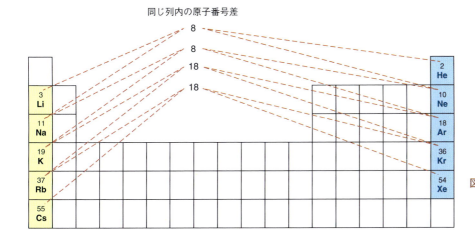

**図解 2・12 周期的なくり返し** 周期表には周期性が見つかる．同じ列に並ぶ元素どうしの原子番号差には，きれいな関係がある．

## 2. 原子と元素

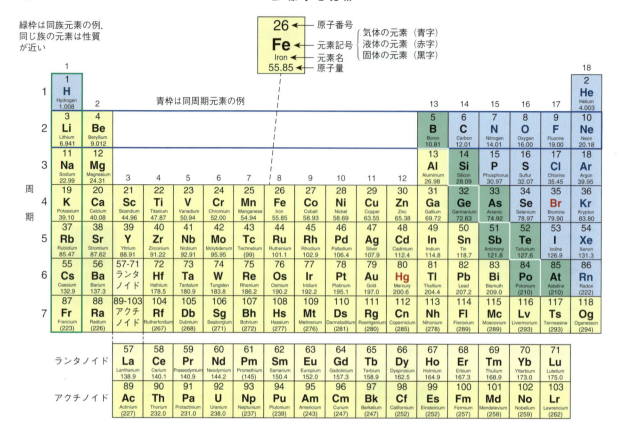

金属：光沢を示し，熱と電気をよく伝える

金の地金バー

scanrail/123RF

半金属：金属と非金属の中間的な性質を示す

IT素子用シリコン（ケイ素）のウェハ

Bjoern Wylezich/123RF

非金属：熱も電気も伝えにくい気体や固体

ヘリウム入りの風船

andreykuzmin/123RF

### 確認

1. 元素の数は，金属と非金属のどちらが多いか？　　［答］金属
2. カリウム K は何番目の周期にある？　　［答］第4周期
3. リン P は何番目の族にある？　　［答］15族
4. 金，ケイ素，ゲルマニウム，ヘリウムの元素記号を書け．　　［答］順に Au, Si, Ge, He
5. 常温常圧で単体が液体の元素は何と何か？　　［答］臭素と水銀

図解 2·13　周期表：化学の基本情報

63 種を横一線に並べたところ，性質の似た元素が周期的に現れるようだった．そこで性質の似た元素が縦に並ぶよう，四角い表にしてみた．いまは横の行を**周期**（period），縦の列を**族**（group）という．族番号の同じ元素（同族元素）は，特別な名前でよぶことがある．たとえば He や Ne を含む族は**不活性ガス**（inert gas）や**貴ガス**（noble gas），Li や Na を含む族は**アルカリ金属**（alkali metal）と総称する．

いちばん外側の電子殻（最外殻）にある電子の数は，族番号で変わる（同じ族なら共通）．最外殻にある電子を**価電子**（valence electron）といい，価電子の数が原子の反応性をほぼ決めるからこそ，元素の周期性が現れる（くわしくは次章）．

水素原子は，最外殻に電子1個という点がアルカリ金属と共通だから，ふつうアルカリ金属のトップに置く．ただし，化学的な性質はアルカリ金属と似ても似つかないため，水素 H を"どの族にも置かない周期表"もある．

メンデレーエフ以後の科学者が，周期表を洗練・拡張してきた．1870年ごろは（貴ガスなど）未発見の元素も多かったけれど，メンデレーエフは未発見元素の"族と周期"を特定でき，性質も推定できた．後年，彼の予想とよく合う新元素がいくつか発見されている．

また彼は元素をまず原子量の順に並べたが，性質の周期性を重くみた結果，数箇所で並びの順を狂わせた．やがて1913年に，当時25歳だった英国のヘンリー・モーズリーが，周期性の根元は原子番号（陽子数＝電子数）だと突き止め，いまの周期表が完成に向かう．

周期表には通常，原子番号と元素記号，元素名，原子量を載せる（図解 2・13）．

### 身近な元素

約90種に及ぶ天然元素の大半は，同種元素や異種元素の原子と結合した化合物の姿をもつ．たとえばケイ素（シリコン）は，酸素原子と結合した二酸化ケイ素（$SiO_2$）になりやすい．また地球上の物理環境には，どの元素もまんべんなくあるわけではない．

物理環境は，地殻と水圏，大気に分類するとわかりやすい．**地殻**（crust）は地球の表面層（厚み数十 km）をいい，岩と砂，土などの固体物質からなる．私たちが歩き，舗装し，家を建て，作物を植える場所だ．地殻に接する**水圏**（hydrosphere）には，海と川，湖，地下水がある．地殻と水圏の上方が，地球をとり巻く混合気体の**大気**（気圏 atmosphere）にほかならない．物理環境ごとに，おもな構成元素を図解 2・14 とした．

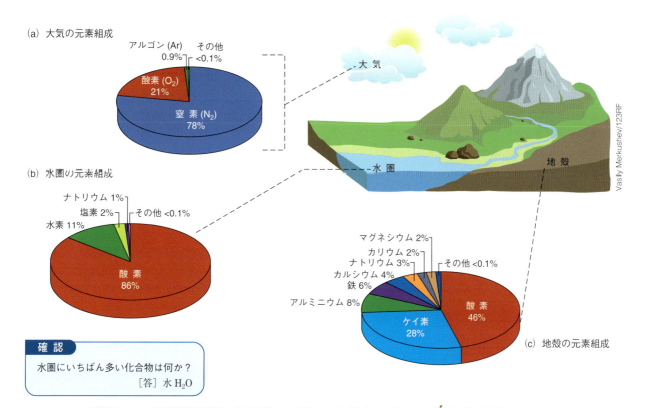

> **確認**
> 水圏にいちばん多い化合物は何か？
> ［答］水 $H_2O$

**図解 2・14 物理環境と元素** 物理環境は，少数の元素（酸素，窒素，ケイ素，水素）を主体にしている．

## 生体の元素組成

　動物も植物も 20 種余りの元素からでき，重さだと 97% 近くまでを酸素，炭素，水素，窒素の 4 元素が占める（図解 2・15）．

　図解 2・15 に明示した元素のほか，体内で働く微量のナトリウム，カリウム，マグネシウム，鉄，亜鉛は，電荷を帯びた**イオン**（ion）の姿をもつ．またリン P は，骨の成分になるほか，遺伝情報を運ぶ DNA（デオキシリボ核酸）や，エネルギー通貨となる ATP（アデノシン三リン酸）に使われる．硫黄 S は一部のアミノ酸に欠かせない．

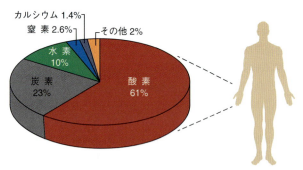

人体の元素組成（質量パーセント）

**図解 2・15　人体の元素組成**　体内の元素は大半が化合物の形をとり，たとえば体重の 60% 以上は水（$H_2O$）が占める．体の軟組織には炭素系の化合物（有機物質）が多い．

## 振返り

1. 周期表上で右隣の元素は，何がちがう？
　左隣の元素はどうか？
2. 周期表上で縦に並ぶ元素どうしの共通点は何か？
　横に並ぶ元素ではどうか？
3. 同じ族の元素（同族元素）は，どんな点が似ている？　例をあげて答えよ．

## 章末問題

### 復習

1. 陽子と中性子の類似点と相違点は何か．
2. 統一原子質量単位 u は，何を基準に決めた量か．
3. 天然の水素同位体 3 種を，上付きと下付きの数字を添えた元素記号で書け．
4. 水素原子の発光線（図）は，どんな現象から生まれるか．

5. 重さと質量はどうちがうのか．

### 発展

6. リチウムやナトリウムと性質が大きくちがう水素を 1 族に置く理由は何か．
7. 高校物理の感覚なら正電荷と負電荷は合体するのに，正電荷の原子核と負電荷の電子は合体しない．なぜか．
8. C-13 原子核の陽子 1 個が中性子に変身したとしよう．変身後の原子は，上付きと下付きの数字を添えた元素記号でどう書けるか．
9. 周期表（図解 2・13）上で $_{18}Ar$ と $_{19}K$ の順は，原子量の順ではない．そんな元素のペアをほかに三つ見つけ，元素記号で "Ar−K" のように書け．

### 計算

10. 下表の空欄を埋めよ．原子は電気的に中性とする．

| 同位体の表記 | $^{11}_{5}B$ | $^{58}_{28}Ni$ |
|---|---|---|
| 原子番号 |  | 10 |
| 質量数 |  |  |
| 中性子数 | 20 | 12 |
| 電子数 | 20 |  |

11. 図解 2・15 のグラフから，体重 60 kg の人が体内にもつ炭素原子の数を計算せよ．炭素の原子量は 12.01 とする．
12. 質量 105.0 g のスマホは，何個の核子（陽子＋中性子）を含んでいるか．

# 3 化 学 結 合

3・1 周期表と価電子
3・2 イオン結合と共有結合
3・3 イオン化合物
3・4 共有結合化合物
3・5 有機化学の第一歩

## 3・1 周期表と価電子

- 同族元素は，電子配置にどんな特徴がある？
- 価電子とは何か？
- 元素のルイス構造と価電子にはどんな関係がある？

周期表は，原子番号の順に元素を並べたものだった（2章）．ある周期の左から右へ原子番号が1ずつ増えるとき，いちばん外側の電子殻（最外殻）に電子が1個ずつ増えていく．縦に並ぶ同族元素は，最外殻を占める電子の数が等しい．そのへんを本章で調べよう．

### 価 電 子

核まわりの軌道に電子が入ったありさまを，原子の**電子配置**（electron configuration）という．1〜18番元素の電子配置を次ページのコラムにまとめた．1番元素の水素Hは，最も内側の $n=1$ 殻に電子1個をもつ．2個目の電子が入ったヘリウムHeで，$n=1$ 殻が満杯になる．3個目の電子は，核からだいぶ遠くてエネルギーの高い $n=2$ 殻に入るしかない（3番リチウムLi）．コラムの中では，その電子配置を (2,1) と書いた．

同族元素は，最外殻に同数の電子をもち（ヘリウムだけは例外），電子配置が同型だから，互いによく似た性質を示す．たとえば，最外殻電子が1個のリチウムLiとナトリウムNa（1族元素）は，水と激しく反応して水素を発生させる（図解3・1）．水素Hを除く1族元素（Li, Na, K, Rb, Cs）を**アルカリ金属**（alkali metal）と総称する．

また，最外殻電子が7個のフッ素Fと塩素Cl（17族元素）は，どちらも常温常圧で気体の姿をとり，ほかの物質と反応しやすい．性質の似た17族元素（F, Cl, Br, I）を**ハロゲン**（halogen＝"塩をつくるもの"）と総称する．

水と反応中の金属ナトリウム

**図解 3・1　アルカリ金属**
リチウムLi，ナトリウムNaなどのアルカリ金属は水と激しく反応する．

同様なことは18族元素（ヘリウムHe，ネオンNe，アルゴンArほか）でも成り立つ．18族元素は最外殻に8個（Heだけは2個）の電子をもち，常温常圧で気体の姿をとり，化学反応性がほとんどない．そこで18族を**不活性ガス**（inert gas）や**貴ガス**（noble gas）と総称する．

表 3・1　1〜20番元素のルイス構造

| 1 | 2 | | | | | | | | | | | 13 | 14 | 15 | 16 | 17 | 18 |
|---|---|---|---|---|---|---|---|---|---|---|---|---|---|---|---|---|---|
| H· | | | | | | | | | | | | | | | | | He: |
| Li· | ·Be· | | | | | | | | | | | ·B· | ·C· | ·N· | ·O: | :F: | :Ne: |
| Na· | ·Mg· | | | | | | | | | | | ·Al· | ·Si· | ·P: | ·S: | :Cl: | :Ar: |
| K· | ·Ca· | | | | | | | | | | | | | | | | |

## 流れをつかむ：原子番号と電子配置

元素の電子配置は，周期表の"左→右"と"上→下"で複雑になっていく．

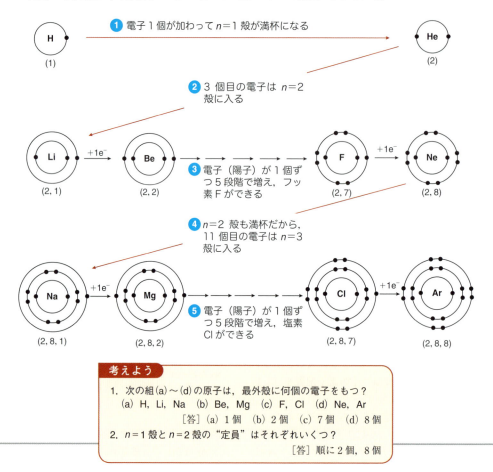

**考えよう**
1. 次の組(a)〜(d)の原子は，最外殻に何個の電子をもつ？
   (a) H, Li, Na  (b) Be, Mg  (c) F, Cl  (d) Ne, Ar
   　　　　［答］(a) 1個 (b) 2個 (c) 7個 (d) 8個
2. $n=1$殻と$n=2$殻の"定員"はそれぞれいくつ？
   　　　　　　　　　　　　　　　　　　　［答］順に2個, 8個

### ルイス構造

　元素の性質はおもに最外殻の電子数で決まるため，最外殻をとくに**原子価殻**(valence shell)といい，そこにある電子を**価電子**(valence electron)とよぶ．価電子は，**ルイス構造** (Lewis structure) つまり**点電子構造** (electron dot structure) で描けばわかりやすい（表3・1）．一見しただけで同族元素の価電子は同数だとわかる．ヘリウムHeだけは例外だが，原子価殻が満杯だという点は，同族のネオンNeやアルゴンArと変わりない．

　ルイス構造は次の手順で描く．

・元素記号を書く．
・元素記号の 右→左→上→下 の順に，あるだけの価電子を点で書く．価電子の数は，1・2族は族番号に等しく，13〜18族は族番号から10を引いた数に等しい（唯一の例外となるヘリウムの価電子は2個）．
・元素記号の 上・下・左・右 に書いた電子が3個以上ないのを確かめる．

### 振返り　　　　　　　　　　　　　　　　　STOP

1. 総電子数のちがうベリリウムBeとマグネシウムMgで，価電子はなぜ同数なのか？
2. ヨウ素Iの価電子は何個だろう？
3. セレンSeのルイス構造を描いてみよう．

## 3・2 イオン結合と共有結合

- オクテット則とは何だろう？
- イオン結合と共有結合はどうちがう？
- 共有結合にはどんな種類がある？
- 極性共有結合と電離は，どんな関係にある？
- イオンを含む溶液には，なぜ電流が流れる？

価電子が8個（ヘリウムだけは2個）で原子価殻が満杯の貴ガスは，反応性がほとんどない．じつはほかの元素も，価電子を8個にして安定になりたがる．ラテン語の8（*octo*）から，それを**オクテット則**（octet rule）という．化学結合の背後にはオクテット則があると考えてよい．

### イオン結合

孤立した原子では，陽子（正電荷）と電子（負電荷）の数が等しい．1個の電子をもらった原子は1単位の負電荷をもち，1個の電子を失った原子は1単位の正電荷をもつ．そんな原子を**イオン**（ion）といい，正電荷のイオンを**陽イオン**（**カチオン** cation），負電荷のイオンを**陰イオン**（**アニオン** anion）とよぶ．陽イオンと陰イオンは電気的に引合う．

金属のナトリウムと非金属の塩素から塩化ナトリウムができるとき，オクテット則が働いているのを確かめよう（コラム）．貴ガスのネオン Ne に似た姿の $Na^+$ と，アルゴン Ar に似た姿の $Cl^-$ は引合い，電子雲どうしがぎりぎり接するまで近づけば，エネルギーが下がって大きく安定化する．

複数の元素からできた塩化ナトリウム NaCl のような物質を**化合物**（compound）という．NaCl の中では，正電荷の $Na^+$ と負電荷の $Cl^-$ が**イオン結合**（ionic bond）で引合っている．

### 共有結合

かたや**共有結合**（covalent bond）は，2個の原子が1対の電子をシェア（共有）し合って生まれる．いちばん単純な例は，2個の水素原子から水素の**分子**（molecule）$H_2$ ができる変化だ（図解3・2）．$H_2$ は原子2個からなるので**二原子分**

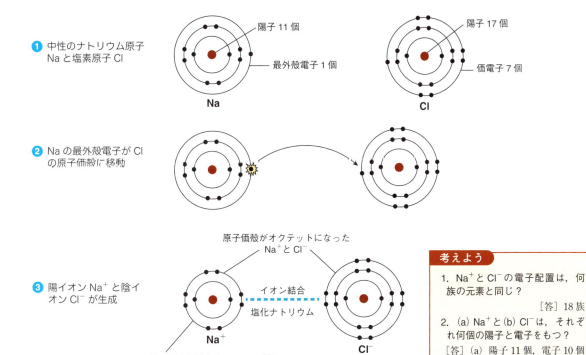

### 流れをつかむ：塩化ナトリウムの生成

1. 中性のナトリウム原子 Na と塩素原子 Cl
   - 陽子 11 個
   - 最外殻電子 1 個
   - 陽子 17 個
   - 価電子 7 個

2. Na の最外殻電子が Cl の原子価殻に移動

3. 陽イオン $Na^+$ と陰イオン $Cl^-$ が生成
   - 原子価殻がオクテットになった $Na^+$ と $Cl^-$
   - イオン結合 塩化ナトリウム
   - $n=3$ 殻の孤立電子を失い，$n=1$ 殻と $n=2$ 殻だけに電子がある姿

#### 考えよう

1. $Na^+$ と $Cl^-$ の電子配置は，何族の元素と同じ？
   [答] 18族
2. (a) $Na^+$ と (b) $Cl^-$ は，それぞれ何個の陽子と電子をもつ？
   [答] (a) 陽子 11 個，電子 10 個
   　　 (b) 陽子 17 個，電子 18 個

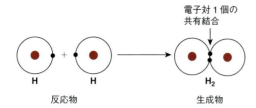

**図解 3·2　水素分子の共有結合**　2個の水素原子 H が1対の電子を共有すると，原子それぞれは $n=1$ 殻が満杯で安定なヘリウム原子 He と似た姿になる．H 原子2個が**反応物**（reactant），$H_2$ 分子1個が**生成物**（product）になる**化学反応**（chemical reaction）とみてもよい．

> **考えよう**
> 水素分子 $H_2$ は化合物か？
> ［答］元素が1種だから化合物ではない（単体の仲間）．

子（diatomic molecule）とよぶ．

水素分子の生成（図解3·2）でわかるとおり，2個の原子は，価電子を共有しておのおのの原子価殻を満杯にしたい．ほかの非金属元素（貴ガス以外）も共有結合できる．たとえば，価電子が7個のハロゲン（塩素など）は，図解3·3のように共有結合して分子になる．

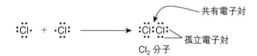

**図解 3·3　塩素分子の生成**　2個の塩素原子 Cl が1対の電子を共有して共有結合をつくる．

共有結合をつくる電子対を**結合電子対**（bonding electron pair），結合に関係しない電子対を**非結合電子対**（non-bonding electron pair）や**孤立電子対**（lone pair）という．たとえば $Cl_2$ 分子の Cl 原子は，どちらも3個の孤立電子対（電子は計6個）をもつ．3·4節で説明するとおり分子の形は，電子対どうしの反発が最も小さくなるように決まる．

ふつう共有結合は1本の線で描く（水素分子は H—H）．同じ原子からできた水素分子も塩素分子 Cl—Cl も，結合電子対が片方の原子に寄ることはない．つまり電荷のかたより（極性）がないため，**非極性共有結合**（nonpolar covalent bond）という．

けれど，ちがう元素の原子（たとえば H と Cl）が共有結合した分子なら，共有電子対はどちらかの原子にかたよる．電子対のかたより度合いは**電気陰性度**（electronegativity）（図解3·4）が決め，電子対は電気陰性度が大きいほうの原子に引かれる．

たとえば電気陰性度の差が 0.8 の H—Cl 分子だと，Cl 原子が電子対を少し引寄せる結果，分子内で Cl 原子がやや負の，H 原子がやや正の電荷を帯びる．そんな結合を**極性共有結合**（polar covalent bond）とよび，わずかな正負の電荷はギリシャ文字 δ を使って δ+，δ− のように書く（δ は英語 difference の d に対応）．電気陰性度の差が大きく，およそ 1.7 以上なら，一方の原子から他方の原子に電子がまるごと移るイオン結合ができやすい（図解3·5）．

極性共有結合の場合，電気陰性度の差がかなり大きい原子どうしは，水中で**電離**（ionization）しやすい．たとえば気体の塩化水素 HCl は，水に溶けたとき陽イオンの $H^+$ と陰イオンの $Cl^-$ に分かれる（図解3·6）．

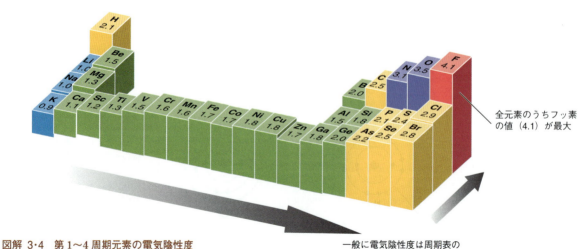

**図解 3·4　第1〜4周期元素の電気陰性度**
［© 2012 John Wiley & Sons, Inc.］

全元素のうちフッ素の値（4.1）が最大

一般に電気陰性度は周期表の "左→右"，"下→上" で増加

| (a) 非極性共有結合 | (b) 極性共有結合 | (c) イオン結合 |
|---|---|---|
|  |  |  |
| 塩素分子 Cl$_2$ | 塩化水素分子 HCl | 塩化ナトリウム NaCl |
| 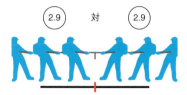 | 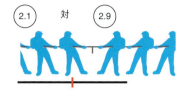 | 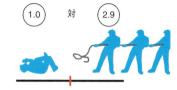 |
| 電気陰性度が等しく，電子のかたよりもない | 電気陰性度の大きい Cl のほうに電子がかたよる | 電気陰性度の差が 1.7 を超し，電子 1 個がまるごと移る |

> **考えよう**
> 1. a と b で，結合 1 本あたり共有されている電子は何個か？　　　[答] 2 個
> 2. a と b で，共有電子対にはどんな差がある？
>    [答] a では原子間の分布が均等．b では片方の原子 (Cl) に引かれた形で分布
> 3. a や b の結合と比べ，c の結合はどこが本質的にちがう？
>    [答] a と b では電子対が "糊" になって結合をつくり，c では正電荷と負電荷の引合いが結合をつくる．

**図解 3・5　電気陰性度と結合のタイプ**
[ⓒ 2014 John Wiley & Sons, Inc.]

**図解 3・6　塩化水素の電離**　[ⓒ 2014 John Wiley & Sons, Inc.]

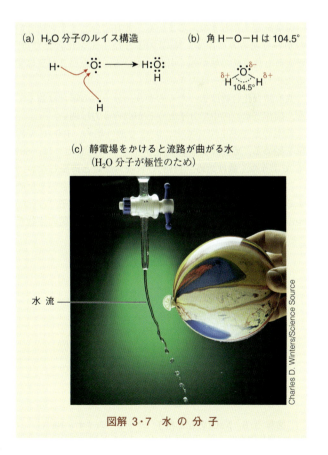

(a) H$_2$O 分子のルイス構造　(b) 角 H−O−H は 104.5°

(c) 静電場をかけると流路が曲がる水
　　(H$_2$O 分子が極性のため)

水流

**図解 3・7　水の分子**

　溶媒に使うありふれた水 H$_2$O も，HCl と同様に極性共有結合で生まれ，O 原子が少し負の電荷を，H 原子が少し正の電荷をもつ（図解 3・7）．分子が "く" の字をしているため，分子全体も極性をもつことに注意しよう．

　極性の O−H 結合も電離する．ただしその度合いはたいへん小さく，平均して数億個の水分子のうち 1 個しか電離しない．また，水の電離は両向きに進むため（化学平衡），次のように書き表すことが多い．

$$\text{H}^{\delta+}\text{O}^{\delta-}\text{H}^{\delta+} \rightleftarrows \text{H}^+ + \text{H}-\text{O}^-$$

　共有結合には，極性・非極性のほか，共有電子対の数に注目した**単結合**（single bond），**二重結合**（double bond），**三重結合**（triple bond）という分類もある．フッ素 F$_2$ や塩素 Cl$_2$ は単結合，酸素 O$_2$ は二重結合，窒素 N$_2$ は三重結合でできる．どの場合も，原子それぞれは価電子が満杯のオクテットになっている．

単結合の F₂ 分子

$$:\!\ddot{F}\!\cdot + \cdot\!\ddot{F}\!: \longrightarrow :\!\ddot{F}\!:\!\ddot{F}\!: \text{ または } :\!\ddot{F}\!-\!\ddot{F}\!:$$

二重結合の O₂ 分子

$$:\!\ddot{O}\!\cdot + \cdot\!\ddot{O}\!: \longrightarrow :\!\ddot{O}\!::\!\ddot{O}\!: \text{ または } :\!\ddot{O}\!=\!\ddot{O}\!:$$

三重結合の N₂ 分子

$$:\!\dot{N}\!\cdot + \cdot\!\dot{N}\!: \longrightarrow :\!N\!:\!:\!:\!N\!: \text{ または } :\!N\!\equiv\!N\!:$$

### イオンと電流

ビーカー内の水に浸した2本の電極を，コンセントから引いた電線2本に接続し，交流電場をかけるとしよう．回路の途中に電球をつないでおく．水が純水なら，水中には動ける電荷がたいへん少ないため，電球はほとんど光らない．

しかし水に食塩を入れてかき混ぜると NaCl が電離し，陽イオン Na⁺ と陰イオン Cl⁻ がたっぷりできる．交流電場のもとで Na⁺ も Cl⁻ も動くから電流が流れ，電球が明るく光るだろう．

水に溶けて電離する NaCl のような物質を**電解質**（electrolyte）という．

### 水と食塩の融点

温度を変えたときのふるまいも，共有結合とイオン結合のちがいを明るみに出す．NaCl のようなイオン化合物では，正電荷と負電荷の球が強く引合っている．球をバラバラにするためのエネルギーは大きい．

共有結合化合物はまったくちがう．分子内の結合は強くても，固体（氷）の中で分子どうしが引合う力は弱い．

低温の氷を熱していくと，0 °C で融け始め，100 °C で沸騰を始める．かたや固体の塩化ナトリウム（食塩）は，801 °C でようやく融け始め，1413 °C にならないと沸騰しない．

こうした差は，化合物をつくる単位どうしの引合いを反映する．NaCl 内では Na⁺ と Cl⁻ がきれいな**結晶格子**（crystal lattice）をつくっている（図解 3・8）．Na⁺ーCl⁻ 間の距離が小さくて引合いが強いから，イオンをバラバラにするためのエネルギーはたいへん大きい．だからこそ融点も沸点も高い．

他方，極性共有結合でできた水分子 H₂O は，イオンの Na⁺ や Cl⁻ より電荷のかたよりが小さいので，引合う力がずっと弱い（図解 3・9）．そのため固体（氷）が液体になる温度も，液体が気体になる温度も，NaCl よりずっと低い．

(a) 電荷のかたよりが小さいため　　(b) 陽イオンと陰イオンが
　　引合いの弱い H₂O 分子　　　　　　強く引合う NaCl

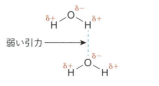

**図解 3・9　引合いの強弱**

---

### 振返り　🛑

1. Na 原子が電子を失い，Cl 原子が電子をもらって NaCl ができる現象は，オクテット則とどう関係する？
2. 電子をシェアする結合と，電子をまるごと授受する結合は，どのようにちがう？
3. 極性共有結合の電子対は，どちらかの原子に引寄せられている．なぜか？
4. 極性共有結合の分子は，非極性共有結合の分子より電離しやすい．なぜか？
5. 食塩水はなぜ電気を通す？

## 3・3　イオン化合物

- イオン化合物はどのようにしてできる？
- イオン化合物は，化学式をどのように書き，どのようによぶ？
- 式量とは何か？

天然にある原子のほとんどは，同じ元素だけの単体ではなく，異種元素が結合した化合物の姿をもつ．結合の代表に，イオン結合と共有結合がある．イオン結合を本節，共有結合を次節で調べよう．皮切りの素材には，それぞれ塩化ナトリウム NaCl と水 H₂O を選んだ．

### イオン結合の生成

ふつうイオン化合物は，金属の原子から非金属の原子へ

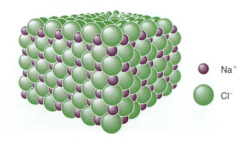

**図解 3・8　NaCl の結晶格子**　ナトリウムイオン Na⁺ は塩化物イオン Cl⁻ に囲まれ，Cl⁻ は Na⁺ に囲まれている．
［© 2003 John Wiley & Sons, Inc.］

1個ないし数個の電子が移ってできる（**電子移動** electron transfer）．電子移動の結果できるイオンでは通常，原子価殻の電子が，貴ガスと同じ安定な8個（**オクテット** octet）になる．たとえば$Na^+$はネオン，$Cl^-$はアルゴンと同じ電子配置をもつのだった（p.24）．生じる塩化ナトリウムNaClの性質が，反応物のNaとも$Cl_2$ともまったくちがうところに注目しよう（コラム）．

### イオン化合物の化学式と名称

イオン化合物の化学式を**組成式**（composition formula）という．塩化ナトリウムは，1個のNa原子が出した電子を1個のCl原子がもらってできるため，組成式をNaClと書く（$Na_1Cl_1$とは書かない）．**アルカリ金属**（alkali metal）（リチウム，ナトリウム，カリウム，…）とハロゲン（フッ素，塩素，臭素，…）からできるイオン化合物の組成式はみな同

(a) 1:1 組成のフッ化リチウム LiF

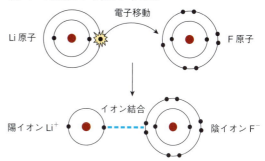

(b) 1:2 組成の塩化カルシウム $CaCl_2$

**図解 3・10** 電子移動で生じるイオン化合物

## マクロとミクロ　塩化ナトリウムの成り立ち

化学反応が進むと，反応物とは似ても似つかない生成物ができる．

(a) マクロ世界の出来事

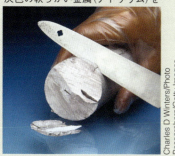
灰色の軟らかい金属（ナトリウム）を…

薄緑色のガス（塩素）に加えると…

激しい反応が起こり…

白い結晶（塩化ナトリウム＝食塩）ができる

(b) ミクロ世界の表現

三次元にぎっしり並ぶNa原子

空間を飛び交う$Cl_2$分子

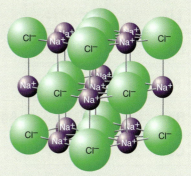
$Na^+$と$Cl^-$がイオン結合できれいに並ぶNaClの結晶格子

型になる．フッ化リチウム LiF の生成を図解 3・10 a に描いた．$Li^+$ も $F^-$ も，原子価殻が満杯になっているのを確かめよう．

**アルカリ土類金属**（alkaline earth metal）のカルシウム Ca は，原子価殻に 2 個の電子をもつ．Ca が塩素と反応するとき，Ca 原子は 2 個の価電子を Cl 原子に渡す．1 個の Cl 原子は電子を 1 個だけもらえばオクテットになるから，Ca 原子が陽イオン $Ca^{2+}$ に，2 個の Cl 原子が陰イオン $Cl^-$ になって引合い，塩化カルシウム $CaCl_2$ ができる（図解 3・10 b）．

同様に，アルカリ土類金属のマグネシウム Mg はヨウ素とヨウ化マグネシウム $MgI_2$ をつくり，ベリリウム Be はフッ素とフッ化ベリリウム $BeF_2$ をつくる．

こうした**二元**（binary）イオン化合物は，陰イオンの元素名から "素" を外した〇と，金属の元素名〇を使い，"〇化〇" とよぶ．例を下に示す．

| 化学式 | 名称 |
|---|---|
| LiF | フッ化リチウム |
| NaBr | 臭化ナトリウム |
| $MgI_2$ | ヨウ化マグネシウム |
| $CaCl_2$ | 塩化カルシウム |

周期表を眺めると，金属と非金属の二元イオン化合物はいくつもできそうだとわかる．まず，**単原子イオン**（monatomic ion）の名前を確かめよう（表 3・2）．陽イオンは金属の名前をそのまま使い（例: $Zn^{2+}$ = 亜鉛イオン），陰イオンは，フッ素や酸素などの "素"，硫黄の "黄" を外して "酸化物イオン" "硫化物イオン" のようによぶ．

陽イオンの場合，1 族・2 族の電荷は族番号に等しいが，11〜13 族の電荷は族番号から 10 を引いた値に等しい（13 族のアルミニウムは $Al^{3+}$ になる）．また，15〜17 族の非金属からできる陰イオンの場合，族番号から 18 を引いた値が電荷になる（15 族のリンは，15−18 = −3 だからリン化物イオン $P^{3-}$ になる）．

表 3・2 の金属と非金属から，正負の電荷が打消すように二つを組合わせれば，二元イオン化合物の組成式ができる．以下の 2 点に注意しよう．

1. 陽イオンと陰イオンで電荷の絶対値が同じなら，元素比 1:1 の化合物ができる（例: マグネシウムイオン $Mg^{2+}$ と酸化物イオン $O^{2-}$ からできる酸化マグネシウム MgO）．

2. 陽イオンと陰イオンで電荷の絶対値がちがう場合，正負電荷がつり合う形の化合物ができる（例: アルミニウムイオン $Al^{3+}$ と酸化物イオン $O^{2-}$ からできる酸化アルミニウム $Al_2O_3$）．

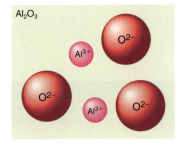

## 式量

イオン化合物の最小単位に元素の原子量（p.18）を当てはめると，イオン化合物の相対的な質量がわかる．それを**式量**（formula weight）という．酸化アルミニウム $Al_2O_3$ なら，2 個の Al 原子と 3 個の O 原子を含むため，式量は次のようになる．

$$式量 = 2 \times 26.98 + 3 \times 16.00 = 101.96$$

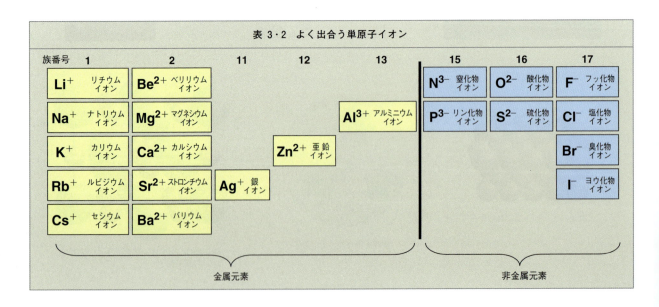

表 3・2 よく出合う単原子イオン

| 族番号 1 | 2 | 11 | 12 | 13 | 15 | 16 | 17 |
|---|---|---|---|---|---|---|---|
| $Li^+$ リチウムイオン | $Be^{2+}$ ベリリウムイオン | | | | $N^{3-}$ 窒化物イオン | $O^{2-}$ 酸化物イオン | $F^-$ フッ化物イオン |
| $Na^+$ ナトリウムイオン | $Mg^{2+}$ マグネシウムイオン | | | $Al^{3+}$ アルミニウムイオン | $P^{3-}$ リン化物イオン | $S^{2-}$ 硫化物イオン | $Cl^-$ 塩化物イオン |
| $K^+$ カリウムイオン | $Ca^{2+}$ カルシウムイオン | | $Zn^{2+}$ 亜鉛イオン | | | | $Br^-$ 臭化物イオン |
| $Rb^+$ ルビジウムイオン | $Sr^{2+}$ ストロンチウムイオン | $Ag^+$ 銀イオン | | | | | $I^-$ ヨウ化物イオン |
| $Cs^+$ セシウムイオン | $Ba^{2+}$ バリウムイオン | | | | | | |

金属元素 / 非金属元素

## 確 認

1. 次のイオン化合物の名称をいい，式量を求めてみよう．
   (a) $MgI_2$   (b) $BeS$   (c) $K_2O$
   [答] (a) ヨウ化マグネシウム，278.1
   (b) 硫化ベリリウム，41.08   (c) 酸化カリウム，94.20
2. イオン化合物の酸化鉛 $PbO_2$ で，鉛原子の電荷はいくつだろうか． [答] +4
3. 次の元素を組合わせてできるイオン化合物の組成式と名称はどうなるだろうか．  (a) 銀と臭素
   (b) ストロンチウムと硫黄   (c) カリウムと窒素
   (d) カルシウムと酸素   (e) ナトリウムと硫黄
   [答] (a) $AgBr$，臭化銀   (b) $SrS$，硫化ストロンチウム
   (c) $K_3N$，窒化カリウム   (d) $CaO$，酸化カルシウム
   (e) $Na_2S$，硫化ナトリウム

## 振 返 り 🛑

1. 臭化カリウム，塩化マグネシウム，塩化カルシウムの化学式を書いてみよう．
2. イオン化合物をつくる元素の個数比は，何が決めるのか．
3. イオン化合物の式量はどのように求めるのか？

## 3・4 共有結合化合物

- 分子の構造は，どのように描く？
- 分子式はどう書き，分子量はどう計算し，分子はどのようによぶ？
- 共有結合化合物とイオン化合物はどこがちがう？

原子どうしが価電子をシェアして共有結合をつくれば，分子ができる．複数の元素からできた分子を**共有結合化合物** (covalent compound) とよぶ．身近な例となる水の分子は，H原子2個とO原子1個が共有結合しているため，化学式を $H_2O$ と書く．

### 分子の描きかた

分子の中で原子がつながり合っているさまを**分子構造** (molecular structure) という．**二原子分子** (diatomic molecule) なら直線 (●−●) の形しかありえない．たとえば塩化水素 HCl の分子は次のように描ける．

水の分子はどうか．化学式 $H_2O$ から分子の形はわからない．原子3個の並びが H−H−O か H−O−H か不明だし，直線 (●−●−●) か折れ線かもわからない．ただし理論と実験から，水は "H−O−H" "折れ線" だとわかっている．その描きかたはいくつかある (図解3・11).

(a) 形も描いたルイス構造
(原子の相対的なサイズは不明)

結合角

(b) 棒球モデル
(結合の長さを誇張しすぎ)

(c) 空間充填モデル
(結合の長さと結合角がわかりにくい)

**図解 3・11 水分子の描きかた** 話題に合わせぴったりのものを選ぶ．

(a) 原子価殻モデル
分子を平面に描くと，H−O−H の直線構造が安定に思える．

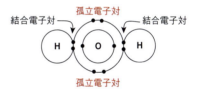

(b) 三次元モデル
結合電子対と孤立電子対を三次元空間で考えれば，四面体 (テトラポッド) に近い構造のとき，負電荷どうしの反発が最小になる．

### 考えよう

1. O原子とH原子は，それぞれ何個の価電子をもつ？
   [答] O原子は6個，H原子は1個
2. (a) $H_2O$ 分子内の価電子は合計で何個ある？
   (b) うち，結合に参加している価電子は何個ある？
   (c) 結合に参加していない価電子はどこにある？
   [答] (a) 8個  (b) 4個  (c) O原子の上にある (孤立電子対)．

**図解 3・12 水分子が折れ曲がるわけ** 結合電子対と孤立電子対 (どちらも負電荷の雲) は，互いの反発を最小にしたい．それが分子の形を決める． [図 b: © 2014 John Wiley & Sons, Inc.]

H−O−H がなぜ折れ線になるのか, と首をひねる読者もいよう. 実のところ O 原子は, 単純な原子価殻モデルでは説明しきれない電子軌道をもつため, 折れ曲がった姿がいちばん安定になる.

原子価殻モデルの水分子は（図解 3・12a）, O 原子の両脇に H 原子をくっつけて描く. そのとき 2 個の結合電子対と 2 個の孤立電子対は, O 原子を中心に見るとお互い 90°の向きにある. だがそれは, 分子を平面に描いたからだ.

結合電子対も孤立電子対も "負電荷の雲" とみてよい. 分子の形は, 三次元空間の中で負電荷どうしの反発がいちばん小さくなるように決まる. "雲" の広がりが結合電子対と孤立電子対で同じなら, 角 H−O−H は 109.5°になる. 実際には, 孤立電子対のほうが大きく広がり, その分だけ反発力も強いため, 角 H−O−H は少し "すぼまった" 104.5° となる.

酸素原子 O のつくれる結合は 2 本だったが, 炭素原子 C は 4 本の結合をつくれる. その典型となるメタン分子では, C 原子が 4 個の H 原子と結合している（図解 3・13）.

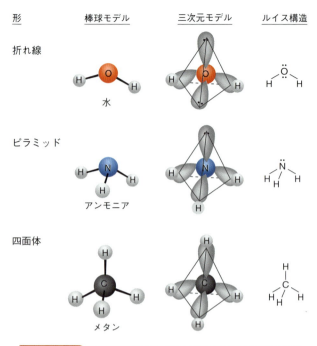

図解 3・14 簡単な分子の形　[Ⓒ 2014 John Wiley & Sons, Inc.]

考えよう
中心原子がもつ価電子のうち,（a）何個が孤立電子対になり,（b）何個が共有結合に使われているか？　上記の各化合物について答えよ.
[答] 水　（a）4 個　（b）2 個
アンモニア　（a）2 個　（b）3 個
メタン　（a）0 個　（b）4 個

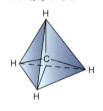

(a) テトラポッドの中心を C 原子とみれば, 4 方向に H 原子がある

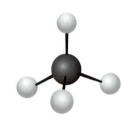

(b) メタン分子の棒球モデル

考えよう
1. メタン分子に共有結合は何個ある？　　　　　　　　　　　　　　[答] 4 個
2. 共有結合に使われている電子の総数はいくつ？　　　　　　　　[答] 8 個
3. メタン分子がもつ電子の総数はいくつ？　　　　　　　　　　　[答] 10 個

図解 3・13　メタン分子の形　[Ⓒ 2014 John Wiley & Sons, Inc.]

簡単な分子三つの形を図解 3・14 に描いた. いままで見た折れ線と四面体（テトラポッド）のほか, ピラミッド形もある. ただし, 結合電子対と孤立電子対の両方を考えれば, どの形でも "電子対がテトラポッドのように分布する" と考えてよい.

## 分子式と分子の呼び名

**分子式**（molecular formula）を見ると, 共有結合化合物をつくる元素の比率がわかるほか, その化合物が常温常圧で固体・液体・気体のどれにあるかの見当もつくことが多い. たとえば, バラから抽出して香水に入れるゲラニオールの分子式は $C_{10}H_{18}O$ となる. 炭素系化合物の分子式は, 炭素原子の次に（あれば）水素原子を書いてから, ほかの元素をアルファベット順で書く. たとえばコーヒーの刺激成分カフェインは $C_8H_{10}N_4O_2$, 砂糖（ショ糖）は $C_{12}H_{22}O_{11}$ と書ける.

物質の名称には, 正式な命名法に従う**系統名**（systematic name）と, 歴史の古い**慣用名**（common name）がある. 図解 3・14 の水もアンモニアも, 慣用名の例になる.

非金属元素 2 種がつくる共有結合化合物の系統名を見れば, 含まれる原子の数がわかる（例: 二酸化炭素 $CO_2$, 二酸化窒素 $NO_2$, 三酸化硫黄 $SO_3$, 五酸化二窒素 $N_2O_5$）. ふつう原子が 1 個なら "一" をつけないが, 酸素原子の場合は, 一酸化炭素 $CO$, 一酸化二窒素 $N_2O$ のように "一" をつける.

慣用名のほうは, 元素の組成を教えないものの, 物質の特徴や発見史にからむ. たとえば古くから英語圏で使う water（水）は, さまざまな古い言語に由来するが, ほんとうの起源はわかっていない. 1782 年に命名された ammonia（アンモニア）は, 古代エジプトの神アモン Ammon を祭る神殿の砂に見つかる "アモンの塩（sal ammoniac）" にちなむ*.

---

\* 訳注: 参詣者の乗り物＝ラクダの尿からできた塩化アンモニウムが "アモンの塩".

## 3・4 共有結合化合物

共有結合化合物の最小単位に原子量（p.18）を当てはめたものを**分子量**（molecular weight）という。H 原子 2 個と O 原子 1 個からできる水 $H_2O$ の分子量は次のようになる。

$$\text{分子量} = 2\times1.008 + 1\times16.00 = 18.02$$

同様に，男性ホルモンのひとつテストステロン（12・2 節，p.174）$C_{19}H_{28}O_2$ の分子量はこうなる。

$$\text{分子量} = 19\times12.01 + 28\times1.008 + 2\times16.00 = 288.4$$

### 共有結合化合物とイオン化合物

共有結合化合物とイオン化合物は，次の二つがちがう。

1. 共有結合化合物は分子が集まってでき，イオン化合物はイオンが整列してできる。
2. 共有結合化合物の分子では原子が共有結合し，イオン化合物ではイオンどうしが引合う。

いままでみたイオン化合物は，金属の陽イオンと非金属の陰イオンからできる二元化合物だった。ほかに，**多原子イオン**（polyatomic ion）を含むイオン化合物もある。多原子イオンは，原子いくつかの共有結合ででき，全体として正電荷か負電荷をもっている。たとえば，下のように描ける硫酸イオンは，正味で 2 単位の負電荷をもつ（表 3・3 とコラム参照）。

硫酸イオン

表 3・3 よく出合う多原子イオン

| 名 称 | 化学式 |
| --- | --- |
| アンモニウムイオン | $NH_4^+$ |
| 炭酸水素イオン | $HCO_3^-$ |
| 炭酸イオン | $CO_3^{2-}$ |
| 水酸化物イオン | $OH^-$ |
| 硝酸イオン | $NO_3^-$ |
| 亜硝酸イオン | $NO_2^-$ |
| リン酸イオン | $PO_4^{3-}$ |
| 硫酸イオン | $SO_4^{2-}$ |

---

### 化学者の眼：多原子イオンを含む日用品

医薬や洗剤には多原子イオンを含むものが多い。

**マグネシア乳**：消化不良や便秘に効く水酸化マグネシウム $Mg(OH)_2$

$Mg^{2+}\ [O-H]^-_2$
水酸化物イオン

**漂白剤**：次亜塩素酸ナトリウム NaClO

$Na^+\ [Cl-O]^-$
次亜塩素酸イオン

**エプソム塩**：入浴剤に使う硫酸マグネシウム $MgSO_4$

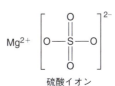

硫酸イオン

**ベーキングソーダ**：用途の多い炭酸水素ナトリウム（重曹）$NaHCO_3$

炭酸水素イオン

## 振返り

1. 共有結合化合物の $H_2O$ とイオン化合物の $Na_2O$ は，どこがちがう？
2. C 原子 21 個，H 原子 28 個，O 原子 5 個からできるコルチゾンの化学式を書き，分子量を計算しよう．
3. 塩化ナトリウム分子は存在しない．なぜか？

### 3・5　有機化学の第一歩

- 有機化学とは何か？
- アルカンはどんな構造をもち，どのようによぶ？

生命には水と炭素化合物が欠かせない．水は化学反応の場となり，炭素化合物は生命の分子となる．

### 有機化学とは？

炭素化合物の化学を**有機化学**（organic chemistry）という（"有機"は生物の意味）．150 年ほど前まで，炭素化合物はどれも生物がつくると思われていた．**有機化合物**（organic compound）のひとつ，古代から中毒性が知られていたエタノールは，発酵で手に入れるしかなかった．やはり有機物の石鹸も，数百年に及び，殺した動物の脂肪（有機物）からつくっている．染料も薬も生物由来で，古代から髪や皮膚の染色に使った赤っぽい染料はヘナという植物から（11・2 節），最初のマラリア治療薬キニーネは南米に生える木の皮から得た．1820 年代でもまだ，そうした炭素化合物はことごとく生物から分けとるしかなかった．

そのころ"有機"説は世に深く浸透し，炭素化合物をつくれるのは神秘的な"生命力"だけだと思われていた．たとえば尿素という物質がある．動物は，摂取した窒素分のうち不要なものを尿素 $CH_4N_2O$ の形で排泄する．ヒト尿の 2～5% を占める尿素は，生命力だけが生むように見えるため"有機物"だと思われた．そんな物質は，塩のような"無機物"とちがう神秘的な性質をもつにちがいない……．

だが 1828 年，ドイツの化学者フリードリッヒ・ヴェーラーが，手近な薬品 2 種から尿素をつくり，化学に"生命力"など必要ないと証明する．彼が合成した尿素は，天然の尿素とまったく同じものだった．ヴェーラー以後，そうした物質が次々に確認される．

**有機化合物**（organic compound）という語は，もはや神秘性などなく，わずかな例外（一酸化炭素 CO や二酸化炭素 $CO_2$，炭化ケイ素 SiC など）を除き，一連の炭素化合物を指す．ただし世間では"有機"を，化学肥料や合成殺虫剤，遺伝子組換えなどに頼らない栽培法や作物の形容詞に使う（非科学の世界）．

### 有機化合物の命名

有機化合物の構造と性質は，生物と同じくらい種類が多い．現在，それぞれ特有の分子構造と名称，化学・物理的性質の有機化合物として 2000 万種以上が知られる．

おびただしい化合物を整理するため，元素組成と性質の似たグループに分ける．最大のグループ，C 原子と H 原子だけからできたものを**炭化水素**（hydrocarbon）とよぶ．炭化水素もまだ広すぎるため，さらに分類する．そのうちまずは，結合が単結合だけの**アルカン**（脂肪族炭化水素 alkane）を眺めよう．

前に見たとおり炭素原子は価電子を 4 個もつから，最大で 4 個の原子と結合できる．わかりやすい例がメタン $CH_4$ だろう．いちばん単純なアルカンのメタンは，いちばん単純な有機化合物でもある．

メタンに続くアルカンのエタン $C_2H_6$ は，C 原子 2 個と H 原子 6 個からなる．その**ルイス構造**（Lewis structure）は，分子内の共有結合をすべて描く．2 個の $-CH_3$ 単位（メチル基）からなることを伝える**示性式**（略記型構造式 condensed structural formula）で描いたエタンは $CH_3CH_3$ となる．単純なアルカン三つ（メタン $CH_4$，エタン $C_2H_6$，プロパン $C_3H_8$）の表現を図解 3・15 にまとめた．

| 分子式 | ルイス構造 | 示性式 | 空間充塡モデル |
|---|---|---|---|
| $CH_4$ メタン | H-C(H)(H)-H | $CH_4$ | |
| $C_2H_6$ エタン | H-C(H)(H)-C(H)(H)-H | $CH_3CH_3$ | |
| $C_3H_8$ プロパン | H-C(H)(H)-C(H)(H)-C(H)(H)-H | $CH_3CH_2CH_3$ | |

**図解 3・15　アルカンの構造**　エタンとプロパンは，C-H 結合のほか C-C 結合をもつ．[© 2014 John Wiley & Sons, Inc.]

アルカン名の語尾は"アン (-ane)"とする．メタンから出発して C 原子の数を増やせば，表 3・4 の**直鎖アルカン** (straight-chain alkanes) ができる．直鎖アルカンに枝分かれはない．

アルカンには，直鎖ではなく，C 原子の鎖が枝分かれしたものも多い．たとえば分子式 $C_4H_{10}$ の化合物を考えよう．アルカンの一般式 $C_nH_{2n+2}$ で $n=4$ とした姿だから，アルカンだとわかる．ただし，同じ分子式 $C_4H_{10}$ の分子には，直鎖の

## 3・5 有機化学の第一歩

表 3・4 炭素数 1～10 個の直鎖アルカン

| 名 称 | 分子式 | 示性式 |
|---|---|---|
| メタン | $CH_4$ | $CH_4$ |
| エタン | $C_2H_6$ | $CH_3CH_3$ |
| プロパン | $C_3H_8$ | $CH_3CH_2CH_3$ |
| ブタン | $C_4H_{10}$ | $CH_3CH_2CH_2CH_3$ |
| ペンタン | $C_5H_{12}$ | $CH_3CH_2CH_2CH_2CH_3$ |
| ヘキサン | $C_6H_{14}$ | $CH_3CH_2CH_2CH_2CH_2CH_3$ |
| ヘプタン | $C_7H_{16}$ | $CH_3CH_2CH_2CH_2CH_2CH_2CH_3$ |
| オクタン | $C_8H_{18}$ | $CH_3CH_2CH_2CH_2CH_2CH_2CH_2CH_3$ |
| ノナン | $C_9H_{20}$ | $CH_3CH_2CH_2CH_2CH_2CH_2CH_2CH_2CH_3$ |
| デカン | $C_{10}H_{22}$ | $CH_3CH_2CH_2CH_2CH_2CH_2CH_2CH_2CH_2CH_3$ |

**考えよう**

C 原子が 16 個あるアルカンの分子式を書いてみよう．
　　　　　　　　　　　　　　　　　　〔答〕$C_{16}H_{34}$

(a) ブタン

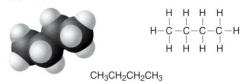

(b) 2-メチルプロパン

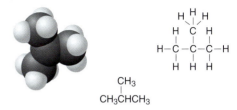

**図解 3・16　アルカンの異性体**　同じ分子式 $C_4H_{10}$ なのに構造がちがう化合物二つ．〔© 2014 John Wiley & Sons, Inc.〕

ものと，枝分かれしたものがある（図解 3・16）．そんなふうに，分子式が同じで構造が異なる化合物どうしを**異性体**（isomer）とよぶ．

分子内の原子数が増すにつれ，異性体の数も増す．C 原子 4 個なら異性体はブタンと 2-メチルプロパンの 2 種だったところ，C 原子 5 個では異性体が 3 種ある．C 原子が 6 個以上になれば異性体の種類はどんどん増え，C 原子 10 個で 75 種もある．異性体それぞれには名称が必要だが，慣用名では対応しきれない．そのため化学では，IUPAC（国際純正・応用化学連合）が決めた命名ルールに従う（図解 3・17）．

---

アルカンは次の手順で命名する．

1. 分子の"幹（主鎖）"となる最長の C 原子鎖を見つけ，表 3・4 に従って命名する．
2. C 原子鎖に結合した原子団（＝置換基．メチル基など）を見つける．そうした原子団をもつ C 原子の番号が最小になるよう，"幹"の C 原子に番号を振る．
3. 同じ置換基が複数あるとき，2 個は"ジ"（メチル基なら"ジメチル"），3 個は"トリ"，4 個は"テトラ"，……をつけて個数を表す．
4. 置換基の位置を，"幹"となる C 原子の番号で表す．
5. 置換基の位置番号をコンマで区切って並べ，ハイフンで分子名とつなげる．

たとえば (a) は，最長の鎖が C 原子 3 個だから"プロパン"の類で，メチル基つき C 原子の番号は 2 だから，2-メチルプロパンとよぶ．

また (b) は，"幹"がペンタンで，2 番炭素にメチル基が 2 個，4 番炭素にメチル基が 1 個ついているため，2,2,4-トリメチルペンタンとよぶ．

(a) 2-メチルプロパン

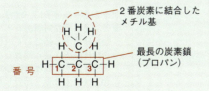

(b) 2,2,4-トリメチルペンタン

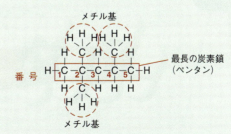

**図解 3・17　IUPAC の命名法**

## 確 認

4. (a) 2,2,4-トリメチルペンタンは何個の C 原子を含む?
   (b) 2,2,4-トリメチルペンタンの分子式を書こう.
   [答] (a) 8 個  (b) $C_8H_{18}$
5. 2,2,4-トリメチルペンタンの異性体にあたる直鎖のアルカンは何とよぶ?
   [答] オクタン

こうして,炭化水素のうちアルカンの命名法がわかった.炭素原子は,CやH以外の元素の原子とも結合できるため,炭化水素ではない有機化合物もおびただしい.たとえば,ヒドロキシ基(−OH)をもつ化合物はアルコール類という(図解3・18).次章以降では,ほかの種類の有機化合物あれこれにも出合うことになる.

## 振返り 🛑

1. 化学界と一般社会で,"有機"の意味合いはどうちがう?
2. 分子式が同じで分子構造がちがう化合物どうしは何とよぶ?

## 章末問題

### 復習

1. 電子2個で原子価殻が満杯になる元素は何か.その元素は周期表の何族にあるか.
2. 酸素分子 $O_2$ 内で,2個のO原子は何個の電子を共有しているか.
3. 水分子 $H_2O$ 内で,オクテット則に従わない原子はどれか.
4. 化合物の化学式からわかることを二つ書け.
5. 原子番号3〜9の元素(リチウム〜フッ素)を金属Xと非金属Yに分類したとき,$X_2Y$型のイオン化合物を化学式で書け.
6. 共有結合化合物の分子式から,分子量はどのように計算するか.
7. 分子の (a) 棒球モデルと (b) 空間充填モデルには,それぞれどのような長所と短所があるか.
8. 一般にイオン化合物は共有結合化合物より融点が高い.なぜか.
9. 3-メチルペンタン,2,2-ジメチルブタン,2,3-ジメチルブタンにつき,(a) それぞれのルイス構造と分子式を書け.(b) 異性体の関係にあるのはどれとどれか.

### 発展

10. リチウム原子とナトリウム原子の電子配置を考える.
    (a) 異なる点は何か.(b) 似ている点は何か.

---

(a) 棒球モデル

(b) 空間充填モデル
水素 H
炭素 C
酸素 O

**分子のモデル図で元素につける色**

H 水素原子:白(単体が無色の気体)
C 炭素原子:黒(炭の色)
O 酸素原子:赤(酸素を運ぶ血液の色)
N 窒素原子:青(窒素に富む青空の色)
Cl 塩素原子:緑(塩素ガスの色)
S 硫黄原子:黄(硫黄の色)
Cu 銅原子:赤銅色(銅板や銅線の色)

ほかの元素は明確に決まっていない.

#### 考えよう
ゲラニオール分子に,次のような C 原子はそれぞれ何個ある?
(a) H原子と結合していないもの
(b) H原子1個と結合したもの
(c) H原子2個と結合したもの
(d) H原子3個と結合したもの
[答] (a) 2 個  (b) 2 個
    (c) 3 個  (d) 3 個

**図解 3・18 ゲラニオールというアルコール** バラの香りを生む化合物のひとつに,アルコールの一種ゲラニオール $C_{10}H_{18}O$ がある.

11. 一般に単原子陽イオンは中性原子よりも小さく，単原子陰イオンは中性原子よりも大きい（下図．1 pm = 1 ピコメートル = $10^{-12}$ m）．なぜだろうか．

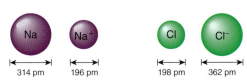

12. プロパン（下図）について以下の問いに答えよ．

(a) プロパン分子は何本の共有結合をもつか．
(b) 分子内で共有されている電子の総数は何個か．
(c) プロパンの分子式を書け．

13. リン化カルシウム $Ca_3P_2$ は分子を含むか．理由も述べて答えよ．

14. 体内で大活躍する一酸化窒素分子 NO のルイス構造を描け（N 原子と O 原子は二重結合で結ぶ）．

## 計 算

15. 以下のイオンは，それぞれ陽子と電子を何個ずつ含むか．
    (a) $K^+$ (b) $S^{2-}$ (c) $Al^{3+}$ (d) $Fe^{2+}$

16. 以下の化合物の式量を計算せよ．式量が最大の物質と最小の物質はどれか．
    (a) CdSe (b) $Al_2O_3$ (c) $Na_2S$ (d) $Li_3N$

17. 虫歯予防のため一部の歯磨きに入れてあるフッ化スズは，陽イオン $Sn^{2+}$ とフッ化物イオンからなる．フッ化スズの (a) 組成式を書き，(b) 式量を計算せよ．

18. 8 オンス（約 240 mL）のコーヒーは 90 mg のカフェイン $C_8H_{10}N_4O_2$ を含むとする．そのコーヒー 1 杯が含むカフェイン分子は何個か．分子量 1 は質量 $1.66 \times 10^{-21}$ mg にあたる．

# 4 エネルギーと暮らし

4・1 エネルギー
4・2 化石燃料
4・3 石油精製とガソリン
4・4 化石燃料と炭素循環
4・5 温室効果ガスと気候変動
4・6 エネルギー源の未来

## 4・1 エネルギー

- エネルギーにはどんな種類がある？
- エネルギーはどう利用する？

日ごろ"エネルギー"は，活気や気分を表すのによく使う．しかし化学ではエネルギーをきちんと定義しなければいけない．まずはエネルギーの定義と利用法を眺めよう．

### エネルギーの定義

エネルギー（energy）とは，仕事をする能力をいう．何か仕事をするときはエネルギーを使い，反対に，エネルギーを使えば仕事ができる．球を投げたりカートを押したりするときの仕事は，加えた力と移動距離のかけ算で表す．またエネルギーには，"隠れたエネルギー"といえる位置エネルギー（ポテンシャルエネルギー potential energy）と，動く物体の運動エネルギー（kinetic energy）がある．

(a) エントロピー増加のイメージ　水にたらした色素は分散し，やがて均一な混合物になる．その途上で色素分子の居場所はどんどん不確実になっていく．

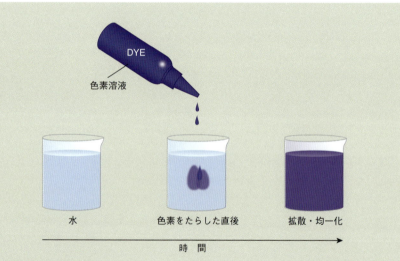

(b) エネルギー消費とエントロピー増加　機械も生物もエネルギーを消費しつつ仕事をする．そのときエネルギーの一部は必ず熱となって散らばり，系（考えている粒子集団）のエントロピーが増す．

生物体は食物の化学エネルギーを使って体温を保ち，仕事をする．食物がもつエネルギーの半分以上は熱になる

図解 4・1　エントロピーと熱力学第二法則　粒子集団（原子・イオン・分子）の乱雑さが増すほどにエントロピーは大きくなる．

ジャンプ台からプールに飛びこめば，高い場所でもっていた位置エネルギーが少しずつ運動エネルギーに変わっていき，最後の着水点で運動エネルギーが仕事をする（水しぶきを上げる）．

燃料などの物質も位置エネルギーをもち，化学変化でそれをとり出せば仕事ができる．たとえばエンジン内でガソリンが燃えると，化学結合にひそんでいた位置エネルギーが，最後はピストンの運動エネルギーに変わって車が走る．動物は，食品がもつ位置エネルギーを代謝でとり出し，呼吸や歩行，坂登り，激しい運動もできる．電池内の物質がもつ位置エネルギーは電気エネルギーに変わり，照明やエンジンの起動に役立つ．エネルギーは，総量は一定のまま（**エネルギー保存則** law of conservation of energy）さまざまに形を変える（落下物体の位置エネルギー → 運動エネルギーなど）．

**熱力学**（thermodynamics）では，**熱**（heat）を含めたエネルギーの相互変換を扱う．熱力学には四つの法則があるけれど，本書の範囲なら**第一法則**（first law）と**第二法則**（second law）だけですむ．第一法則はエネルギー保存則にほかならない．

エネルギーが姿を変えるとき，一部は必ず熱になり，仕事に使えない．だから動作中の電池は熱い．エンジンでも，ガソリンがもっていた化学エネルギーの 80% 以上は熱になる．熱力学第二法則では，熱に変わる量が多いほど**エントロピー**（entropy）が増え，乱雑さが大きくなる，と言い表す（図解4・1）．化学変化はそのような向きに進みやすい．

化学，電気，熱…などの姿をとるエネルギーは，**ジュール**（記号 J）を単位に表す．スマホが1秒間だけ動作するときの消費エネルギーがほぼ1Jに等しい．古くから使われてきた単位の**カロリー**（cal）とジュールは次式で結びつく．

$$1\,\mathrm{J} = 0.239\,\mathrm{cal}$$

### エネルギーの利用

住宅やビル，学校，店舗，病院などで室温を快適に保ち，湯を沸かし，明かりをつけ，家電製品を動かすにはエネルギーを使う．自治体が街灯をつり，交通信号を働かせ，水を供給する公共サービスも同様．自動車や航空機，船は燃料で動き，電車は電気で動く．エネルギーの消費量では産業活動がいちばん多い．鉄や非鉄金属，紙や木製品，燃料や石油化学製品，繊維や織物，食品，エレクトロニクス製品などをつくるときもエネルギーを使う．

2016 年度の日本は $1.3 \times 10^{19}$ J のエネルギーを使い，うち産業部門が 46.1%，業務（商業）部門が 12.9%，運輸部門が 24.5%，家庭部門が 15.4%，その他が 1.1% を占める*．

2015 年に全世界の総エネルギー消費は $5.7 \times 10^{20}$ J にのぼり，その 80% 以上を化石燃料（次項）から生み出した*．

---

\* データ出典："EDMC/エネルギー・経済統計要覧 2018 年版"，（一財）省エネルギーセンター（2018）．

## 振 返 り

1. エネルギーはどんな単位で表す？
2. エネルギーを消費するおもな4部門は？

## 4・2 化 石 燃 料

- 化石燃料にはどんな種類があり，どう利用される？
- 世界総エネルギー消費に化石燃料が占めるおよその比率は？
- 化石燃料を燃やすと何ができる？

社会の工業化は，おもに**化石燃料**（fossil fuel）を燃やして得るエネルギーが前に進めた．暮らしを支える自家用車や公共交通，発電，食糧の生産・流通も，化石燃料なしには成り立たない．

### 化石燃料の種類

世界エネルギー消費の大部分は，炭素に富む化石燃料（天然ガス・石油・石炭）から生む．化石燃料の源は，恐竜時代より古い 2.8～3.6 億年前に栄えた生物の組織だという．そんな組織が堆積し，地下深くで高圧・高温を受け，化石燃料に変わった．化石燃料はおもに**炭化水素**（hydrocarbon）からなり，そのひとつにプロパンがある（図解4・2）．

図解 4・2 **プロパンという炭化水素** プロパンは原油にも天然ガスにも含まれる．（p.50 参照）

**天然ガス** 天然ガス（natural gas）も，高圧のもとで有機物が分解・変性したものだろう．主成分はメタン $CH_4$ だが，天然では別の炭化水素や二酸化炭素などの不純物も含むため，精製してから使う．ロシアと米国の生産量が多く，米国では家庭のほぼ半数が天然ガスで暖房する．メタンは無

臭だから，ガス漏れ感知のために硫黄系ガスを少しだけ混ぜて悪臭をつける．

天然ガスの鉱床は地下深くの岩石層にある．米国では，頁岩（シェール）が含むシェールガス（shale gas）の採掘に**水圧破砕法**（通称**フラッキング** fracking）を使う場面が増えてきた．水と砂と薬剤の混合物を地下に圧入し，岩石層を壊して天然ガスを放出させる．かつて掘りにくかった鉱床にも使えるが，大量の排水が地下水を汚すからと反対する人もいる．ただし米国エネルギー情報局の予測だと，2011〜40年に米国の天然ガス生産量は，フラッキングのおかげで44％くらい伸びるだろうという．

**石　油**　　石油（petroleum）という語はラテン語の *petra*（石）と *oleum*（油）からでき，地下の岩層からとり出せる油を意味する．米国では石油が総消費エネルギーの約40％を占める．

原油はガソリンやディーゼル油，灯油，ジェット燃料（ケロシン）などに分ける（石油精製）．ガソリンの生産と内燃機関のしくみ，ガソリンの燃焼効率などは次節で眺めよう．原油の一部はプラスチックや農薬，医薬の合成原料になる．

**石　炭**　　石炭（coal）は化石燃料のうち量が最多で，鉱山の分布がいちばん広く，とり出せるエネルギーあたりの価格がいちばん安い．液体（石油）でも気体（天然ガス）でもなく固体だから，おもな用途は発電になる．埋蔵量では米国が，生産・消費量では中国が世界のトップにある．米国科学アカデミーの見解によると，石炭の採掘・利用には次の問題がある．

・露天掘りが景観を壊し，鉱山廃水が水質を汚す．
・石炭の燃焼は，雨を弱酸性にする二酸化硫黄や窒素酸化物（8章）と，重金属（水銀など）や粒子状物質を出して環境汚染につながる．
・ほかの化石燃料に比べ，産生熱量・電力あたりの $CO_2$ 排出量が多い．

ただし近年の技術革新で汚染物質の排出は大幅に減り，石炭火力の発電効率も上がってきた．

**化石燃料の消費**　　生成より消費のほうがずっと速い化石燃料は，**再生不能資源**（nonrenewable source）という．他方，短い時間で再生できる風力や太陽光，バイオ燃料（薪）は**再生可能資源**（renewable source）とよぶ．化石燃料の"可採年数"は見積もりに大きな幅があるものの，石油・天然ガス・石炭の順に枯渇するだろうという．いまの消費ペースなら，石油は今世紀の中ごろに枯れ始め，石炭は来世紀のどこかで枯れるとみる人がいる．

国際エネルギー機関の数値だと，世界エネルギー消費の約80％は化石燃料が担う（図解4・3）．国別エネルギー消費では中国が米国を抜き，2035年ごろは米国の1.7倍もエネルギーを使うだろう．ただし人口あたりの消費量なら，米国がまだ世界一の座にある．世界人口の5％しかいない米国が，エネルギーの量では世界の約20％も使う．

クルマ社会の米国では，消費エネルギーのうちに石油が40％近くも占める．使用量がなにしろ多いため，使う石油の50〜60％は輸入せざるをえない．

### 化石燃料の燃焼

化石燃料の**燃焼**（combustion）は酸素を消費し，二酸化炭素と水のほか，ときにほかの汚染物質も生む．燃焼は燃料の**酸化**（oxidation）を表し，**発熱**（exothermic）反応の類になる（逆に熱を吸う反応は**吸熱** endothermic 反応という）．燃料が燃えるときは炭素原子Cが酸素$O_2$と結合して$CO_2$になるため，酸化という呼び名がついた（図解4・4）．

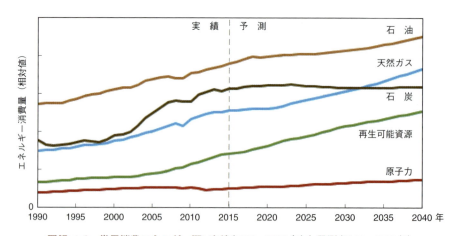

**図解 4・3　世界消費エネルギー源：実績（1990〜2015年）と予測（2015〜2040年）**
しばらくは化石燃料が世界を支える．再生可能資源のほとんどは薪と水力．
[https://www.eia.gov/todayinenergy/detail.php?id=32912]

$$C_xH_y + O_2 \longrightarrow CO_2 + H_2O + 熱$$
炭化水素　酸素　　　　二酸化炭素　水

具体的な炭化水素の燃焼は，係数の決まった反応式に書ける．

$$CH_4 + 2\,O_2 \longrightarrow CO_2 + 2\,H_2O + 熱$$

メタン分子1個が酸素分子2個と反応して二酸化炭素分子1個と水分子2個ができ，熱が放出される

**図解 4・4　化石燃料の燃焼**　炭素 C に富む化石燃料が燃えると，二酸化炭素 $CO_2$ と水 $H_2O$ ができて熱が出る．

ほかの反応と同様，化石燃料の燃焼でもエネルギー保存則が成り立つ．反応物（炭化水素と酸素）が化学結合の中にもつ位置エネルギーは，生成物（二酸化炭素と水）がもつ位置エネルギーより大きいから，燃えたときは位置エネルギーの差が熱の姿で外に出る．

一定の発熱量ごとに出る $CO_2$ の量は，化石燃料の種類で変わる．天然ガスの $CO_2$ 排出量が最小で，石油より 29%，石炭より 43% も少ない．だから地球温暖化を怖がる人は，石炭や石油を心配する．ちなみに自動車のエンジンでガソリン 1 L が燃えると，約 2.3 kg の $CO_2$ が大気に出る．

## 振 返 り 🛑

1. 天然ガス，石油，石炭のおもな用途は？
2. 化石燃料は，世界エネルギー消費の何 % ほど占める？
3. 化石燃料が燃えたときにできる二つの物質は？

## 4・3　石油精製とガソリン

● ガソリンのオクタン価とノッキングの関係は？
● ガソリンは原油からどうやってつくる？
● 自動車の排ガス浄化装置は何をする？

自動車のイグニッションキーをひねると，一連の化学反応が始まる．バッテリーを出た電子がセルモーターを回し，モーターがエンジンを起動する．エンジン内のプラグ点火が炭化水素（ガソリン）と酸素（空気）の燃焼反応を促し，動力を生む．ガソリンの燃焼が力学エネルギーに変わるしくみと，原油をガソリンなどの成分に分ける操作を本節で眺める．

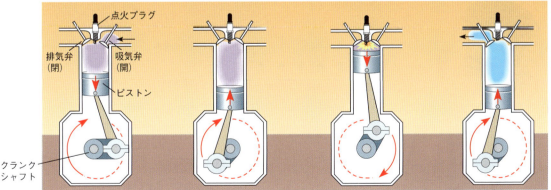

**流れをつかむ：4 行程エンジンのしくみ**

❶ 吸　気　ピストンが下がり，混合ガスがシリンダーに入る．

❷ 圧　縮　ピストンが上がり，混合ガスが圧縮される．

❸ 点　火　プラグが点火し，爆発の衝撃でピストンが下がる．

❹ 排　気　ピストンが上がり，燃焼後のガスがシリンダーから出る．

**考えよう**
次のようになるのはどの行程か？
(a) 吸気弁も排気弁も"閉"．　(b) 弁の片方だけが"開"．
［答］(a) 圧縮と点火　(b) 吸気と排気

## 内燃機関

ガソリンエンジンには4気筒, 6気筒, 8気筒などがある. 気筒（シリンダー）とは, 直径10 cm弱の管に, 往復運動するピストンを納めたものだ. 運動の最大幅をストローク（行程）といい, 精巧なロッド（腕）とギアがピストンの直線運動を回転運動に変える. 単純なエンジンではシリンダー頂部のバルブ（弁）2個がピストンの動きにつれて開閉し, ぴったりのタイミングでプラグが点火する. 4行程で一巡するエンジンのしくみを前ページの**コラム**に描いた.

プラグが発火すると, 燃焼で生じる高温のガスが膨張してピストンを押し下げる（出た熱の大半はエンジンブロックから散逸する）. 自動車の後部から出る排ガスは, 二酸化炭素と水のほか, 未燃焼の炭化水素や一酸化炭素, 原油から除ききれなかった窒素系・硫黄系の不純物も含む. とりわけ窒素酸化物と硫黄酸化物は, 酸性雨の原因だといわれた時代がある（8章）.

ガソリンからなるべく多くのエネルギーをとり出すため, エンジンは**圧縮比**（compression ratio）が大きくなるよう設計する. 圧縮比とは, 圧縮開始前の体積を点火時の体積で割った値をいう. 圧縮比が大きいほど, 点火時の混合ガスが生む力は大きい.

1920年代のエンジンは圧縮比が約4だった（混合ガスを約4分の1に圧縮して点火）. いま圧縮比は10を超え, その分だけ炭化水素の燃焼からとり出せるエネルギーが多い.

だが圧縮しすぎると, エンジンが**ノッキング**（knocking）を起こす. 異音を出すノッキングは, 登り坂で加速するときなどに起こりやすい. 圧縮比が大きいほど, シリンダー内の燃焼にムラができる結果, ノッキングが起こりやすい.

ノッキングは燃費を悪くし, ピストンの上面に穴や亀裂を生むこともある. ガソリンのオクタン価（後述）が高いほどノッキングは起こりにくい.

## 石油精製

米国では, 自家用車やバン, トラック, バス, バイクなど計2億5000万台以上の車両が, 年に計5兆km を走る. それに必要な30億バレル（1バレル＝159 L）のガソリンは, 70億バレルの原油から製造された（2012年）.

ガソリンは炭化水素の混合物で, おなじみの匂いは**揮発性**（volatility）の炭化水素が生む. 揮発性の化合物は, 暮らしにもずいぶん使う（図解4・5）.

原油は多様な揮発性の炭化水素からなる. 原油は**石油精製**（petroleum refining）という操作で成分に分ける. 沸点のちがいを利用する**分留**（**分別蒸留** fractional distillation）では, 揮発性の高い気体成分から不揮発性のタールまで, さまざまな成分に分ける（**コラム**）.

いま蒸留だけでガソリンの需要は満たせない. 原油を分けるだけだと, ガソリンに適した炭化水素が十分でないのだ. ふつう原油が含むガソリン成分はせいぜい20%しかない.

そこで**触媒**（catalyst）を使い, 炭化水素の一部をガソリン向きに変える. 方法のひとつ**接触分解**（catalytic cracking）では, 炭化水素の大きい分子を分解（クラッキング）する. たとえば, C原子12個のケロシン留分（C-12）を, 2個のC-6炭化水素分子にする（図解4・6a）. 揮発性のあるC-6炭化水素はガソリンの成分にふさわしい.

ただし接触分解を行うと, ガソリン分より大きな炭化水素分子が減ってしまう. 接触分解でガソリン分を20%から約45%に増やせば, その分だけケロシンや灯油の生産量が減ることに注意しよう.

石油精製には, 分留と炭化水素の切り刻み（接触分解）の

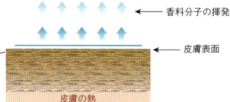

**考えよう**

香水の香りは少しずつ変わっていく. なぜだろう？
［答］香料は何種類も混ぜてある. 揮発性の高い分子から順に飛び, 揮発しにくい分子の割合が徐々に増すため.

**図解 4・5　身近な揮発性化合物**　皮膚の熱は, コロンや香水に入れてある香料分子を揮発させる.

4・3 石油精製とガソリン

### 流れをつかむ: 石油の分留（分別蒸留）

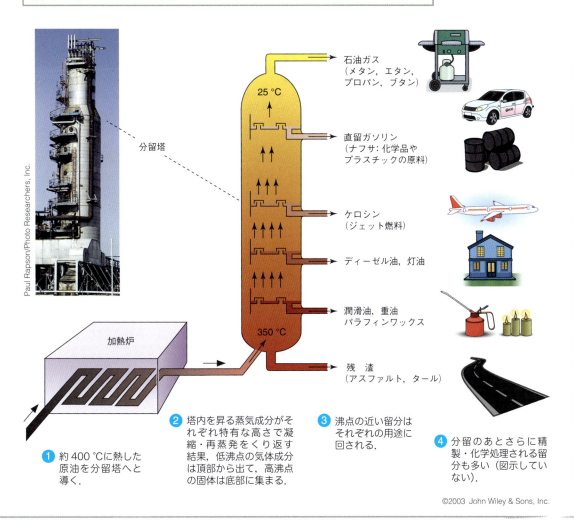

(a) クラッキング（分解）　大きい炭化水素分子を小さい分子に分解する．

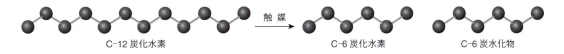

(b) リフォーミング（改質）　直鎖の炭化水素分子を枝分かれまたは環化させる．

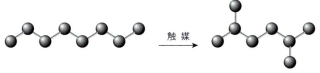

● = 炭素原子

**図解 4・6　炭化水素の触媒処理**
分子図は，見やすくするため水素原子を省いてある．

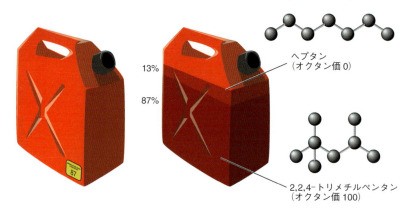

**考えよう**

"オクタン"とヘプタンをどんな比率で混ぜれば，プレミアムガソリン（オクタン価93）と同じノッキング性を示すか．
　　　　［答］"オクタン"93％，ヘプタン7％

**図解 4・7　ガソリンのオクタン価**　オクタン価87のガソリン（左）と，それを理想化した組成（右）．

ほか，**接触改質**（catalytic reforming）もある．接触改質では，直鎖の炭化水素や，枝分かれの少ない炭化水素を，枝分かれの多い分子に変える（図解4・6b）．そんな分子がガソリンのオクタン価（後述）を上げるのだ．

原油が無尽蔵なら，接触分解や接触改質で一部の最終産物が増減してもかまわない．しかし厳冬期に石油の禁輸でもあれば，灯油やガソリンが足りなくなる．そのとき，ガソリンの生産量を増やす（灯油は減らす）か，暖房用灯油の生産量を増やす（ガソリンは減らす）かの選択を迫られる．状況を緩和するため米国政府は，テキサス州とルイジアナ州の地下貯蔵所に原油7億バレルを備蓄している．緊急時には大統領令が備蓄分の用途を決める．

## ガソリン

精密に設計されたエンジンには，ぴったりの炭化水素混合物を使う．ガソリンには100種以上の炭化水素と，微量の不純物・添加物が混ざっている．揮発性の炭化水素が多ければ，寒い朝でもエンジンが一発でかかる．しかし揮発性の炭化水素があまりに多いと，酸素が足りなくなって燃焼がうまくいかない．点火がスムースでなくなって燃費が落ちるうえ，ベーパーロック（ガソリン蒸気がエンジンへの燃料流入を止める現象）も起こる．7月のマイアミでも1月のシカゴでも問題がないよう，メーカーは場所と季節に合わせてガソリンの組成を調節する．

圧縮比の大きい現行エンジンでも，ガソリンがスムースに燃えればノッキングは起こらない．メーカーの試験で，炭化水素の枝分かれが激しいほどノッキングは起こりにくいとわかった．その典型がC-8炭化水素の2,2,4-トリメチルペンタン（業界の通称"オクタン"）だ．他方，直鎖C-7炭化水素のヘプタンは，圧縮比が小さくてもノッキングを起こす．そこで，"オクタン"の**オクタン価**（octane rating）を100，ヘプタンのオクタン価を0とみる（図解4・7）．

エンジンの圧縮比が高い自動車には，高オクタン価のガソリンを入れてノッキングを防ぐ．そうでない自動車は，高いプレミアムガソリンを入れても，燃費もパワーもさほど上がらない．

安価で簡便にオクタン価を上げる手段が1920年代に見つかった．ガソリン1ガロン（約3.8L）に茶さじ1杯のテトラエチル鉛$(C_2H_5)_4Pb$を混ぜると，オクタン価が10～15ポイント上がる．それが鉛入りガソリン時代の幕を開け，ノッキングしない強力なエンジンの量産につながった．

1950年代の自動車は有毒な排ガスをまき散らしていた．現実の排ガスは，$CO_2$と$H_2O$のほか，未燃焼の炭化水素や，不完全燃焼が生む一酸化炭素CO，硫黄分が酸化された二酸

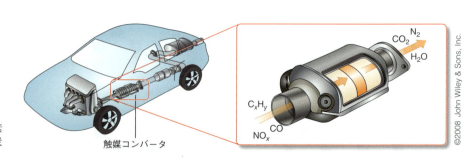

触媒は次の仕事をする．
- 炭化水素$C_xH_y$と一酸化炭素COを**酸化**し，無害な二酸化炭素$CO_2$と水$H_2O$に変える．
- 窒素酸化物$NO_x$を**還元**し，無害な窒素$N_2$に変える．

**図解 4・8　触媒コンバータ**

**考えよう**

コンバータ内で，未燃焼の炭化水素と反応する気体は何か．　［答］酸素

化硫黄 $SO_2$，高温反応が生む窒素酸化物 $NO_x$（NO，$NO_2$）なども含んでいる．

1970 年に米国議会は"大気浄化法"を制定し，排ガスの規制を始めた．そこでメーカーは**触媒コンバータ**（catalytic converter）を開発する．触媒に使う白金やパラジウムが炭化水素の酸化を進め，ロジウムが $NO_x$ の還元を進める（図解 4・8）．米国では，1975 年ごろから新車の大半がそうなった．

触媒の表面に別の物質がつくと，活性が落ちる（触媒の**被毒** poisoning）．とりわけ鉛 Pb は被毒作用が強い．そこで米国政府は，コンバータつき自動車への鉛入りガソリンを禁じた．ただし鉛添加は，健康被害の面でいずれ禁止されただろう．

1980 年代の初めに，新しいオクタン価向上剤として MTBE（メチル $t$-ブチルエーテル）$(CH_3)_3C-O-CH_3$ が登場する．MTBE は，オクタン価を上げるばかりか**含酸素添加剤**（oxygenate）として，分子内の O 原子が炭化水素の燃焼効率を上げもする．燃焼効率を上げ，未燃焼の炭化水素や一酸化炭素 CO の排出を減らす．だから米国議会は 1990 年に大気浄化法を改訂し，一部の大都市で含酸素添加剤の使用を義務化することにした．

1990 年代の中期，MTBE の環境リスクが判明する．地下の貯蔵タンクからガソリンが漏れ，水溶性の MTBE が地下水や水道水に入るとわかり，2005 年にはほとんどの州が MTBE を禁止した．いま代替には，**バイオ燃料**（biofuel）を推奨する連邦法の精神に従い，エタノール $C_2H_5OH$ が使われる．そのエタノールはほぼ全部をトウモロコシの発酵でつくり，2010 年には米国のトウモロコシ生産量の 30% までがエタノール生産に回った．

## 振返り 🛑

1. エンジンのノッキングを起こしにくいガソリンの特性は？
2. 原油を成分に分けるとき，なぜ加熱する？
3. 触媒コンバータと含酸素添加剤が未燃焼の炭化水素を減らすしくみは？

## 4・4 化石燃料と炭素循環

● 炭素循環（炭素サイクル）とは？
● 化石燃料は炭素循環にどう影響する？

生物界は，エネルギー源の太陽がなければ生まれなかった．太陽が宇宙空間に出す光エネルギーの約 22 億分の 1 が，可視光と紫外線，赤外線の形で地球に届き，全生命を養う．

### 光合成と呼吸

植物の**光合成**（photosynthesis）は，太陽光エネルギーの一部を物質の化学エネルギーに変換する．化学反応でいえば，水 $H_2O$ と大気中の $CO_2$ を原料にして，糖などの**有機化合物**（organic compound）と酸素 $O_2$ をつくる（図解 4・9）．

植物を食べた動物が，光合成の反応を逆行させる．光合成産物（有機化合物）を空気中の酸素と反応させ，二酸化炭素と水に戻す．それを**呼吸**（細胞呼吸 cellular respiration）という．呼吸では，食品の有機分子に蓄えられていたエネルギー（もとは太陽光エネルギー）が放出される．

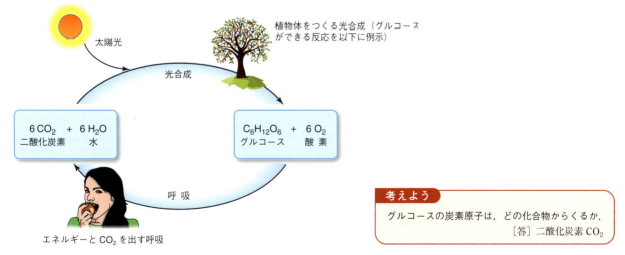

**図解 4・9 光合成と呼吸** 光合成と呼吸（細胞呼吸）は表裏の関係にある．

**考えよう**
グルコースの炭素原子は，どの化合物からくるか．
［答］二酸化炭素 $CO_2$

## 炭素循環

高等植物の光合成では，二酸化炭素が化学変化して酸素が出る．動物は光合成の産物を食べて酸素と反応させ，二酸化炭素を出す．光合成と呼吸は，地球上の**炭素循環**（**炭素サイクル** carbon cycle）の一部をなす．炭素は，**大気**（**気圏** atmosphere），海や湖，川などの**水圏**（hydrosphere），**生物圏**（biosphere）とよばれる三つの貯蔵場所を巡り続けている．

化石燃料がある**岩石圏**（lithosphere）も炭素の大貯蔵場所となっている．太古に生きたプランクトンの死骸が海底に沈み，底泥と一緒に埋まった．数千万年のうち，熱と高圧，化学変化の作用を受けて，原油や天然ガスになったのだろう．石炭のほうは，太古の湿地に栄えた植物の組織からできたと考えられる．

そんな化石燃料を燃やせば，大気に二酸化炭素が出る．いまの人間活動は 1 年間に 350 億トンほどの $CO_2$ を出す．その営みが天然の炭素循環を乱し（図解 4・10），人間活動の出す $CO_2$ が地球を暖めていろいろな害をなすとみる人も多い．それを次節で考えよう．

> **考えよう**
>
> 化石燃料を燃やすとき，(a) 岩石圏，(b) 大気，(c) 水圏の $CO_2$ は増すか，減るか？
>
> ［答］(a) 減る (b) 増す (c) 増す

## 振返り

1. 光合成と呼吸は，なぜ表裏の関係だといえる？
2. 化石燃料を燃やすと，なぜ大気中の二酸化炭素が増える？

### 4・5 温室効果ガスと気候変動

- 温室効果ガスとは？
- 温室効果ガスは地球の気候にどう影響する？

大気に増える $CO_2$ の**温室効果**（greenhouse effect）は，地球の気候を変えるのだろうか？

## 温室効果

ガラス製の温室では，閉じた空間に太陽光が入ってくる．温室の内部で吸収されたエネルギーの一部は，熱線つまり**赤外線**（infrared radiation）に変わる．ガラスは赤外線を通し

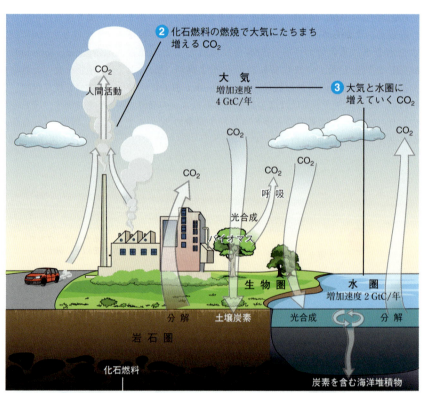

**図解 4・10 炭素循環と化石燃料** 大気・生物圏・水圏・岩石圏の炭素貯蔵量はほぼ一定だったところ，化石燃料の燃焼で大気の $CO_2$ が増え続けている．増加速度は炭素換算ギガトン（GtC）で表示．1 GtC は 3.67 $GtCO_2$ に等しい．［図出典: Office of Biological and Environmental Research of the U.S. Department of Energy Office of Science］

## マクロとミクロ　人為起源の温室効果ガス

(a) **おもな3種**　人為起源ガスのうち，温室効果への寄与では $CO_2$ が 80％以上，メタンが 10％弱，一酸化二窒素が 5％程度を占める．

二酸化炭素 $CO_2$
化石燃料や薪の燃焼，森林伐採から発生

メタン $CH_4$
ゴミ処理場，牧畜，水田，炭鉱などから発生

一酸化二窒素 $N_2O$
農耕地の窒素肥料から発生

(b) **温室効果ガスによる赤外線吸収のしくみ**　分子内の結合は，伸縮や"曲げ"の振動を続けている．振動のうち，分子内の正電荷と負電荷の分布を変える振動（一例を図示）が赤外線のエネルギーを吸収する．

$CO_2$ 分子の"曲げ"運動

C 原子（頭）を下げ，O 原子（腕）を上げる

C 原子（頭）を上げ，O 原子（腕）を下げる

くり返し

にくいため，熱が内部にこもって温室内の温度を上げる．

　大気もそんな性質をもつ．大気を透過してきた太陽光の一部は地球表面で吸収されたあと，赤外線に変わって宇宙へと向かう．$CO_2$ などの**温室効果ガス**（greenhouse gas）が，その赤外線を吸収する（図解 4・11）．

　太陽からの距離で決まる地球の気温は，大気がなければ－18 ℃ のところ，現実は＋15 ℃ 程度だから，大気は約 33 ℃ 分の温室効果を示す．温室効果のほぼ 95％ までは水蒸気 $H_2O$ が生むため，$CO_2$ などの効果は最大 2 ℃ 分もない．

　温室効果そのものに害はない．温室効果ガス（主体は水蒸気 $H_2O$）がなければ寒すぎて，生命も生まれようがなかった．隣の惑星（金星）は，ほぼ $CO_2$ だけの厚い大気をもつため，太陽にいちばん近い水星（平均表面温度 167 ℃）よりもはるかに暑く（平均表面温度は，鉛の融点よりだいぶ高い 465 ℃），生命は存在できない．

### 気候変動

　人類は多彩なエネルギー源を利用してきた．昔は農耕に家畜を，航行に風を，粉ひきに水流を，暖房や炊事に薪を使った．18 世紀の中ごろにエネルギー利用の新時代が始まる．英国は蒸気機関の発明と石炭採掘の拡大で，農業国から工業国へと進化した．入手しやすい石炭と，そのエネルギーを仕事に変える蒸気機関が，産業革命の扉を開けたのだ．

　英国発の産業革命が諸国へ広まり，化石燃料の使用量が増える結果，大気の $CO_2$ 濃度が上がり始めた．1958 年時点の $CO_2$ 濃度は，1750 年代に比べて 12％ ほど多い．現在は産業革命前より 45％ も多く，年に約 0.5％ ずつ上昇している（図解 4・12）．同じ期間に地球の気温も上がってきたから，温暖化の一部は化石燃料の燃焼が原因かもしれない．

　人間活動が出すものを，**人為起源**（anthropogenic．ラテン語 *anthropos* ＝ 人間，*genus* ＝ 源）の温室効果ガスとよぶ．

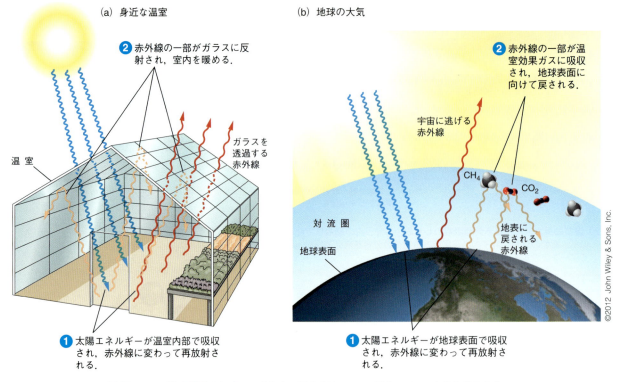

**図解 4・11 温室効果のしくみ** 大気中の温室効果ガスは，温室のガラスと似た働きをする．

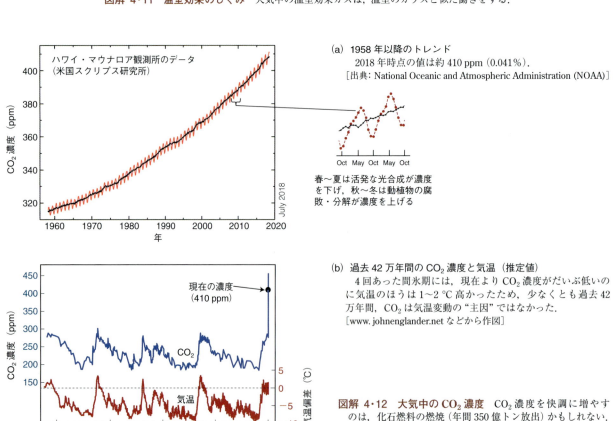

**図解 4・12 大気中の $CO_2$ 濃度** $CO_2$ 濃度を快調に増やすのは，化石燃料の燃焼（年間 350 億トン放出）かもしれない．放出量のほぼ半分は大気にたまる．残りが光合成で固定され，地球の緑化を進めている．

## 4・6 エネルギー源の未来

● 再生可能エネルギー源の利点と限界は？
● 化石燃料の環境影響を減らす方策は？

国際エネルギー機関の予測によれば，2012〜40年に世界のエネルギー需要は40％ほど増え，総消費エネルギーの約80％までを化石燃料の燃焼から生み続ける．化石燃料はいずれ枯れるし，燃焼に伴う汚染にも注意しなければいけない．だから化石燃料の"次"を考えておく意味はある．

### 代替エネルギー源

"ポスト化石燃料"の代替エネルギーとして，太陽エネルギーがよく話題にのぼる．太陽熱と**太陽光発電**（photovoltaics）は直接的な利用，**風力エネルギー**（wind energy）や**バイオマス**（biomass），**水力発電**（hydropower）は間接的な利用だといえる．

代替エネルギー源には**核エネルギー**（nuclear energy）と**地熱エネルギー**（geothermal energy）もある．前者のうち，ウランなどの**核分裂**（nuclear fission）を利用する発電は実用化された．地熱も暖房や発電に使える．

いま世界エネルギー需要の約5％を原子力が占め，約12％を再生可能資源（そのほとんどは水力とバイオマス＝薪）が占める（原子力発電は9章で，太陽光発電は10章で紹介する）．発電中は$CO_2$を出さない原子力も，コストや安全性（事故，長寿命放射性廃棄物の保管など）の心配があるため，大幅な伸びは期待しにくい．

代替エネルギーの利用拡大には，コストの問題がつきまとう．再生可能資源を使う発電はまだ火力発電よりずっと高価だから，政府の巨額な補助金がなければやっていけない．効率の向上とコスト削減に向けた研究開発が必要だろう．

交通（運輸）は世界エネルギー需要の30％近くを占めるうえ，大気を汚す原因にもなるから，ガソリンの消費量を減らす意味は大きい．そこに注目し，ハイブリッド車や電気自動車，燃料電池車が開発されてきた（10章；10・3節 p.148 も参照）．

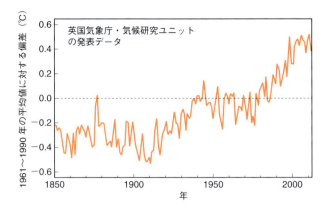

図解 4・13 世界の年平均気温推移（陸地＋海面）：1850〜2012年 ［http://www.ipcc.ch/report/ar5/］

温室効果の約5％（p.47）を担う人為起源ガスを**コラム**（p.47）に紹介しよう．

英国気象庁が発表した1850〜2012年の世界平均気温を**図解4・13**に示す．気温は1970年代から"100年あたり約1.5℃"上がったように見える．ただし上昇の勢いは，人為起源$CO_2$の排出がごくわずかだった1910〜40年と同程度だから，1970年代以降に人為起源$CO_2$がどれほど効いているかはよくわからない．また，世界の$CO_2$排出量が激増した1940〜70年代に気温はむしろ下がりぎみで，60〜70年代は"地球寒冷化"が科学界と政界の関心事だった．

地球の気候（気温など）は，太古から自然に変動してきた．近いところで1350〜1850年は，世界全体が寒い"小氷期"だった．現在が小氷期からの回復途上なら，人為的$CO_2$の排出がわずかだった1910〜40年の激しい気温上昇は，自然変動だったにちがいない．先進国が経済成長を進めた第二次大戦以降（1945年〜）に$CO_2$排出が激増し，その効果も**図解4・13**のグラフに効いているだろうが，どれほど効いているのかは，当面まだはっきりしない．

人為的$CO_2$の温暖化効果を心配する人々は，国連の会議で1997年12月に採択された**京都議定書**（Kyoto Protocol. 発効2005年2月）と，2015年12月に採択された**パリ協定**（Paris Agreement. 発効2016年11月）のもと，さまざまな"温暖化対策"を考えてきた．その営みに意味があるかどうかも，"対策"が$CO_2$排出を減らすかどうかも，さしあたり未知数にとどまっている．

- ハイブリッド車はガソリンと電池の両方で動き，電池はブレーキをかけたときに充電される．
- 電気自動車は，走行中は$CO_2$を出さないものの，充電に使う電力を火力発電で生むなら，根元で$CO_2$を出している．
- 燃料電池車は，水素$H_2$と酸素$O_2$の反応で出る電気を使う（図解4・14）．水素はふつう化石燃料から得るので，$CO_2$の排出を減らすことはない．水の電解で$H_2$を手に入れるやりかたも（10章），さほど単純な話ではない．

### 振返り 🛑

1. 温室効果ガスは，どのようにして地球の気温を上げる？
2. 地球の気温は，おもに人為起源の温室効果ガスが上げてきた？

(a) 電池反応と燃料電池のしくみ

$$2H_2 + O_2 \longrightarrow 2H_2O + エネルギー（電力）$$

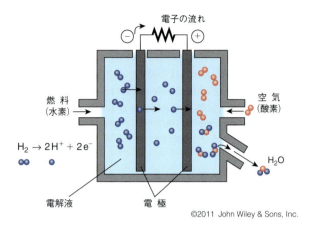

(b) 燃料電池バス　コストなど問題が多く，広く普及はしていない．

**図解 4・14　燃料電池**　水素と酸素の酸化還元反応から出るエネルギーを電気に変える．

### 炭素系の燃料

化石燃料など炭素系の燃料が環境に及ぼす影響は，燃料の種類ごとにちがう．まず石炭は，同じ発熱量あたり $CO_2$ 発生量は最大だが，安価で埋蔵量も多いため利用が拡大してきた．いま中国の石炭消費量は，米国とインド，ロシアを合わせた量よりも多い．

燃焼で出た $CO_2$ の隔離法を，**炭素の回収・隔離**（CCS = carbon capture and sequestration）という．火力発電所が出す $CO_2$ を集め，地下深くの岩石層にためる．各地で試みはあるけれど，回収や濃縮に莫大なエネルギーを使う（$CO_2$ を出す）から，まだ現実の成功例はない．

天然ガスはきれいに燃える．米国エネルギー情報局の予測だと，2010〜2040 年には天然ガスの消費量が最高の伸びを示す．その分だけ再生可能資源へのシフトは遅れるだろう．

石油の消費量は米国が世界一で，うち 3 分の 2 までが輸送に回る．$CO_2$ の発生はともかく，自動車は一酸化炭素 CO などの大気汚染物質を出す．

ガソリンの代替品には，**液化石油ガス**（LPG = liquefied petroleum gas）と，**液化天然ガス**（LNG = liquefied natural gas）がある．

慣用（誤用）名を"プロパン"という LPG は，常圧で気体の炭化水素に圧力をかけて液化したものだ．おもにプロパンとブタン（の異性体群）からなり，少量のメタンとエタンを含む．自動車の燃料として LPG は，ガソリンとディーゼル油に次ぐ第 3 位を占める（訳者注：日本ではタクシーのほぼ 80％が LPG で走行）．

メタン（天然ガス）を高圧で液化すれば LNG になる．重くて大きいタンクが必要だから，自動車には向かない．走行距離が 150 km 程度しかないこともあって，少なくとも自家用車には適さない．

**バイオ燃料**（biofuel）の一種に，穀類などの発酵でつくるエタノールがある（コラム参照）．オクタン価が 105 と大きいエタノールは，排ガスが環境を汚しにくい．ただし酸化されている分だけエネルギー密度が小さいし，まだ供給量も多くない．

植物が生えている草原や森，耕地は，陸地の約 30％を占める．植物は $CO_2$ を吸って光合成するため，草原や森を更地にすれば大気中の $CO_2$ が増す．ただし昨今，大気に増える $CO_2$ は地球の緑化をどんどん進め，食糧の増産にも貢献している．

### 振返り

1. 再生可能資源にはどんなものがある？
2. バイオ燃料は，どのようなときに $CO_2$ 排出を減らす？

### 章末問題

**復 習**

1. (a) 炭化水素が完全燃焼したときに生じる 2 種の気体は何か．
   (b) 炭化水素の不完全燃焼で生じる気体は何か．
2. (a) エンジンの圧縮比を上げる目的は何か．
   (b) エンジンの特性をどう変えると圧縮比が上がるか．
3. (a) 初期のガソリンにはテトラエチル鉛をなぜ加えたのか．
   (b) かつてテトラエチル鉛の添加をやめた理由は何か．
   (c) 添加をやめてどんないいことがあったか．
   (d) テトラエチル鉛と同じ効果を示す別の物質は何か．
4. 自動車の触媒コンバータは，何の排出を減らすか．排出が少し増える物質は何か．コンバータではどんな元素が働くか．
5. (a) オクタン価向上剤と含酸素添加物のちがいは何か．
   (b) 両方の機能を示す物質はあるか．あれば物質名を書

## 化学こぼれ話：歴史の古いバイオ燃料

　やや意外なことに，初期の内燃機関はバイオ燃料で動いた．1890年代にルドルフ・ディーゼルがつくったディーゼルエンジンには食用油が使われた．10年後にヘンリー・フォードが発明する"T型フォード"の燃料は，穀類の発酵で得たエタノールだった．しかし1920年代に安い石油が登場し，以後はガソリンが主役になっている．

　1973年の石油ショック（禁輸）でガソリン価格が高騰し，バイオ燃料がまた注目を浴びた．植物組織からつくるバイオ燃料は，再生可能資源だといえる．植物は大気中の$CO_2$を吸って体をつくるため，バイオ燃料を燃やしても大気の$CO_2$は増えないように思えてしまう（図）．

　だが図中の工程はどれも，化石燃料を使って進める．投入する化石燃料のエネルギー価値が産出バイオ燃料のエネルギー価値より大きいため，バイオ燃料を生産するほどに大気の$CO_2$は増え，化石燃料の枯渇が早まる．また，たとえばトウモロコシでバイオ燃料をつくれば，食糧に回るトウモロコシが減って関連食品の価格が上がる．藻類を使ってバイオ燃料をつくる試み（写真）も，まだ成功からは遠い．

　地道な研究開発を続けていけば，いずれコストとエネルギー収支の両面が良好なバイオ燃料生産法も見つかるかもしれない．

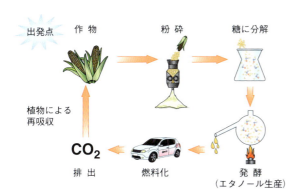

Adapted from U.S. Energy Information Administration.

バイオ燃料生産をねらう藻類の培養．いまのところ成否は未知数

け．

6. (a) 温室効果ガスはどんな電磁波を吸収するか．
   (b) その電磁波を吸収するしくみを説明せよ．

### 発展

7. 内燃機関の燃焼効率が十分に高く，触媒コンバータがいらなくても，今後"鉛入りガソリン"が再登場することはない．なぜか．
8. 作物のC原子は大気中の$CO_2$由来なのに，バイオ燃料を生産すると温室効果はむしろ強まる．なぜか．
9. 走行中の電気自動車は$CO_2$を出さないのに，電気自動車は（ガソリン車より少ないとはいえ）温室効果に寄与する．なぜか．

### 計算

10. 大気の$CO_2$濃度は，1970年の325 ppmから2018年の410 ppmへと増えた．増加率は何%か．
11. 米国の四輪車（大型トラックとバス以外）は1年間に平均2万kmを走り，ガソリン2600 Lを消費する．
    (a) 平均の燃費は何km/Lか．
    (b) 燃費が2 km/Lだけ上がれば，1台あたり節約できるガソリンは1年間に何Lか．
12. 石油精製では原油1バレル（159 L）から72 Lのガソリンをつくる．ガソリンへの変換率は何%か．また，米国が1日に消費する石油が2000万バレルのとき，1日に製造されるガソリンはおよそ何Lか．

# 5 食品のエネルギー

5・1 エネルギー量と代謝
5・2 油　脂
5・3 炭水化物
5・4 タンパク質

## 5・1 エネルギー量と代謝

- 食品のカロリー（熱量）はどう計算する？
- 体は食品のエネルギーをどう利用する？

見た目のまったくちがう人体とエンジンが，どちらも化学エネルギーを仕事に変える．エンジンは炭化水素と酸素が反応する**燃焼**（combustion）から熱（エネルギー）をとり出す．かたや人体は，**代謝**（metabolism）を通じて栄養素の化学エネルギーを仕事に変える．本節では，エネルギーと仕事，熱の関係を確かめたあと，栄養素のエネルギー価値を調べよう．

### エネルギー・熱・仕事

エネルギー（仕事をする能力）は熱量で表せる．まだ使う単位**カロリー**（calorie．記号 cal）は，ラテン語の *calor*（熱）からきた．1 cal は"水 1 g の温度を 1 ℃ 上げる熱量"にほぼ等しく，ジュール（joule．記号 J）とは 1 cal＝4.184 J≒4.2 J の関係にある．扱いやすい値にするため，1000 倍のキロカロリー（kcal）やキロジュール（kJ）を使うことが多い．

熱量は，**熱量計**（calorimeter）を使う**熱量測定**（calorimetry）で測れる．媒体が水の熱量計では，一定時間だけ熱したときの水温上昇から，水が受けとったエネルギーを計算する．精密な熱量計を使うと，燃焼時の発熱量から，油脂や炭水化物，タンパク質の熱量がわかる（後述）．なお食品のエネルギーは"カロリー"ともよぶ．

19 世紀英国のジェームズ・ジュールが，仕事と熱の定量的な関係をつかんだ．食品のカロリー表示では，ときに kcal と kJ の両方を使う（図解 5・1）．

> **確　認**
> 1. 2.5 kg の水を熱したら水温が 7 ℃ 上がった．加えたエネルギーは何 kcal か．また何 kJ か．
>    ［答］2.5 kg×{1 kcal/(kg・℃)}×7 ℃＝17.5 kcal＝73.2 kJ
> 2. 20 ℃ の水 12 kg を 100 ℃ に熱したい．必要なエネルギーは何 kcal か．また何 kJ か．
>    ［答］960 kcal＝4020 kJ

エネルギーを消費する速さ（仕事率）は**ワット**（watt．記号 W）で表す．ジュールとの関係をコラムにまとめた．

### エネルギー代謝の化学

エンジンはガソリンの燃焼（化学変化）から動力を得るところ，生物は代謝で食品を化学変化させ，エネルギーをとり出す．エネルギーの源は，化学結合の姿で物質にひそむ位置エネルギーだ．生成物（おもに $CO_2$ と $H_2O$）の総エネルギーは，反応物（食品分子）の総エネルギーより小さい．たとえばショ糖（砂糖）$C_{12}H_{22}O_{11}$ の代謝はこう書ける．

$$C_{12}H_{22}O_{11} + 12\,O_2 \longrightarrow 12\,CO_2 + 11\,H_2O + エネルギー$$

燃焼と同じ反応式に見えても，実体はずいぶんちがう．代謝は燃焼よりずっとずっと穏やかで，上式の反応を少しずつ"小分け"にして進ませる．一気に進ませると，1 箇所で出る大量の熱が大事な組織を傷めるからだ．

代謝もエネルギー保存則に従う．食品の化学エネルギーのうち，未消費分は蓄えられる．蓄える主役は脂肪の分子だから，運動などにエネルギーを使わないと体重が増す．

**摂取エネルギー**　　体のエネルギー源になる**多量栄養素**（macronutrient）には，油脂（脂質）と炭水化物，タンパク質の三つがある．ビタミンやミネラルなど，ごくわずかですむ**微量栄養素**（micronutrient）のことは，14 章でくわしく説明しよう．

熱量をキロジュール（kJ）とキロカロリー（kcal）で併記した表示

図解 5・1　カロリーとジュール　食品のカロリー表示にはお国柄が表れる．

## 計算のヒント: ジュール (J) とワット (W)

1 秒間 (1 s) にエネルギー 1 J を使う仕事率が 1 W にあたるため，1 W＝1 J/s と書ける (動作中のスマホがほぼ 1 W).

例: カロリー 1200 kJ のチョコレートは，100 W の電球を何分間 (何 min) だけつけるエネルギーをもつか．

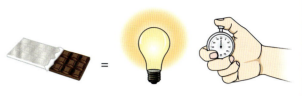

計算

$$1200\ \text{kJ} \times \frac{1000\ \text{J}}{1\ \text{kJ}} \times \frac{1\ \text{W} \times 1\ \text{s}}{1\ \text{J}} \times \frac{1}{100\ \text{W}}$$

$$= 12000\ \text{s} = 200\ \text{min}$$

**考えよう**
20 ℃ の水 12 kg を 100 ℃ に熱するエネルギーで，40 W の電球は何時間つくか． ［答］28 時間

---

まずは，多量栄養素のエネルギー量 (エネルギー密度) を眺める．1 グラムあたり，油脂が約 9 kcal (約 38 kJ)，炭水化物とタンパク質がそれぞれ約 4 kcal (約 17 kJ) のエネルギーを出す．食品の種類に関係ないし，微量栄養素が共存してもしなくても値は変わらない．料理のカロリー計算例を下のコラムにまとめた．

油脂のエネルギー密度 (38 kJ/g) は，炭水化物やタンパク質の 2.2 倍を超す．だからこそ体は余ったエネルギーを，油脂の姿で蓄える．なおエタノールのカロリー (約 29 kJ/g) は，炭水化物やタンパク質よりも油脂のほうに近い．

**消費エネルギー**　人体は摂取エネルギーを運動や代謝に使う．運動と 2 種類の代謝 (食後代謝，基礎代謝) の消費エネルギーをみておこう．

運動は軽いジョギングから激しい競泳まで幅広い．静かに座っているときも，姿勢を保ち，首を直立させ，目を開けておくのに筋肉を使う．そんな営みの全部を"運動"とみる．

食物の消化と代謝に必要なエネルギーを，**食後代謝** (食物

## 計算のヒント: 料理のカロリー数

1 グラムあたり油脂が 38 kJ，炭水化物とタンパク質が各 17 kJ として，料理のカロリーを計算できる．食事と成分の例を下に描いた．

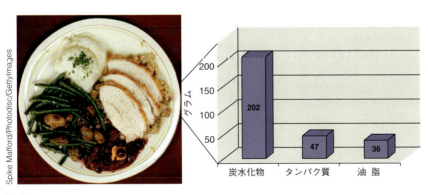

計算
炭水化物　202 g × (17 kJ/g) ＝ 3430 kJ
タンパク質　47 g × (17 kJ/g) ＝ 800 kJ
油　脂　　36 g × (38 kJ/g) ＝ 1370 kJ
合　計　　　　　　　　　　　5600 kJ

**考えよう**
写真の料理に，炭水化物 5 g，タンパク質 6 g，油脂 20 g のソースをかけた．カロリーはいくらになるか．
［答］6550 kJ

の産生熱量 thermic effect of food＝TEF）という．ガソリンの場合なら，原油の分留（4章，p.43）で使うエネルギーにあたる．

食事のあとポカポカして心拍が少し速まるのは，食物を消化したい体がTEFの形でエネルギーを使うからだ（脳の血液が消化器系にどんどん下りてくるため，食べすぎると眠くなる．体が"燃料づくり"を最優先する結果，いっとき警戒心が弱まる）．

TEFに使うエネルギーの割合は，栄養素ごとにちがう．本体が含む総カロリーのうち，脂肪は約4％，炭水化物は約6％，タンパク質なら約30％もTEFに使う．ざっといえば，私たちは食品がもつカロリーのおよそ1割をTEF（消化の準備）に消費し，残る9割を使って生きる．

生命の維持そのものに必要なエネルギーを**基礎代謝**（basal metabolism）という．基礎代謝が心臓を脈打たせ，肺を拡張・収縮させ，ほかの臓器も働かせて命を保つ．

絶食12時間のあと安静にして測った基礎代謝の大きさは，健康な成人で体重1 kg・1時間あたり約1 kcal（4.2 kJ）になる．病気や妊娠などのストレスがあれば基礎代謝は増す．

**貯蔵エネルギー**　体脂肪の過多は健康リスクにつながるけれど，適量の体脂肪は生存に欠かせない．体脂肪は未利用エネルギーの保管庫として，しばらく食事がとれない場合のエネルギー供給源になる．もしも体脂肪がなかったら，はるか昔のご先祖は，食糧不足に見舞われたときたちまち滅んだにちがいない．

**確　認**

3. 世界人口を70億人として次の計算をせよ．
   (a) ひとり1日に平均5000 kJを運動に使うとき，全世界で1年間に運動に使われる総エネルギーはいくらか．　　　　　　　　　　[答] $1.3 \times 10^{16}$ kJ
   (b) 平均体重が50 kgなら，1年間の総基礎代謝はいくらか．　　　　　　　　　　　　[答] $1.3 \times 10^{16}$ kJ
   (c) TEFを無視すると，全世界の人体が1年間に使う総エネルギーはいくらか．　　[答] $2.6 \times 10^{16}$ kJ

余剰エネルギーを体脂肪の形で蓄えるのは，賢い長期戦略だ（食間用の短期備蓄には，グリコーゲンという多糖を使う．p.61）．エネルギー密度の高い脂肪は，備蓄の効率がいい．

体脂肪は"脂肪組織"にためる．脂肪組織1 kgは約32,000 kJのエネルギーを蓄える．

**確　認**

4. 標準体重より7 kgだけ重い人がいる．7 kgがまるごと脂肪組織なら，その人が運ぶ"予備のエネルギー"は何kJか．　　　　　　　　　[答] 約22万kJ

**振　返　り** 🛑

1. 1 kcalは何kJか？
2. 炭水化物やタンパク質と比べ，脂肪はどれほどエネルギー密度が高い？
3. 食品から得るエネルギーのうち，運動・TEF・基礎代謝に使わなかった分を体はどうする？

## 5・2　油　脂

- トリグリセリドとは？
- 飽和脂肪と不飽和脂肪のちがいは？
- 脂肪とコレステロールのちがいは？
- トランス脂肪はどうやって生まれる？

脂肪（fat）と油（oil）をまとめて油脂という．油脂は命や健康にプラス面とマイナス面をもつ．体脂肪はエネルギーの貯蔵庫だから，多少の絶食をしても臓器は働き続ける．また脂肪組織は断熱材として放熱を抑える一方，臓器を守るクッションにもなる．純粋な脂肪は風味ゼロでも，風味分子や香り分子は水より油にずっとなじみやすいため，そんな分子が脂肪に混じっている．だから肉の脂身は，おいしそうな風味を示す．

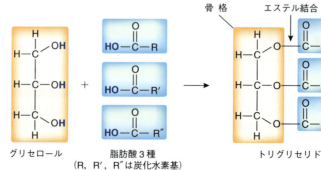

**図解 5・2　トリグリセリドの分子構造**　脂肪も油も，グリセロール（グリセリン）の骨格に脂肪酸がエステル結合している．

そんな脂肪も多すぎるとあぶない．たとえば肥満を促して合併症をひき起こす．以下，油脂の化学と，食事や健康で油脂が果たす役割を眺めよう．

## 油脂のつくり

常温で固体の脂肪（バターなど）と液体の油（オリーブ油など）は，何がちがうのか？　答えは，両方に共通な**トリグリセリド**（triglyceride）分子（図解5・2）の性質にひそむ．なお，グリセロールがもつ－OHの1個か2個に脂肪酸がエステル結合したモノグリセリド，ジグリセリドとトリグリセリドを合わせ，**中性脂肪**（neutral fat）とよぶこともある．

脂肪酸は，カルボン酸の"頭"に，炭化水素の長い鎖（側鎖）が生えた姿をもつ（図解5・3）．側鎖のつくり（下記2点）が脂肪酸の種類を決める．

・つながり合うC原子の数（鎖の長さ）
・C＝C二重結合の数

C＝C二重結合のない脂肪酸は，各C原子が限度いっぱいまでH原子を結合しているため，**飽和脂肪酸**（saturated fatty acid）という．二重結合をもつ脂肪酸は**不飽和脂肪酸**（unsaturated fatty acid）とよぶ．

融点が高くて固体（脂肪）のトリグリセリドは，一般に側鎖が長く，飽和度が高い（二重結合が少ない）．逆に融点が低くて液体（油）のトリグリセリドは，側鎖が短く，不飽和度が高い（二重結合が多い）．例を次ページの図解5・4にあげた．

脂肪はなぜ常温で固体なのか？　飽和型の側鎖はまっすぐに伸び（図解5・3のステアリン酸など），隣り合う分子の側鎖と引合いやすい．その**分子間会合**（intermolecular association）を室温の熱エネルギーで壊せないため，分子どうしが引合ったままの固体になる．

不飽和型の側鎖は曲がっている（図解5・3のオレイン酸など）．すると側鎖どうしがうまく引合えず，分子それぞれがかなり自由に動く液体になる（図解5・5）．

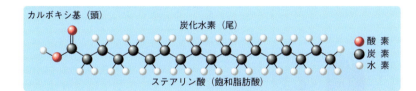

ステアリン酸の空間充填モデル

二重結合が1個のモノ不飽和脂肪酸と，複数個のポリ不飽和脂肪酸がある

オレイン酸の空間充填モデル

Igor Stramyk/Shutterstock

チョコレートは，脂肪酸の融点を調節し，舌の上で融けるようにしてある．チョコレートが含むトリグリセリドに結合した脂肪酸はほぼ3分の1までがステアリン酸

Oliver Hoffmann/istockphoto

kariphoto/123RF

アボカドやアーモンド，オリーブ油にはモノ不飽和のオレイン酸が多い

**確認**
天然の脂肪酸には，C原子が8〜24個で，しかも偶数個のものが多い．ステアリン酸とオレイン酸でそれを確かめよう．

**図解 5・3　脂肪酸の構造**　飽和脂肪酸（例：ステアリン酸）と不飽和脂肪酸（例：オレイン酸）がある．

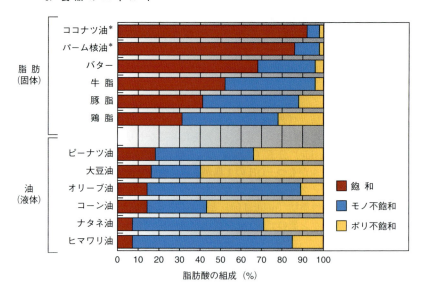

＊植物由来なので"油"とよぶが、飽和脂肪酸の比率が高いため常温で固体になる.

**図解 5・4 油脂の組成** 脂肪には側鎖が飽和型のトリグリセリドが多い．[出典: U.S. Dept. of Agriculture Center for Nutrition Policy and Promotion]

ただし，動物由来なら脂肪(固体)，植物由来なら油(液体)というわけでもない（図解5・4）．油脂の脂肪酸は，長さと飽和度の両面でバラエティに富む．側鎖が飽和型だけの脂肪もなく，側鎖が不飽和型だけの油もない．

トリグリセリドの性質は不飽和度で変わるため，不飽和度の簡便な指標がほしい．よい指標のひとつに，トリグリセリド100 gに付加するヨウ素 $I_2$ のグラム数＝**ヨウ素価**（iodine number）がある．ヨウ素価の大きい油脂は不飽和度が高く，

(a) 脂肪と油

(b) 飽和型の側鎖が引合いやすいトリグリセリドは融点が高い

(c) 不飽和型の側鎖が引合いにくいトリグリセリドは融点が低い

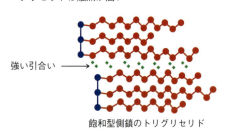

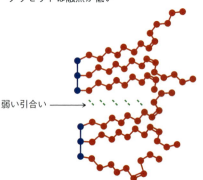

**考えよう**
カップ内の油を冷凍庫に入れる．翌日とり出し，室温に放置すればどうなるか？
［答］ワックス状に固まっていたものが融け，液体になっていく．

**図解 5・5 室温で固体の脂肪と液体の油** 脂肪になるか油になるかは融点が決める(a)．側鎖が飽和型(b)か不飽和型(c)かで，トリグリセリドの融点が変わる．

小さい油脂は不飽和度が低い（図解 5・6）．

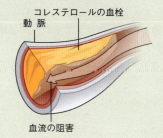

**図解 5・6　油脂の不飽和度とヨウ素価**　紫色のヨウ素分子 $I_2$ は，I 原子に分かれて C＝C 二重結合に結合しやすい．その反応を定量化すれば，油脂の不飽和度が表せる．

> **考えよう**
> 図解 5・4 のパーム核油とコーン油で，ヨウ素価はどちらが大きい？　　　　［答］コーン油

## 食品の油脂

モノ不飽和やポリ不飽和の側鎖が多いトリグリセリドは心臓病のリスクを減らし，飽和型の側鎖が多いトリグリセリドや，トランス脂肪酸を含むトリグリセリドは健康によくないといわれる．トリグリセリドではない**脂質**（lipid）のコレステロールも，脂肪と深い関係をもつ（脂肪の代謝にコレステロール由来の物質を使う）．脂肪とコレステロールの関係をコラムにした．

**トランス脂肪**（trans fat．正式名: **トランス脂肪酸** trans fatty acid）は，善玉の HDL を減らして悪玉の LDL を増やす気配があるため，米国の食品医薬品局 FDA は 2006 年，食品にトランス脂肪量の表示を義務化した．トランス脂肪は，食物油を**接触水素化**（catalytic hydrogenation）するとき，副産物として生じる（図解 5・7）．

---

## マクロとミクロ　脂肪，コレステロール，心臓病

コレステロールは脂肪の代謝で働き，ビタミン D や性ホルモンの原料になる．だが過剰なコレステロールはアテローム性動脈硬化につながり，血栓形成を通じて高血圧と心臓病を起こす(a)．

コレステロールは，タンパク質とトリグリセリドがつくる**親水性**（hydrophilic）の"さや"に包まれた**リポタンパク質**（lipoprotein）の形で血中を動く．リポタンパク質には**高密度型**（HDL＝high-density lipoprotein）と**低密度型**（LDL＝low-density lipoprotein）がある．

(a) 動脈壁にコレステロールや脂肪が付着するアテローム性動脈硬化

(b) **疎水性**（hydrophobic）のコレステロール分子．着色部分（H 原子は略）を**ステロイド**（steroid）骨格という．

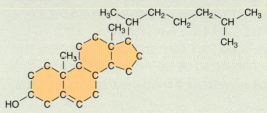

(c) 血管壁に付着したコレステロールを"はがして"肝臓へ運ぶ HDL を"善玉"，血管壁に付着しやすい LDL を"悪玉"ということがある．

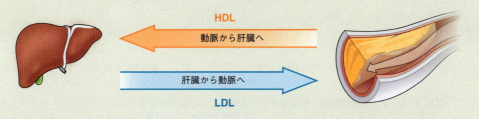

(a) **接触水素化** 接触水素化では，C=C二重結合の1本を単結合2本に変える．

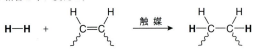

植物油を水素化すると，マーガリンやショートニングにふさわしい硬さの固体になる．水素化の度合いを調節し，最終製品を望みの硬さにする．

(b) **シス**（*cis*＝同じ側）**形とトランス**（*trans*＝反対側）**形**

C=C二重結合は回転できないため，互いに変わり合えないシス形とトランス形ができる．

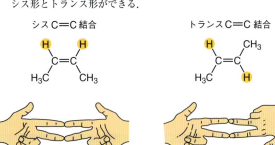

(c) **シス形の脂肪酸とトランス形の脂肪酸**

ふつう植物油の側鎖はシス形（上図）だが，部分的な水素化の途中で，いったん結合したH原子が外れて二重結合に戻るとき，一部がトランス形（下図）に変わってしまう．

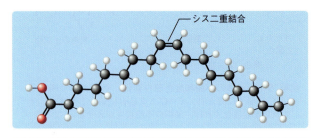

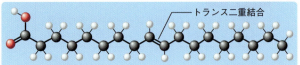

**考えよう**

植物油を部分的に水素化すると融点は上がるか下がるか．理由とともに答えよ．
[答] トリグリセリド分子が寄り添って引合いやすくなるため，融点は上がる．

**図解 5・7 接触水素化とトランス脂肪**

体内で合成できないため食品に頼る脂肪酸を，**必須脂肪酸**（essential fatty acid）という．そのうち**オメガ3脂肪酸**（omega-3 fatty acid）は，心臓病のリスクを下げるのかもしれない（図解5・8）．オメガ3脂肪酸はサケなどの脂身や，アマニ（亜麻仁），クルミに多い．オメガ3脂肪酸を添加（強化）した牛乳や卵，マーガリンもある．

食品の健康影響にからむ話は，知見が増すにつれ変わっていく．たとえば，食品のコレステロールは血中コレステロール濃度をあまり変えないとわかった．血中コレステロールは，おもに遺伝や運動，ストレス，食品の繊維質や脂肪分などで増減する（脂肪の代謝に使う分子の原料がコレステロールだから，食品からの脂肪はコレステロール合成を促す）．食品中のコレステロールと脂肪分を図解5・9にまとめた．

**振返り** 🛑

1. トリグリセリド分子と脂肪酸分子のちがいは？
2. オレイン酸とステアリン酸のちがいは？
3. 動物脂肪を控えると血中コレステロールは増えにくい．なぜか？
4. 部分的に水素化した油は健康リスクがあるという．なぜか？

**確認**

DHA分子のC=C二重結合が，6個ともシス形になっているのを確かめよう．

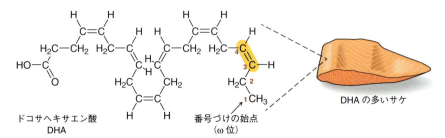

**図解 5・8 オメガ3脂肪酸** 脂肪酸分子の末端にくるC原子の位置を，ギリシャ語アルファベットの最終文字ωから"オメガ位"という．オメガ位から数えて3・4番目の炭素がC=C二重結合になっている"オメガ3（ω–3）脂肪酸"の例に，ドコサヘキサエン酸（略称DHA）がある．

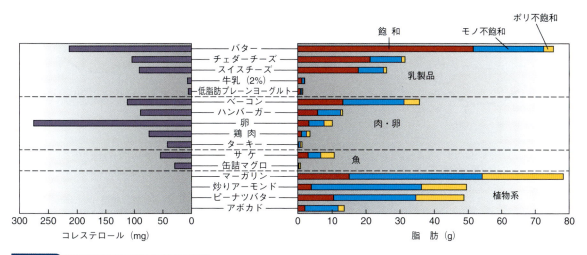

**確認**
コレステロールをまったく含まないのは, どんな食品か. ［答］植物系の食品

**図解 5・9 食品中のコレステロールと脂肪** 食品 100 g 中のコレステロール（mg. 左）と脂肪（g. 右）の量を図示した.

## 5・3 炭水化物

- 単糖, 二糖, 多糖のちがいは？
- 炭水化物の消化酵素は何をする？
- ヒトはデンプンを消化できても, セルロースは消化できない. なぜか？

リンゴやスパゲッティを食べる人は, すぐエネルギー源になる**炭水化物**（carbohydrate）をとっている. 炭水化物をとるからこそ, 炭水化物の消化で生じる**グルコース**（glucose. ブドウ糖）が脳や神経系のエネルギー源になって, 本書も中身を理解しながら読める. グルコースは, 体温を保ち, 筋肉を動かし, 消化器系と呼吸系を働かすのにも欠かせない. そんな炭水化物を本節で眺めよう.

### 炭水化物と食事

どの国でも炭水化物は主食だが, 先進国には炭水化物を"肥満のもと"とみて嫌う人がいる. しかし先ほどの脂肪と同様, それほど単純な話ではない.

炭水化物の消化速度が, 要点のひとつになる. 消化も吸収も速い炭水化物は血糖値をすぐに上げ, 糖尿病や肥満の原因になりやすい. ソフトドリンクに入れる精白糖や, 白パンの小麦粉がそうだという. 一方で, 未精白の穀類や新鮮な果物, 豆類, 野菜は, 消化も吸収も遅い炭水化物を含むため, 食べてすぐ血糖値は上がらない. 以下, そのへんを化学の眼で眺めよう.

単糖（グルコース, フルクトースなど）は小腸の壁を通って血流に乗る. だが二糖以上の糖はそのまま吸収されない. 単糖に分解してから吸収される. グリコシド結合に水分子

### 炭水化物の分類

上記のとおり油脂はみなグリセロール（グリセリン）と脂肪酸のエステルで, 側鎖の長さと不飽和度だけがちがうのだった. かたや炭水化物は, 分子の姿もサイズも多彩きわまりない（図解 5・10）. とはいえ次の 2 点は共通している.

- 成分元素は炭素 C, 水素 H, 酸素 O の三つしかない.
- H 原子と O 原子の個数比は, 水と同じ 2 : 1 になる.

二つ目を確かめた初期の研究者が, 炭水化物を"水和した炭素"とみた. たとえばグルコース $C_6H_{12}O_6$ は $C_6(H_2O)_6$ とも書ける. やがて分子構造は別物だとわかるのだが, carbohydrate（炭・水化物）という名前は残った.

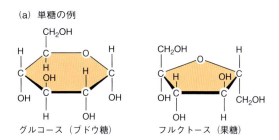

(a) 単糖の例

グルコース（ブドウ糖）　フルクトース（果糖）

化学式 $C_6H_{12}O_6$ が同じグルコースとフルクトースは, お互い**異性体**（isomer）の関係にある

**図解 5・10 炭水化物の分類** （次ページにつづく）

(b) 二糖の例

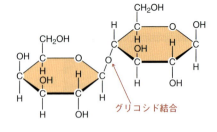

グルコースとフルクトースが結合した
ショ糖（砂糖）$C_{12}H_{22}O_{11}$

グルコースとガラクトースが結合した
ラクトース（乳糖）$C_{12}H_{22}O_{11}$

**考えよう**
グルコースとフルクトースからショ糖ができるとき，外れる小分子は何か？
［答］水 $H_2O$

**図解 5・10 炭水化物の分類（つづき）** 炭水化物は**糖類**（saccharide）ともいい，最小単位を**単糖**（monosaccharide）とよぶ．ある単糖の－OHと，別の単糖の－Hが外れて，互いに結合すれば**二糖**（disaccharide）になる．さらに三糖，四糖，…もでき，莫大な数の単糖がつながると，デンプンやセルロースなどの**多糖**（polysaccharide）になる．単糖どうしの結合を**グリコシド結合**（glycosidic linkage）とよぶ．

## 流れをつかむ：酵素の仕事

酵素は，20種のアミノ酸分子が一定の順につながった巨大分子で，絶妙な形をもつ．処理すべき分子（**基質** substrate）を鍵，酵素表面のくぼみ（**活性サイト** active site）を鍵穴とみればよい．活性サイトが基質を"料理"し，産物が離れたあと，鍵穴が次の基質を受け入れる．❶〜❹を1秒間に10万回以上くり返す酵素もある．

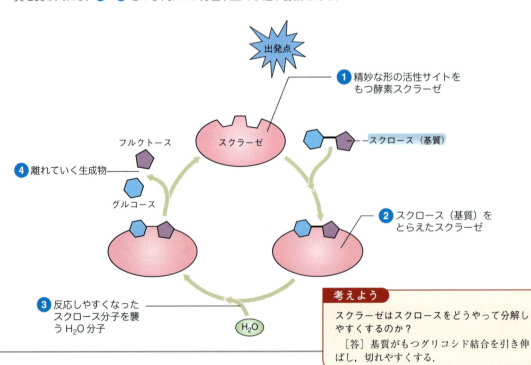

**考えよう**
スクラーゼはスクロースをどうやって分解しやすくするのか？
［答］基質がもつグリコシド結合を引き伸ばし，切れやすくする．

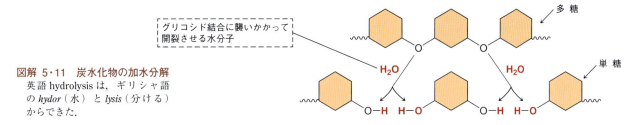

**図解 5・11　炭水化物の加水分解**
英語 hydrolysis は，ギリシャ語の *hydor*（水）と *lysis*（分ける）からできた．

$H_2O$ が襲いかかる反応だから，その反応を**加水分解**（hydrolysis）とよぶ（図解 5・11）．

体は**消化酵素**（digestive enzyme）で炭水化物分子を切り刻む．酵素は触媒と同様，それ自身は変化しないまま，担当の反応を加速する．酵素のイメージを前ページのコラムに紹介した．

ヒトが一部の炭水化物を消化できないのも，酵素に注目すれば納得できる．わかりやすいのが**デンプン**（starch）と**セルロース**（cellulose）の大差だろう．どちらもグルコースがつながり合った長い分子だが，ヒトはデンプンを消化できるのに，セルロースは体を素通りする（コラム，p.62）．さらにくわしい状況を，続くコラム "深い考察"（p.63）で眺めよう．

ヒトが消化できないセルロースは，地球上にいちばん多い有機化合物で，年産量は 10 兆トンに近い．植物だけがつくるセルロースは，紙や本，段ボール，綿や麻の繊維といった材料にもなる．セルロース分子は数百〜数千個の β-グルコースがつながってできる（重合度が数百〜数千）．

動物は**グリコーゲン**（glycogen）という多糖をつくる．α-グルコース分子をつなげたところはデンプンと同じでも，デンプンより枝分かれが激しく，重合度は低い．グリコーゲンは肝臓と筋肉に貯め，必要なときグルコースに分解してエネルギー源とする．グリコーゲンはふつう睡眠中にほぼ消費されるため，翌日に改めて補充しなければいけない．

炭水化物に働く酵素は，炭水化物の語尾オース（-ose）をアーゼ（-ase）に変えてよぶ．だからスクロースを分解する酵素はスクラーゼといい，グルコースが β-グリコシド結合した二糖（セロビオース）を分解する酵素はセロビアーゼという．セロビアーゼをもたないヒトは，β-グリコシド結合のセロビオースやセルロースを分解できないのだ．ただしウシやヤギ，ヒツジ，シロアリなどは，セロビアーゼをもつ微生物と共生しているため，セルロースも分解してエネルギー源にできる．

牛乳で下痢をする "乳糖不耐症" も，酵素の働きにからむ．牛乳が含む乳糖（ラクトース．語源はラテン語の *lac*＝乳）は，グルコースとガラクトースが β-グリコシド結合している（グルコースとガラクトースの差はわずか）．二糖は腸壁を通らない（そのままでは栄養にならない）ため，体はまず酵素ラクターゼを使って乳糖をグルコースとガラクトースに分解する．ミルクや乳製品の摂取量が多いほど，処理に必要なラクターゼも多い．

乳児や幼児の消化器系はラクターゼを十分にもつ．乳児期は栄養の約 40％ までが母乳だから当然だし，幼児も牛乳やチーズ，アイスクリームなどの乳糖をほぼ完全に消化できる．だが思春期へと向かうにつれてラクターゼが減る．ラクターゼ不足の成人は，コップ 1 杯の牛乳も飲めない．世界平均で成人 3 名のうち約 2 名は，消化器系のラクターゼがたいへん少ない．ただし民族の差は激しく，成人のラクターゼ欠

**図解 5・12　乳糖フリーの乳製品**
あらかじめラクターゼで乳糖を加水分解した乳製品

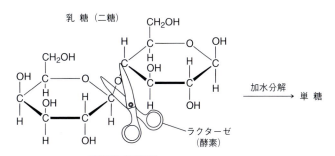

乳糖（二糖）　　ラクターゼ（酵素）　　→ 加水分解 → 単糖

**考えよう**
乳糖フリーの乳製品は，どんな糖を含んでいるか？
[答] グルコースとガラクトース

## マクロとミクロ　　デンプンとセルロースの大差

デンプンは消化できるのにセルロースを消化できない理由は，分子構造にひそむ(a)．
ヒトの酵素はα-グリコシド結合を認識しても，β-グリコシド結合は認識しない．だからセルロース（食物繊維）は消化器系を素通りする．

(a) デンプンのグルコース分子はα-グリコシド結合で，セルロースのグルコース分子はβ-グリコシド結合でつながり合っている．

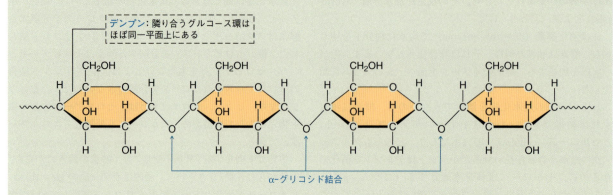

(b) 唾液中の酵素アミラーゼがデンプンをマルトース（二糖）単位に分解し，それが消化の出発点となる．

多糖（デンプン）の多い料理

johnfoto18/Shutterstock

**考えよう**

酵素マルターゼがマルトースを加水分解した．できる単糖は何か？

［答］グルコース

乏率は北欧でわずか3％のところ，アジア圏では80％にも及ぶ．

ラクターゼ不足の成人では，乳糖の大半が未消化のまま大腸に行く．すると腸内細菌が乳糖を食べて乳酸にし（乳酸発酵），そのとき気体の $CO_2$ や $H_2$ もできる（要するに，おなかをこわす）．昨今は乳糖を含まない乳製品もできている（p.61，図解 5・12）．

## 振返り 🛑

1. セルロース，フルクトース，マルトースを，分子サイズの順に並べよう．
2. 炭水化物の加水分解で，グリコシド結合に襲いかかる小分子は？
3. ヒトはなぜ草や干し草を栄養にできない？

### 深い考察　α-グルコースとβ-グルコース

開環形のグルコースが閉環するとき，α形かβ形のどちらかになる．

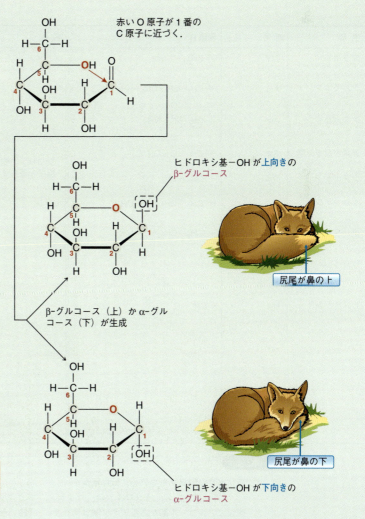

出発点

分子骨格が自由に動くうち……たとえばこの姿になる．

開環形グルコース分子

分子末端はアルデヒド（ホルミル基）

ホルミル基

赤いO原子が1番のC原子に近づく．

β-グルコース（上）かα-グルコース（下）が生成

ヒドロキシ基−OHが上向きの β-グルコース

尻尾が鼻の上

英語圏では，−OHが上（空）を向く β（beta）は鳥（bird），−OHが下（地面）を向く α（alpha）は蟻（ant）……と覚えさせることがある．

ヒドロキシ基−OHが下向きの α-グルコース

尻尾が鼻の下

**考えよう**
閉環のとき，ホルミル基はどう変わるか？
[答] アルコール C−OH に変わる

## 5·4 タンパク質

- アミノ酸はどんな一般構造をもち，どう結合し合ってタンパク質になる？
- タンパク質の一次・二次・三次・四次構造とは？

脂肪はエネルギー備蓄物質として人類を生き延びさせ，グルコースはエネルギー源として脳や神経，筋肉を働かせるが，体そのものは**タンパク質**（protein）がつくる（図解 5·13）．酵素もみなタンパク質だから，タンパク質がなければ人体の機能もなかった．

ケラチン（keratin）というタンパク質が主体の毛髪や爪

アクチン（actin），ミオシン（myosin）というタンパク質を含む筋肉

コラーゲン（collagen）というタンパク質を含む皮膚

**図解 5·13 タンパク質と体**

**表 5·1 天然のアミノ酸 20 種** 人体は 20 種のうち半数近くをつくれず，食品に頼るため**必須アミノ酸**（essential amino acid）という．**非必須アミノ酸**（nonessential amino acid）は体内で合成できる〔必須・非必須は発達段階で変わる．赤で書いた 8 種はいつも必須だが，†をつけた 2 種（アルギニンとヒスチジン）は幼児期に必須〕

アミノ酸の一般式

| 名称 | 略号 | 側鎖 R | 名称 | 略号 | 側鎖 R |
|---|---|---|---|---|---|
| アラニン | Ala | —CH₃ | メチオニン | Met | —CH₂—CH₂—S—CH₃ |
| アルギニン† | Arg | —CH₂-CH₂-CH₂-NH-C(=NH)NH₂ | フェニルアラニン | Phe | —CH₂—C₆H₅ |
| アスパラギン | Asn | —CH₂—C(=O)—NH₂ | プロリン | Pro | プロリンの側鎖はアミノ基のN原子と環形成している． |
| アスパラギン酸 | Asp | —CH₂—C(=O)—OH | | | |
| システイン | Cys | —CH₂—SH | セリン | Ser | —CH₂—OH |
| グルタミン酸 | Glu | —CH₂—CH₂—C(=O)—OH | トレオニン | Thr | —CH(OH)—CH₃ |
| グルタミン | Gln | —CH₂—CH₂—C(=O)—NH₂ | | | |
| グリシン | Gly | —H | トリプトファン | Trp | —CH₂—（インドール） |
| ヒスチジン† | His | —CH₂—（イミダゾール） | | | |
| イソロイシン | Ile | —CH(CH₃)—CH₂—CH₃ | チロシン | Tyr | —CH₂—C₆H₄—OH |
| ロイシン | Leu | —CH₂—CH(CH₃)—CH₃ | | | |
| リシン | Lys | —CH₂—CH₂—CH₂—CH₂—NH₂ | バリン | Val | —CH(CH₃)—CH₃ |

**確認**

1. 炭化水素の側鎖をもつアミノ酸は何か？
   ［答］アラニン，イソロイシン，ロイシン，フェニルアラニン，プロリン，バリン
2. 側鎖にアルコール基があるアミノ酸は何か？　［答］セリン，トレオニン，チロシン

## タンパク質のつくり

タンパク質の役割をつかむため，まずは分子のつくりを調べよう．多糖（デンプンやセルロース）と似てタンパク質も，小分子（モノマー）がいくつもつながった長い分子（ポリマー）の姿をしている．デンプンやセルロースのモノマーは環状のグルコースだったが，タンパク質のモノマーは**アミノ酸**（amino acid）という．

アミノ酸は，**アミノ基**（amino group，$-NH_2$）と**カルボキシ基**（carboxylic group，$-COOH$）をもつ．$-COOH$の生えたC原子にどんな側鎖Rが結合しているかで，アミノ酸の種類が決まる．いちばん単純な$R=H$のアミノ酸をグリシン，次に単純な$R=CH_3$のアミノ酸をアラニンとよぶ（表

### 流れをつかむ：タンパク質の構造

アミノ酸の配列（一次構造）が決まれば，高次の構造も決まる．

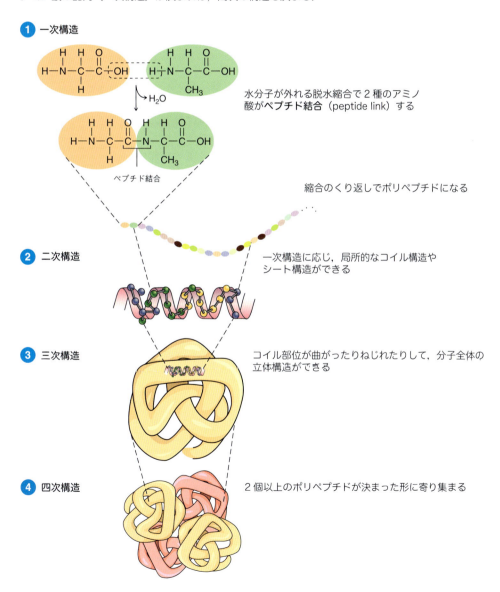

① 一次構造

水分子が外れる脱水縮合で2種のアミノ酸が**ペプチド結合**（peptide link）する

ペプチド結合

縮合のくり返しでポリペプチドになる

② 二次構造

一次構造に応じ，局所的なコイル構造やシート構造ができる

③ 三次構造

コイル部位が曲がったりねじれたりして，分子全体の立体構造ができる

④ 四次構造

2個以上のポリペプチドが決まった形に寄り集まる

(a) 繊維状のタンパク質分子でできた毛髪や爪,筋肉は丈夫で強い.糸のような細長い分子がからみ合い,ロープのようになる.

皮膚をつくるコラーゲン分子のイメージ

(b) アミノ酸の鎖が折れ曲がったりして球状になったタンパク質分子は,血液など体液の中を動き回り,必要な場所で所定の仕事をする.球状のタンパク質には酵素や卵白がある.

卵白アルブミン分子のイメージ

**図解 5・14　繊維状のタンパク質と球状のタンパク質**

5・1).タンパク質のサプリは,原料ごとに特有なアミノ酸組成を示す.

アミノ酸のつながりを**ペプチド**(peptide)という.アミノ酸が2個なら**ジペプチド**(dipeptide),3個なら**トリペプチド**(tripeptide)とよび,多数なら**ポリペプチド**(polypeptide)だ.タンパク質は通常,数百個のアミノ酸分子がつながった鎖の1本(か数本)でできている.

ペプチド鎖の素材(アミノ酸)は20種あるし,つなぐ個数も自在だから,ポリペプチドは無限にできそうな気がする.だが人体は,遺伝情報に従い,特定のポリペプチドしかつくらない.それぞれ合理的な意味をもち,生命の維持に働く.

アミノ酸分子の並びつまり**一次構造**(primary structure)が,ローカルな立体構造(コイル状に巻くかシート状になるか)を決め,ひいてはタンパク質分子全体の形と機能を決める(コラム,p.65).

タンパク質の機能は高次構造が決める.分子が**繊維状**(fibrous)か**球状**(globular)かも,特有な機能につながりやすい(図解5・14).

卵白はほぼ90％までが水で,残る10％の大半を球状タンパク質が占める.分子の内部で引合う力が,細長い分子を丸っこい形に仕上げる.熱すると,原子の活発な動きが引合いを振切る結果,形がくずれる.それをタンパク質の**変性**

## 化学者の眼: タンパク質の変性

卵を加熱すると分子内部の引合いが壊れる.生じた線状の分子が引合って硬くなる.

変性前

変性後

**考えよう**
卵白タンパク質の変性は可逆変化か,不可逆変化か?
　　　　　　〔答〕不可逆変化

（denaturation）という．変性したタンパク質は集合し，硬い組織になっていくため，たとえば目玉焼きができる（コラム）．タンパク質分子の形が主役になる現象は，医薬の章（12章，12・4節）でも紹介しよう．

### タンパク質と食事

多量栄養素のうち，タンパク質だけが窒素源になる．人体はしじゅう窒素化合物を尿に出しているため，**窒素バランス**（nitrogen balance）を保つには，日ごろ適量のタンパク質をとる必要がある．適量とはどれほどなのか？

タンパク質の多い食品や，タンパク質（プロテイン）のサプリ，栄養スティックなどがあふれる昨今，タンパク質の摂取量は多ければ多いほどいい……と思う読者もいよう．けれど先進国の人なら，サプリに頼らなくても，ふつうの食事で十分にとれる．標準的な成人で1日に必要なタンパク質，つまり**一日推奨摂取量**（recommended daily allowance = RDA）は，体重1 kgあたり0.8 g（体重60 kgの人なら約50 g）だという（日本でも一日推奨摂取量にあたるものをRDAとよぶが，対応する英語はrecommended dietary allowanceとしている）．小児や妊婦，重病人，運動選手なら，それより少しだけ多い．持久レースの選手なら体重1 kgあたりの値が1.2〜1.7 gほど多く，ボディービルの選手は1.7 g/体重 kgだというが，それ以上をとっても成績や筋肉量は改善しない．

タンパク質に富む食品には，鶏の胸肉（タンパク質27 g/食品85 g），サケ肉（18 g/85 g），牛乳（約8 g/カップ），卵（6 g/1個）などがある．

タンパク質は，摂取する"量"のほか"質"にも注意しよう．"質"は，必須アミノ酸がどれほど含まれるかをいう．脂肪とちがって必須アミノ酸は"ためておく"わけにはいかないため，どの必須アミノ酸もとる必要がある．必須アミノ酸の全部を十分に含み，しかも人体とほぼ同じ組成のタンパク質を，**完全タンパク質**や**高品質タンパク質**（high-quality protein）とよぶ．必須アミノ酸の一部が欠けている食品のタンパク質は**不完全タンパク質**（incomplete protein）だ．

肉や魚，乳製品，卵など動物性食品には高品質タンパク質が多い．かたや穀類，豆類，ナッツ類など植物性食品は，必須アミノ酸のどれかが不足しやすい．ただしダイズのタンパク質は必須アミノ酸の全部を含む．チーズやジューシーなハンバーガーを好む人は多いだろうが，"いいタンパク質源"は動物性食品とはかぎらない．ベジタリアンの食事でも十分にとれる（図解5・15）．しかも，飽和脂肪の少ない植物性食品は，心臓病や脳卒中，糖尿病といった健康リスクを減らす成分もたくさん含む．

食事の必須アミノ酸バランスが悪いと，若年層の健康を損ないやすい．たとえば，アフリカで多発するクワシオルコル（kwashiorkor）という致死性の病気は，必須アミノ酸が大幅に足りない食事が起こす．逆にタンパク質をとりすぎると，摂取カロリーが増えすぎて別の健康リスクがある．高カロ

**図解 5・15　十分なタンパク質がとれるベジタリアン食**
ベジタリアン食は通常，豆類（ダイズ，ピーナツ，豆腐など）と穀類（ライス，コーンなど）を組合わせ，豆類に少ない必須アミノ酸を穀類からとる．

― リシンは多いがメチオニンの少ないダイズ
― リシンは少ないがメチオニンの多いライス

リー食の過剰摂取におびえる人は，低カロリーの飲食物を求める（コラム，p.68）．

人体は摂取したタンパク質をアミノ酸に分解してから吸収し，それを素材に筋肉や抗体，毛髪など必要なタンパク質をつくる（コラーゲンを摂っても体のコラーゲンになるわけではない）．素材がたっぷりあるときはアミノ酸を，エネルギー源にして"燃やす"か，脂肪に化学変化させて蓄える．

### 振 返 り　🛑

1. 二つのアミノ酸が結びつくとき，外れる小分子は？
2. タンパク質の一次構造は，どんな情報をもつ？
3. 食事のタンパク質は，"量"よりも"質"に注意したほうがいい．なぜか？
4. タンパク質はなぜ高温で変性する？

### ■ 章 末 問 題

**復 習**

1. 消費しきれなかったエネルギーを，人体はどのように蓄えるのか．
2. 体に必要だが体内では合成できないため，食品からとる脂肪酸を何とよぶか．
3. コレステロールをまったく含まないのはどんな食品か．
4. 単糖（a），二糖（b），多糖（c）の例を二つずつ，化学名で書け．

## 化学こぼれ話：低カロリーの合成分子

おいしくてカロリーが少なければ，一石二鳥の食事だろう．そんな望みに応える物質がある（図a）．一部は基礎研究の途上，思いがけない形で見つかった．

**オレストラ**（olestra）
　トリグリセリド（図解 5・2, p.54）のグリセロールと脂肪酸を切る酵素の研究者が，グリセロールの代わりに−OH が 8 個のスクロース（図b）を使ってみた．8 個とも脂肪酸エステルにした分子（オレストラ）を，ヒトの酵素は分解しなかった．つまりオレストラは，食感も風味も脂肪そっくりなのに消化器系を素通りするため，カロリーにはならない．

**スクラロース**（sucralose）
　スクロースがもつ 8 個の−OH のうち 3 個だけ塩素原子 Cl に変えると，甘味がスクロースの 600 倍にもなるが，消化されないので体を素通りする（たとえ消化・吸収されても用量はわずかだから，カロリー摂取の心配はない）．

**アスパルテーム**（aspartame）
　胃潰瘍の薬を目指す研究者が，アスパラギン酸とフェニルアラニンをつなぎ，少し化学変化させたところ，スクロースの 200 倍も甘い分子アスパルテーム（訳注: 日本での商品名はパルスイート）ができた（図c）．実験中の指先にアスパルテームが付着し，ノートのページをめくろうとして指をなめたとき，甘さに気づいたという．

(a) 低カロリーの素材を含む製品

オレストラを使う脂肪ゼロのポテトチップス

スクラロースを使う低カロリー甘味料

アスパルテーム入りコーラ

(b) オレストラ分子とスクロース分子．太字の OH すべてに脂肪酸を結合すると**オレストラ**に，3 個だけ Cl 原子で置換すると**スクラロース**になる．

(c) アスパルテーム分子

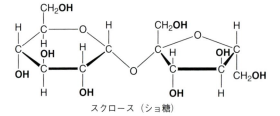

---

**考えよう**

ジペプチド Asp−Phe とアスパルテームはどうちがうか（表 5・1 参照）．
　［答］アスパルテームの Phe 部分は，末端のカルボキシ基がメチル化（−CH₃ 付加）を受けている．

5. スクロース(a), ラクトース(b), セルロース(c), デンプン(d)を構成する単糖はそれぞれ何か.
6. 必須アミノ酸と非必須アミノ酸はどうちがうか. また, それぞれのアミノ酸を二つずつ書け.
7. 表5・1 (p.64)のシステインとメチオニンは, それ以外のアミノ酸とどうちがうか.
8. 小児には必須でも成人に必須でないアミノ酸は何か.
9. (a) 血中でコレステロールを運ぶ集合体の呼び名は何と何か.
   (b) 筋肉中でエネルギー貯蔵に使われる多糖は何とよぶか.

## 発 展

10. C原子の総数は同じまま脂肪酸のC＝C二重結合が増えると, 融点はどう変わるか.
11. 接触水素化を進めると, ヨウ素価はどう変わるか.
12. タンパク質の変性は, 化学的にどのようなことを表すか.
13. (a) 炭水化物や油脂には含まれないが, どのタンパク質も含んでいる元素は何か.
    (b) 一部のタンパク質は含むが, やはり炭水化物や油脂には含まれない別の元素は何か.
14. ケラチンは毛髪の, コラーゲンは皮膚の主要成分となる. ケラチンやコラーゲンは繊維状タンパク質か, それとも球状タンパク質か.

## 計 算

15. 体重75 kgの健康な成人が36時間だけ絶食し, 安静にしている. 12時間目～36時間目の24時間に消費する総エネルギーは何kcalか.
16. (a) 図解5・3 (p.55)をもとに, ステアリン酸とオレイン酸の化学式を書け.
    (b) 脂肪酸分子の不飽和度を下げる（飽和度を上げる）と, 水素原子の数は増えるか減るか.
17. スクロースの分子式は$C_{12}H_{22}O_{11}$と書ける. 一見して炭水化物（水和した炭素）だとわかるよう, 化学式を書きなおしてみよ.

# 6 物理変化と化学変化

6・1 三態と状態変化
6・2 気体の性質
6・3 化学変化
6・4 原子や分子の数えかた

## 6・1 三態と状態変化

- 物質の状態が変わるとき，原子・分子レベルでは何が起こる？
- 三態変化で物質の密度はどう変わる？

水の三態はおなじみだろう．夏の暑い日には，飲み物（ほとんどが水）を氷（固体の水）で冷やし，皮膚が空気の湿気（気体の水）を感じる．状態変化はなぜ起こり，そのとき密度などの性質がどう変わるかを調べよう．

### 物質の状態

ものの姿は固体・液体・気体（三態）のどれかになる．固体の氷は，体積と形が決まっている．液体の水は，体積が決まっていても形は決まらず，容器に合わせて自在に変わる（球形になりたがる水滴は別）．気体の水蒸気は，形も体積も自在だが，なるべく広がろうとする性質をもつ（図解6・1）．三態のどれになるかは，構成粒子のありさまが決める．

物質の状態は，まず何はさておき温度で決まる．氷を熱すれば液体を経て気体に変わる．熱はエネルギーの一形態だから，加熱は粒子の運動エネルギーを増やす．分子の運動には次の三つがある．

(a) 固 体: 決まった体積, 固有の形

(b) 液 体: 決まった体積, 容器で変わる形

(c) 気 体: 体積も形も容器に従う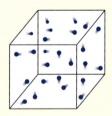

図解 6・1 物質の状態　水は温度により状態を変える．

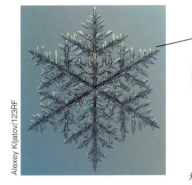

融解 →

固体
氷の $H_2O$ 分子は，分子間力（破線）できれいに整列している．分子のつくるミクロの六角形構造が，雪や氷の外見にも反映される

液体
分子間力は氷のときとほぼ同じままだけれど，並進運動の勢いが強まる結果，分子たちは"引合いながら自由に動ける"

図解 6・2 固体の融解　融点では，十分なエネルギーを得た粒子（分子など）が，仲間との引合いを振切って自由に動き始める．

- 重心まわりの**回転**（rotation）：毎秒 100〜1000 億回
- バネのような**振動**（vibration）：毎秒 10〜100 兆回
- 空間を飛ぶ**並進**（translation）：室温で秒速 500 m 程度

並進運動のエネルギーに注目しよう．低温だと，たとえば氷の中で $H_2O$ 分子が引合う**分子間力**（intermolecular force）は，分子の運動エネルギーよりずっと大きい．だから $H_2O$ 分子は，引合いが決める位置からほとんど動けず，全体が固体の結晶になる．

なお，習慣に従って分子間"力"と書くけれど，その実体は"引合いのエネルギー"だと心得よう．**相互作用エネルギー**（interaction energy）とよぶことも多い．分子間力（相互作用エネルギー）の大きさは，温度にほぼ関係せず一定と考えてよい．

固体を熱すれば，成分粒子がエネルギーを得る．温度が**融点**（melting point）に届くと，激しく動く粒子は分子間力の束縛を振切れる．試料の全体がそうなったとき，固体は融解して液体になる（図解 6・2）．融解のような状態の変化を**物理変化**（physical change）という．

液体状態だと，粒子はかなり自由に動けるものの，分子間力が十分に強いから，ほぼ"まとまった"状態にある．"ほぼ"といったのは，運動エネルギーが十分に大きい粒子なら，引合いを振切って空間に飛び出すからだ．それが**蒸発**（evaporation）にほかならない（図解 6・3）．

**沸点**（boiling point）に届けば，どの分子の運動エネルギーも十分に大きくなる結果，分子は互いの引合いを振切る（**沸騰** boiling）．水なら水蒸気が泡になる．分子の並進運動エネルギーが分子間力よりずっと大きいので，気体の分子はほぼ自由に飛び交う．

粒子の引合いが強い物質ほど，融点や沸点は高い．水分子 $H_2O$ が引合う力はプロパン分子 $C_3H_8$ よりずっと強いため，それが沸点の差（水 100 ℃，プロパン−42 ℃）に表れる．**極性分子**（polar molecule）の水は，**水素結合**（hydrogen bond）という相互作用で強く引合う（図解 6・4）．

プロパン分子は**非極性**（nonpolar）だから，分子間の引合いは弱い．非極性分子どうしの分子間力を**分散力**（dispersion force）ともいう．なお，先ほどの分子間"力"と同じく分散"力"も，物理でいう力そのものではなく，相互作用のエネルギーを表している（図解 6・5）．

沸点は圧力で変わり，ふつうは 1 atm（1 気圧）での値に注目する．身近な物質の融点と沸点を表 6・1 にまとめた．

(a) 蒸発は，周囲から熱を奪う**吸熱**（endothermic）変化として進む．温度が上がるほど蒸発の勢いは増す．

(b) 汗が蒸発すると，激しく動く $H_2O$ 分子が運動エネルギーを液体から運び去るため，熱を奪われた皮膚が冷える（**気化冷却** evaporative cooling）．

**図解 6・3 状態変化と熱の出入り** 並進運動エネルギーが十分に大きい分子は，気相のほうへ脱出できる．

(a) **水の極性**　OとHの電気陰性度差と，分子の折れ線形が，水を極性分子にする．

電気陰性度の大きいO原子
（負の部分電荷 δ−）

電気陰性度の小さいH原子
（正の部分電荷 δ+）

(b) **水素結合**　固体中でも液体中でも，極性分子 $H_2O$ の O原子が，そばの $H_2O$ 分子の H原子と引合って水素結合する．

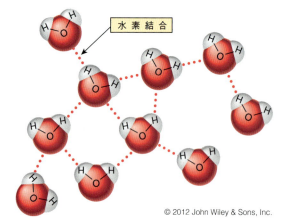

© 2012 John Wiley & Sons, Inc.

> **考えよう**
>
> グリセリン（グリセロール）の沸点（290 ℃）は，エチレングリコールの沸点（197 ℃）よりだいぶ高い．なぜか？
>
>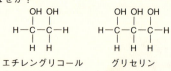
>
> エチレングリコール　　グリセリン
>
> ［答］極性の OH 基を3個もつグリセリンは，2個のエチレングリコールより水素結合で引合う力が強いから．

**図解 6・4　水の水素結合**

(a) **非極性分子のプロパン $C_3H_8$**　炭素Cと水素Hの電気陰性度が近いため（p.26），分子全体も非極性に近い．価電子は分子全体にまんべんなく分布している．

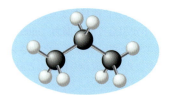

正負電荷のかたよりがない
プロパン分子

(b) **プロパン分子の分散力**　分子内の電子は超高速で動いているが，時間を止めた一瞬の電荷分布にはムラがある．

一過性の負電荷を　　一過性の正電荷を
もつ部分　　　　　　もつ部分

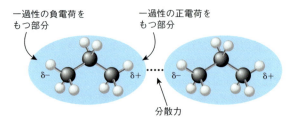

分散力

左の分子の瞬間的な分極が右の分子を分極させる結果，引合いの力が生じる

分散力は原子数（電子数）が多い分子ほど強い．分散力が強いほど沸点は高く，たとえばオクタン $C_8H_{18}$ の沸点（125 ℃）はペンタン $C_5H_{12}$（36 ℃）よりだいぶ高い．

> **考えよう**
>
> エタン $CH_3CH_3$ とエタノール $CH_3CH_2OH$ の沸点はどちらが高いだろうか．理由も答えよ．
>
> ［答］エタノール．強い水素結合で分子が引合うから．

**図解 6・5　分散力**　非極性分子の弱い引合いは，どのようにして生まれるのか？

### 表 6・1　融点と沸点の例

粒子の引合いが強い物質ほど融点や沸点は高い．$Na^+$ と $Cl^-$ が強く引合う塩化ナトリウム NaCl は，それより弱い水素結合で引合う $H_2O$ 分子からできた水よりも融点がずっと高い．

| 物質 | 所在や用途 | 融点 | 沸点 | 物質 | 所在や用途 | 融点 | 沸点 |
|---|---|---|---|---|---|---|---|
| 酸素 | 大気 | −218 | −183 | 酢酸 | 酢 | 17 | 118 |
| 窒素 | 大気 | −210 | −196 | スクロース | 砂糖 | 185 | （分解）|
| プロパン | 調理用 | −190 | −42 | 塩化ナトリウム | 食卓塩 | 801 | 1413 |
| アンモニア | 洗浄剤 | −78 | −33 | 金 | 宝飾品 | 1064 | 3080 |
| エタノール | アルコール飲料 | −117 | 78 | | | | |
| アセトン | マニキュア落とし | −94 | 56 | | | | |
| 水 | 水 | 0 | 100 | | | | |

> **考えよう**
>
> 室温（約22 ℃）で液体の物質はどれか．
>
> ［答］エタノール，アセトン，水，酢酸

上で眺めた物理変化は逆向きにも進み，**融解**（melting）の逆を**凝固**（freezing），**蒸発**（evaporation）の逆を**凝縮**（condensation）とよぶ．一部の物質は常温・常圧で液化せず，固体が液体を通らないまま気体になる．それを**昇華**（sublimation）という（図解6・6）．

**図解 6・6 ドライアイスの昇華** ドライアイス（固体の $CO_2$）は，1 atm のもと，$-78\,°C$ 以上で昇華する．

---

#### 確 認
1. 氷水を入れたコップの外側に水滴がつくのはなぜ？
［答］空気中の水蒸気が凝縮して液体になるから．

---

水分子のうち少し負に帯電した O 原子と，そばの水分子のうち少し正に帯電した H 原子が引合うのだった（図解6・4）．そんな分子間力は，$H_2O$ 分子と別の分子の間にも働く（次ページのコラム）．

### 密 度

三態変化では，物質の外見のほか，**密度**（density）などの性質も変わる．ふつう固体は液体より密度が大きく，気体は固体や液体より密度がずっと小さい．

固体や液体の密度は g/mL や $g/cm^3$ を単位に表す（どちらも数値は同じ）．固体いくつかの密度を表6・2にまとめた．

油は水より密度が小さいので水に浮く．ボートが水に浮くのは，船体内の空気と合わせた平均密度が水より小さいからだ．

物質を熱すると，粒子の運動エネルギーが増すのだった．そのとき粒子どうしの平均距離も増すため，物質は**熱膨張**（thermal expansion）をする．同じ質量の物質が体積を増すわけだから，一般に，温度を上げるほど密度は小さくなる（図解6・7）．

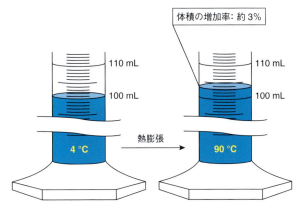

**図解 6・7 水の熱膨張** ふつう純物質の密度は固体のとき最大になる．例外的な物質の水は $4\,°C$ で密度が最大になり，さらに温度を上げると体積が増す．

水は密度が $4\,°C$ で最大になり，温度を $4\,°C$ から下げていっても密度が減るため，凍るときには膨張する．だから厳冬の朝は水道管が破裂しやすい．

---

**表 6・2 固体の密度（例）**

密度が水（約 $1.0\,g/cm^3$）より小さいものは水に浮き，大きいものは沈む．

| 物 質 | 密度 ($g/cm^3$) |
|---|---|
| コルク | 0.2 |
| カシ材 | 0.8 |
| ワックス | ≈0.9 |
| 氷 | 0.9 |
| アルミニウム | 2.7 |
| ダイヤモンド | 3.5 |
| 鉛 | 11.4 |
| 金 | 19.3 |

水より密度が小さいので浮かぶロウソク

水より密度が大きい石

水は，液体より固体（氷）の密度が小さい珍しい物質のひとつ．水以外では，かつて活字合金にしたアンチモンが名高い．

#### 考えよう
氷と液体の水を比べたとき，平均の分子間距離はどちらが大きい？

［答］氷

## 化学こぼれ話：分子間力を利用した賢い衣服

汗を逃がす運動着がある．普段着に快適な綿（コットン）は，湿気を保つので運動着には向かない．分子の**疎水性**（hydrophobicity）や**親水性**（hydrophilicity）が，素材の性質を決める．

綿の親水性は，水分子と同じ OH（ヒドロキシ基）が生む（図 b, c）．セルロースの OH は水分子と**水素結合**（hydrogen bonding）できる（図 d）．綿が水を保持しやすいからこそタオルは綿でつくる．かたやポリエステルは OH 単位がなく，ほぼ全部の結合が非極性だから水をはじく．

Moof/Cultura/Getty Images

親水性の綿
疎水性のポリエステル

運動着の繊維は，モノマーをつなげたポリエステル（図 a）が多い．一方の綿は，グルコースがつながり合ったセルロース（図 b）でできている．

(a) ポリエステルのモノマー（例）

(b) セルロースのモノマー

(c) 極性の高いヒドロキシ基 OH

(d) 水とセルロースの水素結合

運動着のポリエステル繊維は，親水性の素材を薄くかぶせ，皮膚の水分を引きつけて蒸発しやすく（汗を逃がしやすく）してある．

> **考えよう**
> 水とセルロースは，図 d ではない形の水素結合もする．どんな形か？
> ［答］水分子の H 原子とセルロースの O 原子が引合う形

---

### 確認

2. 宝飾品にする白金合金の密度は 20.1 g/cm³ だという．質量が 75 g なら体積はいくらか？
   ［答］75 $g$ × (1 cm³/20.1 $g$) = 3.7 cm³
3. 10 cm³ のアルミニウムと 2 cm³ の鉛で，質量はどちらが大きいか？　　　　　［答］アルミニウム

### 振返り　[STOP]

1. 物質を熱したとき，成分粒子の運動エネルギーはどう変わる？
2. 液体や固体のときと比べ気体になったとき，密度が大幅に減るのはなぜか？

## 6・2 気体の性質

- 大気のおもな成分は？
- 圧力や温度を変えたとき，気体の体積はどう変わる？
- 冷蔵庫はどんなしくみで働く？

気体中や液体中で進む化学反応が多い．固体中とちがって，原子や分子が動き，衝突しやすいからだ．まずは本節で**気体**（gas. 語源はギリシャ語 *chaos* ＝混沌）の性質を眺める．タイヤの空気や，噴霧剤の製品，生きるための呼吸など，気体は暮らしに密着している．気体のふるまいをつかみ，エアコンや冷蔵庫も気体のおかげで働くことを実感しよう．

### 空気の特徴

空気は気体の性質をつかむ素材にふさわしい．空気の組成を図解 6・8 に示す．ある高度の気圧は，そこより上にある気体の総重量が生み出す．海面での平均気圧は，1 cm² あたり約 1 kg の質量を乗せた値に等しい（図解 6・9）．

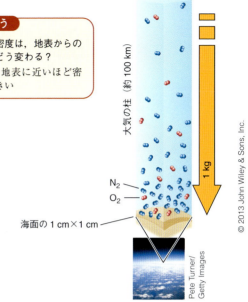

**考えよう**
大気の密度は，地表からの高度でどう変わる？
［答］地表に近いほど密度が大きい

大気は海面の 1 cm² あたり約 1 kg の圧力を示す

**図解 6・9 大気圧** 私たちは，厚み約 100 km の大気の底に住んでいる．海に潜ったときに感じる水圧と同様，大気も地表の物体に圧力を及ぼす．

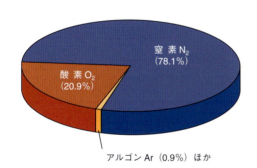

**図解 6・8 大気底層の組成** 乾燥空気は窒素と酸素の合計が約 99％となり，残りの大半をアルゴンが占め，以後は二酸化炭素 $CO_2$，ネオン Ne，ヘリウム He，メタン $CH_4$ などと続く．現実の空気では水蒸気 $H_2O$ が第 3 位か 4 位だけれど，その濃度（0.5〜4.0％）が気象条件で変わりやすいため，グラフには入れにくい．

大気圧は**圧力計**（barometer. ギリシャ語 *baros* ＝圧力と *metros* ＝測定）で測る．初期の圧力測定では，大気と押し合う水銀柱の高さを利用した（いまも使う．図解 6・10）．

気圧は高度と気象条件で変わる．気圧は上空ほど小さく，高度約 5.8 km で半分になる．大気の密度にできるムラが，高気圧や低気圧を生む．ふつう気圧が上がると好天に向かい，気圧が下がると悪天候に向かう．ハリケーンや台風は気圧を激しく下げる．

### 気体の法則

固体や液体とちがって気体は圧縮しやすい．手動の空気入れを使うときに実感できよう．加圧気体は扱いに注意したい．スプレー缶の注意書きに "火に投じないよう" とあるのは，内圧が一定以上になれば爆発するからだ．タイヤの空気圧も，走行後の熱いうちに測れば，走行前よりだいぶ高い．

そうしたことは，気体の**分子運動論**（kinetic-molecular theory）という理論で説明できる．分子運動論では気体を，"無限小の粒子が飛び交う空間" とみる．たえず飛び交う粒子が，仲間や容器の壁にぶつかって跳ね返る．エネルギーは保存され，互いの引合いもない……という仮想的な気体を**理想気体**（ideal gas）とよぶ．

理想気体の性質は，粒子の運動エネルギーだけで決まる．さらに，粒子の運動エネルギーは温度だけで決まる（高温ほど運動エネルギーが大きい）．密閉容器に入れた気体の圧力は，粒子が容器の壁に及ぼす力から生まれる．

**実在気体**（real gas）の原子や分子は，小さいとはいえサイズをもつし，やはり弱いながらも互いに引合う．引合うからこそ，どんな気体も冷やせばどこかで液化する．高温や低圧の条件なら，実在気体もほぼ理想気体とみてよい．そのとき気体のふるまいは，**理想気体の法則**（ideal gas law）とよぶ理論式に従う．気体の圧力と温度，体積の関係を観測して得られた式だ．

### 圧力と体積：ボイルの法則

アイルランドのロバート・ボイルは 1657 年，新発明の空気ポンプに出合う．改良したポンプを使って空気の体積と圧力の関係を調べ，気体の

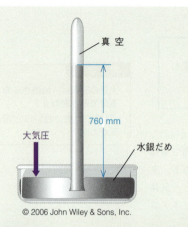

ヤード・ポンド圏では圧力を "1 平方インチあたりのポンド数（psi = pounds per square inch)" で表す．ほかの単位とは次の関係にある．

760 mmHg = 760 torr = 1 atm = 14.7 psi

なお，血圧は mmHg 単位で表す．

圧力ゲージは，大気圧との差を表示する

測定値 28 psi

**考えよう**
写真に示すタイヤの内圧は何 psi か．また何 atm か．
［答］42.7 psi = 2.90 atm

**図解 6・10 圧力の測定**
イタリアのトリチェリーは，空気に質量があると見抜き，1643 年に圧力計を発明した．

(a) 一定温度のピストンつき容器に入れた気体を考える．ピストンに乗せる質量で圧力を変える．こまかく変えるとグラフ（図 b）ができる．

(b) 気体の体積と圧力は反比例する．

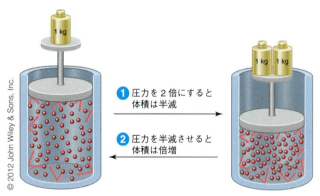

❶ 圧力を 2 倍にすると体積は半減
❷ 圧力を半減させると体積は倍増

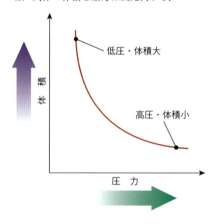

低圧・体積大
高圧・体積小

体積
圧力

**図解 6・11 ボイルの法則**

量と温度が一定なら，体積は圧力に反比例する事実をつかむ．それを**ボイルの法則**（Boyle's Law）とよぶ．

体積 $V$，圧力 $P$，比例係数 $k$ を使い，ボイルの法則はこう書ける．

$$V = k \times \frac{1}{P}$$

たとえば，圧力を 3 倍にすると体積は 3 分の 1 に減る．

ボイルの法則は分子運動論で説明できる．気体の圧力は，分子が容器の壁に及ぼす力から生まれる．一定時間にぶつかる回数が多いほど，圧力は高い．容器の体積を半分にすれば，一定時間の衝突回数が倍増するため，圧力は 2 倍になる（図解 6・11）．

# 東京化学同人
# 新刊とおすすめの書籍

## 2021年 春版

〒112-0011　東京都文京区千石3-36-7　TEL:03-3946-5311 FAX:03-3946-5317

## ● 一般化学

|  |  |
|---|---|
| 新 楽しくわかる化学 | 本体 2100 円 |
| バージ・ドリーセン化学入門 | 本体 2200 円 |
| 教養の化学：暮らしのサイエンス | 本体 2400 円 |
| ブラックマン基礎化学 | 本体 2800 円 |
| 理工系のための一般化学 | 本体 2500 円 |
| スミス基礎化学 | 本体 2200 円 |
| 基礎化学（新スタンダード栄養・食物シリーズ 19） | 本体 2500 円 |

## ● 物理化学

|  |  |
|---|---|
| 基礎コース物理化学IV：化学熱力学 | 本体 2400 円 |
| アトキンス物理化学要論（第 7 版） | 本体 5900 円 |

## ● 有機化学

|  |  |
|---|---|
| クライン有機化学 上・下 | 本体各 6100 円 |
| クライン有機化学問題の解き方（日本語版） | 本体 6100 円 |
| ラウドン有機化学 上・下 | 本体各 6400 円 |
| ブラウン有機化学 上・下 | 本体各 6300 円 |
| 有機反応機構：酸・塩基からのアプローチ | 本体 2600 円 |
| 構造有機化学：基礎から物性へのアプローチまで | 本体 4800 円 |
| 有機合成のためのフロー化学 | 本体 4800 円 |
| 有機化学の基礎（新スタンダード栄養・食物シリーズ 17） | 本体 2600 円 |

## ● 生化学・細胞生物学

|  |  |
|---|---|
| ミースフェルド生化学 | 本体 7900 円 |
| 免疫：からだを護る不思議なしくみ（第 6 版） | 本体 1800 円 |
| 相分離生物学 | 本体 3200 円 |
| 相分離生物学の全貌（現代化学増刊 46） | 本体 6800 円 |
| 分子細胞生物学（第 8 版） | 本体 8400 円 |
| 生物化学工学：バイオプロセスの基礎と応用（第 2 版） | 本体 2400 円 |

## 温度と体積: シャルルの法則

ボイルの約100年後にフランスのジャック・シャルルが,財務官僚の職を投げうって科学の道に進む.彼は1780年代,初の水素気球をつくったほか,気球の初飛行(パリの上空3 km)にも成功した.研究の途上,圧力を一定に保った気体の体積が,熱すると増え,冷やすと減るのを確かめる(図解6・12).

温度 $T$ と比例係数 $k$ を使い,シャルルの法則はこう書ける.

$$V = k \times T$$

温度 $T$ は,英国の物理学者ウィリアム・トムソン(のちケルビン卿)が提案したもので**絶対温度**(absolute temperature)といい,−273 ℃ にあたる原点($T=0$ K)を**絶対零度**(absolute zero)とよぶ.温度の"差"なら1 K(ケルビン)と1 ℃は等しい(図解6・13).

シャルルの法則だと $T=0$ なら $V=0$ だから,粒子サイズがゼロの理想気体は絶対零度で消え失せる.しかし実在気体は,高温なら理想気体に近いけれど,低温では差が生じる.粒子のサイズが有限で,互いに引合いもするため,十分な低温・高圧になると液化する.たとえば 1 atm のもと,窒素は −196 ℃(77 K)以下で液体になる(図解6・14).

冷えて体積が減る風船

液体窒素(−196 ℃)

Tim O. Walker

**考えよう**
風船を引上げ,室温に放置すればどうなる?
[答] もとの体積までふくらむ.

図解 6・12 シャルルの法則

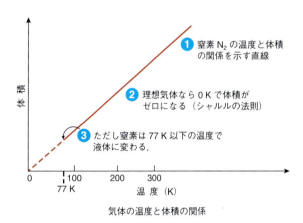

❶ 窒素 $N_2$ の温度と体積の関係を示す直線
❷ 理想気体なら0 Kで体積がゼロになる(シャルルの法則)
❸ ただし窒素は 77 K 以下の温度で液体に変わる.

気体の温度と体積の関係

**考えよう**
1. 図中の破線は何を表す?
 [答] シャルルの法則に従う理想気体
2. ヘリウムは何 ℃ で液化する?
 [答] −269 ℃

図解 6・14 **実在気体の液化** 実在気体は十分な温度で液化する.低温の液化ガス(窒素は 77 K 以下,ヘリウムは 4 K 以下)は,たとえば磁気共鳴画像装置(MRI)の強い磁石を冷やすのに使う.

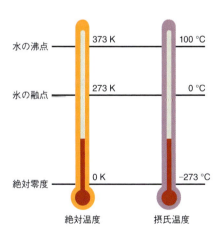

水の沸点 373 K 100 ℃
氷の融点 273 K 0 ℃
絶対零度 0 K −273 ℃
絶対温度 摂氏温度

摂氏温度に273(正確には273.15)を足したものが絶対温度に等しい.

**考えよう**
40 ℃ と 310 K では,どちらのほうが高温か?
[答] 40 ℃

図解 6・13 **絶対温度と摂氏温度** 絶対温度の単位Kに"°"は添えない.

ボイルの法則と同様,シャルルの法則も分子運動論に合う.気体の温度が下がれば分子の運動エネルギーが減り,容器の壁に及ぼす力が弱まるのだ.逆に温度が上がったときは,衝突の頻度も壁に及ぼす力も上がるため,圧力を一定に保つには体積が増えなければいけない.シャルルの法則に関係する計算を次ページの**コラム**に示す.

## 計算のヒント: シャルルの法則

窒素入りの風船を 27 ℃ で 1.0 L にふくらませ，−23 ℃ の冷凍室に入れる．風船が十分に冷えたとき，体積はいくらになるか．

**計算** 最初と最後の温度・体積を $(T_1, V_1)$，$(T_2, V_2)$ とすれば，$V_1 = k \times T_1$，$V_2 = k \times T_2$ より，

$T_1 \times V_2 = T_2 \times V_1$ の関係が成り立つため，$V_2 = \dfrac{V_1 \times T_2}{T_1}$ と書ける．

$V_1 = 1.0$ L，$T_1 = 27 + 273 = 300$ K，$T_2 = -23 + 273 = 250$ K を代入し，$V_2 = \dfrac{1.0 \text{ L} \times 250 \text{ K}}{300 \text{ K}} = 0.83$ L を得る．

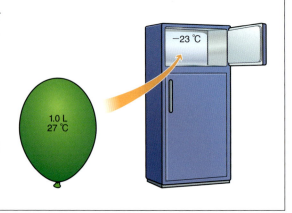

### 確 認
4. 圧力一定のもと，25 ℃ で 1.00 L の気体を 1.25 L にふくらませたい．温度を何 ℃ にすればよいか？
　　　　　　　　　　　　　　　　　　　　　［答］99.5 ℃

**ボイル・シャルルの法則**　いままで出合った二つの法則をまとめよう．

- ボイルの法則：温度一定のもと，気体の圧力と体積が示す関係
- シャルルの法則：圧力一定のもと，気体の温度と体積が示す関係

二つを組合わせると，出発点と終点を添え字 1 と 2 で表し，次の簡潔な式ができる．

$$\frac{P_1 V_1}{T_1} = \frac{P_2 V_2}{T_2}$$

変数 6 個のうち 5 個までわかっていれば，残る 1 個が計算できる（下のコラム）．

### 確 認　気体を理想気体とみて次の二つを考えよう．
5. 27 ℃，760 mmHg で 1.0 L の気体の圧力を 420 mmHg に下げた．温度を何 ℃ に下げれば，体積を最初の値（1.0 L）に保てるか？　　［答］−107 ℃
6. 丈夫な容器に 25 ℃，1.2 atm の気体を入れた．50 ℃ に温めると圧力は何 atm になるか？　［答］1.3 atm

## 計算のヒント: ボイル・シャルルの法則

温度 27 ℃，圧力 760 mmHg で 1.0 L の風船が手を離れ，地表から 5 km の高さに昇った．5 km 上空の温度が −18 ℃，圧力が 420 mmHg なら，体積はいくらになるか．

**計算**

$\dfrac{P_1 V_1}{T_1} = \dfrac{P_2 V_2}{T_2}$ を変形して $V_2 = \dfrac{P_1 V_1 T_2}{T_1 P_2}$

と書き，以下のデータを代入する．
$P_1 = 760$ mmHg, $V_1 = 1.0$ L, $T_1 = 27 + 273 = 300$ K,
$P_2 = 420$ mmHg, $T_2 = -18 + 273 = 255$ K

簡単な計算で $V_2 = 1.5$ L を得る．

圧力低下と温度低下の効果を比べると，圧力低下のほうが大きく効いたとわかる．

## 気体の圧縮と膨張

自転車に空気を入れる際,タイヤも空気入れも熱くなる.空気を圧縮すると,分子の運動エネルギーが増して温度が上がるからだ.圧縮気体中では,分子が互いに衝突する頻度も壁と衝突する頻度も増す結果,気体の圧力が上がる.次にタイヤの空気を抜けば,出てきた気体分子は空間に広がっていく.そのとき分子の運動エネルギーは減り,温度が下がる.

気体を圧縮したときの温度上昇と,膨張したときの温度低下は,実用に広く役立つ.たいていのエアコンも冷蔵庫も,その原理で働く(コラム).

冷媒には,$CFCl_3$,$CF_2Cl_2$ といった**クロロフルオロカーボン類**(CFCs = chlorofluorocarbons. 日本での通称"フロン類")をよく使う.たいへん安定なため,漏れ出た CFCs が対流圏を経て成層圏に昇り,紫外線を浴びて生じる Cl(塩素原子)がオゾン層を減らすと心配する人がいる.

本章の冒頭では,おもに温度が物質の状態を変えるとみた.

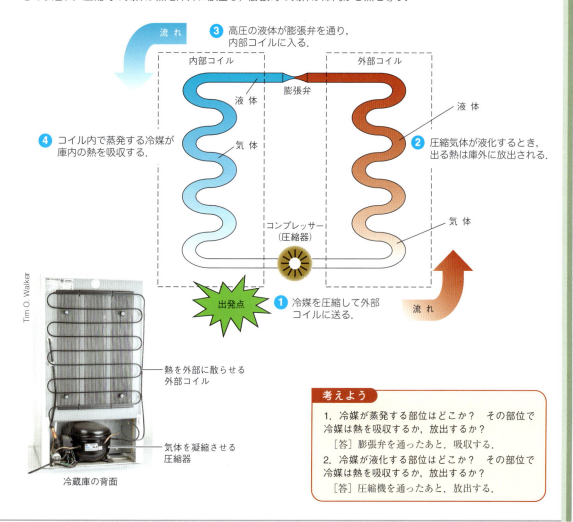

### 流れをつかむ:冷蔵庫のしくみ

冷蔵庫や冷凍庫,エアコンでは,**冷媒**(refrigerant)気体の圧縮(昇温)と膨張(降温)をくり返す.圧縮時の気体が熱を庫外に放出し,膨張時の気体が庫内から熱を奪う.

❶ 冷媒を圧縮して外部コイルに送る.
❷ 圧縮気体が液化するとき,出る熱は庫外に放出される.
❸ 高圧の液体が膨張弁を通り,内部コイルに入る.
❹ コイル内で蒸発する冷媒が庫内の熱を吸収する.

冷蔵庫の背面

#### 考えよう
1. 冷媒が蒸発する部位はどこか? その部位で冷媒は熱を吸収するか,放出するか?
   [答]膨張弁を通ったあと,吸収する.
2. 冷媒が液化する部位はどこか? その部位で冷媒は熱を吸収するか,放出するか?
   [答]圧縮機を通ったあと,放出する.

しかし物質の状態には，圧力も大きな効果を示す．冷蔵庫でも気体を加圧して液化させるのだった（前ページのコラム）．気体を圧縮すれば体積が減ってゆき，分子どうしが近づく結果，引合いが強まって液体になる．液体をさらに加圧すれば固体に変わる（ごくわずかな例外はある）．物質の状態に温度と圧力がどう効くのかを，下のコラムで調べよう．

## 深い考察　温度・圧力と三態

圧力と温度が物質の状態を変えるようすは**相図**(phase diagram) に描ける（相図は**状態図** state diagram ともいう）．役に立つ材料をつくりたいときも，相図が手がかりになる．二つの例について相図の意義を紹介しよう．

### 超臨界 $CO_2$

常温常圧で固体のドライアイスが気化（昇華）する理由は，$CO_2$ の相図（図a）からわかる．図(a)の色は，濃いほうから固体・液体・気体とした．

右上の薄い領域（73 atm 以上，31 ℃ 以上）で $CO_2$ は，液体と気体の中間的な性質を示す**超臨界流体** (supercritical fluid) になる．超臨界 $CO_2$ はいろいろなものをよく溶かし，利用後は無害な気体に変わるだけだから，コーヒーのカフェイン抜き，香料の抽出，危険な有機溶媒を使わないドライクリーニングなどに役立つ（溶媒のことは次章でも学ぶ）．

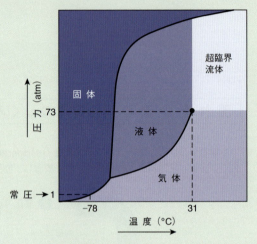

(a) $CO_2$ の相図．1 atm なら$-78$ ℃で固体から気体に昇華する．

### 人工ダイヤ

炭素の同素体 (allotrope) ダイヤモンドは，宝石や切削・研磨材に用途が広い．天然のダイヤは 10 億年以上も前，1000 ℃ 以上・5 万 atm 以上の地下深部（100〜200 km）で生じたと思われる．そんな極限条件だと炭素原子は，四面体構造の共有結合でつながり合う（図b）．マグマの流れに乗ったものだけが，地表近くへ浮上したのだろう．

人工（合成）ダイヤも，化学的には天然ダイヤと区別できない．グラファイト（黒鉛）を原料に合成され，工業材料に使われてきたが，宝石用の大きな粒にするのはむずかしい．ただし近年，天然に近い 1500 ℃・5.8 万 atm の条件で，宝石クラスのダイヤができている．

> **考えよう**
> 73 atm・$-78$ ℃ の固体 $CO_2$ を 20 ℃ に熱したら何が起こるか？　そのとき最初の固体を"ドライアイス"とよぶのは適切か？
> ［答］液体を通って気体になる．液化するので"ドライ"は不適切．

(b) ダイヤモンドの構造．共有結合は固体の全体に及ぶ．

## 振返り 🛑

1. 乾燥空気の約99%までを占める気体は何と何?
2. 一定圧力で気体を熱すると, 体積はどう変わる?
3. 膨張する気体はなぜ冷える?

## 6·3 化学変化

- 化学変化は物理変化と比べてどこがちがう?
- 係数の正しい化学反応式はどうやって書く?

融解や沸騰, 蒸発などの物理変化で物質自身は変わらない. 物質そのものが変わる化学変化のあらましを, 本節で調べよう.

### 化学反応の性格

呼気に出る二酸化炭素 $CO_2$ は, 体内で進む化学反応の集合体つまり**代謝**（metabolism）の産物だった（5章）. $CO_2$ は燃焼の産物でもある（4章）. 代謝も燃焼も, 物質そのものが変わる**化学変化**（chemical change）にあたる. 化学変化には, ガソリンの燃焼のような速いものから, 鉄の腐食のような遅いものまである. 化学変化かどうかは, 新しい物質が生じるかどうかで判定できる（コラム）.

化学反応の恵みは果てしない. 石油化学産業では, 天然ガスや石油中の単純な炭化水素を複雑な化合物に変え, プラスチックや繊維, 医薬の原料にする. クルマや航空機の動力は燃焼反応から生まれ, 電子機器の電池は電気化学反応のおかげで働く（図解6·15）.

### 化学反応式

化学反応で起こるのは（9章の核反応とはちがって）価電子の共有や移動だから, 新しい結合ができても, 原子核の陽子数と中性子数は変わらない. つまり反応物と生成物で元素組成は共通している. それを**質量保存則**（law of mass conservation）という（図解6·16）.

---

## マクロとミクロ　化学変化

化学反応では結合の組替えが進む. 結合にひそむ総エネルギーが反応物と生成物で異なれば, **発熱**（exothermic）反応か**吸熱**（endothermic）反応のどちらかになる.

写真の例では, 過酸化水素が酸素と水に分解して発熱する. その反応は, 少量の触媒（ヨウ化カリウム KI など）を加えると速やかに進む.

光を吸収して起こる反応（光化学スモッグの生成）や, 光を出す反応もある. 劇場などで使う発光スティックは, 折り曲げたとき内部のアンプルが割れ, 過酸化水素とシュウ酸ジフェニルが混ざって反応し, 出たエネルギーを吸収した色素が光（蛍光）を出す（**化学発光** chemiluminescence）.

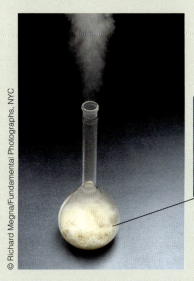
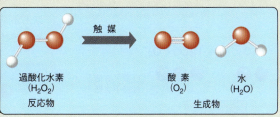

電気化学反応（electrochemical reaction）
　は電子移動を伴う（10章）
燃焼反応（combustion reaction）
　では炭化水素などの燃料が酸素と反応する（4章）
酸塩基反応（acid-base reaction）
　は水素イオンの移動を伴う（8章）
重合反応（polymerization reaction）
　では，単量体（monomer）がつながって高分子（polymer）になる（13章）
光化学反応（photochemical reaction）
　は光エネルギーが起こす（13章）

**図解 6・15　暮らしで出合う化学反応**

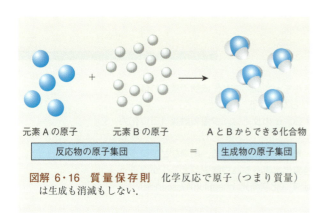

**図解 6・16　質量保存則**　化学反応で原子（つまり質量）は生成も消滅もしない．

正しい化学反応式は，質量保存則をもとに書ける．コラム"マクロとミクロ"（p.81）で見た過酸化水素の分解を例に，化学反応式を書いてみよう．まずは左辺に反応物，右辺に生成物を書く．

$$H_2O_2 \longrightarrow H_2O + O_2$$

O原子（赤）2個と　　　　　　　　　　O原子3個と
H原子（白）2個　　　　　　　　　　　H原子2個
　　　　　　　　　左右が不一致

左右の原子数が合わない．左辺にただO原子1個を加えても化学式と合わないため，$H_2O_2$ に係数（coefficient）をつける．係数は整数なので，$2H_2O_2$（＝$2 \times H_2O_2$）としてみればこうなる．

$$2H_2O_2 \longrightarrow H_2O + O_2$$

O原子4個と　　　　　　　　　　　　O原子3個と
H原子4個　　　　　　　　　　　　　H原子2個
　　　　　　　　　左右が不一致

左辺のO原子もH原子も右辺より多いが，$H_2O$ の係数を2にすれば次のようになる．

$$2H_2O_2 \longrightarrow 2H_2O + O_2$$

O原子4個と　　　　　　　　　　　　O原子4個と
H原子4個　　　　　　　　　　　　　H原子4個
　　　　　　　　　左右が一致

以上から，2個の $H_2O_2$ が2個の $H_2O$ と1個の $O_2$ に変わる反応だとわかる．

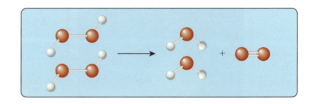

反応式の係数合わせでは，以下のことに注意しよう．

1. 係数は最小の整数とする（1 は書かない）．
   いまの反応は，原子数の関係は正しくても，次のようには書かない．

   $$4 H_2O_2 \longrightarrow 4 H_2O + 2 O_2$$

2. 物質の化学式は変えずに，係数だけを調整する．
   現実にありえない化学式を使ってはいけない．

   存在しない ⇒ $H_2O_3 \longrightarrow H_2O + O_2$
   $H_2O_2 \longrightarrow H_2O + O$ ⇐ 存在しない

別の例として，ブタン $C_4H_{10}$ の燃焼を反応式に書こう．ブタンが酸素 $O_2$ と反応すれば二酸化炭素 $CO_2$ と水 $H_2O$ ができるため，係数を考えない反応式はこうなる．

$$\underset{\text{ブタン}}{C_4H_{10}} + \underset{\text{酸素}}{O_2} \longrightarrow \underset{\text{二酸化炭素}}{CO_2} + \underset{\text{水}}{H_2O}$$

炭化水素の反応なら，係数合わせの手順として，まず C 原子数か H 原子数を合わせるのがよい．C 原子数を合わせるため，右辺の $CO_2$ に係数 4 をつける．

$$C_4H_{10} + O_2 \longrightarrow 4 CO_2 + H_2O$$

|  | 反応物 | 生成物 |
|---|---|---|
| C 原子数 | 4 ✓ | 4 ✓ |
| H 原子数 | 10 | 2 |
| O 原子数 | 2 | $(4\times2)+1=9$ |

次に H 原子数を合わせるため，右辺の $H_2O$ に係数 5 をつける．

$$C_4H_{10} + O_2 \longrightarrow 4 CO_2 + 5 H_2O$$

|  | 反応物 | 生成物 |
|---|---|---|
| C 原子数 | 4 ✓ | 4 ✓ |
| H 原子数 | 10 ✓ | $(5\times2)=10$ ✓ |
| O 原子数 | 2 | $(4\times2)+(5\times1)=13$ |

残る O 原子の数は，とりあえず $O_2$ に係数 6.5 をつければ合う．

$$C_4H_{10} + 6.5 O_2 \longrightarrow 4 CO_2 + 5 H_2O$$

|  | 反応物 | 生成物 |
|---|---|---|
| C 原子数 | 4 ✓ | 4 ✓ |
| H 原子数 | 10 ✓ | $(5\times2)=10$ ✓ |
| O 原子数 | $(6.5\times2)=13$ | $(4\times2)+(5\times1)=13$ ✓ |

これで O 原子数も，両辺で共通の 13 になった．けれどもまだ整数ではないから，全体を 2 倍して整数にする．

$$2\times[C_4H_{10} + 6.5 O_2 \longrightarrow 4 CO_2 + 5 H_2O]$$
$$= \boxed{2 C_4H_{10} + 13 O_2 \longrightarrow 8 CO_2 + 10 H_2O}$$

|  | 反応物 | 生成物 |
|---|---|---|
| C 原子数 | $(2\times4)=8$ ✓ | 8 ✓ |
| H 原子数 | $(2\times10)=20$ ✓ | $(10\times2)=20$ ✓ |
| O 原子数 | $(13\times2)=26$ ✓ | $(8\times2)+(10\times1)=26$ ✓ |

### 確認

7. アセチレンの燃焼反応（下記）
   $$C_2H_2 + O_2 \longrightarrow CO_2 + H_2O$$
   を正しい形に書いてみよ．
   ［答］ $2 C_2H_2 + 5 O_2 \longrightarrow 4 CO_2 + 2 H_2O$

8. アジ化ナトリウムの分解（下記）
   $$NaN_3 \longrightarrow N_2 + Na$$
   を正しい形に書いてみよ．
   ［答］ $2 NaN_3 \longrightarrow 3 N_2 + 2 Na$

### 振返り

1. どんな化学変化にも共通する特徴は？
2. 係数の正しい反応式の基礎には，どんな法則がある？

## 6·4 原子や分子の数えかた

- 純物質の質量は，成分粒子の個数とどう結びつく？
- 反応物や生成物の量は，化学反応式からどのように決まる？
- 燃焼反応の発熱量はどう計算する？

化学では，物質をつくり上げている粒子（原子や分子）の個数を"物質の量"とみなせば，物質の性質を比べる際も，反応の進みを考える際も，話の見通しがよくなる．

### 化学の会計

ふつう，ものを数えるときは単位を使う．単位には質量（例：砂糖 1 kg），体積（ガソリン 20 L），長さ（ロープ 10 m），面積（田んぼ 2 ha）などがある．また，缶ビールなら 6 個単位，卵なら 1 ダース単位で買う．ホッチキスの針なら 1000 本単位だろう．

いま書いた量の数値部分なら，見ただけでサッとわかる．だが化学で扱う原子や分子，イオンの個数は，1 億や 1 兆どころではない．炭のかけらが含む炭素原子も，星の数より多いのだ．そこで，ものの重さ（質量）を仲立ちに使い，粒子数を表現することにする（次ページの**コラム**）．

## 計算のヒント: 質量と粒子数

飴玉を詰めた大きな瓶がある．飴玉の個数を知りたいときは，たとえば次のようにする．

1. 図のような2回の測定で飴玉の総質量をつかむ．
2. 飴玉1個の質量を計算する．
   12個を測って60 gなら，1個の質量は5.0 g
3. 飴玉の個数を計算する．
   上記1の結果が1.5 kg＝1500 gなら，個数は1500 g/5 g＝300個だとわかる．

原子や分子の個数も，似たような手続きでわかる．

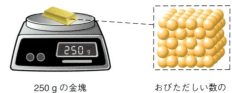
250 gの金塊　　おびただしい数の金原子

周期表上で金Auの箱にある"197"は，原子1個の質量が統一原子質量単位（$1.66 \times 10^{-24}$ g）の197倍（$3.27 \times 10^{-22}$ g）だということを意味する．それなら金塊250 gが含む金原子の数は，250 g/$3.27 \times 10^{-22}$ g＝$7.64 \times 10^{23}$ 個になる．

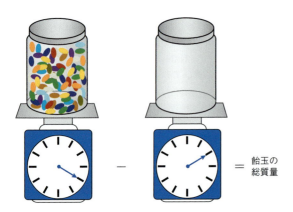
＝飴玉の総質量

統一原子質量単位の197倍

物質が含む粒子の数は莫大で，目に見えるサイズの物質なら $10^{21}$〜$10^{25}$ 個の桁になる．そんな指数をいつも扱うのは面倒だから，**モル**（mole．語源は"集団""まとまり"を表すラテン語 *moles*．単位記号 mol）の発想を使う．何か元素の単体を選び，わかりやすい大きさの質量（1〜1000 g）を1モル（1 mol）と約束する．原子と原子が結びつく化学反応を手がかりにすれば，元素Aの1 molが何gかを決めたとき，元素Bの1 molが何gかもわかる．

科学界は1961年に，"炭素の同位体 $^{12}$C の12 gを1 molとする"と約束した．$^{12}$C 原子1個の質量から"1 molの粒子数"を計算できて，結果は約 $6.02 \times 10^{23}$ となる．その数を，気体の分子数に思いをはせた19世紀イタリアの物理学者アボガドロをたたえて**アボガドロ数**（Avogadro's number）という．

アボガドロ数は大きい（図解6・17）．$6.02 \times 10^{23}$ 個の1円

＊（訳注）　1章p.8でふれたとおり，SI基本単位は新しい定義に変更された（2019年5月）．誤差のない基礎物理定数のひとつに**アボガドロ定数** $N_A$（$6.02214076 \times 10^{23}$ mol$^{-1}$）があり，それをもとに"モル"を定義することとなった．

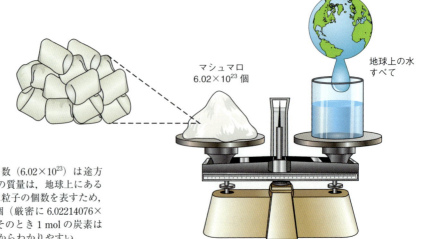
マシュマロ $6.02 \times 10^{23}$ 個　　地球上の水すべて

**図解 6・17　アボガドロ数**　アボガドロ数（$6.02 \times 10^{23}$）は途方もなく大きい．マシュマロ $6.02 \times 10^{23}$ 個の質量は，地球上にある全部の水にほぼ等しい．面倒な指数なしに粒子の個数を表すため，モルの発想が生まれた．約 $6.02 \times 10^{23}$ 個（厳密に $6.02214076 \times 10^{23}$）の粒子集団を1 molと約束する．そのとき1 molの炭素は12 gと考えてよい．実感できるサイズだからわかりやすい．

## 計算のヒント: 質量からモル数への換算

原子量や分子量に"g"をつけたものが，物質 1 mol の質量になる．

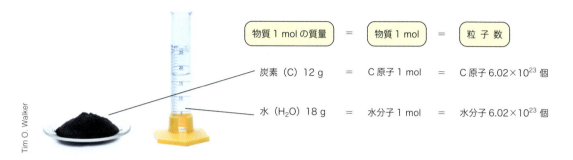

| 物質 1 mol の質量 | = | 物質 1 mol | = | 粒子数 |
|---|---|---|---|---|
| 炭素 (C) 12 g | = | C 原子 1 mol | = | C 原子 $6.02 \times 10^{23}$ 個 |
| 水 ($H_2O$) 18 g | = | 水分子 1 mol | = | 水分子 $6.02 \times 10^{23}$ 個 |

金塊 250 g のモル数は次のように計算できる（金 1 mol は 197 g）．

$$\frac{250 \text{ g}}{197 \text{ g/mol}} = 1.27 \text{ mol}$$

また金塊 250 g が含む金原子の数はこうなる．

$$1.27 \text{ mol} \times 6.02 \times 10^{23} \text{ 個/mol} = 7.64 \times 10^{23} \text{ 個}$$

**確 認**
1. 水 100 g は何 mol か？　［答］5.6 mol
2. 水 100 g は何個の $H_2O$ 分子を含む？
　　　　　　　　　　　　［答］$3.3 \times 10^{24}$ 個

---

玉を全世界の 70 億人に配れば，ひとりあたりの平均は 86 兆円にもなる．また，$6.02 \times 10^{23}$ 個の 1 円玉を積み上げた高さ（約 $9 \times 10^{17}$ km）は，光が 9 万 5000 年もかけて進む距離だ．

純物質の原子量や分子量（どちらも単位のない数）に"g"をつけたものが，物質 1 mol（粒子数 $6.02 \times 10^{23}$）の質量にあたる（コラム）．

物質 A と物質 B が同じモル数なら，単位粒子の数も等しい．

**確 認**
9. (a) 1 mol の金 Au と 1 mol の鉛 Pb で，原子の数はどちらが多い？
　(b) 1 mol の金と 1 mol の鉛で，質量はどちらが大きい？　　　　　［答］(a) どちらも同じ．(b) 鉛
10. 50 g の水素 $H_2$ と 50 g の酸素 $O_2$ で，モル数はどちらが多い？　　　　　　　　　　　　［答］水素
11. 16.5 g のアルミ缶を考える．(a) アルミニウムは何 mol か？　(b) アルミニウム原子の個数はいくつ？
　　　　　　　　　　［答］(a) 0.61 mol (b) $3.7 \times 10^{23}$ 個

### 化学反応の量的関係

反応を進める際は，一定量の生成物をつくるのに必要な反応物の量をつかんでおきたい．その逆に，一定量の反応物から生成物がいくらできるか知りたいこともある．それには化学反応式を使う．反応式に書かれた物質の係数は，料理に使う食材の量比と似ている（図解 6・18）．

(a) 料理のレシピは，使う食材の比率を教える．

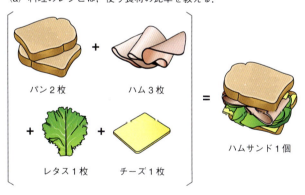

(b) 化学反応式の係数は，反応物や生成物の量比（モル比＝個数比）を教える．

$$2 H_2O_2 \longrightarrow 2 H_2O + O_2$$

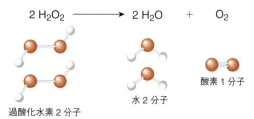

過酸化水素 2 分子　　水 2 分子　　酸素 1 分子

**図解 6・18** 料理と化学反応式

反応式の係数は，関係する粒子の個数比のほかに物質の**モル比**（molar ratio）も表すため，反応式から物質のモル数が見積もれる．

プロパン $C_3H_8$ の燃焼反応を考えよう．

$$C_3H_8 + 5\,O_2 \longrightarrow 3\,CO_2 + 4\,H_2O$$

1 mol の $C_3H_8$ が反応すれば，5 mol の $O_2$ が消費され，3 mol の $CO_2$ と 4 mol の $H_2O$ ができる．すると，12 mol の $C_3H_8$ が燃えて生じる $CO_2$ は，12×3＝36 mol だとわかる．また，50 mol の $H_2O$ ができるときに消費される $C_3H_8$ は，1×(50/4)＝12.5 mol だとわかる．

> **確認**
> 12. 6.2 mol の $C_3H_8$ が燃えると，何 mol の $O_2$ が消費される？
> $$C_3H_8 + 5\,O_2 \longrightarrow 3\,CO_2 + 4\,H_2O$$
> ［答］31 mol
> 13. (a) アルコール発酵を表す次の反応式に，正しい係数をつけよ．
> $$C_6H_{12}O_6 \xrightarrow{\text{酵母}} C_2H_6O + CO_2$$
> グルコース　　エタノール　二酸化炭素
> ［答］$C_6H_{12}O_6 \longrightarrow 2\,C_2H_6O + 2\,CO_2$
> (b) 8 mol のグルコースを発酵させると，何 mol の $CO_2$ ができる？
> ［答］16 mol

反応物や生成物の量を，モル数ではなく質量で知りたいことも多い．硫化銀をアルミニウムで還元する反応を考えよう．

$$3\,Ag_2S + 2\,Al \longrightarrow 6\,Ag + Al_2S_3$$
硫化銀　アルミニウム　　　銀　　硫化アルミニウム

1.0 g の硫化銀を還元して何 g の銀ができるか知りたい．まず，周期表にある原子量から，関係する物質の**モル質量**（molar mass）を求める．原子量（Ag: 107.9，S: 32.0）より

硫化銀 $Ag_2S$ のモル質量は，2×107.9 g/mol＋1×32.0 g/mol ＝247.8 g/mol となる．

上の反応式でわかるとおり硫化銀 1 mol（247.8 g）から銀 2 mol（215.8 g）ができるので，硫化銀 1.0 g からできる銀は，1.0 g×215.8/247.8＝0.87 g だとわかる．

次に，何 g のメタン $CH_4$ を燃やしたら 5.0 g の二酸化炭素 $CO_2$ ができるかを知りたい．

$$CH_4 + 2\,O_2 \longrightarrow CO_2 + 2\,H_2O$$

モル質量は $CH_4$ が 16.0 g/mol，$CO_2$ が 44.0 g/mol で，16.0 g の $CH_4$ から 44.0 g の $CO_2$ ができるため，5.0 g の $CO_2$ を生じる $CH_4$ は，5.0 g×16.0/44.0＝1.8 g だとわかる．

### 化学反応で出入りする熱

炭化水素の燃焼は暮らしを支える（4章）．燃やす燃料の量と出る熱（エネルギー）の関係をみよう．

燃焼反応も**エネルギー保存則**（law of conservation of energy）に従う．エネルギーは生成も消滅もしないため，生成物がもつエネルギー（に反応途上で出るエネルギーを足した総量）は，反応物がもっていたエネルギー（に投入エネルギーを足した総量）に等しい．

> **確認**
> 14. メタン（天然ガス）10.0 g が燃えて生じる $CO_2$ は何 g か？
> $$CH_4 + 2\,O_2 \longrightarrow CO_2 + 2\,H_2O$$
> ［答］27.5 g

分子のもつ化学エネルギーは，ほぼ全部が化学結合にひそむと考えてよい．生成物群の結合にひそむエネルギーの総量が，反応物群のそれより少なければ，反応（結合の組替え）が進んだときに余分なエネルギーが出てくる．

たとえば炭化水素が酸素 $O_2$ と反応して二酸化炭素 $CO_2$ と水 $H_2O$ になるとき，生成物の C＝O 結合と O－H 結合にひそむエネルギーの総量は，反応物の C－H 結合と C－C 結合，

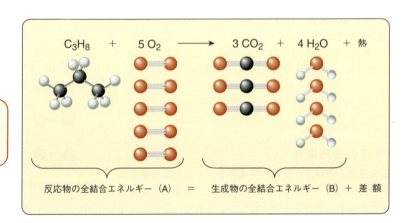

**考えよう**
プロパン分子は何本の C－C 結合と C－H 結合をもつ？
［答］それぞれ 2 本，8 本

**図解 6・19 炭化水素の燃焼反応**
結合の組替えに注目しよう．A＞B なので発熱変化になる．

O=O 結合にひそむエネルギーの総量より少ない．だから発熱反応になる（図解 6・19）．

　1 mol（44 g）のプロパンが燃えると 2220 kJ のエネルギーが出る．モルあたりにした 2220 kJ/mol をプロパンの**燃焼熱**（heat of combustion）とよぶ．バーベキューなどに使うプロパンの 10 kg ボンベは，約 200 mol のプロパンを入れてあるため，とり出せる総エネルギーは 2220×200＝44 万 4000 kJ だとわかる．

### 確 認
15. メタン $CH_4$ は 891 kJ/mol の燃焼熱を示す．メタン 32 g が燃えると何 kJ の熱が出る？　　［答］1780 kJ

### 振 返 り

1. 純物質のモル数は，質量からどのように計算する？
2. 化学反応式の係数は何を意味する？
3. 炭化水素の燃焼熱は何を表す？

## 章 末 問 題

### 復 習
1. 理想気体の分子がもつエネルギーを決めるのは何か．
2. 水蒸気が液体の水を通って氷に変わるとき何が起こるかを，温度，運動エネルギー，分子間引力に注目して説明せよ．
3. 酢酸や水の沸点がアンモニアやプロパンより高い理由を，分子間引力に注目して説明せよ．
4. 雪の結晶は六角形をしている．なぜか．
5. 化学反応式の係数はどんな役割をするか．

### 発 展
6. 蒸発と沸騰は，(a) どこが似ているか，また (b) どこがちがうか．
7. ヘリウム入りの風船が上空に昇っていくと，ある高度で破裂する．なぜか．
8. 完全な理想気体は存在しない．なぜか．
9. 巡航中の航空機は機内を加圧している．なぜか．

### 計 算
10. スミソニアン自然史博物館に展示されているホープダイヤは，45.5 カラットの質量をもつ（1 カラット＝0.2 g）．ホープダイヤの体積は何 $cm^3$ か（表 6・2, p.73 参照）．
11. 1 atm でピストンつき容器に入れた気体の温度を 100 ℃ だけ上げたら，体積が 2 倍になった．最初の温度は何 ℃ だったか．
12. 正しい係数をつけ，次の反応式を完成させよ．

$$Cl_2 + NaBr \longrightarrow NaCl + Br_2$$

13. 以下の物質はそれぞれ何 g か．
    (a) 1 mol のネオン Ne　　(b) 3 mol の酸素 $O_2$
    (c) 0.5 mol の塩化物イオン $Cl^-$　(d) 1 mol の中性子
14. 1.5 mol の炭素 C と 1.5 mol の酸素 $O_2$ を反応させたとき，生じる二酸化炭素 $CO_2$ は何 mol か，また何 g か．

# 7 水 と 溶 液

7・1 溶液と溶液もどき
7・2 気体の溶解
7・3 溶液の濃度
7・4 身のまわりの水

## 7・1 溶液と溶液もどき

- 溶液は何と何からできている?
- 水はなぜものをよく溶かす?
- コロイドや分散系は,溶液とどうちがう?

化学の目で見ると,身近なものはどれも混合物になっていて,完璧に純粋なものはない.混合物のうち,溶液と"溶液のようなもの"を本節で調べよう.

### 溶液 (solution) のタイプ

熱湯にティーバッグを浸せば,茶葉の成分が**抽出** (extraction) されて**溶液** (solution) になる.そのとき水が**溶媒** (solvent) の役割をし,香り物質や色素,カフェインが**溶質** (solute) となる.砂糖(スクロース)を入れたらそれも溶質に加わる.かき混ぜると**均質な** (homogeneous) 混合物ができる.溶液は均質だと考えてよい.

英語 solution のもとになったラテン語 *solutio* は"解き放つこと"を意味する.物質が粒子に分かれていくさまをよく表す.溶解は化学反応ではなく,物理変化の類になる.液体のほか,気体や固体の solution もある(図解 7・1).日本語では液体以外の solution を"溶体"とよぶ.

身近にはシャンプーや洗剤,漂白液,酢などの溶液が多い.大半は**水溶液** (aqueous solution) で,洗浄用の溶液には**界面活性剤** (surfactant) も加えてある(界面活性剤は 11 章でくわしく扱う).

固体の solution(固溶体)には,異種金属を混ぜて望みの性能を出す**合金** (alloy) がある.たとえば純金(24 金)は**展性** (malleability) がありすぎて(軟らかすぎて)宝飾品に向かないから,銀や銅,ニッケルを混ぜて硬さと色調を調節する(金は"24 金"を純金とみる.18 金は,$18 \div 24 = 0.75$ だから,25%の他金属を混ぜたもの).

鉄も純鉄ではなく,他元素を混ぜた合金にしてある.たとえば鋼(スチール)は炭素を最大で約 2%まで含む.身近に多いステンレスは,クロムやニッケルを混ぜてあるためさびにくい.

### 溶けやすさ

常温の水に食塩か砂糖を少し入れてかき混ぜると,溶けて透明な水溶液になる.だが食用油は水面に浮いたままで,水

気体の溶体 ──
例: 窒素,酸素,水蒸気,アルゴンなどを含む空気

溶 液 ──
例: 糖,エタノール,$CO_2$ などを含むシャンパン

固体の溶体(固溶体) ──
例: 18 金とよぶ金 75% + 銅 25%の**合金** (alloy)

**考えよう**

次のような solution にはどんなものがある?
(a) 溶質が固体で溶媒が液体
(b) 溶質も溶媒も液体
(c) 溶質が気体で溶媒が液体
(d) 溶質も溶媒も固体
[答](a) 食塩水 (b) アルコール水溶液 (c) 炭酸水 (d) 18 金

**図解 7・1 溶液と溶体** 気体・液体・固体の solution がある.

には溶けない．つまり食塩や砂糖は水への**溶解性**（solubility）が高いのに，油は溶解性がほとんどない．

溶解性は，おもに分子間力（6章）が決める．**似た者どうしは混ざり合う**（Like dissolves like）と考えよう．溶媒と溶質の粒子が分子間力で強く引合うなら，溶質は溶媒に溶けやすい．水（溶媒）も砂糖も食塩も**極性の**（polar）物質だから，$H_2O$ 分子は食塩のイオンとも，グルコースの分子とも強く引合う（コラム，p.90）．かたや**非極性**（nonpolar）の油の分子は $H_2O$ 分子とほとんど引合わないため，油は水に溶けにくい（図解 7・2）．

**図解 7・3 過飽和溶液と結晶生成** 過飽和溶液から針金に析出したショ糖（スクロース）の結晶．

**図解 7・2 混ざり合わない水と油** 非極性の炭化水素部分が多い油の分子は，極性の水分子と引合わない．だから二つを混ぜると2層（二つの**相** phase）に分かれる．

私たちは"似た者どうし"を日ごろ利用している．手や皿についた油は，水に溶けないから水洗いでは落とせない．だが石鹸をつけて洗えば，非極性の石鹸分子が油を"連れ去って"くれる（11章も参照）．自動車や自転車の油汚れも，石油系のクリーナーを使って落とす．そんなクリーナーは**揮発性有機化合物**（volatile organic compound = VOC）と総称し，塗料や化粧品の溶媒にも多用する．

溶解性は温度でも変わる．たとえば砂糖は冷水より温水に溶けやすく，95 ℃ の熱湯なら 25 ℃ の水に比べて 2 倍以上も溶ける．

ある温度のもと，溶質が限界まで溶けた溶液を**飽和溶液**（saturated solution）という．飽和溶液を冷やしていくか，溶媒をゆっくり飛ばせば，限度以上の溶質を含む**過飽和溶液**（supersaturated solution）になる．固体の結晶は過飽和溶液から析出する（図解 7・3）．

### コロイドと分散系

溶液に見えても，微粒子が液体中に分散しただけの**コロイド懸濁液**（colloidal suspension．略称**コロイド** colloid．語源はラテン語の"糊のようなもの"）も多い．コロイドと溶液は，光の細いビームを通すと区別できる．溶液中で光路は見えないが，コロイドの石鹸水なら光路がくっきり見える（背景が暗いと見やすい）．それを，19世紀英国の物理学者ジョン・チンダルの名から**チンダル現象**（チンダル効果 Tyndall effect）とよぶ（図解 7・4）．

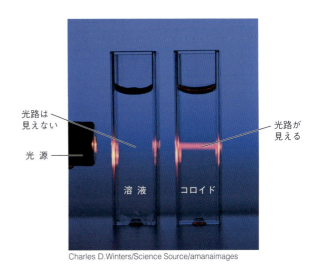

**図解 7・4 チンダル現象** チンダル現象は，微小な浮遊粒子が光を散乱して起こる．

数滴の牛乳を混ぜた水もチンダル現象を起こす．牛乳は，溶けたラクトース（乳糖）やミネラル分のほか，脂肪とタンパク質の微粒子も含んでいる．霧の夜には，小さな水滴が光を散乱するから，自動車のヘッドライトが見えやすい．また，空気中の浮遊粒子が太陽光を散乱し，青い（波長が短い）光ほど散乱されやすいため，晴天の空は青く見える．

ある液体（たとえば水）に別の液体（油）の微粒子が分散したコロイド系を**エマルション**（**乳液** emulsion）とよぶ（図解 7・5）．ホモ牛乳（均質化乳）や，振り混ぜた直後のドレッ

クリームと脂肪を含む搾りたての牛乳（脂肪が表面に浮く）

高圧沪過で脂肪球を微小化し，全体を均質にした市販のホモ牛乳

Tim O. Walker

◤ **図解 7・5 身近なエマルション**　水と油は溶液にならないが，均質なエマルションにはなる．エマルションは，牛乳の"均質化"処理や，乳化剤の添加（ドレッシングやマヨネーズ）でつくれる．

## マクロとミクロ　　溶解性と水の極性

O と H の電気陰性度差が大きくて折れ線形の $H_2O$ 分子は，極性が高い．

(a) 水分子の空間充填モデル

(b) 極性の $H_2O$ 分子が極性分子（上図）やイオン（下図）をとり囲む．その結果，極性分子やイオンのエネルギーが下がる（安定化する）．

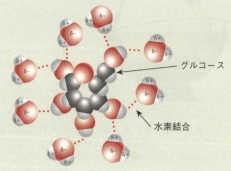

グルコース
水素結合

グルコース分子 $C_6H_{12}O_6$ と水素結合する水分子

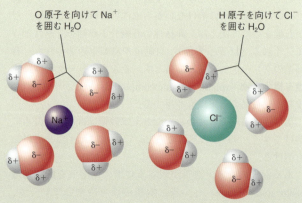

電解質（$Na^+$，$Cl^-$ など），糖（グルコースなど）ほかの成分を含むスポーツ飲料

O 原子を向けて $Na^+$ を囲む $H_2O$

H 原子を向けて $Cl^-$ を囲む $H_2O$

$Na^+$ と $Cl^-$ をとり囲む水分子

**考えよう**
水分子は，O 原子と H 原子のどちらを使っても水素結合できる．なぜか？
［答］負電荷の O は他分子の正電荷部分と引合い，正電荷の H は他分子の負電荷部分と引合うから．

© 2012 John Wiley & Sons, Inc.

シング，マヨネーズ，ハンドクリーム，ローションなどが例になる（11章参照）．

**乳化剤**（emulsifier）を使えば安定なエマルションがつくれる．乳化剤の分子は次の部位をもつ．

- 極性の**親水性基**［hydrophilic group. 語源: ギリシャ語 *hydor*（水）+ *philos*（愛）］
- 非極性の**疎水性基**［hydrophobic group. 語源: ギリシャ語 *hydor* + *phobos*（嫌悪）］

親水性と疎水性の両方をもつ乳化剤は，水とも油ともなじむため，次のようなエマルションの生成を促す．

- 油滴が水に分散した**水中油**（oil-in-water）型のエマルション．例: マヨネーズ（**コラム**）
- 水滴が油に分散した**油中水**（water-in-oil）型のエマルション．例: バター，マーガリン

分散系のうち，固体の微粒子が液体中に分散したものを**懸濁液**（suspension）という．粒子サイズはコロイド系より大

## マクロとミクロ　エマルションの形成

水と油に少量の乳化剤（マスタードなど）を入れて激しく撹拌するとエマルションになる．

(a) 乳化剤が微小な油滴をくるんだ水中油型エマルション

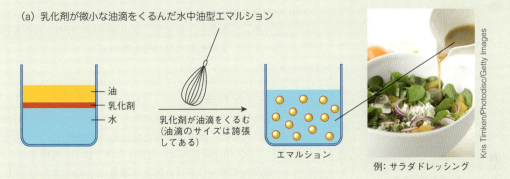

例: サラダドレッシング

(b) 乳化剤になる卵黄レシチンの分子（H原子は省略）

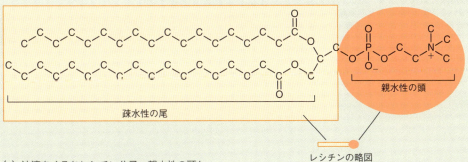

(c) 油滴をくるむレシチン分子．親水性の頭と水 $H_2O$ が引合って安定に分散する．

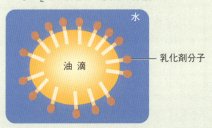

**確認**
マヨネーズ（エマルション）は，油と卵黄，レモン汁（または酢）を含む．卵黄は何をしている？
［答］成分のレシチンが乳化剤として働く

きいため,撹拌をやめると粒子が沈降(沈澱)する.懸濁液の例には,水酸化マグネシウムを懸濁させた乳白色の**マグネシア乳**(milk of magnesia. 制酸剤),酸化亜鉛と酸化鉄を懸濁させた**カラミンローション**(calamine lotion. 皮膚の抗炎症剤),次サリチル酸ビスマスの微粒子を懸濁させたペプトビスモル(Pepto-Bismol. 下剤)などがある.私たちの血液も,懸濁液の性質と溶液の性質をもつ複雑系だといってよい(図解7・6).

## 振 返 り

1. 溶液(溶体)が固体,液体,気体のどれになるかは何が決める?
2. 溶媒の水分子は,イオンや極性化合物とどのように引合う?
3. 懸濁液と溶液で,液体中に分散した粒子のサイズはどうちがう?

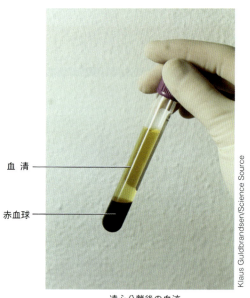

**図解 7・6 懸濁液でも溶液でもある血液** 血液には血球や血小板などが懸濁している.遠心分離すると赤血球が沈殿し,いろいろな物質が溶けた茶褐色の水溶液(**血清** serum)ができる.

### 7・2 気体の溶解

● ヘンリーの法則とは?
● 気体を液体に溶かしたものにはどんな例がある?

炭酸飲料からは二酸化炭素 $CO_2$ の泡が出てくる.$CO_2$ はどうやって溶かし,やがて"気が抜ける"理由などを本節で調べよう.炭酸飲料以外の例も眺める.

#### ヘンリーの法則

気体研究の草分けは英国のウィリアム・ヘンリー(1774〜1836)だった.医学を修めながらも,制酸剤とソーダ水を発明した父(医師・薬剤師)の背中を見て化学に興味を引かれ,一定温度で液体に溶ける気体の**濃度**(concentration)が圧力に比例するのを確かめた.それを**ヘンリーの法則**(Henry's Law)という(図解7・7).

炭酸飲料の製造も,飲料の"気が抜ける"のも,ヘンリーの法則に従う.炭酸飲料をつくるには,高圧の二酸化炭素

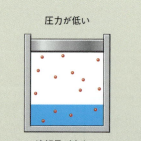

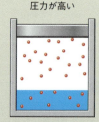

**考えよう**

1. それぞれの図で,"気相の分子数:液相の分子数"はいくらか?
   [答]10:4と20:8
2. その結果とヘンリーの法則との関係は?
   [答]圧力が2倍で溶解量が2倍だから,ヘンリーの法則に合う.

**図解 7・7 ヘンリーの法則** 一定温度で液体に溶ける気体の量は,気相中でその成分が示す圧力(分圧)に比例する.[© 2012 John Wiley & Sons, Inc.]

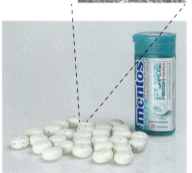
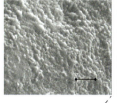

メントス表面の電子顕微鏡写真（分解能 1 μm 程度）．表面の微細な凹凸（核）に溶存 $CO_2$ が集合し，泡ができる

**考えよう**
$CO_2$ の放出は物理変化か，化学変化か？
［答］物理変化

**図解 7・8 核形成による溶解気体の放出** ダイエットソーダにメントス（お菓子）を落とせば，溶けていた $CO_2$ の泡が噴き出す．

$CO_2$ と接した水に $CO_2$ を溶けこませる．密封時の容器内にある空気も，$CO_2$ の圧力（分圧）が高い．だが栓を抜いたあとに接する空気は $CO_2$ の分圧がぐっと低いため，溶けていた $CO_2$ が出てくる．

溶けていた気体が出てくる勢いは，何が決めるのか？ 栓を開けた炭酸飲料を眺めていると，容器の壁や底から泡が出てくるだろう．開ける前の瓶や缶を揺すれば，開けた瞬間にブワッと泡が噴き出る（気温が高いほど顕著）．それは**核生成**（nucleation）のせいだ．缶を揺すったとき，気相から液体に入った気体が極微の泡になる．その泡（ミクロな異物）を核にして，溶けていた $CO_2$ が集合し，液体から出ようとする．缶を開けると，内部の圧力が急低下するため，"核"のまわりから $CO_2$ が一気に出る．

固体の表面も気体発生の"核"になる．栓を開けた炭酸飲料をコップに入れて，砂糖の粒を落とせば，粒の表面で核生成が進む結果，泡が発生する．図解 7・8 のような目覚ましい現象も起こせる（スポーツの祝勝会でやる"ビールかけ"も原理は同じ）．

気体が溶けこむ速さは，液体と気体の接触面積が広いほど大きい．液体に溶ける気体の"量"つまり溶解度は，多様な要因で変わる．気体の圧力に比例するというのが，ヘンリーの法則だった．溶解度には温度も効いて，低温のときほど気体は溶けやすい．水に棲む魚も，大気から水に溶けこんだ酸素（溶存酸素）を呼吸に使って生きる．夏場に湖水や海水の表面が温まると，溶けた酸素の量が減る．だから水が酸欠になる暑い日には魚が水面に浮き上がり，必死に空気中の酸素を吸おうとする．

### 溶存気体と生命

私たちの命も，"溶けた気体"に支えられている．呼吸では，空気から酸素 $O_2$ をとりこみ，代謝産物の二酸化炭素 $CO_2$ を捨てなければいけない．カロリー源をグルコース $C_6H_{12}O_6$ とみた代謝反応はこう書ける．

$$C_6H_{12}O_6 + 6\,O_2 \longrightarrow 6\,H_2O + 6\,CO_2 + エネルギー$$

肺に入れた $O_2$ は，血液に移って全身の細胞へと運ばれる．細胞は代謝に $O_2$ を使い，発生エネルギーはその場で使うか，高エネルギー分子の形で蓄える．代謝が生む水は，体内で利用できる．だが廃物でしかない $CO_2$ は，肺を通って呼気に出す．

血流の道筋に沿って $O_2$ と $CO_2$ が示す濃度は，ヘンリーの法則で見積もれる．液体に溶ける気体の量は，液体に接した気体の分圧に比例するのだった．成人の場合，肺を去った直後の血液に溶けた $O_2$ の実測濃度から，$O_2$ の分圧は約 100 mmHg と見積もれる．それを基準に，肺から遠ざかるにつれて血液の $O_2$ 濃度がどう変わるのかわかる（次ページのコラム）．なお血液中で $O_2$ はヘモグロビンというタンパク質に結合して運ばれるが，そのしくみは 14 章（14・1 節）でも眺めよう．

ヘンリーの法則は，**血中アルコール濃度**（blood alcohol content）の測定にも役立つ．酒気帯び運転の判定に使う検知器は，呼気が含むエタノールの濃度を測る．その値から，

## 流れをつかむ：ヒト体内のガス輸送

吸った空気は気管を経て肺へ行き，末端にある**肺胞**(alveoli)という房状の小袋に届く．肺胞では $O_2$ が毛細血管の血液に入る一方，$CO_2$ が毛細血管の血液から肺へと移る（❶）．

❶ 肺胞からの $O_2$ が毛細血管内の $O_2$ 分圧を 100 mmHg に上げる．肺胞へ移る $CO_2$ が毛細血管内の $CO_2$ 分圧を 40 mmHg に下げる．

> **考えよう**
> 呼吸で吸う空気は（乾燥空気なら）99％までを $N_2$ (78.1％) と $O_2$ (20.9％) が占める．かたや呼気のほうはおもに4種の気体を含み，うち $N_2$ が 74.9％，$O_2$ が 15.3％，$CO_2$ が 3.7％ を占める．四つ目の気体（6％超）は何か？
> ［答］水（水蒸気）

❷ 末端組織の細胞が $O_2$ を消費して $CO_2$ を生む結果，血液の $O_2$ 分圧は 40 mmHg に下がり，$CO_2$ 分圧は 45 mmHg に上がる．

---

ヘンリーの法則をもとに血中エタノール濃度を求める（次ページのコラム）．

水中の溶存酸素 $O_2$ は水の生き物を養うのだった．ほかの大気成分，窒素 $N_2$ や二酸化炭素 $CO_2$ も水に溶け，常温の天然水 1 L は最大で 0.01 g の $N_2$，3.4 g の $CO_2$，0.05 g の $O_2$ を含む（水道水が沸騰する直前に出る泡はこうした気体）．

雨となって降る水にも大気中の気体が溶け，一部（$SO_2$，$CO_2$ など）が水と反応して水素イオン $H^+$ を生むため，自然な雨は弱酸性を示す（次章も参照）．

### 振返り 🛑

1. 炭酸飲料の"気が抜ける"現象は，ヘンリーの法則でどう説明できる？
2. 血液中から呼気に移る点で，$CO_2$ とエタノールの共通点は？

## 化学者の眼：酒気帯び運転の判定

お酒を飲むと，血液に入ったエタノールが肺の毛細血管を経て肺胞に行く．そのとき，肺の深部から出る**肺胞気**（alveolar breath）のエタノール濃度と血中エタノール濃度の比は一定になる．

(a) 被験者に息を強く吐かせて肺胞気を分析する．検知器にはエタノール濃度に応じた電解電流が流れ，電流値を血中アルコール濃度に換算して表示する．

(b) エタノールは気相と液相に一定比率で分配される．同じ体積あたりの質量で表せば，血中濃度が2100（相対値）のとき，呼気中の濃度は1になる．

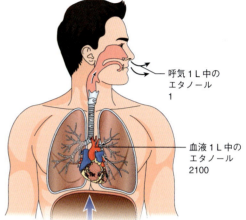

呼気1L中のエタノール 1
血液1L中のエタノール 2100

**確認**
呼気 100 mL にエタノール 0.01 mg が検出されたとき，血液 100 mL 中のエタノールは何 mg か．また何 g か．
［答］21 mg = 0.021 g

## 7·3 溶液の濃度

- モル濃度とは？
- パーセント濃度とは？
- たいへん低い濃度を表す単位は？

濃度の表現には，"大鍋に小さじ1杯"といった雑なものから，製品の表示に多いパーセント濃度を経て，モルを使う化学の表現までいろいろある．本節では，濃度の表しかたと，暮らしに深く関係する濃度を眺めよう．

### モル濃度

溶液1Lが含む溶質のモル数を**モル濃度**（molarity．正確には**体積モル濃度**）という．正式な単位 mol/L を簡略化し，1文字の M で書くことも多い．溶液 0.400 L が溶質 1.50 mol を含めば，モル濃度は 1.50/0.400 = 3.75 mol/L = 3.75 M に等しい．

反対に，溶液の体積とモル濃度から，溶質のモル数が計算できる．たとえば 0.50 M の食塩水 2.0 L は，2.0 L×0.50 mol/L = 1.0 mol の食塩を含む．

静脈注射に使うモル濃度 0.154 M の生理食塩水 5.00 L をつくりたいとする．必要な食塩 NaCl のモル数は 5.00 L×0.154 mol/L = 0.770 mol となり，NaCl のモル質量は 23.0(Na)＋35.5(Cl) = 58.5 g/mol だから，溶かす食塩の質量は 0.770 mol×58.5 g/mol = 45.0 g だとわかる．

**確認**
1. 0.50 M の洗浄用アンモニア水 2.0 L が含むアンモニア $NH_3$ は何 mol か．　　　　　　　　　［答］1.0 mol
2. 1.8 mol の $NH_3$ を含む 0.50 M アンモニア水は何 L か？
　　　　　　　　　　　　　　　　　　　　　　　　［答］3.6 L
3. 95 g のショ糖（分子量 342）を含む砂糖水 1.9 L のモル濃度は？　　　　　　　　　　　　　　　［答］0.15 M

### パーセント濃度

商品の表示には，体積か質量のパーセント（%）濃度が多い．酢の"酸度5%"は**質量パーセント濃度**を表し，酢 100

g に酢酸 5 g が溶けている．それを 5 w/w％と書く（w は weight＝重量）．過酸化水素水（オキシドール）に 3 w/w％と書いてあれば，溶液 100 g が 3 g の過酸化水素 $H_2O_2$ を含む．

**体積パーセント**（記号 v/v％．v は volume＝体積）の表示も多い．市販の消毒用アルコールはイソプロピルアルコールの 70 v/v％溶液だから，100 mL に 70 mL のイソプロピルアルコールを含んでいる（エタノールの"消毒用アルコール"もある）．

アルコール飲料のエタノール濃度も"v/v％"単位で表す．ビールは 4〜6 v/v％なので，350 mL の缶ビールは 14〜21 mL のエタノールを含む．ワインは 12 v/v％程度になる．

濃いリキュール類に使う"プルーフ（proof）"は体積パーセント濃度の 2 倍を表すため，80 プルーフは 40 v/v％に等しい．プルーフは，16 世紀の英国で酒税を徴収するために生まれ，"水で薄めていない"を意味する．製品で湿らせた弾薬が発火すれば，アルコール濃度の基準（ほぼ 50％）をクリアーしていることの証明（プルーフ）になった．

溶質が固体のときは，"質量÷体積"形の"w/v％"を使うことも多い．

常用する 3 種のパーセント濃度を図解 7・9 にまとめた．

> **確 認**
> 4．カップ内のコーヒー 240 g に砂糖 6 g を入れた．砂糖の濃度は何 w/w％か？ 砂糖も含めて溶液の質量になる点に注意． ［答］2.4 w/w％

### 血液の溶質

人体には**ホメオスタシス**（恒常性 homeostasis）のしくみがあって，体温と血液の組成を一定の範囲に保つ．血液には，血球の類が懸濁しているほか，次のようなものが溶けている．

> ・血糖（グルコース）
> ・電解質（$Na^+$，$K^+$，$Ca^{2+}$，$Cl^-$ など）
> ・酵素などのタンパク質
> ・トリグリセリドとコレステロール
> ・ホルモンなど，ほか多彩な成分

健康な体は溶質の濃度を一定範囲に保つ．血糖は血液 100 mL あたり 80〜130 mg で，食事や運動をすると増減する．糖尿病の人は血糖値が高く，多様な病気を発症しやすい．

ふつう，食品成分や薬剤は吸収されて血液に入る．アスピリンを飲めば，有効成分のアセチルサリチル酸が血液に入って体内をめぐる．服用直後は血中濃度が上がるものの，やがて代謝・排泄が進むにつれ減っていく．

飲酒でも，直後は血中アルコールが増す．アルコール濃度は血液 100 mL 中のグラム数（w/v％）で測る．エタノールは運動機能を損なうため，大半の国がドライバーの血中濃度を監視する．米国は，自家用車のドライバーを 0.08％，公共交通機関のドライバーを 0.04％以下と決めた．アルコールの吸収・処理速度に個人差はあるけれど，分解・処理には数時間かかる（図解 7・10）．

### たいへん低い濃度の単位

モル濃度は，原子や分子が"1 個対 1 個"で働き合う化学の世界にふさわしい．パーセント濃度は家庭用品の表示に適する．だが環境試料や飲料水に溶けた物質は超微量だから，別の単位を考えるのがよい．

超低濃度は，千分率や百万分率，十億分率を使って表す．パーセント（百分率）は per（〜あたり）と cent（百）の合体語だから，千分率などの意味は自明だろう．たとえば海水の塩分（約 0.3％）は千分率で 3/1000 となり，それを 3‰と書いて"パーミル"と読む．

さらに低い濃度の百万分率は，ふつう **ppm**（parts per million）と書く．1 kg＝1000 g は百万 mg に等しいため，1

酢に使う **w/w％**: 酢 100 g 中に酢酸 5 g なら 5 w/w％

消毒用アルコールに使う **v/v％**: 製品 100 mL 中にイソプロピルアルコール 70 mL なら 70 v/v％

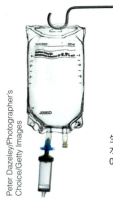

生理食塩水に使う **w/v％**: 水 100 mL 中に食塩 0.9 g なら 0.9 w/v％

**図解 7・9　3 種のパーセント濃度**

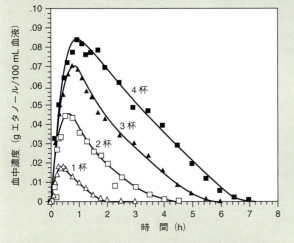

(a) 飲酒後のアルコール濃度（空腹時の成人8名の平均）[出典: National Institute on Alcohol Abuse and Alcoholism]．アルコールの吸収は空腹時に速い．満腹時はピーク値が図より低く，血中の残留時間が長くなる．

図解 7・10　飲酒と血中アルコール濃度　アルコール（エタノール）濃度は，飲酒から数分で上がり始め，ピークを経たあと減っていく．血中濃度の値は，摂取量と飲酒後の経過時間，体重，性別などで変わる．

(b) 1杯の基準．"液量オンス（1オンス=29.57 mL)"で表したとき，1杯はエタノール0.6オンス=14 gとする．下の三つをどれも "1杯" とした．

ビール 12 オンス （355 mL）　＝　ワイン 5 オンス （148 mL）　＝　80プルーフの蒸留酒 1.5 オンス （44 mL）

#### 考えよう
図(a)の被験者より体重の大きい集団で試験したら，血中濃度はどう変わる？
［答］血液の量が多いため，値は全体的に小さくなる．

---

kg の試料が 1 mg の溶質を含むときが 1 ppm にあたる．ふつう飲料水の溶質濃度は ppm で表す（次節）．

もっと低い濃度には十億分率 **ppb**（parts per billion）や一兆分率 **ppt**（parts per trillion）を使う．1000 分の 1 mg にあたる 1 ng（ナノグラム）を使えば，1 ppb は 1 ng/g に等しい．たとえば，美容に使う Botox（ボツリヌス菌の毒素）は，$5×10^{-9}$ g = 5 ng を 2 mL（= 2 g）の食塩水に溶かして顔に塗る．その溶液の濃度は，5 ng/2 g = 2.5 ng/g だから 2.5 ppb になる．

#### 確認
5. 亜鉛欠乏はさまざまな病気を起こす．亜鉛 Zn の多いレバーや卵，貝類は 100 g に 2〜6 mg の Zn を含む．その濃度は ppm 単位でいくらになる？
　　　　　　　　　　　　　　　　　　　［答］20〜60 ppm

#### 振返り 🛑
1. 溶液のモル濃度を求めるとき，必要な二つの量は？
2. 酢の有効成分は何か？　その濃度はどの程度か？
3. 溶液 1 kg が 1 mg 含む溶質の濃度はどう表す？

## 7・4　身のまわりの水

- 淡水は十分にある資源なのか？
- 淡水にはどんな物質が溶けている？
- 汚染した水とは？
- 海水はどうやって淡水化する？

生命は水のおかげで生まれた．生物体は水だらけだし（成人男性は体重の約60%までが水），生活にも水が欠かせない．調理や洗浄にも，工業や農業にも水を使う．身近な水にはさまざまな物質が溶けている．本節では，そんな水溶液の特徴を眺め，天然の水を生活用水に変える方法を調べよう．

### 意外に少ない淡水

地球表面には約 $2×10^{21}$ kg（$2×10^{18}$ トン）の水があり，97.5%までを海水が占める．残る 2.5% が淡水だけれど，そのほとんどは私たちが利用できない氷河などの姿をもつ．飲み水にできる淡水は，地球上にある水のわずか 0.3% しかない（図解 7・11）．

いま人類は毎年，湖や川，地下水から約 4300 km³ の水をとる．日ごろ飲用や調理，洗濯に大量の水を使うため，淡水の大半を家庭で使うと思いたくなる．だが事実はちがう．人類が使う淡水の約 67% までは灌漑などの農業用水で，家庭で使う分はせいぜい 10% しかない．

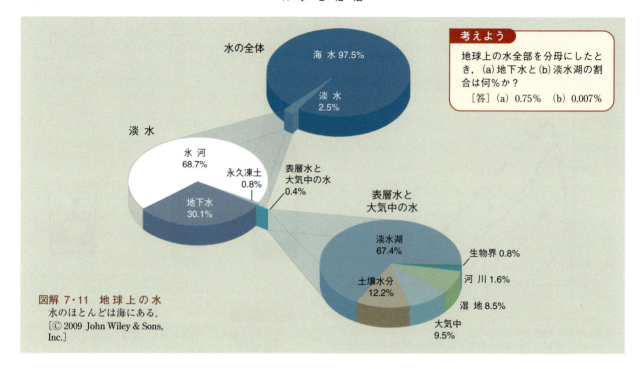

図解 7・11 地球上の水
水のほとんどは海にある.
[Ⓒ 2009 John Wiley & Sons, Inc.]

**考えよう**
地球上の水全部を分母にしたとき，(a) 地下水と (b) 淡水湖の割合は何％か？
[答] (a) 0.75％ (b) 0.007％

## 純粋な水はある？

　雨水も泉の湧き水も"きれい"に見える．だが純粋に近い水は化学の実験室にしかない．特殊な樹脂を詰めたカラム（筒）を通すか，蒸留を何度もくり返して不純物を極限まで減らした水だ．清浄な川の水も，透明な飲み水も，さまざまな不純物をかなり含んでいる．

　雨水は，地面に浸みこむか，そのまま川や湖に入るか，蒸発して大気に戻るかする．地面に浸みこんだ水の大部分は，さほど深くない場所で多孔質の岩石層に浸透し，地下水に加わる．その流れは，地球上の**水循環**（hydrological cycle）の一部をなす（コラム）．

　水道水や泉水は，大半が地下水からくる．米国の場合，そんな井戸水と湧き水を，全人口のほぼ半数（都市住民なら4分の3まで）が飲み水に使う．地球全体でみると地下水の量は，河川と湖沼の全部を合わせた量よりずっと多い．

　地下水も河川水も"ただの水"ではなく，水溶液になっている．空から降ったあと，家庭の蛇口へ届くまでの旅をするうち，さまざまな物質を溶かしこむ．

　$SO_2$ や $CO_2$ が弱酸性にした雨水は，地面に浸みこんだあと，岩や土の成分を溶かし出す．だから水道水にも，市販のボトル水にも，いろいろな物質が溶けている（図解 7・12）．

　水のミネラル分は，採取源や採取地の地質で変わる．ミネラル分（とりわけ $Ca^{2+}$ や $Mg^{2+}$）が濃い水を**硬水**（hard water），薄い水を**軟水**（soft water）とよぶ．

　飲み水には何かを加えることがある．米国の水道水には，虫歯予防のためフッ化物イオン $F^-$ を加えてある．濃度はふつう 0.7〜1.2 ppm だが，保健福祉省は最近，0.7 ppm で十分という見解を発表．フッ素分が多すぎると，歯のエナメル質を黒ずませるフッ素沈着が起こるからだという．

ボトル水が含むミネラルの全濃度つまり**全固形分**（total dissolved solids）を ppm 単位（1 ppm＝1 mg/L）で表したもの

図解 7・12 **飲 料 水**　水道水もボトル水も少量のミネラル分を含み，それが水に微妙な"味"をつける．ミネラル分の陽イオンには $Ca^{2+}$，$Mg^{2+}$，$K^+$，$Na^+$ が，陰イオンには $Cl^-$，炭酸水素イオン $HCO_3^-$，硫酸イオン $SO_4^{2-}$ などがある．むろん害になるレベルではない．

## 流れをつかむ: 地球上の水循環

自然界の水は，太陽エネルギーを動力として，海（水圏），大気（気圏），大地（岩石圏），生物体（生物圏）をいつもめぐっている．

❶ 太陽熱で**蒸発**（evaporation）する水
❷ **凝縮**（condensation）により雲をつくる水
❸ 雨や雪の形をとる**降水**（precipitation）
❹ 蒸発や**蒸散**（transpiration）で大気に戻る水
❺ **浸透**（infiltration）して地下水や岩石成分になる水
❻ 河川などを経る**表面流出**（surface runoff）

## 水質基準

国民の健康を守るため，ふつう飲み水の水質はきびしく規制する．飲み水を汚す物質には，雨水が流し出す肥料や殺虫剤とか，産業廃棄物や都市ゴミ，家庭廃棄物から浸み出る物質があり，ものによっては超低濃度でも健康に障りかねない．

1974 年に米国連邦議会は"飲料水安全法"を制定し，健康に支障がありそうな物質の**最大汚染濃度**（maximum contaminant level）を決めた．環境保護庁（EPA）が担当する同法は以後 2 回，新知見に応じ改訂されている．規制物質の一部を表 7・1 に示す．

表 7・1 公共上水の最大汚染濃度（米国の基準）

| 汚染物質 | 許容上限値（mg/L＝ppm） |
|---|---|
| ヒ 素 | 0.01 |
| バリウム | 2 |
| カドミウム | 0.005 |
| クロム | 0.1 |
| 鉛 | 0.015 |
| 水 銀 | 0.002 |
| セレン | 0.05 |

## 計算のヒント：ナトリウム（$Na^+$）感度の見積もり

茶さじ半分（約 3 g）の食塩を 1 杯（237 mL）の蒸留水に溶かし，**連続希釈法**（serial dilution）で 10 倍ずつに薄めていく．

溶液 5，4，…の順に味わったとき，最初に塩味を感じた溶液が読者の $Na^+$ 感度になる．ただし蒸留水を**対照**（control）として比べながら進むとよい．

試料の $Na^+$ 濃度は次のように計算する．Na と Cl の原子量（それぞれ 23.0，35.5）より，NaCl の中に占める Na の割合は 23/58.5＝0.39 となる．だから 3 g の NaCl は，約 1.2 g（1200 mg）の $Na^+$ を含んでいた．

すると溶液 1 の $Na^+$ 濃度は，

$$\frac{1200 \text{ mg Na}^+}{0.237 \text{ kg 水}} \fallingdotseq 5000 \text{ ppm}$$

だとわかる．希釈のたびにその値が 10 分の 1 になる．

> **確認**
> 溶液 3 の $Na^+$ 濃度は何 ppm か？　　［答］50 ppm

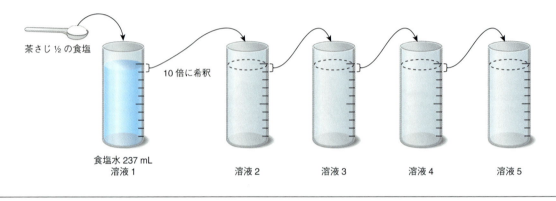

### 水の供給

飲料水のナトリウムイオン $Na^+$ は健康リスクのない濃度だから，現行法は $Na^+$ の許容値を決めていない．ただし EPA は，ナトリウム制限食の患者に "$Na^+$ 20 ppm 以下" を推奨するかたわら，一般向けの上限として約 250 ppm（塩味を感じる最低濃度）を推奨している．

自分の $Na^+$ 感度を知りたい読者は，濃い食塩水を何段階かで薄め，味わってみればいい．いちばん薄い水溶液から味わったとき，最初に塩味を感じた水溶液が読者の $Na^+$ 感度を表す．作業の手順を上の**コラム**にした．

### 水の供給

世界人口の増加に伴い，水の需要も増してきた．水需要の大半は食糧生産（農業と畜産業）が占める．また，生活の質が上がるにつれて動物性タンパク質の消費が増え，それが水資源に負荷をかける．穀類を飼料にする肉牛生産の水消費がとりわけ多く，最終製品の牛肉 1 kg あたり必要な水は 33 m³ を超す．

もはや水不足の国々も多い．国連の予想だと，2030 年の時点で世界人口のほぼ半数が水不足に直面する．その対策には，水源の保護と節水が欠かせない．

安全な飲料水は技術を駆使して手に入れる．地下水や湖水，河川水に一連の浄化操作を加えて水道水にする（次ページの**コラム**）．いま米国民の 85% が水道水に頼って暮らす．

都市排水は下水処理場に集めて処理し，環境に出てもリスクがないようにする．

世界には，地下水や河川水などでは水需要を満たせない場所も多い．対応策のひとつは海水の**淡水化**（desalination）だ．ただし海水の溶質は水との親和性がたいへん高いため，淡水化には膨大なエネルギーが必要になる．

淡水化手段のひとつ逆浸透法は，ほかの方法より所要エネルギーが少ない．逆浸透の説明に先立ち，**浸透**（osmosis）を考察しよう（**図解 7・13**）．浸透は，植物の根が水を吸収するしくみなど，多種多様な現象にもからむ．

海水を**逆浸透**（reverse osmosis）で淡水化するには，半透膜と接した海水に圧力をかける．浸透圧より大きい圧力をかければ，真水に近い水が半透膜から出てくる（**図解 7・14**，p.102）．

2011 年には約 25 km³ の海水が淡水化された（約 3 分の 2 は逆浸透法）．淡水化設備の容量は年ごとに増えても，水需要に応える決定版とはいえない．まず，淡水化される水は世界の水需要の 1% に満たない．また，淡水化は莫大なコストを要する．さらに，海辺の国々を除き，処理後の淡水を送るためのパイプライン敷設が大仕事になる．

先進国でも途上国でも，ボトル水の消費がどんどん増えて

## 7・4 身のまわりの水

### 流れをつかむ：浄水操作

天然の淡水を濾過したあと処理し，懸濁粒子と有機汚染物質，微生物を除く．

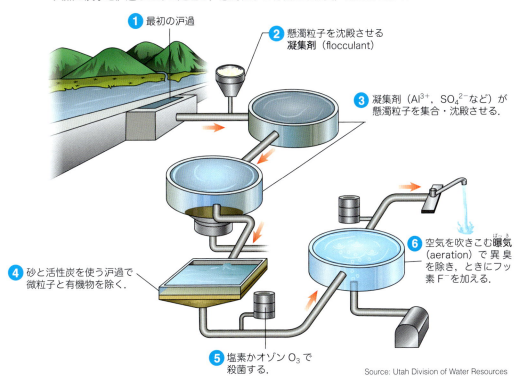

### 図解 7・13 浸透という現象
浸透では，半透膜を通って薄い溶液から濃い溶液のほうへ溶媒分子が流れる．
[© 2010 John Wiley & Sons, Inc.]

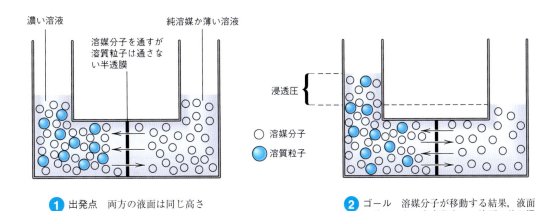

**確認**
浸透の進行につれて左側にある溶液の濃度は増すか，減るか？　　[答] 減る

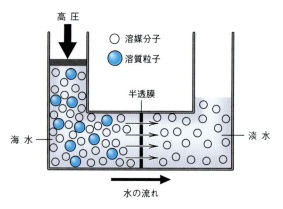

**図解 7・14 逆浸透** 浸透圧以上の圧力（70 atm 程度）を海水にかけ、溶質をほとんど通さない半透膜から押し出せば、真水に近い水が得られる。[© 2010 John Wiley & Sons, Inc.]

きた。ボトル水の便利さと味はプラスだけれど、問題点も多い。ひとつはプラスチックボトルの大量生産・大量廃棄だ。また、宣伝文句とは裏腹に、ボトル水は水道水よりヘルシーでもない（コラム）。

### 振返り

1. 地球上にある水のうち、人類が使える淡水は何％ほど？
2. 飲み水が含む陽イオンと陰イオンを三つずつあげてみよう。
3. 逆浸透で海水を淡水化するには高圧を使う。なぜか？

---

## 化学こぼれ話：ボトル水の光と影

米国民は年にひとり平均 120 L ほどボトル水を飲む。水道水より安全でヘルシーだと思われがちだが、水道水はみなきびしい基準に合わせてある。自治体の水道局は、飲料水安全法が基準値を定めた 88 物質をいつも監視し、分析結果を定期的に報告する。

水道水は環境保護庁（EPA）が規制し、ボトル水は食品医薬品局（FDA）が規制する。FDA はボトル水メーカーに EPA と同等の基準を要求するが、製品が規制に合わないと知っても、それを規制当局と国民に知らせる義務はメーカーにない（ただし販売は違法）。かたや水道局は、品質に違反が見つかれば当局に通知し、国民にも知らせなければいけない。つまり、水道水より安全とはいえないボトル水で、品質に関する情報公開はたいへん緩い。

ボトル水には、管理された自然界で採取した泉水やミネラル水のほか、水道水を処理しただけのものも多い（FDA のいう"精製水"）。**蒸留**（distillation、図）や逆浸透で不純物を減らした水道水だ。

ボトル水と水道水の味は、さまざまな要因で変わる。水道水には塩素処理が"カルキ臭"をつけるし、家庭内の配管が古いと特有な味がつく。かたやボトル水の"プラスチック味"を嫌う人もいる。

ボトル水は水道水より 1000〜2000 倍も高い。目隠しテストをすると水道水に軍配を上げる人も多いため、大金を払う価値があるかどうかは疑わしい。

水道水を処理したボトル入り"精製水"は、蒸留や逆浸透で不純物を除いてある。蒸留水は無味だから、ミネラル分をわざわざ足して味を整える。そのあとオゾン処理や紫外線照射で殺菌するため、それが製品の値段を上げる。

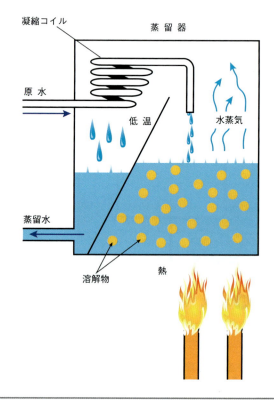

> **考えよう**
> 蒸留も逆浸透も大量のエネルギーを使う。どんなエネルギーを使うのだろう？
> ［答］蒸留：水を沸騰させるための熱エネルギー
> 　　　逆浸透：高圧をかけるための力学エネルギー

## 章末問題

### 復習

1. 複数の金属を混ぜた固溶体は何というか.
2. 血液は (a) 懸濁液でも (b) 水溶液でもある. それぞれに合う事実をあげてみよ.
3. 水と油はなぜ混ざり合わないのか.
4. 乳化剤が水にも油にもなじむのはなぜか.
5. 溶液 1 kg が含む溶質 1 mg の濃度は, どう表すのが便利か.
6. コップに入れた海水が蒸発しきると, どんな姿になるだろうか.

### 発展

7. 血中アルコール検査の被験者が高熱を出していると, 血中濃度の値はどう変わるだろうか.
8. 水とエタノールの引合いは, 分子レベルで2種類ある. それぞれを説明せよ.
9. サラダ用ドレッシングには, そのまま使えるものと, 振り混ぜて使うものがある. 両者はどこがちがうのか.
10. 水道水の不純物をできるだけ除きたいとき, 家庭でできる方法を二つ考えてみよ.

### 計算

11. 世界人口 (70億人) の中で読者ひとりが占める"濃度"は, (a) ppm 単位と (b) ppb 単位でどうなるか.
12. 室温の水 1 L に酸素 $O_2$ は約 0.05 g 溶ける. 濃度は何 ppm か.
13. 典型的なアスピリン 1 錠は 0.325 g のアセチルサリチル酸を含む. 体重 75 kg の人がアスピリン 2 錠を飲んだとき, "人体のアセチルサリチル酸濃度"は何 w/w% か.
14. EPA は飲み水 1 L のナトリウムを 250 mg 以下にするよう勧告した. その値を食塩のモル濃度に換算すれば何 M (mol/L) か.
15. 血中アルコール濃度を 0.04% として, 次の値を計算せよ.
    (a) 血液 100 mL が含むエタノールは何 g か.
    (b) 血液 5.0 L が含むエタノールは何 g か.

# 8 酸 と 塩 基

8・1 酸・塩基・中和
8・2 pHという尺度
8・3 暮らしの中の酸・塩基

## 8・1 酸・塩基・中和

- 酸と塩基を簡単に区別する方法は？
- 酸と塩基の中和とは？
- 分子レベルでみた酸と塩基の特徴は？

レモンなど柑橘類をかじると，酸っぱい酸の味がする．ベーキングパウダーをなめたり，石鹸をうっかり口に入れたりすれば，苦い塩基の味がする．酸と塩基を五感で区別する方法は，ほかにどんなものがある？ また，酸と塩基は分子レベルでどんな特徴をもつのか？ まずはそのへんを調べよう．

### 酸と塩基：見た目の区別

酸の英語 acid は文字どおり，ラテン語の *acidus*（酸っぱい，舌を刺す）からきた．中学校理科でも学んだように，酸の水溶液には次のような性質もある．

- 青いリトマス紙（litmus paper）を赤くする．
- 金属（マグネシウム，亜鉛など）と反応して水素を発生する（図解 8・1）．

かたや塩基（水溶性なら"アルカリ"でもよい）は，苦い味のほか，次のような性質をもつ．

- 赤いリトマス紙を青くする．
- 指につけるとヌルヌルする．

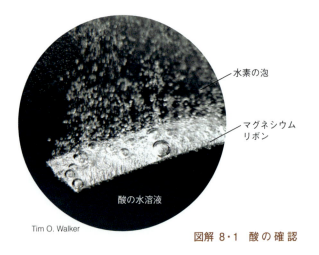

Tim O. Walker

図解 8・1 酸の確認

リトマス試験だけは安全だが，なめたり指につけたりするときは注意しよう．レモンや酢を味わうのは平気でも，強い酸（や塩基）は皮膚や粘膜を傷つける．酸・塩基にかぎらず，物質には猛毒も多い．ともかく，**安全かどうか不明の物質は，味わったり指につけたりしてはいけない**．

身近なものが含む酸には，次のようなものがある（[ ]内は製品や食品の例）．

- 塩酸（塩化水素酸 hydrochloric acid）HCl［トイレの洗剤など］
- 酢酸（acetic acid）$CH_3COOH$［食酢など］
- アセチルサリチル酸（acetylsalicylic acid）$C_9H_8O_4$［解熱鎮痛剤のアスピリンなど］
- クエン酸（citric acid）$C_6H_8O_7$［レモンなど］（枸櫞＝レモン）
- アスコルビン酸（ascorbic acid，別名：ビタミンC）$C_6H_8O_6$［野菜，果物など］

塩基（アルカリ）や塩基性物質には次のようなものがある．

- 水酸化ナトリウム（sodium hydrochloride）NaOH［排水管の洗浄剤など］
- 水酸化カリウム（potassium hydroxide）KOH［アルカリ乾電池の電解質など］
- アンモニア（ammonia）$NH_3$［家庭用アンモニア水など］
- 炭酸カルシウム（calcium carbonate）$CaCO_3$［制酸剤，貝類の殻など］
- 炭酸水素ナトリウム（sodium hydrogen carbonate，別名：重炭酸ナトリウム）$NaHCO_3$［ベーキングパウダーなど］

酸は H 原子を必ず含む（ただし逆は成り立たない）．塩基は水酸化物イオン $OH^-$ や炭酸イオン $CO_3^{2-}$ を含むものが多いけれど，そうでない塩基（アンモニアなど）もある．

### 中和反応

酸と塩基は反応し，相手の性質を消す（中和する）．塩化水素 HCl（塩酸）と水酸化ナトリウム NaOH の**中和**（neutralization）はこう書ける．

$$HCl + NaOH \longrightarrow NaCl + H_2O$$
酸　　塩基　　　　塩　　水

米国だと**ムリアチン酸**（muriatic acid＝海水の酸）の名で売る強酸の塩酸は，金属やコンクリート，しっくいの洗浄に使う．また，"苛性ソーダ"ともいう強塩基の水酸化ナトリウムは，排水口やオーブンの洗浄剤にする．体につくとあぶないため，どちらも注意して扱う．

HCl と NaOH の中和では，水 $H_2O$ と，**塩**(salt)の塩化ナトリウム NaCl ができる．$H_2O$ は酸の H と塩基の OH から，NaCl は酸の Cl と塩基の Na から生じる．NaCl の水溶液は中性を示す．

ヒトの体内でも多様な中和反応が進んでいる．膵臓がつくる塩基性の消化液は小腸に入り，食物に付着して胃液からきた酸（塩酸）を中和する．家庭で役立つ中和反応の例を図解 8・2 にあげた．

中和で生じる塩には，"ヨード添加塩"に使うヨウ化カリウム KI や，下剤に使うエプソム塩の硫酸マグネシウム $MgSO_4$ など，多彩なものがある（図解 8・3）．

### 分子レベルの酸・塩基

酸はリトマス紙を赤変させ，亜鉛やマグネシウムと反応して水素を出し，塩基を中和するのだった．物質が塩基かどうかも簡単な試験でわかる．

だが化学では本質を知りたい．"酸と塩基は何か"という

酢入りのビニル袋でシャワーヘッドをくるみ，しばらく置くと水垢が溶ける

$$2\,CH_3COOH + CaCO_3 \longrightarrow$$
酢酸　　　　炭酸カルシウム

$$Ca(CH_3COO)_2 + H_2O + CO_2$$
酢酸カルシウム　　水　　二酸化炭素
（水溶性の塩）

**図解 8・2　酢酸（食酢）を使うシャワーヘッドの洗浄**　住宅の配管や蛇口，シャワーヘッドには，長く使うと炭酸カルシウムや炭酸マグネシウム（水垢）がこびりつき，水の流れを悪くする．そんな固体は塩基性だから，酢の酢酸で中和できる．

---

## 化学者の眼：身近にある"酸素原子を含む酸"

### 硫　酸($H_2SO_4$)

バッテリーの電解液

### 硝　酸($HNO_3$)

酸素原子

爆薬（写真）や肥料の原料

### ホウ酸($H_3BO_3$)

目薬の成分

### 炭　酸($H_2CO_3$)

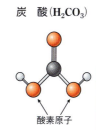

酸素原子

炭酸飲料

**確　認**
四つの酸は中心原子の元素がちがう．それぞれ何か．
［答］硫黄 S，窒素 N，ホウ素 B，炭素 C

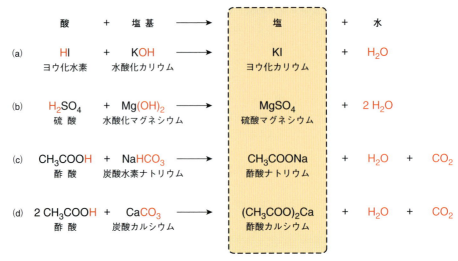

(a) KI を含むヨード添加塩

(b) 入浴剤にもする下剤のエプソム塩（硫酸マグネシウム）

(c) 酢とベーキングソーダの中和でつくる噴水（$CO_2$ の泡が噴出）

(d) 酢に漬けておいた卵の表面．殻が反応してできた $CO_2$ のこまかい泡

**図解 8・3　酸と塩基の中和でできる塩の例**　塩の陽イオンは塩基から，陰イオンは酸からくる．

問いは，"どんな分子が酸や塩基の性質を示すのか"と言い換えてよい．

その問いは近代化学の初期からあった．1778 年にフランスの化学者アントワーヌ・ラヴォアジエは，酸っぱい物質はどれも，発見されたばかりの元素を含むように思えたため，ギリシャ語の *oxy*（酸っぱい）と *gen*（〜の素）から，その元素を oxygène（英語 oxygen）と命名する．O 原子を含む酸の例を前ページのコラムに示す（ラヴォアジエの時代には知られていなかった酸もある）．

けれど 1800 年代の初めに見つかった塩酸 HCl は，O 原子を含んでいない．つまり"酸に特有な元素"は，酸素 O ではなく水素 H らしいとわかる．そこで 1887 年にスウェーデンの物理化学者スヴァンテ・アレニウスが，"水に溶けて水素イオン $H^+$ を出すもの"を酸とみた（$H^+$ は，原子核内の陽子＝プロトンと同じもの）．水中にそのまま存在できない $H^+$ は，水分子 $H_2O$ にとりついて**ヒドロニウムイオン**＊（hydronium ion）$H_3O^+$ になる（コラム）．またアレニウスは，水に溶けて**水酸化物イオン**（hydroxide ion）$OH^-$ を出すものを塩基とみた．

さしあたりアレニウスの発想は正しそうに見えた．だがやがて，水がなくても酸塩基反応は進むとわかる．そこで

---

＊訳注：日本の高校化学では"オキソニウムイオン"とよぶけれど，英語圏ではほとんどの教科書が hydronium ion と書いている．

## 流れをつかむ: 塩化水素 HCl の電離

HCl 分子が水に溶けると，H−Cl の極性共有結合が切れる．

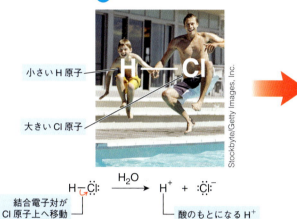

❶ 水に入ろうとする HCl 分子

小さい H 原子
大きい Cl 原子

結合電子対が Cl 原子上へ移動
酸のもとになる $H^+$

❷ 水に入ると結合が切れ，$H^+$ と塩化物イオン $Cl^-$ に分かれる（電離 ionization）．

❸ $H^+$ が水分子と結合し，ヒドロニウムイオン $H_3O^+$ ができる．

ヒドロニウムイオン

## マクロとミクロ　　酸と塩基の定義

(a) 酸の定義（アレニウス）

酸は水中に水素イオン $H^+$ を生む（1887 年）．生じた $H^+$ は水分子 $H_2O$ に結合してヒドロニウムイオン $H_3O^+$ になる（図）．生体内でも環境中でも産業でもよく水溶液を扱うため，アレニウスの定義はいまなお幅広い現象に当てはまる．

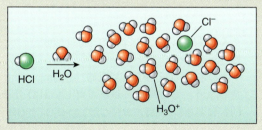

(b) 酸の定義（ブレンステッド・ローリー）

酸は $H^+$ を出し，塩基はその $H^+$ を受けとる（1923 年）．水溶液以外にも当てはまる（図）．

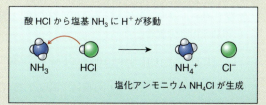

酸 HCl から塩基 $NH_3$ に $H^+$ が移動
塩化アンモニウム $NH_4Cl$ が生成

(c) ブレンステッド・ローリー説の一般性

ブレンステッド・ローリーの定義は，溶媒が水以外のときも，気相中でも成り立つ．

白煙は何？　別々の瓶から出た HCl の蒸気と $NH_3$ の蒸気が出会って反応し，できた塩化アンモニウム $NH_4Cl$ の微粉が白煙に見える．

1923 年，デンマークのヨハンス・ブレンステッドと英国のトマス・ローリーがたまたま同時期に，"$H^+$ を出すものが酸，$H^+$ を受けとるものが塩基"という新しい定義を発表した（前ページ下のコラム）．

ブレンステッド・ローリーの定義で，酸と塩基は"からみ合う"．何かが酸の働きをするとき，相手になる塩基が必ずある（逆も成り立つ）．要するに**酸塩基反応とは，大きさほぼゼロの正電荷**（プロトン $H^+$）**が，物質から物質へと飛び移る現象**にほかならない（10 章の酸化還元反応は，大きさほぼゼロの負電荷＝電子＝が物質から物質へと飛び移る現象だといえる）．

酸・塩基の定義にはもうひとつ，"電子対の授受"に注目したもの（ルイスの定義）もあるが，本書の範囲ならブレンステッド・ローリーの定義で間に合う．

---

**確　認**

1. 次の反応で酸と塩基はそれぞれどれか．また，生成物は何か．
   (a) LiOH ＋ HI ⟶ ?
   (b) $HNO_3$ ＋ $NH_3$ ⟶ ?
   [答] (a) 酸は HI，塩基は LiOH．生成物はヨウ化リチウム LiI と水　(b) 酸は $HNO_3$，塩基は $NH_3$．生成物は硝酸アンモニウム $NH_4NO_3$

---

**振　返　り** 🛑

1. 次のものは，リトマス紙の色をどう変える？
   (a) 酢，(b) 湿ったベーキングパウダー，(c) 家庭用アンモニア水
2. 中和反応で必ずできるものは？
3. ブレンステッド・ローリーの酸・塩基の定義は，アレニウスの定義より広い．なぜか？

---

## 8・2　pH という尺度

- 酸・塩基の観点で，純粋な水はどんな性質をもつ？
- pH とは何を表し，酸性・塩基性とどう関係する？
- 強酸と弱酸はどこがちがう？

いままでのことをもとに，なじみ深い水 $H_2O$ という物質のやや意外な性質を調べよう．

食事したとき体に入る物質のうち，抜群に多いのが水だ．私たちは日に 1.5～2 L の水を直接・間接にとる．体内の代謝からは約 0.25 L（250 mL）の水が生じる．一生涯（75 年）のうち，体を通り抜ける水は 50 m³（50 トン）を超す．それほどに大事な水は，酸なのか塩基なのか，どちらでもないのか，あるいは両方の性質を示すのか？

### 水の両性

水は可逆的に電離し，水素イオン $H^+$ と水酸化物イオン $OH^-$ になるのだった（3 章）．するとアレニウスの定義で，水は酸の性質も塩基の性質ももつことになる（図解 8・4）．

(a) 純水の電離
$H^+$ も $OH^-$ も生む水は，酸でもあり塩基でもある．

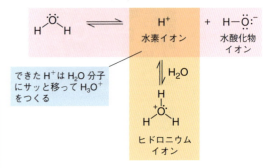

(b) 酸の $H_2O$ 分子と塩基の $H_2O$ 分子

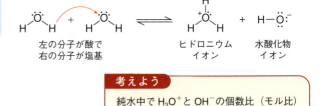

**考えよう**
純水中で $H_3O^+$ と $OH^-$ の個数比（モル比）はいくらか？　[答] 1：1

**図解 8・4　水の両性**　水はごく一部が電離して，ヒドロニウムイオンと水酸化物になる．

そんな性質を，ギリシャ語の *amphoteros*（二つとも）から**両性**（amphoteric）という．

水の電離（自己解離）は**動的**（dynamic）だという点に注意しよう．ある瞬間，おびただしい $H_2O$ 分子が $H_3O^+$ と $OH^-$ に変身し，同時におびただしい $H_3O^+$ と $OH^-$ が"再結合"して $H_2O$ 分子になっている．動乱の中，温度が一定なら $H_3O^+$ と $OH^-$ の濃度は決まった値になる．そうした状況を**動的平衡**（dynamic equilibrium）という（図解 8・5）．

一定温度の純水中には，同数の $H_3O^+$ と $OH^-$ ができている．物質 P のモル濃度（単位 M＝mol/L）を [P] と書けば，25 °C の純水中で実測値は

$$[H_3O^+] = [OH^-] = 0.0000001\ \text{M} = 1\times10^{-7}\ \text{M}$$

になる．$[H_3O^+]$（＝$[OH^-]$）の値は，温度を 25 °C から上げると増え，下げると減る．

島A　人の動き　島B

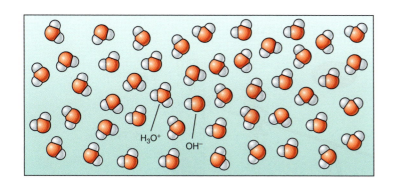

図解 8・5 動的平衡のイメージ　島AとBを島民が泳いで行き来するとしよう．1日あたりA→Bと移る人数がB→Aと移る人数に等しければ，島それぞれの人口は変わらない．純水の場合，島Aの住民が$H_2O$，島Bの住民が$H_3O^+$と$OH^-$だと思えばよい．現実の純水中には，5.6億個の$H_2O$分子あたり2個のイオン（$H_3O^+$と$OH^-$）がある．

### 確　認

2. 希塩酸の値 [$H_3O^+$] = 0.001 M を指数表記で書こう．
　　　　　　　　　　　　　　　　　　　［答］$1 \times 10^{-3}$ M
3. [$H_3O^+$] = $1 \times 10^{-5}$ M を通常の表記で書こう．その溶液2Lが含む$H_3O^+$は何molか？
　　　　　　［答］0.00001 M，0.00002 mol = $2 \times 10^{-5}$ mol

### 酸性・塩基性の指標: pH

溶液の酸性度を示す [$H_3O^+$]（$H_3O^+$のモル濃度）の数値部分は，指数が負の "$1 \times 10^{-7}$" というような姿になって，扱いがやや面倒くさい．扱いやすい数値にするため，デンマークの生化学者セレン・セーレンセンが1909年，[$H_3O^+$] の数値部分が $10^{-x}$ のとき，$x$ を酸性度の指標にしようと提案した．その $x$ を溶液のpHという（訳注: 対数だと，[$H_3O^+$] の数値部分を$A$として，pH = $-\log_{10} A$ が成り立つ）．

**pH** は，**H**ydrogen（または**H**ydronium）の **p**ower（パワー）を表す．パワーを意味する単語は，フランス語 *puissance* もドイツ語 *Potenz* も p で始まるため，1909年ごろの科学大国

つまり英国・ドイツ・フランスの化学者もすぐに "pH" の発想を受け入れた．

### 確　認

4. 25 ℃ の純水のpHはいくらか？　　　　　　［答］7
5. 牛乳の [$H_3O^+$] はおよそ 0.00000001 M となる．pHはいくらか？　　　　　　　　　　　　［答］約 8
6. ソフトドリンクのpHが3だった．[$H_3O^+$]はいくらか？
　　　　　　　　　　　　　　　　［答］$10^{-3}$ M = 0.001 M

純水に塩酸を加えると [$H_3O^+$] が増し，NaOHを加えると [$OH^-$] が増す．ただし，25 ℃ の**水溶液中なら [$H_3O^+$] と [$OH^-$] の積はいつも一定値（$10^{-14}$）**になる．[$H_3O^+$]，[$OH^-$] とpHの関係を次ページのコラムにまとめた．

図解 8・6 で，ヒドロニウムイオンの濃度とpHの関係を鑑賞しよう．

pHはpHメーターかpH試験紙で測る．pHメーターなら 0.01 の精度で測れる．試験紙は迅速・簡便・安価だが精度は低い．ややくわしいことを図解 8・7 にした．

## 計算のヒント： pH のスケール

25 ℃ の水溶液中ではいつも $[H_3O^+] \times [OH^-] = 10^{-14}$ が成り立つ．純水なら $[H_3O^+] = [OH^-] = 10^{-7}$ M なので，pH は 7 に等しい．

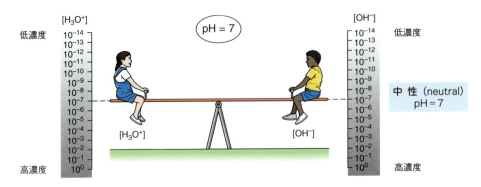

酸を加えると $[H_3O^+] > 10^{-7}$ M だから，pH は 7 より小さい．

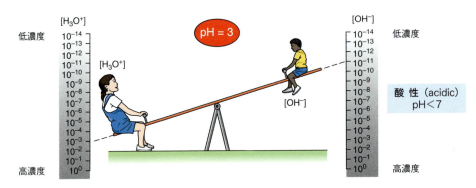

塩基を加えると $[H_3O^+] < 10^{-7}$ M だから，pH は 7 より大きい．

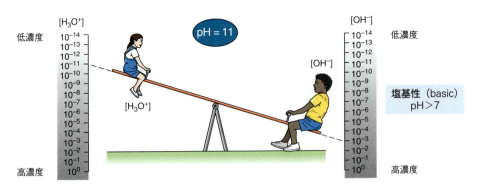

> **確認**
> 1. いま考えたどの溶液でも，$[H_3O^+] \times [OH^-] = 10^{-14}$ が成り立つ．確かめよう．
> 2. 25 ℃ で $[OH^-] = 10^{-5}$ M の水溶液をつくった．$[H_3O^+]$ と pH はいくらか？ 水溶液は酸性か，塩基性か？
> 　　　　　　［答］$[H_3O^+] = 10^{-9}$ M, pH = 9, 塩基性

## 8・2 pHという尺度

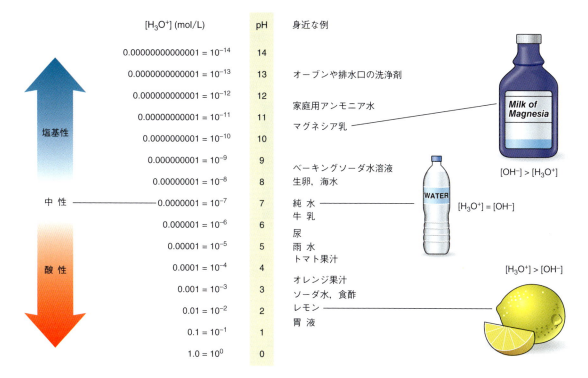

**図解 8・6 ヒドロニウムイオンの濃度と pH**
ふつう pH は 0〜14 の範囲になる（中性のとき pH = 7）．

> **確 認**
> 1. 次のものは酸性か，中性か，塩基性か？　(a) 生卵　(b) 雨水　(c) コーラ　　　　［答］(a) 塩基性　(b) 酸性　(c) 酸性
> 2. pH の値が増すと，ヒドロニウムイオンの濃度はどう変わる？
> 　　　　　　　　　　　　　　　　　　　　　　　　　［答］減る
> 3. pH が (a) 1 ポイント低下，(b) 2 ポイント低下，(c) 3 ポイント低下のとき，ヒドロニウムイオンの濃度は何倍になる？
> 　　　　　　　　　　　　　［答］(a) 10 倍，(b) 100 倍，(c) 1000 倍

(a) 正確な値がわかる pH メーター（試料: ヨーグルト）

(c) ブルーベリーやサクランボ，アカキャベツの抽出液は pH 指示薬になる．写真はアカキャベツ液の色と pH の関係．

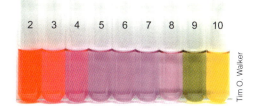

(b) 指示薬をいくつか組合わせた万能試験紙．精度はリトマス紙より高いが，pH メーターには及ばない．

**図解 8・7　pH の測定**

## 強酸と弱酸

純水のヒドロニウムイオン濃度 $[H_3O^+]$ はたいへん小さい。しかし水に溶けた塩化水素 HCl はほぼ完全に電離し、$H_3O^+$ と $Cl^-$ を生む（p.107 の コラム参照）。たとえば水 1 L に 0.01 mol の HCl を溶かせば、$[H_3O^+]$ が 0.01 M の水溶液（希塩酸）になる。

純水と HCl の中間にくる酢酸などは、溶けた分子の一部しか電離しない（図解 8・8）。酢酸のような酸を**弱酸**（weak

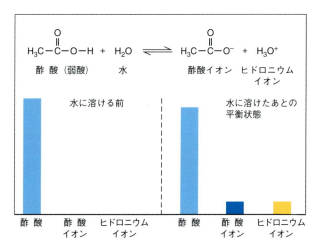

**図解 8・8 弱酸の例：酢 酸** 酢酸は水中で一部が可逆的に電離する。電離前後の状況はモデル図に描ける（量の大小関係を棒グラフの高さで表現）。

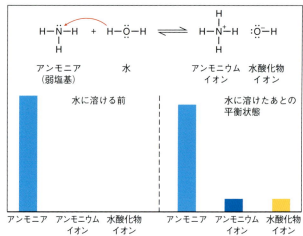

**図解 8・9 弱塩基の例：アンモニア** アンモニアは水中で一部が可逆的に電離する。

acid）といい、ほぼ完全に電離する HCl などを**強酸**（strong acid）とよぶ。

同じ濃度の強酸と弱酸なら、水溶液の酸性は強酸のほうが強い。強酸には塩酸 HCl や硫酸 $H_2SO_4$、硝酸 $HNO_3$ などがあり、かたや弱酸には酢酸 $CH_3COOH$ やホウ酸 $H_3BO_3$、炭酸 $H_2CO_3$ などがある。強酸でも弱酸でも、水溶液の酸性は、酸の濃度が高いほど強い。

### 確 認
7. 以下のペアで、$[H_3O^+]$ はどちらが大きい？
   (a) 0.01 M の HCl、0.001 M の HCl　　［答］前者
   (b) 0.01 M の酢酸、0.0001 M の酢酸　　［答］前者
   (c) 0.01 M の $HNO_3$、0.01 M の酢酸　　［答］前者

同様に、分子の一部しか電離しない塩基を**弱塩基**（weak base）という。酸は $H^+$ を出し、塩基は $H^+$ を受けとるところに注意しよう（図解 8・9）。

水酸化ナトリウム NaOH のような**強塩基**（strong base）は、強酸と同様、水中でほぼ完全に電離する。

### 振 返 り
1. 純水中の $[H_3O^+]$ と $[OH^-]$ は等しい。なぜか？
2. 25 ℃ で $[OH^-] = 10^{-8}$ M の水溶液がある。pH はいくらか？
3. 同じ 0.04 M の酢酸と硫酸でも $[H_3O^+]$ はちがう。なぜか？

## 8・3 暮らしの中の酸・塩基

- 胃液と食品の pH は、およそどんな範囲にある？
- 食品が含むカルボン酸には、どんなものがある？
- 制酸剤と緩衝液はどのように働く？
- 雨はなぜ弱酸性を示す？

日ごろ出合う酸と塩基には、1) 人体や食品、日用品に関係するものと、2) 環境に関係するものがある。

### 体と食品、日用品

身近なもののうちでは、胃壁から出る胃液（希塩酸）の酸性がいちばん強い。胃で働くタンパク質分解酵素のペプシンは、pH 1.5〜2.5 の条件で活性が高い（pH 4〜5 では活性がない）。だから食物をうまく消化して健康を保つため、胃液の pH は 1.0〜2.0 の範囲にある。

消化の環境が酸性だから、食品にも酸性〜中性のものが多く、塩基性の食品は少ない。柑橘類や酢、ピクルス、ジュース類、ワイン、トマトも pH が 2.0〜4.5 の範囲にあり、牛乳

も弱い酸性（pH 6.4〜6.8）をもつ．例外的な生卵は弱い塩基性（pH 7.5〜8.0）を示す（図解 8・10）．

C原子にヒドロキシ基 −OH が結合したクエン酸は，α-ヒドロキシ酸（alpha-hydroxylic acid）の例になる．α-ヒドロキシ酸はスキンケア製品によく使う（図解 8・12）．

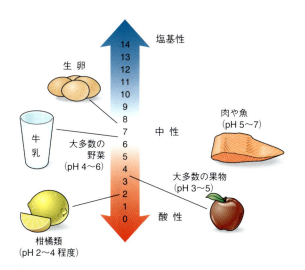

図解 8・10 食品の pH 範囲　たいていの食品は中性〜弱酸性．弱塩基性の卵は例外的．

図解 8・12 化粧品とα-ヒドロキシ酸　α-ヒドロキシ酸（AHA）を配合した化粧品は，皮膚の剥落を促して肌の色をよくするという．

食品が含む酸には**カルボン酸**（carboxylic acid）が多い．カルボン酸では，末端のC原子がO原子と二重結合したうえ，ヒドロキシ基（−OH）を結合している（図解 8・11）．

(a) **メチル基**（methyl group）−CH$_3$ をもち，酢の主成分となる酢酸．カルボキシ基が1個なので**モノカルボン酸**（monocarboxylic acid）とよぶ．

酢酸

(b) 緑色野菜に多いシュウ酸．カルボキシ基が2個の**ジカルボン酸**（dicarboxylic acid）．

シュウ酸

(c) 柑橘類に多いクエン酸．カルボキシ基が3個の**トリカルボン酸**（tricarboxylic acid）．

クエン酸

図解 8・11 身近なカルボン酸　カルボン酸は図の**カルボキシ基**（carboxyl group）をもつ（以下 −COOHと略記）．

**制 酸 剤**　健康には胃液の酸性が必須でも，高すぎる酸性（胃酸過多）は体調を狂わせる．pHの正常化には**制酸剤**（antacid）を使う．米国人は年に300億円近くを，アルカセルツァーなどの制酸剤に使っている．配合してある弱塩基が過剰の胃酸を中和する．そんな弱塩基には，炭酸水素ナトリウム NaHCO$_3$（飽和水溶液のpH: 8.4），炭酸カルシウム CaCO$_3$（同: 9.4），水酸化マグネシウム Mg(OH)$_2$（"マグネシア乳"とよぶ懸濁液のpH: 10.5）がある．

たとえば炭酸カルシウムは，次の反応で胃酸（HCl）を中和する（生じる塩化カルシウム CaCl$_2$ は水溶性の塩）．

$$CaCO_3 + 2\,HCl \longrightarrow CaCl_2 + H_2O + CO_2$$

塩基性の強い家庭用アンモニア水（pH 10.5〜12）は洗浄剤に使う（薬用にはしない）．塩基性が最強の水酸化ナトリウム NaOH 水溶液（pH 12〜14）は，排水管の汚れを落とす．

**緩 衝 液**　体内のpH変動は命にかかわるため，生物はpH変動を抑えるしくみをもつ．体液は**緩衝液**（buffer）の性格をもち，pHをせまい範囲に保つ．たとえばヒトの血液は，緩衝作用でpHが7.35〜7.45（かすかな塩基性）の範囲に納まっている（7.2まで下がれば昏睡に陥る）．

緩衝液は，弱酸と**共役**（conjugate）塩基の共同作業でpHをほぼ一定に保つ．外から入った塩基は弱酸が始末し，酸は共役塩基が始末する．血液の場合，弱酸（炭酸 H$_2$CO$_3$）とその共役塩基（炭酸水素イオン HCO$_3^-$）がpHの安定化に働く（図解 8・13）．弱酸と共役塩基の濃度が高いほど，

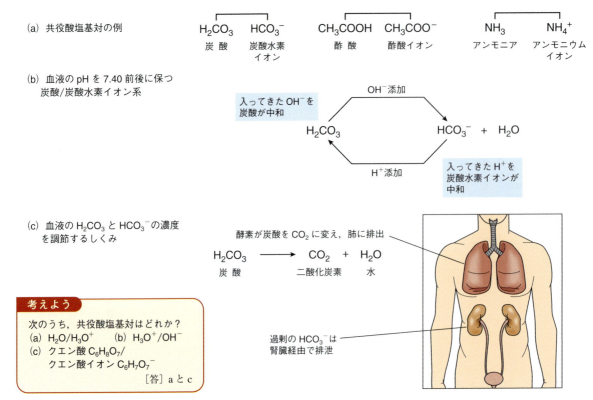

**図解 8・13 共役酸塩基対と緩衝液** 水素イオン（プロトン）$H^+$の授受で変身し合うペアを，**共役酸塩基対**（conjugate acid-base pair）とよぶ．緩衝液では，弱酸や弱塩基を含む共役酸塩基対が主役になる．

pHの変動幅は小さい．

緩衝液は日用品にも多い．シャンプーや化粧品が含む緩衝液は，pHを好ましい範囲に保つ（11章参照）．

## 環境中の酸

体内は（血液などを除き）ほぼ弱酸性の世界だけれど，環境中の酸性物質はときに害をなす．

まず大気を考えよう．水に溶けて酸性を示すおもな気体には，二酸化炭素$CO_2$と二酸化硫黄$SO_2$がある．$CO_2$は生物が呼気に出すほか，人間活動（化石燃料の燃焼など）からも大気に出る．かたや$SO_2$は，活火山から出るほか，水に棲む微生物が排泄する硫化ジメチル$(CH_3)_2S$（磯の香りを生む気体）と酸素$O_2$との反応からも生じる．

$CO_2$や$SO_2$は大気中の水滴に溶けたあと，水$H_2O$と反応して水素イオン$H^+$（実体はヒドロニウムイオン$H_3O^+$）を生み，雨を弱酸性にする．それぞれが水滴に溶ける平衡（溶解平衡）と，$H^+$を出す平衡（電離平衡）は，次のように書ける．

$$CO_2 + H_2O \rightleftharpoons \underset{炭酸}{H_2CO_3} \rightleftharpoons H^+ + \underset{炭酸水素イオン}{HCO_3^-}$$

$$SO_2 + H_2O \rightleftharpoons \underset{亜硫酸}{H_2SO_3} \rightleftharpoons H^+ + \underset{亜硫酸水素イオン}{HSO_3^-}$$

大気中の濃度は$CO_2$が約400 ppm，$SO_2$が1〜5 ppb = 0.001〜0.005 ppmだから，$CO_2$のほうが8万〜40万倍も濃い．しかし$CO_2$に比べて$SO_2$は，溶解の勢いが（"平衡定数"の値で）約50倍，電離の勢いが（同）約5万倍も強いため，自然な雨の酸性度（pH）はおもに$SO_2$が決める．たとえば$SO_2$の濃度を4〜5 ppb（現在の日本．ほとんどが天然起源）とし，わかっている2種類の平衡定数を使って計算すれば，雨のpHは4.8程度となって，1983〜2002年に環境省が実測した値（4.8±0.2）によく合う（かりに大気が$SO_2$を含まず，$CO_2$だけが雨の$H^+$源ならpHは5.6）．

石油と石炭は生物起源だから，硫黄Sを必ず含む（石炭の硫黄分は品質に応じて0.2〜7.0％）．第二次世界大戦のあと先進国が工業化を進め，石炭や石油を燃やし始めた結果，発電所や工場から大量の$SO_2$が出た．それが一時的に雨の酸性度を上げただろう．

$SO_2$が大気中の酸素$O_2$と反応すれば三酸化硫黄$SO_3$になる．$SO_3$は水に溶けて硫酸$H_2SO_4$になるため，"希硫酸が降る"時代もあったと思える（コラム）．

環境中で塩基性の固体が酸性の雨と出合えば，中和反応が進む．石灰岩や大理石の炭酸カルシウム$CaCO_3$は次のように反応する（たいていの岩は塩基性だと思ってよい）．

**考えよう**

次のうち，共役酸塩基対はどれか？
(a) $H_2O/H_3O^+$  (b) $H_3O^+/OH^-$
(c) クエン酸$C_6H_8O_7$ /
　　クエン酸イオン$C_6H_7O_7^-$

[答] a と c

## 流れをつかむ：希硫酸の雨

脱硫（下記本文）以前の時代には，希硫酸の雨も降っていた．

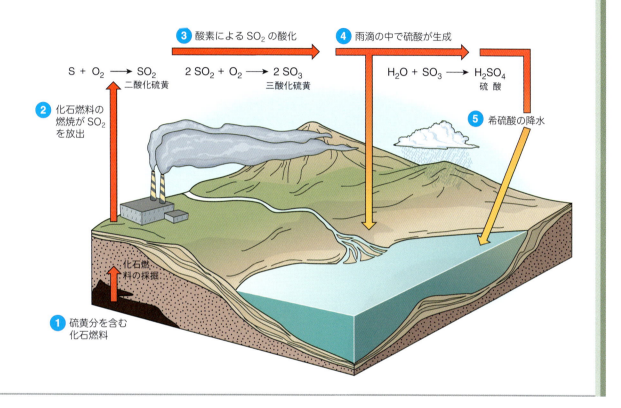

$$CaCO_3 + H^+ \longrightarrow Ca^{2+} + HCO_3^-$$

こうして環境水中に生じる炭酸水素イオン $HCO_3^-$ の緩衝作用（p.114）が，川や湖や海の水をpH 7〜9の弱塩基性にしている．川や湖の水も，降った雨がいったん地面に浸みこみ，岩に触れたあとの水だから，"中和後の性質"を示す．

やはり岩石圏にある塩基性の水酸化アルミニウム $Al(OH)_3$ と中和すれば，次の反応でアルミニウムイオン $Al^{3+}$ ができる（濃い $Al^{3+}$ は生物に強い毒性を示す）．

$$Al(OH)_3 + 3H^+ \longrightarrow Al^{3+} + 3H_2O$$

また，酸化力（10章）が適度に強い $SO_2$ は，生物にあぶない．空気の2.2倍ほど重い $SO_2$ は気流に乗って"地を這うように"動き，それを吸った木や草が世界あちこちの工業地帯で枯れた時期がある（日本の栃木県足尾銅山周辺，米国の五大湖周辺，欧州のルール工業地帯周辺に広がるシュバルツバルト＝黒い森など）．

1970年代に先進国は，工場や発電所の排ガスから $SO_2$ を除く**脱硫**（desulfurization）を始めた．その結果，1980〜90年代には雨のpHも天然の $SO_2$ が決める値（4.5〜5.5）に向かい始めて現在に至る．いまも森林被害や銅像の劣化が起こっているならその主因は，自動車の排ガスに出る窒素酸化物を引き金にして生じるオゾン $O_3$ だといわれる．

一部の研究者は，$CO_2$ を吸収した海水の"酸性化"を警告する．けれど，海水の緩衝作用はたいへん強いし，海水のpH（8.0〜8.2）が明確に下がっていると物語る実測結果はほとんどない．

自然界と実験室にあるイオンは，数百種どころではない．そのうち $H_3O^+$（略記形 $H^+$），$OH^-$ というわずか2種のイオンに注目して"酸と塩基"の単元を設けるのは，いままで紹介したとおり，$H_3O^+$ や $OH^-$ が生体中や環境中の化学現象で特別な役割をするからだと心得よう．

## 化学こぼれ話：化学にちなむ日常表現

化学現象にからむ用語のうち，日常会話に使われるものの一部を紹介しよう．

ひとつが，酸性・塩基性の判定に使う**リトマス試験**（litmus test．図 a）か．たとえば議員選挙の際，"憲法改正に賛成か反対か"と有権者に問うのは，投票先を判定するリトマス試験になる．

**ライムライト**（limelight）は，"舞台での名声"といった意味合いで使う．本来は熱した酸化カルシウム（生石灰 lime）CaO が出すまばゆい光（図 b）のことだった．電気のない時代はそれを舞台照明に使い，照らし出される俳優のさまから，"目立つ姿"を表すようになった．

次に**酸性テスト**（acid test）がある．硝酸と塩酸の混合溶液を金塊などにたらしたとき（図 c），純金なら何も起こらないが，混ざりものの金属（亜鉛，鉄など）はたいてい溶ける．そのため英語圏では"リトマス試験"と似たような場面で acid test を使う（訳注: 日本語だと"試金石"に近い？）．

酸性や塩基性の変動を抑える**緩衝剤**（buffer）も，"盾になるもの"や"衝撃を和らげるもの"という意味の日常表現になった．とりわけ，武力衝突の前線に設ける**緩衝地帯**（buffer zone）はおなじみだろう．

(a)

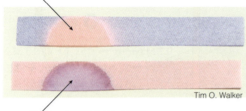

青リトマス紙にたらした酸

赤リトマス紙にたらした塩基

Tim O. Walker

(b)

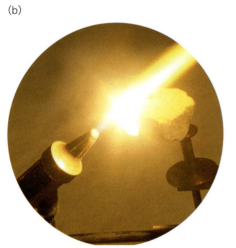

Adam Hart-Davis/Photo Researchers, Inc.

(c)

Tim O. Walker

## 章末問題

### 復習

1. 次の商品に入っている酸または塩基は何か．
   (a) 自動車のバッテリー　(b) アルカリ乾電池
   (c) 酢　(d) ビタミンC錠剤　(e) オレンジ
   (f) ベーキングソーダ

2. 次のものはリトマス紙をどの色にするか．
   (a) マグネシア乳　(b) ワイン　(c) 海水
   (d) 果物ジュース　(e) トマトジュース

3. 水が両性を示すとは，どんな意味か．

4. 水素イオンとヒドロニウムイオンはどうちがうか．

5. フッ化水素と水酸化ナトリウムの中和でできる塩は練り歯磨きに混ぜる．その中和を反応式で書け．塩の化学名

は何か．
6. 雨水を弱酸性にするおもな物質は何か．

## 発 展

7. 酸性・塩基性を pH で表すと，どんなところが便利か．
8. 以下の 5 物質には，それぞれ"仲間外れ"が 1 個ある．どれか．
    (1) a. HCl，　b. $CH_3COOH$，　c. $H_2CO_3$，　d. $NH_3$，
        e. $H_2SO_4$
    (2) a. 酢酸，　b. クエン酸，　c. 硝酸，　d. シュウ酸，
        e. 乳酸
    (3) a. ホウ酸，　b. 炭酸水素ナトリウム，　c. 炭酸，
        d. アンモニア，　e. 水酸化ナトリウム
9. pH が上がると $H^+$ を離して変色する指示薬は，どんな分類の物質だといえるか．
10. バッテリー端子に付着した硫酸は，次の反応をもとに，炭酸水素ナトリウム水溶液で落とせる．係数もつけて反応式を完成せよ．
$$NaHCO_3 + H_2SO_4 \longrightarrow ?$$
11. そばに塩基がいなくても酸の働きができる物質はあるだろうか．

## 計 算

12. 25 °C で pH が (a) 3，(b) 10 の水溶液が含む $H_3O^+$ のモル濃度はそれぞれいくらか．
13. 水 100 L に 1 mol の HCl を溶かした．(a) 水溶液が含む $H_3O^+$ のモル濃度と，(b) 水溶液の pH はいくらか．
14. 弱酸の HF は少ししか電離しない．水 100 L に 1 mol の HF を溶かしたとき，水溶液が含むフッ化物イオンのモル濃度について何がいえるか．
15. 以下の水溶液を中和するのに必要な 0.5 M 塩酸の体積は何 L か．
    (a) 0.5 L の 0.1 M NaOH　　(b) 1 L の 0.5 M NaOH
    (c) 0.1 L の 2 M NaOH

# 9 放射能の化学

9・1 放射能
9・2 放射線の作用と利用
9・3 核の質量欠損と
　　　　　結合エネルギー
9・4 原子力の利用

## 9・1 放射能

- 放射能はいつ，どのようにして見つかった？
- どんな条件がそろうと，原子核は放射線を出して壊変する？
- おもな3種の放射線とは？
- 原子核の放射壊変は式でどう表す？

万物は原子からでき，原子のつながりが多種多様な物質をつくるのだった．原子核（核）からいちばん遠い原子価殻の電子が移動するか共有されて，結合の組替えが進む．

本章では原子の内部に目をこらし，ちっぽけな核を調べよう．まずは，核が出す**放射能**（radioactivity）の発見物語をたどる．19世紀の末に放射能が見つかったあと，関連の進歩もいろいろあって，原子力時代の扉が開いた．

(a) 黒い紙で包んだ写真乾板は感光しないだろう．

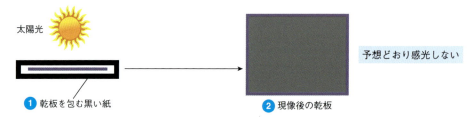

(b) 黒い紙は，紫外線を吸ったウラン化合物が出す"りん光"のうち，可視光は通さない．

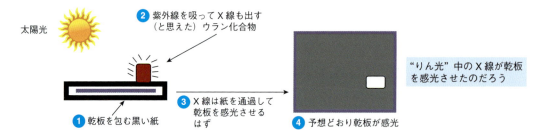

(c) セレンディピティー（想定外の大発見）が起こる．実験できない曇りの日，試料一式をデスクの引出しに入れて数日後，ものは試しと現像してみた．

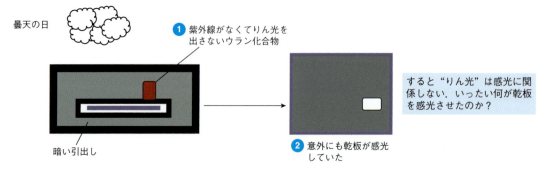

図解 9・1　放射能を見つけたベクレルの実験

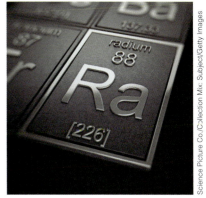

陽子88個と中性子138個のラジウム

図解 9・2 キュリー夫妻　1903年に夫妻とベクレルは放射能の研究でノーベル物理学賞を受賞．マリーは1911年，ラジウム（放射線 radiation から）とポロニウム（母国 Poland から）の発見で化学賞も受賞する．

## 放射能の発見

1896年にパリの物理学者アンリ・ベクレルが，想定外の発見を報じる．彼は当時，太陽光の紫外線を当てたウラン化合物が出す"りん光"を調べていた．りん光の成分には（前年に見つかっていた）X線もある……とベクレルは誤解したうえ，X線なら紙を通抜けて写真乾板を感光させるはずだと思い，図解9・1の実験をしてみた．

ウラン自身の出す"何か"が乾板を感光させる……とベクレルはみた．大学院生だったマリー・キュリーが実験を引継ぎ，その"何か"を**放射能**（radioactivity）と名づける．放射能を出した原子が別の元素に変わることも彼女は予想した．やがて夫ピエールとの共同実験で，何トンものウラン鉱石を処理したあげく，別の放射性元素，ラジウムとポロニウムも発見する（図解9・2）．ほどなくわかるとおり放射線は，不安定な核が安定になろうとして出す．それを核の**放射壊変**（radioactive decay）という．

一部の**核種**（nuclide）を不安定にする（放射壊変させる）条件は，次の二つだとわかっている．

1. 原子番号が大きすぎる．84番ポロニウム Po 以上の核種は放射性を示す（83番ビスマスの最安定核種 $^{209}_{83}$Bi も放射性だが，後述の半減期が"宇宙の年齢の約17億倍"もあるため，本書で Bi は安定な元素とみなす）．
2. 中性子と陽子の数比が，一定範囲の外にある．陽子6個の炭素 C だと，中性子6個（$^{12}$C）か7個（$^{13}$C）なら安定なのに，中性子8個の炭素14（$^{14}$C）も5個の $^{11}$C も放射性を示す．

いま安定な核種は280種ほど知られる．ほかの核種は不安定だから，特有な放射線を出して安定な姿を目指していく．

## 放射壊変の種類

ベクレルとキュリー夫妻の発見から3年後の1899年，英国の物理学者アーネスト・ラザフォード（原子のつくりを解明した人．2・1節）が，放射線は少なくとも3種あると確かめ，ギリシャ語アルファベットの冒頭3文字で α（アルファ），β（ベータ），γ（ガンマ）と名づける．

ベクレルの見つけた放射線は，ある元素の**放射性同位体**（ラジオアイソトープ radioisotope）が出す．同位体が放射線を出せば，ときに陽子数や質量数も変わる．陽子数は元素に固有だから，元素そのものが変わる放射壊変もある．以下，3種の放射壊変を具体的に調べよう．

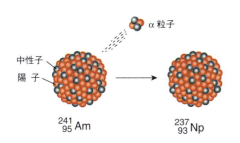

$^{241}_{95}$Am → $^{237}_{93}$Np

> **確認**
> α壊変で質量数はどう変わる？
> ［答］陽子2個と中性子2個が減る結果，4だけ小さくなる

図解 9・3　α壊変の例　アメリシウムの核は図のようにα壊変してネプツニウムの核になる．［© 2010 John Wiley & Sons, Inc.］

**アルファ (α) 壊変**　核が**α粒子**（α particle．陽子2個＋中性子2個）を捨てて安定化する．α粒子はヘリウム（$^4_2$He）の原子核（He$^{2+}$）にほかならない．十分に重い元素がα壊変し，核が2個の陽子を失うため，壊変のあとは原子番号が2だけ小さい元素に変わる．たとえば，アメリシウム $_{95}$Am はα壊変でネプツニウム $_{93}$Np になる（図解9・3）．

**ベータ (β) 壊変**　核が**β粒子**（β particle）を出して安定化する．β粒子は，光速の90％ほどで飛ぶ電子だとわかる．賢明な読者なら，"核内は陽子と中性子だけのはず．なぜ核が電子を出せるのか？"と首をひねるだろう．

実のところ中性子は，"陽子1個と電子1個の合体物"とみてよい（図解9・4a）．中性子が陽子と電子に分かれ，そ

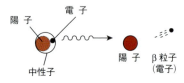

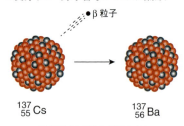

© 2013 John Wiley & Sons, Inc.

**考えよう**
ヨウ素（原子番号53）の同位体がβ壊変すると，どの元素になる？　　［答］キセノン

**図解 9・4　β壊変の原理と例**

の電子が飛び出す（陽子は核内に残る）のがβ壊変にあたる．すると核内に陽子1個が増えるため，β壊変した核は，原子番号が1だけ大きい元素の核になる（質量数つまり"陽子数＋中性子数"は変わらない）（図解9・4b）．

本書ではβ粒子を $_{-1}^{0}β$ と書く（$_{-1}^{0}e$ と書く本もある）．左下の"−1"は電荷を表し，左上の"0"は，質量が陽子や中性子に比べ"ゼロ同然"だということを表す．

放射壊変は**核反応式**（nuclear equation）に書くとわかりやすい（図解9・5）．化学反応と同じく，核反応でも保存則が成り立ち，質量数の総和も，正電荷数（いわば原子番号）の総和も，反応の前後で変わらない．

(a) アメリシウム 241 の α 壊変（図解9・3と同じ）

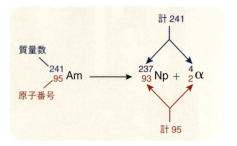

(b) セシウム 137 の β 壊変（図解9・4bと同じ）

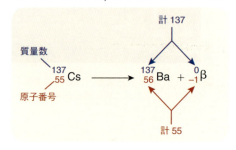

**図解 9・5　核反応式**

---

**確　認**

1. (a) ラジウム 226 の α 壊変と (b) 炭素 14 の β 壊変を核反応式で書こう．

［答］(a) $^{226}_{88}$Ra → $^{222}_{86}$Rn ＋ $^4_2α$　　(b) $^{14}_{6}$C → $^{14}_{7}$N ＋ $^{0}_{-1}β$

---

**ガンマ (γ) 壊変**　電波から可視光，紫外線，X線……に及ぶ電磁波のうち，波長が最短の（光子エネルギーが最大の）電磁波を**γ線**（γ ray）とよぶ（図解11・14，p.162）．高エネルギーで透過力の強いγ線は，大量に浴びるとあぶない．質量も電荷もないため $^0_0γ$ と書いてもよいが，ふつうは"γ"ですます．γ線は，エネルギーの高い**励起状態**（excited state）になった核が，エネルギーを捨てようとして出す（図解9・6）．高エネルギー状態になった核外の価電子も，可視光や紫外線の形でエネルギーを捨て，安定化するのだった（2章のコラム"流れをつかむ"，p.13）．

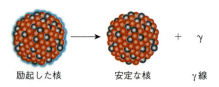

**図解 9・6　γ壊変**　励起状態の核がγ線を出して安定化する．［© 2013 John Wiley & Sons, Inc.］

α粒子やβ粒子を出した直後の核は，励起状態になっていることが多い．その余分なエネルギーをγ線の形で出す．だからα壊変やβ壊変では，たいていγ線も出る．たとえば後述のコバルト60も，γ線を出しながらβ壊変する．

### 振返り　🛑

1. 放射線は原子内のどこから出る？　放射壊変が起こりやすい条件二つとは？
2. α壊変とβ壊変のうち，原子番号が増すのはどちら？　また，原子番号が減るのはどちら？
3. "ヨウ素131 → キセノン131"の壊変で出る放射線は？

## 9・2　放射線の作用と利用

- α粒子，β粒子，γ線の透過力はどうちがう？
- 放射線は生体組織にどんな作用をする？
- 放射性炭素を使う年代測定の原理は？
- 放射線はどう役に立つ？

右のマークは，放射能の危険性を警告している．高度被曝や継続被曝は命にかかわるけれど，医学で放射能の用途はたいへん広い．

### 放射線と健康影響

生物体に入ったα粒子やβ粒子，γ線は，原子や分子の価電子を叩き出してイオン化（電離）させる．だからその三つを（宇宙線やX線なども含めて）**電離放射線**（ionizing radiation）とよぶ．電離放射線が体内に生むイオンは，ときに不対電子をもつ活性な**フリーラジカル**（free radical）になる．フリーラジカルがそばの分子に襲いかかると，細胞や組織が傷つきやすい．

電離放射線の生体作用は，まず，どこまで深く侵入できるか，つまり**透過力**（penetrating power）が決める．α粒子は，紙1枚とか，数cmの空気層さえ（皮膚や薄手の衣服も）透過しない．だから体外からくるα粒子のリスクは小さい．ただしα粒子の線源を飲むとあぶない（後述）．

β粒子はα粒子より透過力が強く，防ぐには厚いアルミ箔や板，厚手の衣服を要する．三つ目のγ線は，なにしろ質量も電荷もゼロの電磁波なので，透過力がたいへん強い．γ線をさえぎるには，鉛やコンクリートの厚いブロックを使う（図解9・7）．

電離放射線の生体影響には，透過力のほか，原子や分子の電子を叩き出す**イオン化能**（ionizing power）も効く．重くて正電荷2個のα粒子は，透過力は弱くてもイオン化能が高いため，体内に入ると組織を傷つけやすい．イオン化能はβ粒子，γ線の順に下がる（侵入距離は増す）．同じ距離を進む場合，γ線の損傷力はα粒子やβ粒子より弱い．ただしγ線は侵入距離が長い分だけイオン化の総量が増え，損傷も増す．

**環境中の放射能**　ベクレルはウラン化合物の"りん光"を調べていて放射能を見つけた．天然のウランは，99.3％までをウラン238（$^{238}$U）が占める．残り（0.7％）のほとんどを占める$^{235}$Uが，本章の後半で主役になる．$^{238}$Uが（γ線放出を伴う）α壊変をすると，まずトリウム（Th）234になる．一緒に出るγ線は質量も電荷もゼロで，質量数や原子番号に影響しないから，ふつう核反応式は，γ線を無視してこう書く．

$$^{238}_{92}\mathrm{U} \longrightarrow {}^{234}_{90}\mathrm{Th} + {}^{4}_{2}\alpha$$

トリウム234はまだ不安定だからβ壊変し，原子番号が1だけ大きいプロトアクチニウム（Pa）234になる．壊変はな

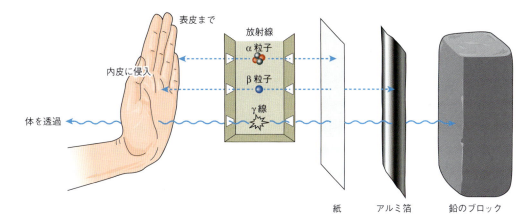

**図解 9・7　電離放射線の透過力**　透過力の強さはα粒子≪β粒子＜γ線となる．

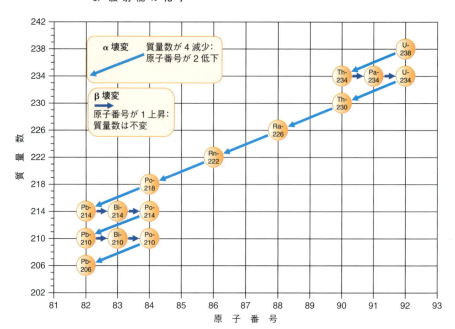

**図解 9・8 ウラン 238 の壊変系列**
$^{238}$U は 14 段階の壊変で安定な $^{206}$Pb を目指す．

> **確認**
> 系列の途中では（安定化するための都合上）同じ元素が何度か現れるのを確かめよう．

お次々と起こり，安定な鉛 (Pb) 206 になって落ち着く．以上の**壊変系列**（decay series）を図解 9・8 に描いた．

図解 9・8 の途中にあるラジウム (Ra) は，ラドン (Rn) という気体の同位体 $^{222}$Rn になる（$^{222}$Rn はポロニウム Po の同位体 $^{218}$Po に壊変する）．天然の岩や土には，放射性元素を含むものが多い．放射性元素の壊変途上で生まれ，岩や土壌から出たラドンは，住宅やビルに入りこむ（図解 9・9）．吸ったラドン自体は呼気に出るけれど，息を吸って吐くまでに壊変してできるポロニウムなどが血液や組織に残り，それの出す放射線が生体を傷めかねない．米国科学アカデミーの見積もりだと，米国内肺がん死（年 15 万人台）の 10〜15% は室内のラドン吸入が原因だという．

**自然被曝と放射能の単位** ラドン起源の放射能は，**自然被曝**（natural exposure）の例になる．放射性のカリウム 40 ($^{40}$K) も自然被曝を起こす．あらゆる生物の必須元素カリウムは，陽イオン K$^+$ の姿で活躍する．体重 60 kg の人は体内に約 120 g のカリウムをもつが，その約 0.01%（12 mg）を占める $^{40}$K が放射線を出し続ける（カリウムの安定な核種は，$^{39}$K が 93.26% で $^{41}$K が 6.73%）．

放射能の強さは**ベクレル**（becquerel）という単位（記号 Bq）で表し，毎秒 1 個（1 本）の放射線を出すとき 1 Bq とする．体重 60 kg の人が体内にもつ $^{40}$K は，約 3500 Bq の放射線を出す．また，生物体の炭素 C も約 1 兆分の 1 が放射性同位体 ($^{14}$C) で，その放射能は約 3000 Bq にのぼる．ほ

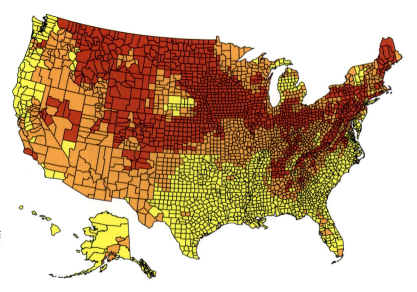

**図解 9・9 ラドンのリスク分布** 岩盤の性質が決める健康リスクの強さ分布（米国環境保護庁 EPA 発表．健康リスクは"黄→橙→赤"の順に高まる．

**図解 9・10　人体の自然被曝**
自然被曝は体の内外から受ける.

か微量の放射性元素も加え, 体重 60 kg の人は"約 7000 Bq の天然放射線源"だといえる. その放射線が体内組織に自然被曝を生み続ける.

人体の自然被曝は, 食品中の $^{40}$K と $^{14}$C, 高エネルギー宇宙線 (光子エネルギーは γ 線より強い), 身近な岩や土壌が含む放射性核種からも受けている (図解 9・10).

### 放射線の生体影響と単位
放射線の健康リスクは, 放射線のエネルギー, 被曝時間, 外部被曝か内部被曝かなどで決まる. 人体影響の度合いを"線量当量"とよび, **シーベルト** (sievert. 記号 Sv) 単位で表す. ただし数値をわかりやすくするため, "年間のミリシーベルト (mSv) 値"で表すことが多い. 放射線が α 粒子, β 粒子, γ 線, 宇宙線, X 線のどれでも, "mSv/年"の値が同じなら, 生体のリスクは同じとみなす.

自然被曝は, 住環境に応じ 2〜10 mSv/年となり, そのうち減らしようのない体内被曝が 0.5 mSv/年を超す*.

### 被曝の急性被害
500 mSv 以上の放射線を一度に浴びると, 酵素や細胞膜, DNA が壊れてしまう. そうした**身体的損傷** (somatic damage) を受けると, 体調がくずれ, ときに命を落とす (図解 9・11). 被曝直後は白血球の減少や疲労感, 吐き気が見舞う. 長期的には, 臓器 (脾臓など) や分泌腺 (甲状腺など), 骨髄の損傷とか, 白血病などの発がんが起こる. 身体的損傷の度合いが強いと苦しみながら死ぬ.

実験動物では**遺伝的損傷** (genetic damage) も知られるが, ヒトでも起こりそうだとわかったのはごく最近のこと. チェルノブイリ原発事故 (1986 年, p.133) のあと, 被曝した両親が, 遺伝子の損傷を子供に伝えた気配がある (ただし実験動物ほどはっきりした結論は出ていない).

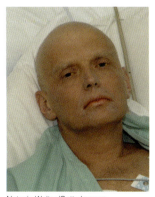

Natasja Weitsz/Getty Images

**図解 9・11　放射能障害の事例**　ロシア諜報機関のアレクサンドル・リトビネンコは 2006 年, 亡命先のロンドンで放射性のポロニウム 210 ($^{210}$Po. 半減期 138 日) を盛られ, 3 週間後に死亡した (たぶん放射能テロの第一号).

> **確 認**
> 図解 9・8 を見て, $^{210}$Po の壊変形式と生成物 (娘核) を確かめよう.

---

\* 訳注: 福島第一原発の事故後, 日本政府が除染の長期目標を異様に低い "1 mSv/年" と決めたため, 莫大な経費をかけた除染作業が続く.

# 9. 放射能の化学

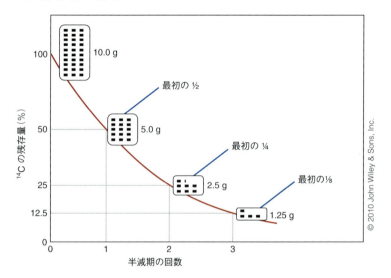

**図解 9・12** $^{14}$C の放射壊変
$^{14}$C の量は半減期（5730 年）がたつと半分になる．

**考えよう**
半減期4回の時間がたつと，残っている $^{14}$C は何 g か．
[答] 0.625 g

## 半減期と年代測定

　放射壊変の速さも，大切な情報になる．ふつうは速さ自体ではなく，放射性同位体の量が半減する時間つまり**半減期** (half-life) を使う．たとえば放射性ヨウ素 $^{137}$I は約 30 年の半減期を示す．最初が 5.0 g なら，30 年後に 2.5 g が残り，次の 30 年（最初から 60 年）がたてば 1.25 g，さらに 30 年（計 90 年）たてば 0.625 g……と続く．半減期には，1 秒よりずっと短いものから，数十億年のものまである．$^{238}$U の半減期（45 億年）など，ほぼ地球の年齢に等しい．

　放射性同位体それぞれは特有の速さで壊変（消失）するため，同位体の量は"化学の時計"となる．たとえば炭素 14 ($^{14}$C) の半減期 5730 年に注目すれば，古い遺物の年代がわかる．半減期の数倍がたつうち，最初 10 g だった $^{14}$C の量がどう変わっていくかを図解 9・12 に描いた．**放射性炭素 ($^{14}$C) 年代測定** (radiocarbon dating) では，それをもとに，古い動植物組織の年代を決める（コラム）．

　文書記録があやしくなる 500 年前から，5 万年くらい前までの期間をカバーできる $^{14}$C 年代測定は，考古学や美術史の研究にぴったりの情報をくれる（図解 9・13）．たとえば，イエス・キリストの埋葬に使ったと称する"トリノの聖骸布"の話があった．布の試料をオックスフォード大学，アリゾナ大学，スイス連邦工科大学で独立に調べたところ，紀元 1260〜1390 年の作（偽物）だと判明．ただし，かなり新しい生物組織が紛れこんで年代測定の結果が狂った（聖骸布は本物だ）と主張する人がいなくもない．

## 医療・安全分野への放射性同位体の利用

　放射性同位体は，体の断層撮影や病気の診断・治療に役立つ．断層撮影と診断によく使うのがテクネチウム $_{43}$Tc の同位体 $^{99m}$Tc だ．上つきの添え字 m は，**準安定** (metastable) な励起状態を意味する．$^{99m}$Tc は，原子番号も質量数も変えず，γ 線だけを出して安定化する．

$$^{99m}_{43}\text{Tc} \longrightarrow \, ^{99}_{43}\text{Tc} + \, ^{0}_{0}\gamma$$

1991 年にオーストリアアルプスで見つかったアイスマン（愛称エッツィ Ötzi）．$^{14}$C の分析で約 5300 年前の男性だと判明

**図解 9・13** $^{14}$C 年代測定と考古学
$^{14}$C の含有率から，動植物体の生きていた年代がわかる．

## 流れをつかむ：年代測定の原理

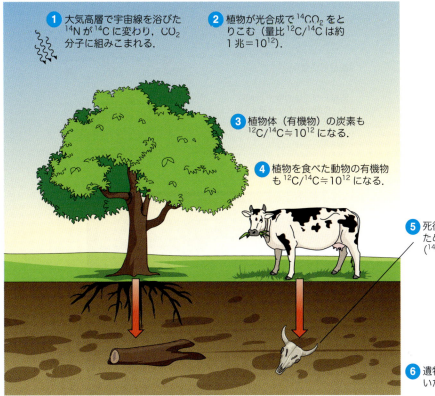

1. 大気高層で宇宙線を浴びた $^{14}N$ が $^{14}C$ に変わり，$CO_2$ 分子に組みこまれる．
2. 植物が光合成で $^{14}CO_2$ をとりこむ（量比 $^{12}C/^{14}C$ は約 1 兆 = $10^{12}$）．
3. 植物体（有機物）の炭素も $^{12}C/^{14}C \fallingdotseq 10^{12}$ になる．
4. 植物を食べた動物の有機物も $^{12}C/^{14}C \fallingdotseq 10^{12}$ になる．
5. 死後は $^{14}C$ をとりこまないため，$^{12}C/^{14}C$ が増えて（$^{14}C$ が減って）いく．
6. 遺物の $^{12}C/^{14}C$ が，生きていた年代を教える．

> **考えよう**
> 5 万年という時間は，$^{14}C$ の半減期のおよそ何倍か？
> ［答］約 9 倍

何か化合物に結合させた $^{99m}Tc$ を注射し，心臓，腎臓，肝臓，肺などの臓器や，甲状腺などの分泌腺に送る．$^{99m}Tc$ の出す $\gamma$ 線は透過力が強く，体外に出てくるため，$^{99m}Tc$ は診断用の断層撮影にふさわしい．$^{99m}Tc$ の半減期はわずか 6 時間だから，体内の放射能はすぐ消える．そんな $^{99m}Tc$ が，体組織を傷めにくい**放射性トレーサー**（radiotracer）に使われる．

別のトレーサーになる**陽電子放出核**（positron emitter）を，**陽電子放出断層撮影**（positron emission tomography＝PET）に使う．**陽電子**（positron）は"正電荷の電子"だと思えばよい．たとえば炭素 11（$^{11}C$）は陽電子を出して壊変する．出た陽電子がそばの電子にぶつかると，$\gamma$ 線を出して消滅する（電子も消滅）．臓器に注入した陽電子放出核は $\gamma$ 線を出し続ける．体から出る $\gamma$ 線を検出器で受け，IT 技術で体の断層像をつくる（次ページのコラム）．断層撮影 tomography の tomo は，ギリシャ語の *tomos*（スライス，部分）にちなむ．

PET の一種に，陽電子放出核のフッ素 18（$^{18}F$）をグルコースに結合させる手法がある．$^{18}F$ 結合グルコースは通常のグルコースと一緒に脳へ行って陽電子を出し，$\gamma$ 線放出の引き金になる．画像を見た医師は脳内のグルコース流を確かめ，異常部位の発見と治療に活かす．

**がん治療**　通常の細胞より分裂が速く，代謝活性も強い がん細胞は，電離放射線にやられやすい．体の深部にできた がん には，コバルト 60（$^{60}Co$）などが出す $\gamma$ 線を絞って照射する．

**ガンマナイフ**（gamma knife）という手法では，絞った $\gamma$ 線を何本も，いろいろな角度から がん細胞に当てる．1 本

## マクロとミクロ　陽電子放出

短寿命（半減期 20.5 分）の放射性同位体 $^{11}C$ は陽電子を出して壊変し (a), PET に役立つ (b).

(a) $^{11}C$ の壊変

① 陽電子放出
$$^{11}_{6}C \longrightarrow {}^{11}_{5}B + {}^{0}_{1}e$$
陽電子

② 陽電子-電子対消滅
$$^{0}_{1}e + {}^{0}_{-1}e \longrightarrow 2{}^{0}_{0}\gamma$$
陽電子　電子

陽電子は"陽子→中性子"の変身が生むため、壊変で原子番号が 1 だけ減る（炭素 C がホウ素 B に変化）

陽電子がそばの電子と衝突し、2個の粒子が消滅して2本のγ線が出る

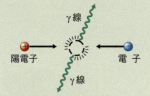

© 2012 John Wiley & Sons, Inc.

(b) PET で比べた非喫煙者と喫煙者

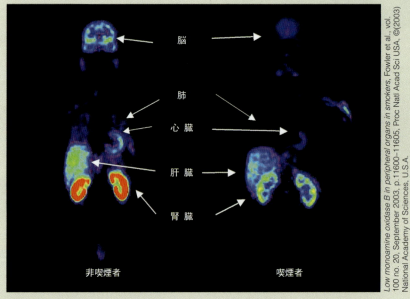

Low monoamine oxidase B in peripheral organs in smokers, Fowler et al., vol. 100 no. 20, September 2003, p.11600–11605, Proc Natl Acad Sci USA, ©(2003) National Academy of Sciences, U.S.A.

タバコの煙が酵素活性を抑える結果、喫煙者では肺のほか脳、心臓、肝臓、腎臓でも $^{11}C$ のとりこみが少なく、画像が薄い．

1本は弱いので健康な細胞は傷まないが、集中砲火を浴びたがん細胞はやられる．用語がギリシャ語 *brachys*（近距離）にちなむ **近接照射療法**（brachytherapy．別名"小線源治療"）では、γ線放出核種の微小な金属片を腫瘍部位に埋め、がん細胞の増殖を抑える．前立腺がんにも使う．ふつう金属片は患者の体内にそのまま残し、放射能が減るに任せる．

**事故防止への利用**　米国では家庭の煙感知器にアメリシウム 241（$^{241}Am$）を使う．$^{241}Am$ の出す α 粒子が空気中の分子をイオン化させ、できたイオンが電気を運ぶため、外部回路との間にごく微小な電流が流れている．煙が入ってくると空気のイオン化量が減って電流が途切れ、それを引き金にアラームが鳴る．

鶏肉や牛肉、野菜、果物に弱い放射線を当てて病原体を殺し、賞味期間を延ばす手法も実用化されている．ふつうは $^{60}Co$ のγ線を使うが、栄養価も味も歯ざわりも変わらず、食品に放射能が残ったりもしない．

## 振返り 🛑

1. α粒子とβ粒子，γ線の透過力はどんな序列になる？ その序列とイオン化能の関係は？
2. 環境中のラドンはどこからくる？ ラドンはなぜ心配される？
3. 炭素の放射性同位体にはどんな核種がある？
4. PETの研究には $^{15}$O も使う．$^{15}$O は陽電子を出してどの元素に変わる？

## 9・3 核の質量欠損と結合エネルギー

- 質量とエネルギーはどんな関係にある？
- 質量欠損と結合エネルギーの関係は？

微小な粒子や電磁波を出す放射壊変は，原子核の姿を少ししか変えない．かたや核分裂では，重い元素の核が，サイズの近い2個～数個の核に分かれる．核分裂の出すエネルギーは，原子力発電や，原子爆弾など核兵器の基礎になる．核分裂自体の紹介は次節にゆずり，まず発生エネルギーの根元をたどってみよう．

### 質量とエネルギー

価電子を授受または共有して進む化学反応には，以下二つの基本則が当てはまるのだった．

1. **質量保存** 反応の前後で質量は増減しない（原子の数が変わらない）．

反応物を構成する原子の種類と数 ＝ 生成物を構成する原子の種類と数

2. **エネルギー保存** 反応の前後でエネルギーは増減しない．放出エネルギーを含めた生成物の総エネルギーは，投入エネルギーを含めた反応物の総エネルギーに等しい．

つまり化学反応は，"もの"もエネルギーも変えない．原子核（核）が無傷だからそうなる．かたや核そのものが変わ

## 計算のヒント： 質量欠損と結合エネルギー

核の質量欠損は，核子を結びつけているエネルギーに等しい．

原発に使うウラン235（$^{235}$U）を例に，質量欠損と結合エネルギーの関係を調べよう．

1. 核子の数を確かめる．陽子数は原子番号と同じ92．中性子数は，質量数235から陽子数92を引いた143に等しい．

質量数 ─ $^{235}_{92}$U ─ 235（陽子＋中性子）
原子番号 ─────── －92 陽子
　　　　　　　　　　＝143 中性子

2. 陽子92個，中性子143個，電子92個の総質量を求める．

統一原子質量単位を u と書けば，

陽子1個の質量は 1.007 u
中性子1個の質量は 1.009 u
電子1個の質量は 0.0005 u

だから，総質量は

92×1.007 u ＋ 143×1.009 u ＋ 92×0.0005 u
　＝ 236.98 u ≒ **237.0 u**

になる．

かたや $^{235}$U 原子1個の質量は，精密な測定で 235.043924 u だとわかっている．有効数字4桁の **235.0 u** としよう．

以上から質量欠損は **2.0 u** になる．

"消えた質量"が，$^{235}$U 原子の核をまとめ上げる結合エネルギーになる．その値を $E=mc^2$ から計算するのはやさしい（実際の計算は省略）．核反応が進むと結合エネルギーの一部が放出される（次節の話題）．

る放射壊変や核分裂では，質量とエネルギーが変わり合うため，エネルギーの生成や質量の消失が起こる．

かのアルベルト・アインシュタインが質量 $m$ とエネルギー $E$ の関係に気づき，純粋な理論的考察で名高い式 $E = mc^2$ にたどりつく（$c$ は光速）．以後の実験が理論式の正しさを証明し，エネルギーと質量は変わり合うとわかった．

### 核内で進む "質量 → エネルギー" 変換

質量とエネルギーの等価性に注目すれば，極微の核内で陽子（プロトン）と中性子を結びつけているエネルギーの源がわかり，核分裂の際に出てくるエネルギーの源も見当がつく．以下ではときに，陽子と中性子をまとめて**核子**（nucleon）とよぶ．

まず，核自身の質量と，核子それぞれの総質量を比べよう．観測によると核の質量は，核子の質量を足した値より必ず小さい．差額分を**質量欠損**（mass defect）という．質量欠損が生じるわけをアインシュタインが教えてくれた．消えた質量がエネルギーに変わり，そのエネルギーが核子どうしを結びつけて核をつくる．要するに核子の**結合エネルギー**（binding energy）は，核子の質量を少しだけ消費して生まれる．計算例を前ページのコラムにまとめた．

#### 振返り 🛑

1. 木が燃えて熱が出るのは，物質とエネルギーの相互変換を表す？
2. プルトニウムの同位体 $^{239}_{94}\text{Pu}$ は，239.05 u の質量をもつ．質量欠損を計算してみよう．

### 9・4 原子力の利用

- 核分裂とは？
- ウランの濃縮は，なぜ必要で，どんなふうに進める？
- 核分裂の連鎖反応がエネルギー放出につながるしくみは？
- 原発の利点と欠点は？
- 核分裂と核融合はどうちがう？

ベクレルの放射能発見から約 40 年後に，世界を一新させる出来事が起こる．核分裂の発見だった．核分裂では質量が莫大なエネルギーに変わる．核分裂の発見と，史上初の核兵器（原爆）開発，原子力の利用を本節で眺めよう．

### 核分裂

ベルリンの化学者オットー・ハーンと女性物理学者リーゼ・マイトナーは 1908 年から 30 年以上，放射性同位体と核反応を調べてきた．ユダヤ系のマイトナーは 1938 年，ナチの迫害を逃れてデンマークに渡る．同じ年，ハーンと助手のフリッツ・シュトラスマンが目覚ましい発見をした．92 番元素ウラン U に中性子をぶつけたら，生成物に 56 番元素のバリウム Ba が見つかった．

首をかしげながらも結果の重さを悟ったハーンとシュトラスマンは，デンマークのマイトナーに発見を知らせた．彼女

(a) マイトナー（左）とハーン　ハーンとシュトラスマンの実験結果をマイトナーが正しく解釈した．ハーンは核分裂の発見で 1944 年のノーベル化学賞を得たが，マイトナーこそ受賞すべきだったとみる人も多い（ただし彼女は 109 番元素 "マイトネリウム" に名を残す）．

(b) 原発（原子力発電）や核兵器に使うウランの核分裂　$^{235}\text{U}$ が 1 個の中性子を吸って $^{92}\text{Kr}$ と $^{141}\text{Ba}$ に分かれるとき，3 個の中性子が出る．

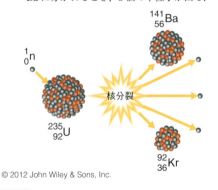

確認　上図 b の核反応式を完成せよ．$^{1}_{0}\text{n} + ^{235}_{92}\text{U} \longrightarrow$
[答] $^{1}_{0}\text{n} + ^{235}_{92}\text{U} \longrightarrow ^{141}_{56}\text{Ba} + ^{92}_{36}\text{Kr} + 3\,^{1}_{0}\text{n}$

**図解 9・14　核分裂の発見**

は甥のオットー・フリッシュとその知らせを検討し，中性子の衝撃でウランの核が分裂したと結論する．誰も知らない現象だった（数週間後にはハーンとシュトラスマンも同じ結論に達する）．その現象をマイトナーとフリッシュは**核分裂**（nuclear fission）と名づけた（図解9・14）．

$^{235}$U の核分裂では数個の中性子が出る．うち1個以上が別の $^{235}$U 核を分裂させれば，放出エネルギーが増殖する．そのとき1個の $^{235}$U 原子は，**連鎖反応**（chain reaction）の引き金になる(コラム)．連鎖反応が始まれば，莫大なエネルギーをとり出せるだろう．

核分裂で大量のエネルギーが出るとわかり（次ページのコラム"計算のヒント"），第二次大戦が始まる雲行きもあって，核の研究が加速した．$^{235}$U のかたまり全体の核分裂を一瞬で起こせれば，途方もない爆弾ができる．その発想のもと，原子爆弾（原爆）の開発が始まった．核分裂を持続させるには，一定量つまり**臨界量**（critical mass）以上の $^{235}$U が欠かせない．十分な量の $^{235}$U を手にする手段が必要だった．

**原爆の第一号**　1942年に米国は，強力な兵器が第二次大戦に決着をつけると考え，ドイツに先を越されないよう，急いで核兵器をつくろうとした（実施担当は陸軍の工兵隊）．それをマンハッタン計画とよぶ．核分裂物質の生産施設が全米各地にできた．原爆の設計と組立てを担当する中枢組織は，ニューメキシコ州ロスアラモスに置いた．

1942年12月，イタリア出身の物理学者エンリコ・フェルミ率いるチームがシカゴ大学で，史上初の連鎖反応に成功する（図解9・15）．総重量432トンの**原子炉**（atomic pile）は，格子状に並べたウラン燃料棒とグラファイト（黒鉛）のレンガでつくった．猛スピードの中性子をグラファイトが減速して $^{235}$U 核に吸収させ，核分裂の引き金にする．炉の内部には，

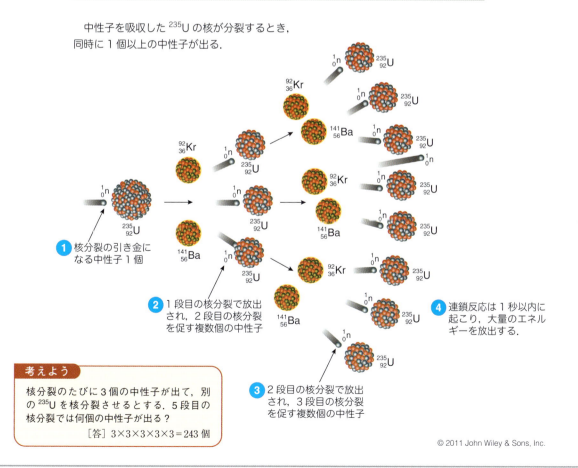

**流れをつかむ：核分裂の連鎖反応**

中性子を吸収した $^{235}$U の核が分裂するとき，同時に1個以上の中性子が出る．

① 核分裂の引き金になる中性子1個

② 1段目の核分裂で放出され，2段目の核分裂を促す複数個の中性子

③ 2段目の核分裂で放出され，3段目の核分裂を促す複数個の中性子

④ 連鎖反応は1秒以内に起こり，大量のエネルギーを放出する．

**考えよう**

核分裂のたびに3個の中性子が出て，別の $^{235}$U を核分裂させるとする．5段目の核分裂では何個の中性子が出る？

［答］$3 \times 3 \times 3 \times 3 \times 3 = 243$ 個

総責任者のフェルミ

炉の暴走に備え，反応停止用のカドミウム溶液を用意した担当者

制御棒の引出し

**図解 9・15　持続する連鎖反応の成功**
1942年12月2日の原子炉稼働を記念した絵．"イタリアの航海士，新世界に上陸せり"という暗号電報が国防相に届いた．

## 計算のヒント：ウランの核分裂で出るエネルギー

ウラン $^{235}$U がバリウム Ba とクリプトン Kr に分かれ，3個の中性子を出すとする．

$$_{0}^{1}n + {}_{92}^{235}U \longrightarrow {}_{56}^{141}Ba + {}_{36}^{92}Kr + 3{}_{0}^{1}n$$

両辺の質量を比べると，左辺のほうが 0.187 u だけ軽い．

| 反応物 | |
|---|---|
| 粒子 | 質量 |
| 中性子 | 1.009 |
| U-235 | 235.044 |
| 計 | 236.053 |

| 生成物 | |
|---|---|
| 粒子 | 質量 |
| 3 中性子 | 3.026 |
| Kr-92 | 91.926 |
| Ba-141 | 140.914 |
| 計 | 235.866 |

質量の差 = (236.053 − 235.866) u = 0.187 u

反応物の質量は，次の比率だけ減る（それが放出エネルギーになる）．

$$\frac{消える質量}{反応物の総質量} = \frac{0.187\ u}{236.053\ u} \times 100 = 0.0079\%（質量の減少割合）$$

アインシュタインの式 $E=mc^2$ で計算すると，1 g の $^{235}$U が生むエネルギーで 100 W の電球1個を23年間も灯せる（ガソリン1 g が燃えて出るエネルギーだと8分間しか灯せない）．

一気に巨大なエネルギーを出す原爆の実験シーン

核分裂を少しずつ起こしてエネルギーをとり出す原発

中性子を吸収しやすいカドミウムの**制御棒**（control rod）10本を置いた．連鎖反応を抑えている制御棒を引抜けば，炉内を飛び交う中性子が連鎖反応をひき起こす．最後の制御棒をゆっくり引抜いたとき，炉の周囲に置いた検出器がカチカチと鳴り，やがて連続音になって，連鎖反応の開始を告げた．約5分後，中央の制御棒をまた差しこんで実験が終わる．想定どおりの結果になって，核の時代が幕を開けた．

そのころ，$^{238}$U より $^{235}$U のほうがずっと核分裂しやすいとわかっていた．$^{235}$U は天然ウランのわずか 0.7% しか占めないため，$^{235}$U の含有率を上げなければいけない．それをウラン濃縮や**同位体濃縮**（isotope enrichment）という（図解 9・16）．

(a) ガス遠心分離の原理

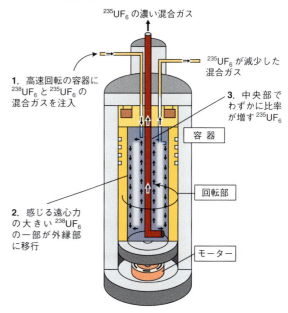

1. 高速回転の容器に $^{238}$UF$_6$ と $^{235}$UF$_6$ の混合ガスを注入
2. 感じる遠心力の大きい $^{238}$UF$_6$ の一部が外縁部に移行
3. 中央部でわずかに比率が増す $^{235}$UF$_6$

$^{235}$UF$_6$ の濃い混合ガス
$^{235}$UF$_6$ が減少した混合ガス
容器
回転部
モーター

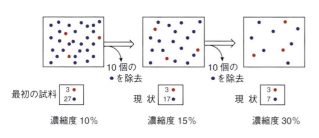

**図解 9・16 同位体濃縮のイメージ** 多量成分を段階的に除けば微量成分の比率が増える（図の例では 10% → 15% → 30%）．天然のウラン鉱石（0.7% $^{235}$U + 99.3% $^{238}$U）から出発して $^{235}$U の比率を上げていく．最初の原爆には"80% $^{235}$U"のウランを使った．

**考えよう**
右端の状況から何個の ● を除けば，● の濃縮度が 60% になる？　［答］5個

実際の操作では，同位体混合物のウランを気体の六フッ化ウラン UF$_6$ に変えたあと，$^{235}$UF$_6$ を濃縮する．マンハッタン計画では，時間のかかる**ガス拡散**（gas diffusion）法で $^{235}$UF$_6$ を濃縮した．いまは**ガス遠心分離**（gas centrifugation）を使う．$^{238}$UF$_6$ 分子は $^{235}$UF$_6$ 分子より少しだけ重く，遠心分離機の外縁（壁際）に集まりやすいため，中心部では $^{235}$UF$_6$ の比率が少し増す（図解 9・17）．遠心分離をくり返し，望みの濃縮率に近づけていく．$^{235}$UF$_6$ を望みどおりに濃縮した気体を化学操作で固体に戻す．濃縮度は用途で変わり，原発には 3% $^{235}$U 程度ですみますが，核兵器なら 90% $^{235}$U を要する．

第二次大戦より前に原爆の設計・製造例はないし，戦時の緊急課題でもあるためマンハッタン計画では，プルトニウム（$^{239}$Pu）を使う原爆もつくった．爆発させる直前までは，連鎖反応を維持できない**臨界未満**（subcritical）にしておく．臨界未満のかたまり数個を現場で合体させ，臨界量以上にする．臨界未満だと連鎖反応は進まない（爆発しない）．

(b) 遠心分離を何段階もくり返して濃縮度を上げる設備（米国オハイオ州パイクトン）

**図解 9・17 ウラン濃縮装置**

1945 年の 8月，広島（6日）と長崎（9日）に人類史上初の原爆が落とされ，推定 20 万の死者が出た．爆撃直後の爆風・灼熱による破壊のほか，**放射性降下物**（radioactive fallout）による健康被害が数十年も持続する．広島のウラン原爆は TNT（トリニトロトルエン）火薬 1万 5000 トン相当で，長崎のプルトニウム原爆は威力がさらに強い．広島の場合，爆心地から 1.5 km 圏内が焦土となり，2 km 圏内は 3000 ℃ 以上の熱が建物と住民を破壊した．数日後に日本が降伏して第二次大戦も幕を引く．

## 原子力発電

核兵器では莫大なエネルギーを一気に出す連鎖反応も，フェルミがやったようにすれば，制御した形で少しずつ起こせる．そのとき出る熱で湯を沸かし，水蒸気の勢いで発電機のタービンを回す．米国の原発には**加圧軽水炉**（pressurized water reactor）が多い（コラム）．

米国が原発を導入した20世紀の中期，火力発電のような大気汚染がなく，安価で持続性も高い電源だと歓迎された．しかし問題点もあれこれわかってきたため，商用機の新設は頭打ちになっている．それでも2014年時点の米国は，世界最多（100基）の原発を稼働させ，発電総量も世界一を誇った（図解9・18）．1990年以降，米国の原発は発電総量の約20%を占める．

原発をこわがる人がいる．しかし少なくとも原発と原爆を混同してはいけない．臨界量以上の同位体が一気に連鎖反応を起こし，莫大な核エネルギーを出す原爆は，90%以上に濃縮した $^{235}$U を使う．かたや徐々にエネルギーを出す原発の燃料棒は，濃縮率3%程度の $^{235}$U でつくる．

むろん事故を心配するのは正しい．炉心が過熱すればメル

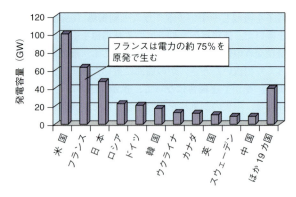

**図解 9・18 原発の発電容量**　約30カ国が原発をもつ．縦軸のGW（ギガワット）は10億ワットを意味し，1GWはほぼサンフランシスコ市の電力需要にあたる．

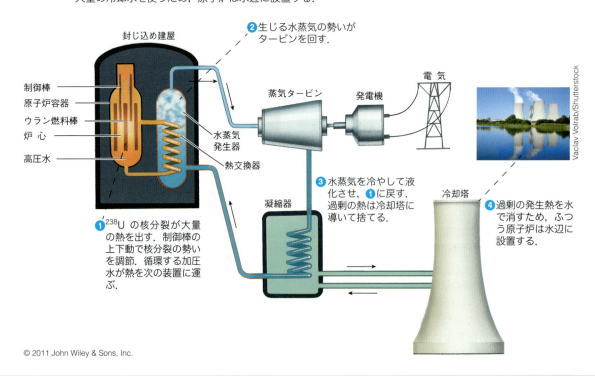

トダウン（炉心溶融，meltdown）が起こり，核反応に無関係な火事や爆発も放射性物質をまき散らす（図解 9・19）.

放射性降下物が食物連鎖に入ると，たとえばヨウ素 131（$^{131}$I，半減期 8 日）が子どもの健康を損ねる．甲状腺ホルモンの分子は，ヨウ素原子を結合している（人体がヨウ素を使う唯一の場面）．$^{131}$I を含む放射性降下物が牧草につき，それを食べたウシの乳に $^{131}$I が入れば，牛乳を飲んだ子どもの甲状腺に濃縮されて甲状腺がんを起こしかねない．国際原子力機関の調査によると，チェルノブイリの住民が発症した甲状腺がんの 1800 例ほどは，事故のとき 14 歳以下だった住民だという（正常な発症率よりだいぶ高い）．

**核廃棄物**　最大の心配は放射性廃棄物の処理だろう．廃棄物は，原子炉で副生した放射性同位体あれこれを含む．燃料棒自体も，放射能が一定以下だとはいえまだリスクは残る．副生した同位体のうちには，半減期が数百年〜数万年と長いものも多い（プルトニウム $^{239}$Pu の半減期は 2 万 4000 年）．半減期は変えようがないため，放射能が子々孫々にもつきまとう．放射能から人体を守るには，安全といえる時点まで廃棄物を隔離しなければいけない．

長寿命の高レベル廃棄物は，溶融ガラスに封じる**ガラス化**（vitrification）をし，丈夫な容器に詰めたあと，地下深い岩盤内の貯蔵庫に納める．ただしまだ計画段階だから当面は廃棄物を，原発の敷地内や，核兵器の製造施設内に貯蔵するしかない（図解 9・20）．

**原発への賛否**　米国では総発電量の約 20％が原発だけれど，長期保管など問題も多いため，原発産業の伸びはほぼ止まった．世界的には福島第一の事故が原発推進に冷や水を浴びせ，ドイツは 2022 年までに原発を全廃すると宣言している．ただし，火力発電から出る $CO_2$ の温暖化効果を心配する人たちが，再生可能エネルギー源のほか原発にも熱い

(a) ペンシルベニア州スリーマイル島: 1979 年 3 月　設備の故障と人為ミスで冷却水の供給が止まり，炉心が 2000 ℃ 以上になって部分的メルトダウンが発生．放射性物質が少し環境に出たが死者はない．炉の解体には 15 年近くの時間と 1000 億円近い経費を使用．

解体された炉の冷却塔．ほかの炉は現在も稼働中

(b) ウクライナ・チェルノブイリ: 1986 年 4 月　放射性物質が出て 10 万人以上が避難し，国外でも放射性降下物が観測された．事故直後に 30 名が死亡．がん死者は数千人にのぼるとの予想がある．約 30 km 圏内の"立ち入り禁止区域"は現在も住民が少ない．

炉心の急過熱で冷却水が気化し，その勢いで吹き飛んだ重量 1000 トンの屋根

(c) 日本・福島第一原発: 2011 年 3 月　津波で冷却系が壊れ，3 基の炉がメルトダウン．放射性物質が空気と地面，海を汚した．死傷や健康被害の程度はチェルノブイリよりずっと低そうだが，くわしい被害をつかむには長い年月がかかるだろう．

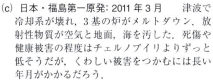

メルトダウン後の内部にたまった水素が爆発して崩れた原子炉建屋

図解 9・19　原発事故の例

(a) プールに保管　中性子吸収材（ホウ素入りステンレス鋼のラック）を備えたプールに保管する．水は放射線を吸収し，発生熱を奪いもする．

使用ずみ燃料棒は重さで 95% 以上が $^{238}U$（ほかは $^{235}U$ の分裂産物）

(b) キャスク（cask）に保管　プール保管のあと，同じ原発敷地内のキャスクに保管する．キャスク 1 基は 20 トンまでの核燃料を保管可能．

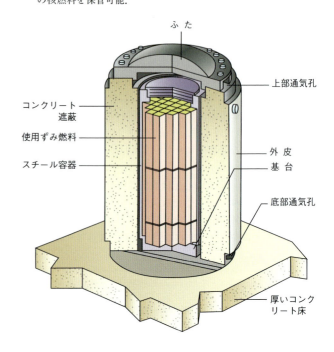

(c) 地下深くに保管　最善の長期保管法．ネバダ州ユッカマウンテンに建設された保管庫のトンネル内（保管庫の最深部は地下 300 m）．計画から 30 年たつが，まだ実用のメドは立たない．

**図解 9・20　使用ずみ核燃料の保管**　いま米国の使用ずみ核燃料は数年間だけ敷地内のプールに保管する (a)．長期保管の手段としてキャスク（樽）への封入 (b) があり，地下貯蔵 (c) も検討中．

目を注ぐ．

　推進派は，原発は確立した技術だ，もっと安全で効率の高い第三世代の原子炉も視野に入ってきたと胸を張る．たとえば欧州型加圧炉（EPR）は 4 種類の冷却系を備え，寿命が 60 年と長い（従来の炉は 40 年程度）．稼働効率が上がり，少ないウランで同量の発電ができる……と．

　$CO_2$ の排出が少ないからと，原発を支持する環境活動家もいる．原発を増やせば火力発電の需要が減り，$CO_2$ の排出を減らせる．同じ発電量なら，風力や太陽電池より敷地面積が少なくてすむ……と主張する原発推進派も少なくない．

　かたや原発反対派には，次のような点が心配なのだという．

・**廃棄物の保管**　核廃棄物の長期保管はまだ先が見えない．原発敷地内の保管量は，当初の見込みを大幅に上回って増加中．

・**安全性の疑問**　安全対策が進んでも事故は起こり続けた．また，原発や廃棄物貯蔵施設がテロ攻撃の目標になる心配もある．

・**新設にかかる時間**　いろいろな規制のせいで設置立案から稼働までときに 20 年以上もかかる原発は，エネルギー需要の急増に応じきれない．

・**核技術の悪用**　原発を隠れ蓑にして核兵器製造を進める国もある．

　原発推進が温暖化対策になるかどうかは未知数ながら，さまざまな議論が始まったのは，人類の将来にとっていいことだろう．

## 核融合

重い核が分裂してエネルギーを出すのが核分裂だった．その逆にあたる**核融合**（nuclear fusion）では，軽い二つの核が超高温（1億 °C 以上）で合体し，重い核になる．質量がエネルギーに変換されるところは，核分裂と変わりない．

水素 H の原子核 2 個からヘリウム He の原子核ができるとき，少しだけ減る質量がエネルギーに変わって放出される（太陽など恒星の"動力源"）．1 g の質量あたり，"2 H → He"の核融合で出るエネルギーは，ウランの核分裂で出るエネルギーより大きい．ただし当面，超高温に耐える物質も装置もないため，実用化への道はまだ見えない．いずれ実用化されるとすれば，重水素（ジュウテリウム $^2$H）とトリチウム（三重水素 $^3$H）を融合させる方式だろう（図解 9・21）．

核反応式  $^2_1H + ^3_1H \longrightarrow ^4_2He + ^1_0n$

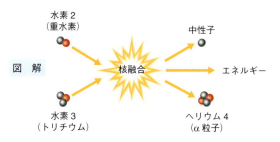

**図解 9・21 重水素−トリチウムの核融合** 核融合でヘリウム $^4$He ができ，質量減少分のエネルギーが出る．

いまのところ，一定時間だけ核融合を持続させた例では，放出エネルギーより投入エネルギーのほうが多かった．技術の壁もそうとう高いため，近い将来に核融合が実現することはないとみる専門家もいる．

### 振返り 🛑

1. 臨界量以上の $^{235}$U があるとして，核分裂を起こすのに必要なものは？
2. ウランの濃縮は，なぜ必要で，どのように行う？
3. 原子力発電のしくみは？
4. 高レベル放射性廃棄物の長期保管にはどんな方法がある？
5. 核分裂と核融合のちがいは？

## 章末問題

### 復習

1. 放射壊変する核がもっている二つの性質は何と何か．
2. 次のような放射壊変は，それぞれ何とよぶか．
   (a) 原子番号も質量数も減る．
   (b) 原子番号が増し，質量数は変わらない．
   (c) 原子番号が減り，質量数は変わらない．
   (d) 原子番号も質量数も変わらない．
3. 次の核反応式を完成せよ．　$^{18}_9F \longrightarrow ^{18}_8O + ?$
4. α粒子，β粒子，γ線のうち，線源から 1 m 離れて立つ人にいちばんあぶないのはどれか．また，いちばん安全なものはどれか．
5. 次のような半減期をもつ核種にはどんなものがあるか．インターネットで調べよう．
   (a) 1 日未満　(b) 1 日〜1 年　(c) 1000 年〜1 万年
   (d) 10 億年以上
6. 次のうち，$^{14}$C 年代測定の試料になるのはどれか．理由も述べよ．
   (a) 岩　(b) 皮の履物　(c) 木の舟　(d) ミイラ
   (e) 銀の匙
7. 商用の原発が核爆発を起こすことはない．なぜか．また，どんな事故なら起こるか．
8. 太陽エネルギーを生む核反応を，核反応式で書け．

### 発展

9. α粒子，β粒子，γ線のうち，ヒトの外部被曝でいちばん危険なのはどれか．内部被曝ならどうか．
10. 核反応に関するエンリコ・フェルミの成果は，商用原発の実現にどう貢献したか．
11. 台風，竜巻，地震，津波などの自然災害に見舞われた原発がもたらす最悪の被害は何か．

### 計算

12. 半減期 50 年の核種と半減期 70 年の核種で，壊変が速いのはどちらか．
13. α壊変のとき，原子番号と質量数はそれぞれいくらずつ減るか．
14. ウラン 238（$^{238}$U）壊変系列の最終段階でポロニウム 210 が鉛 206 に変わる変化を，核反応式で書け．
15. 酸素 15（$^{15}$O）の核が陽電子 1 個を出せば，どんな元素の核に変わるか．
16. 遺跡で出土した木製の道具を調べたら，量比 $^{12}$C/$^{14}$C が現在の 16 倍だった．道具がつくられたのはおよそ何年前か．

# 10 電子移動とエネルギー

10・1 酸化と還元
10・2 レドックス反応と電池・電解
10・3 燃料電池と太陽電池

## 10・1 酸化と還元

- 酸化と還元はどうちがう？ また，両方が同時に進む理由は？
- 暮らしの中で進む酸化・還元にはどんなものがある？

私たちは酸素 $O_2$ たっぷりの世界で呼吸し，日々を過ごしている．酸素は肺から血液を経て全身に運ばれ，**細胞呼吸**（cellular respiration）で多量栄養素を酸化する．体外の酸素は化石燃料の**燃焼**（combustion）という酸化反応で暮らしを支える．本節ではそんな反応を調べよう．酸素 $O_2$ が関係しない酸化もあるけれど，酸化が進めば還元も必ず進む．

### 酸化還元と電子移動

**酸化**（oxidation）・**還元**（reduction）という語は，18世紀の末にフランスの化学者アントワーヌ・ラヴォアジエがつくった．木炭の燃焼や，金属と空気の反応（酸化物の生成）を調べ，ヒトの呼吸と代謝に思いをはせた彼は，どれも空気中の酸素を使う変化だと気づく．また，酸化反応にはいつも還元が伴っていた．やがて次代の科学者たちが，酸化・還元反応には電子移動が伴うと確かめる．酸化と還元の表しかたを**コラム**にまとめた．

酸化還元は電子（や H 原子，O 原子）の"やりとり"だから，酸化と還元はいつも一緒に起こる．ある物質が酸化されると，別の物質が還元される．

何かを酸化する物質を**酸化剤**（oxidizing agent, oxidant），還元する物質を**還元剤**（reducing agent, reductant）とよぶ．

金属の原子は，電子を出して陽イオンになりやすい（還元作用）．かたや酸素や塩素など非金属の原子は，何かから電子を受けとりやすい（酸化作用）．

### 暮らしの中の酸化還元

酸化還元反応は，英語 reduction-oxidation reaction を縮めて**レドックス反応**（redox reaction）ともいう．暮らしで出合うレドックス反応を確かめよう．ビタミン C の錠剤と，ヨードチンキ，家庭用漂白液を用意する．錠剤に1〜2滴のヨードチンキを垂らせば，ヨードチンキのヨウ素 $I_2$ がビタミンCと反応し，赤褐色が消えていくだろう．そのあと同じスポットに漂白液を垂らせば，赤褐色が復活する．以上を**図解 10・1** にした．

**抗酸化剤** 酸化されやすいビタミン C は，体内で**抗酸化剤**（antioxidant）になる．ほかにビタミン E や β-カロテンも，抗酸化剤として細胞内の分子を守る．

抗酸化剤は，価電子が奇数で活性な**フリーラジカル**（free radical）を退治する．ラジカルは DNA など大事な分子を酸化しやすい．抗酸化剤の働きを**図解 10・2** にした．抗酸化

(a) ビタミン C（アスコルビン酸）が有色のヨウ素 $I_2$ を無色のヨウ化物イオン $I^-$ に還元する．

ヨードチンキ

$I_2$ ――ビタミンCが還元→ $2I^-$
着色　　　　　　　　　無色

(b) 漂白液の次亜塩素酸イオン $ClO^-$ が $I^-$ を酸化し，有色の $I_2$ に戻す．

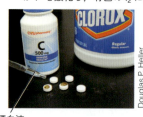

漂白液

$2I^-$ ――漂白液が酸化→ $I_2$
無色　　　　　　　　　着色

**考えよう**

1. (a)のビタミンCは電子を得たか，失ったか？ また，酸化されたか，還元されたか？
   [答] 失った　酸化された
2. (b)の次亜塩素酸イオンは酸化されたか，還元されたか？
   [答] 還元された

**図解 10・1　酸化還元のデモ実験**　ヨウ素の赤褐色がビタミンCで消え，漂白液（ブリーチ）で復活する．[© 2003 John Wiley & Sons, Inc.]

## マクロとミクロ　　酸化と還元

電子を失う酸化と，電子を得る還元は，酸素原子Oや水素原子Hの授受でも表せる．

(a) 野球のボールが電子なら，投手は酸化され，捕手は還元される（投手が捕手を還元する）．

(b) イオン結合(3·3節)も酸化還元を伴う．フッ化リチウムLiFができるとき，リチウム原子Liが酸化され，フッ素原子Fが還元される．

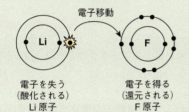

(c) 水素Hを失うか酸素Oを得るのも酸化といい，その逆が還元にあたる．

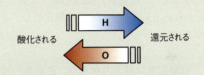

(d) メタンなどの燃焼も酸化還元を伴う．

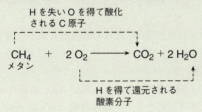

メタン（天然ガス）が燃えるガスコンロ

剤はラジカルに電子を与え，価電子が偶数の"おとなしい"分子に変える．

イチゴなど色の濃い果物や野菜，緑茶や赤ワイン，ブラックチョコレートは抗酸化剤をたくさん含む．抗酸化剤はがんや心臓病のリスクを減らすとの報告もある．どうやら抗酸化剤は，市販の錠剤やサプリではなく，食品からとるのがいいらしい（くわしい理由は不明）．

抗酸化剤は食品の保存を助け，空気に触れて進む酸化を抑える．食品中の不飽和脂肪は空気中の酸素と反応し，食品にいやな風味をつける．α-トコフェロール（ビタミンE類）のような抗酸化剤が近くにいると，不飽和脂肪の酸化も進みにくい．

**考えよう**
ビタミンEの分子構造と抗酸化作用のしくみをインターネットで調べよう．

**図解 10·2　抗酸化剤の働き**　抗酸化剤はフリーラジカルに電子を与えて"凶暴さ"を消す．

亜硫酸イオン $SO_3^{2-}$ を含む亜硫酸塩や二酸化硫黄 $SO_2$ も抗酸化作用をもつので，ワインやドライフルーツに加えて本体の酸化や変色を防ぐ．抗酸化作用を観察するため，次のものを用意しよう．

- 果物（リンゴ，ナシ，バナナ，ジャガイモ，アボカド）か野菜
- 抗酸化剤を含む柑橘類（レモンなど）の汁

　果物や野菜を刻み，A群とB群に分ける．A群の切り口にレモン汁をかけ，B群には何もしない．両群ともラップなしで2〜3時間ほど放置すると，B群の切り口は褐変していくが，A群の切り口は変わらない．なぜか？　切り口の細胞は酸素 $O_2$ に出合う．食品自身のもつ酵素の助けで酸素と体内物質の反応が始まり，褐色の大きな分子ができていく（褐変反応＝メイラード反応）．柑橘類の抗酸化剤（ビタミンC，クエン酸）はその反応を抑える．つまり抗酸化剤が"身代わりに"酸化される．

**酸化剤**　抗酸化剤は還元力をもつ．逆向きの酸化剤を眺めよう．水道水やプールの水に加える塩素 $Cl_2$ は，酸化力で雑菌を殺してくれる．溶けた塩素が水と反応して次亜塩素酸イオン $ClO^-$ になる．家庭用の漂白液（ブリーチ）も，次亜塩素酸ナトリウム $NaClO$ の形で $ClO^-$ を含む．

　別種の漂白液に入れてある過酸化水素 $H_2O_2$ や，歯の黄ばみを防ぐため練り歯磨きに入れる過酸化カルシウム $CaO_2$ も，酸化力を発揮して役に立つ．

　スパゲッティーソースなど落ちにくい汚れも，漂白液をつけたティッシュでぬぐえば消えやすい．トマトの鮮やかな赤は，単結合と二重結合がくり返す**共役二重結合**（conjugated double bond）をもつ**カロテン類**（carotenoid）が出す（図解10・3）．漂白液中の酸化剤が共役二重結合に襲いかかって壊すため，赤だった分子が無色に変わる（漂白液は少し薄めても衣服の染料までも分解し，白いまだら模様をつくるので注意しよう）．

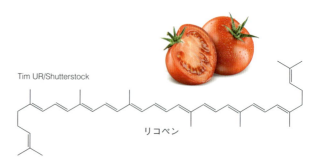

図解 10・3　**リコペン**（カロテンの仲間）　漂白液の酸化剤が共役二重結合を壊すと，可視光を吸収できなくなって色が消える．

**ほかのレドックス反応**　日なたで色がつき，日陰で色がゆっくりと消える**フォトクロミック**（photochromic）ガラスもある（photochromic はギリシャ語の *photo* ＝光と *khroma* ＝色に由来）．フォトクロミックガラスには，塩化銀 $AgCl$（$Ag^+ + Cl^-$）の微粒子が混ぜてある．紫外線のもとでは銀イオン $Ag^+$ と塩化物イオン $Cl^-$ のレドックス反応が進み，銀 $Ag$ の微粒子ができてガラスが黒っぽくなる（図解 10・4）．

　空気中には酸素 $O_2$ 以外の酸化剤もある．硫黄化合物が銀を酸化すると，銀のアクセサリーや食器の表面が黒ずんでいく（図解 10・5）．

　木や石油の**燃焼**（combustion）は，炭素化合物と酸素のレドックス反応を表す．**細胞呼吸**（cellular respiration）では，多量栄養素（脂肪，炭水化物，タンパク質）と酸素のレドッ

(a) 明るい場所　紫外線のもと $Cl^-$ が $Ag^+$ を還元し，できた $Ag$ 原子の微粒子が光をさえぎる．

(b) 暗い場所　ガラスに添加してある銅イオン $Cu^{2+}$ の仲立ちで銀原子が $Ag^+$ に戻る．

図解 10・4　フォトクロミックガラス

**考えよう**
(a)と(b)の反応で，酸化剤と還元剤はそれぞれ何か？
［答］(a) 酸化剤 $Ag^+$，還元剤 $Cl^-$　(b) 酸化剤 $Cu^{2+}$，還元剤 $Ag$

黒ずんだ銀のポットと，磨いてピカピカにした銀の匙

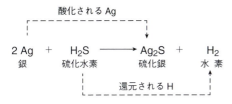

**図解 10・5　銀製品の黒ずみ**　汚れた空気に多い硫化水素 $H_2S$ と銀の反応で，黒い硫化銀 $Ag_2S$ ができる．

クス反応が進む．どちらの場合も炭素原子 C が $CO_2$ に酸化され，酸素 $O_2$ が水 $H_2O$ に還元される．ただし両者の大差は心得ておこう．燃焼は数百 °C の高温で進むが，細胞呼吸は約 37 °C のもと，**酵素**（enzyme）という触媒の助けで進む．

多量栄養素のほかエタノール（アルコール）も，酵素の助けで酸化される．お酒を飲むとエタノールが胃や小腸の壁から吸収され，血中の濃度が増える．やがて始まる酸化が血中濃度をゆっくりと減らす．アルコール検知器で測る呼気中の濃度も，血中濃度に比例して減る（7 章 p.95）．

**製鉄のレドックス反応**　酸化・還元に科学者が気づくずっと前の古代人も，物質のレドックス反応を利用した．そうとは知らずに鉱石の金属イオンを還元し，単体の銅やスズ，鉛，鉄をつくり，銅とスズの合金（青銅）さえも得ていた．

古代人が使った還元剤の炭素は，いまなお金属の**製錬**（smelting）に使う．ご先祖はたぶん，金属鉱石を熱したとき，たまたま炭素分と高温が働き合った結果，セレンディピティー（想定外の大発見）として鉱石の還元を見つけた．製鉄の化学を図解 10・6 に示す．

銅やニッケル，スズ，鉛の製錬は社会を支える営みだけれど，環境を汚す恐れはある．鉱石の採掘は景観を壊し，陸上と陸水中に汚染物質を増やす．また金属の製錬には莫大なエネルギーを使う．

製錬では鉱石を金属に還元するが，金属材料の腐食（さび）は酸化反応が生む．腐食は米国だけで年に数千億円の損失をもたらす．金属の腐食は酸素と水の両方があるときに速いため，鉄は湿気のある空気中でさびやすい．金属がさびて表面が酸化物になったとき，腐食が速まる金属と，むしろ遅くなる金属がある．鉄は酸化物がガサガサなので腐食が速まる．できた酸化物は剝がれやすく，剝がれたら新しい表面が露出する．鉄の腐食を次ページのコラムにまとめた．

### 振返り 🛑

1. ナトリウム Na と塩素 $Cl_2$ から NaCl ができるとき，酸化剤と還元剤はそれぞれ何か？
2. 燃焼，細胞呼吸，腐食の共通点は？

製鉄には高温と還元剤（コークスなど）が必須

$$2\ Fe_2O_3(s) + 3\ C(s) \xrightarrow{熱} 4\ Fe(s) + 3\ CO_2(g)$$
鉄鉱石　　　　炭素　　　　　　　単体の鉄　　二酸化炭素
（$Fe^{3+}$ を含む酸化物）

**確認**
製鉄の反応では何が酸化され，何が還元される？
〔答〕C が酸化され，$Fe_2O_3$ が還元される

**図解 10・6　鉄 の 製 錬**

## 10・2　レドックス反応と電池・電解

- 原子の酸化数とは？
- 標準電極電位（標準酸化還元電位）とは？
- 電池の電気エネルギーはどのようにして生まれる？
- 電解はなぜ，どのように進み，どんな用途がある？

自発的に進むレドックス反応を電池に使うしくみと，その反対に，非自発的なレドックス反応を進ませる電解のしくみを調べよう．

## 化学者の眼：鉄の腐食

鉄の腐食は，建物や橋，自動車など鉄製品を弱くして社会に大きな損失をもたらす．

大量のさびが浮いた自動車．塗装の良否も腐食の度合いを決める

鉄の腐食は次のように表せる．

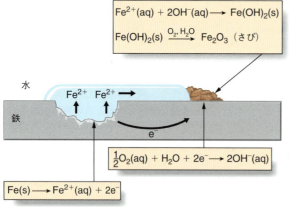

❶ Fe が酸化されて電子 $e^-$ を出す．

❷ 電子が"酸素＋水"に移って $OH^-$ ができる．

❸ $Fe^{2+}$ が水酸化物 $Fe(OH)_2$ になったあと，"酸素＋水"と反応して酸化物（さび）になる．

**考えよう**

鉄の腐食で水は二つの役割をする．何と何か？
［答］腐食部位まで $Fe^{2+}$ を運ぶ"媒体"になり，反応物にもなる．

### 原子の酸化数

原子の**酸化数**（oxidation number）を考えると，レドックス反応で酸化・還元される物質がわかる．酸化数には正・ゼロ・負の値があるけれど，本章では正とゼロの場合だけ考える．水素 $H_2$ や窒素 $N_2$，酸素 $O_2$，塩素 $Cl_2$ など，単体の原子の酸化数は 0 とみる．金属イオンの酸化数は電荷数に等しく，$Cu^{2+}$ の酸化数は ＋2，$Fe^{3+}$ の酸化数は ＋3 とする．

### レドックス反応から電池へ

懐中電灯やスマホをオンにすると，電池が機器の**電気回路**（electric circuit）につながって，回路全体に電子が流れる．電子の流れが**電流**（electric current）となり（電子と電流の向きは逆），回路内の素子を働かせる．電子を動かす力と，電子が流れる向きを考えよう．

電子を失うのが酸化，電子を得るのが還元だった．電池を回路につないだとき，ある電極で，溶液中の還元剤が電子を出す（還元剤は酸化される）．外部回路を通って他方の電極に達した電子を，溶液中の酸化剤が受けとる（酸化剤は還元される）．

電子が電池から回路に出る電極を**負極**や**アノード**（negative terminal, anode），電子が回路から電池に入る電極を**正極**や**カソード**（positive terminal, cathode）とよぶ．電極と溶液の界面で進む反応に注目すると，負極では何かが酸化され，正極では何かが還元される．

## 10・2 レドックス反応と電池・電解

実用電池の第一号は，英国の化学者ジョン・ダニエルが 1836 年に発明したため**ダニエル電池**（Daniell cell）という．通信機などの電源に利用されたダニエル電池は，**電気化学電池**（electrochemical cell）の例になる．ダニエル電池をつくるには，2 個のビーカーを用意し，一方に硫酸亜鉛水溶液を，他方に硫酸銅水溶液を入れる．前者に亜鉛板を浸し，後者に銅板を浸す．

硫酸亜鉛 $ZnSO_4$ も硫酸銅 $CuSO_4$ も**電解質**（electrolyte）で，水に溶けると電離し，それぞれ亜鉛イオン $Zn^{2+}$ と硫酸イオン $SO_4^{2-}$，銅イオン $Cu^{2+}$ と $SO_4^{2-}$ に分かれる．イオンを通す**塩橋**（salt bridge）で両液を仕切る．食塩水で濡らした布の両端を溶液に浸してもよい．亜鉛板と銅板を導線でつなげば完成する（コラム．多孔質ガラスを塩橋にした例）．

電池を組立てた直後は亜鉛板も銅板もピカピカで，硫酸銅水溶液は濃い青色を示す．電流が流れると硫酸銅水溶液の青色は少しずつ薄くなり，銅板が黒っぽくなって厚みを増していく．亜鉛板のほうは少しずつ溶け，最後はボロボロになる．なぜそんな変化が進むのか？

導線でつなぐと亜鉛 $Zn$ が電子を出して $Zn^{2+}$ になり，銅イオン $Cu^{2+}$ が電子をもらって $Cu$ になる．だから亜鉛極の消耗が進み，硫酸銅水溶液の青色が薄くなっていく．

外部回路（導線）の立場で見れば，電子は**酸化**（oxidation）が進む**負極**（anode）から出て外部回路を通り，**還元**（reduction）が進む**正極**（cathode）へと向かう．両液中の硫酸イオン $SO_4^{2-}$ は，電子を授受しないので変化しない．だがイオンは大事な脇役を務める．なぜか？

### 流れをつかむ：ダニエル電池

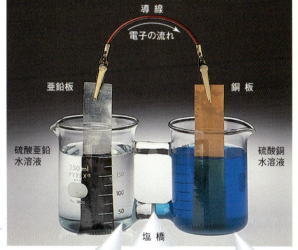

❶ 亜鉛原子 $Zn$ が電子を出して（酸化されて）亜鉛イオン $Zn^{2+}$ になる．
$$Zn \longrightarrow Zn^{2+} + 2e^-$$

❷ 電子が亜鉛板から導線を通って銅板のほうへ向かう．

❸ 溶液中の銅イオン $Cu^{2+}$ が電子をもらって（還元されて）銅原子 $Cu$ になる．
$$Cu^{2+} + 2e^- \longrightarrow Cu$$

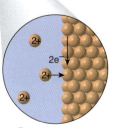

❹ 新しくできた銅原子が銅板にくっつく（析出する）．

**確認**
亜鉛板と銅板のうち，どちらが正極になる？
［答］銅板

"Zn → Zn$^{2+}$"と"Cu$^{2+}$ → Cu"が進むと，負極に近い溶液中の正電荷が増え（相対的に負電荷が減り），正極に近い溶液中の正電荷が減る．電荷は一定以上ためられないため（落雷の原因がそれ），余分な電荷を打消さなければいけない．そこで塩橋の出番になる．塩橋はイオンをよく通す．陽イオンが"負極 → 正極"の向き，陰イオンが"正極 → 負極"の向きに動いて，たまる電荷を中和する．そのとき外部も合わせた回路全体がつながって，電流が流れ続ける（電池が完成した）ことになる．

> **確 認**
> 1. 食塩水に浸した布を塩橋とした場合，Na$^+$が向かうのはZnSO$_4$水溶液か，CuSO$_4$水溶液か？
> ［答］（正電荷の減る）CuSO$_4$水溶液

### 電圧＝電子移動の勢い

ダニエル電池の外部回路につないだ**電圧計**（voltmeter）は，約 1.1 V を示す．なぜその値になるのかは，いずれわかる．

電気的な位置（ポテンシャル）エネルギーは**ボルト**（volt）単位の電位（や電位差）に比例し，電位差（電圧）が大きいほど，回路を流れる電子の勢いは強い．電圧は，パイプに水を流そうとしてかける圧力のようなものだと想像しよう．

単位名ボルト（記号 V）は，1800 年に史上初の電池（ボルタの電堆）をつくったイタリアの物理学者アレッサンドロ・ボルタにちなむ．①銀板，②塩水で湿らせた紙，③亜鉛板のセットをいくつも積み上げたのが電堆だった（後日，銀の代わりに銅を使う電堆も発表）．

電流の大きさは**アンペア**（ampere）単位で表す．電流が大きいほど，一定時間に流れる電子の数が多い．単位名アンペア（記号 A）は，ボルタと同じころ電気と磁気を調べたフランスの物理学者アンドレ＝マリー・アンペールにちなむ．電圧と電流のイメージを**図解 10・7**に示す．

人体に高電圧がかかると危険だから，電池の電圧は低くしてある．自動車のバッテリー（蓄電池）は，数百 A の電流が流れても電圧は 12 V なので心配ない．逆に高電圧でも，電流が小さければ安心してよい．寒い日に帯びやすい静電気は，電圧は数千 V にもなるが電流が微小なので心配いらない（家庭の電源は電圧が高く，手で触れると体に大電流が流れる．注意しよう）．

### 標準電極電位

ダニエル電池に戻ろう．亜鉛板の電位が負，銅板の電位が正で，差（電位差＝電圧）は約 1.1 V だった．亜鉛 Zn が電子を出したがり，銅イオン Cu$^{2+}$が電子をもらいたがるのでそうなる．

Cu$^{2+}$と Cu のように，電子の授受で"Cu$^{2+}$ + 2e$^-$ ⇌ Cu"のように変わり合うペアを**レドックス対**（redox pair）とよぶ．

(a) ナイアガラの滝　落差（最大 53 m）は小さいが水量は世界一を誇る（低電圧・大電流）．

(b) アンヘルの滝（ベネズエラ）落差 979 m は世界一でも水量は少ない（高電圧・小電流）．

**図解 10・7 電圧（電位差）と電流のイメージ**　電圧は落差，電流は落ちる水量だとイメージしよう．

対のうち，電子をなくした Cu$^{2+}$の形を**酸化体**（oxidized form），電子をもらった Cu のような形を**還元体**（reduced form）という．電子 e$^-$ は固体（金属電極）の中にいる．その電子を仲立ちに，Cu（電極自身）と溶液中の Cu$^{2+}$ が平衡になると考えよう．

溶けたイオンの濃度を 1 M（1 mol/L）とする（後述の"標準"）．亜鉛 Zn は，電子を出して陽イオン Zn$^{2+}$ になりたがる（イオン化傾向が大きい）．つまり亜鉛電極は "Zn → Zn$^{2+}$ + 2e$^-$" のように溶け出たい．その勢いを"濃度 1 M まで"に抑えるため，電子 e$^-$ がいる電極の電位を負の値にし，出たがる Zn$^{2+}$ を"引きとめる"．つまり，イオン化傾向の大きい金属 M だと，電極の電位が相対的に負のとき，陽イオン M$^{n+}$（濃度 1 M）と金属 M が平衡になれる．

かたや銅は，"$Cu \rightarrow Cu^{2+}+2e^-$" の勢いが弱い．そこで，銅イオン $Cu^{2+}$ の濃度を（無理やり）1 M に高めるため，電極の電位を（正電荷にとって居心地の悪い）正の値にして $Cu^{2+}$ を電極から追い出す．つまり，イオン化傾向の小さい金属 M だと，電極の電位が相対的に正のとき，陽イオン $M^{n+}$（濃度 1 M）と金属 M が平衡になれる．

そんな発想で決めたレドックス対の電位を**標準電極電位**（standard redox potential）や標準酸化還元電位といい，記号 $E°$ で書く．上つきの "°" が表す "標準" とは，溶質なら濃度 1 M，気体なら圧力 1 atm を表す（溶媒と固体は，そのままで標準状態にあるとみなす）．

標準電極電位 $E°$ には，基準点（原点）がある．基準点（0 V）は，安定な金属（白金 Pt など）の表面で水素イオン $H^+$（濃度 1 M）と水素 $H_2$（圧力 1 atm）が "$2H^+ + 2e^- \rightleftharpoons H_2$" の平衡になったとき，金属が示す電位——と約束する．

こうして決まる標準電極電位 $E°$ を表 10・1 にまとめた．$E°$ が負で絶対値の大きいレドックス対ほど，**還元体の電子放出力（還元力）**が強い．逆に $E°$ が正で絶対値の大きいレドックス対ほど，**酸化体の電子受容力（酸化力）**が強い．なお $E°$ の値は，電子授受反応をどのように書いても（向きを反転しても，反応式中の係数を何倍しても），符号を含めて変わらない．

> **確認**
> 2. 還元されやすい物質ほど酸化力が強い．なぜか？
>    ［答］電子をもらいたがるから．
> 3. 表 10・1 にある物質のうち，(a) 最強の酸化剤と (b) 最弱の酸化剤はどれ？
>    ［答］(a) $F_2(g)$ (b) $Li^+$
> 4. 表 10・1 にある物質のうち，最強の還元剤はどれ？
>    ［答］Li

**$E°$ と電池の電圧**　表 10・1 で二つのレドックス対を選べば，酸化還元反応から電気エネルギーをとり出す電池ができる．各レドックス対の電子授受反応を，"合わせて**電池反応（cell reaction）になる**" という意味で，**半反応（half-reaction）**という．選んだ二つの半反応を並べるときは，$E°$ 値が相対的に負の半反応を上，正の半反応を下に置くとよい（負電荷の電子は正電位を好むため，重力場のリンゴと同様，

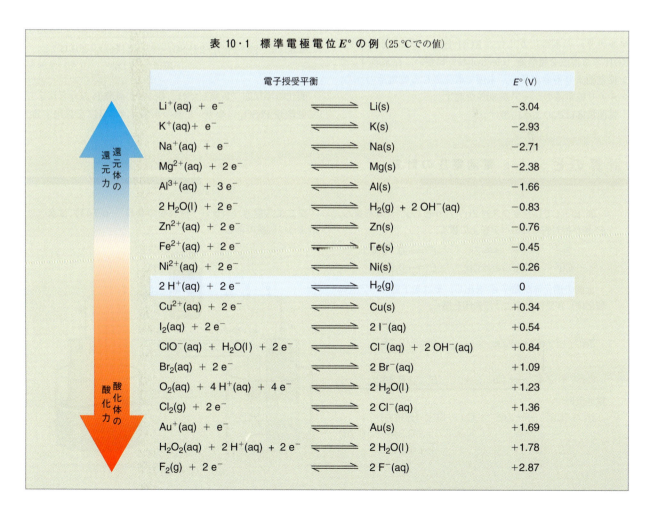

表 10・1　標準電極電位 $E°$ の例（25 ℃での値）

| 電子授受平衡 | $E°$ (V) |
|---|---|
| $Li^+(aq) + e^- \rightleftharpoons Li(s)$ | −3.04 |
| $K^+(aq) + e^- \rightleftharpoons K(s)$ | −2.93 |
| $Na^+(aq) + e^- \rightleftharpoons Na(s)$ | −2.71 |
| $Mg^{2+}(aq) + 2e^- \rightleftharpoons Mg(s)$ | −2.38 |
| $Al^{3+}(aq) + 3e^- \rightleftharpoons Al(s)$ | −1.66 |
| $2H_2O(l) + 2e^- \rightleftharpoons H_2(g) + 2OH^-(aq)$ | −0.83 |
| $Zn^{2+}(aq) + 2e^- \rightleftharpoons Zn(s)$ | −0.76 |
| $Fe^{2+}(aq) + 2e^- \rightleftharpoons Fe(s)$ | −0.45 |
| $Ni^{2+}(aq) + 2e^- \rightleftharpoons Ni(s)$ | −0.26 |
| $2H^+(aq) + 2e^- \rightleftharpoons H_2(g)$ | 0 |
| $Cu^{2+}(aq) + 2e^- \rightleftharpoons Cu(s)$ | +0.34 |
| $I_2(aq) + 2e^- \rightleftharpoons 2I^-(aq)$ | +0.54 |
| $ClO^-(aq) + H_2O(l) + 2e^- \rightleftharpoons Cl^-(aq) + 2OH^-(aq)$ | +0.84 |
| $Br_2(aq) + 2e^- \rightleftharpoons 2Br^-(aq)$ | +1.09 |
| $O_2(aq) + 4H^+(aq) + 4e^- \rightleftharpoons 2H_2O(l)$ | +1.23 |
| $Cl_2(g) + 2e^- \rightleftharpoons 2Cl^-(aq)$ | +1.36 |
| $Au^+(aq) + e^- \rightleftharpoons Au(s)$ | +1.69 |
| $H_2O_2(aq) + 2H^+(aq) + 2e^- \rightleftharpoons 2H_2O(l)$ | +1.78 |
| $F_2(g) + 2e^- \rightleftharpoons 2F^-(aq)$ | +2.87 |

（上向き矢印：還元体の還元力，下向き矢印：酸化体の酸化力）

電子が"下に落ちる"向きが自発変化となる).

標準電極電位 $E°$ に注目しつつ，下のコラムでダニエル電池を解剖しよう．

> **確 認**
> 5. 表10・1より，亜鉛 Zn の酸化とヨウ素 $I_2$ の還元が進む電池の電圧を計算してみよ．電池反応も書いてみよう．
> [答] 1.30 V　　$Zn + I_2 \longrightarrow Zn^{2+} + 2I^-$

## 実用電池

電池は，腕時計や懐中電灯，カメラ，スマホ，PC (パソコン) といった製品にも，自動車の起動にも使う．使い捨ての **一次電池** (primary cell) と，充電できる **二次電池** (secondary cell) がある．一次電池の代表はアルカリ (マンガン) 乾電池で，二次電池には，自動車用の鉛蓄電池，携帯機器用のリチウムイオン電池，電動工具用のニッケル・カドミウム電池がある．アルカリ乾電池と鉛蓄電池，リチウムイオン電池を以下で眺めよう．

**アルカリ乾電池**　アルカリ電池の名は，強塩基 (強アルカリ) の水酸化カリウム KOH を使うところからきた．KOH の水溶液を **電解液** (electrolyte) に使い，従来のマンガン乾電池より寿命が長い．米国で販売される乾電池のうち，アルカリ乾電池のシェアが 80% を超す．

電池反応は次のように書ける．

負極 (酸化)：$Zn + 2OH^- \longrightarrow ZnO + H_2O + 2e^-$

正極 (還元)：$2MnO_2 + H_2O + 2e^- \longrightarrow Mn_2O_3 + 2OH^-$

電池反応：$Zn + 2MnO_2 \longrightarrow ZnO + Mn_2O_3$

回路につなぐと負極の亜鉛 Zn が酸化亜鉛 ZnO ($Zn^{2+}$ 化合物) に酸化され，正極の二酸化マンガン $MnO_2$ ($Mn^{4+}$ のイオン化合物) が $Mn_2O_3$ ($Mn^{3+}$ 化合物) に還元される．アルカリ乾電池のつくりを図解10・8に示した．

**鉛蓄電池**　自動車の鉛蓄電池は，安価なうえ充放電のくり返しに耐え，寿命が 3〜5 年以上と長く，小型なので設置しやすい．ただし鉛の密度が大きいため重い．

負極になる多孔質の鉛板 Pb と，正極になる二酸化鉛 $PbO_2$ の板を，希硫酸 (電解液) に浸してある．放電反応は次のように書ける．

負極 (酸化)：$Pb + H_2SO_4 \longrightarrow$
　　　　　$PbSO_4 + 2H^+ + 2e^-$　　$E° = -0.36\,V$

正極 (還元)：$PbO_2 + H_2SO_4 + 2H^+ + 2e^- \longrightarrow$
　　　　　$PbSO_4 + 2H_2O$　　$E° = +1.68\,V$

電池反応：$Pb + PbO_2 + 2H_2SO_4 \longrightarrow 2PbSO_4 + 2H_2O$
　　　　　電圧 $= +1.68 - (-0.36) = 2.04\,V$

酸化の半反応 (負極) では，鉛 Pb が硫酸 $H_2SO_4$ と反応して硫酸鉛 $PbSO_4$ になり，2 個の水素イオン $H^+$ を放出する．

## 計算のヒント：電池電圧の計算

表10・1 でレドックス対 $Zn^{2+}/Zn$ と $Cu^{2+}/Cu$ を探し，$E°$ 値が相対的に負のペアを上に書く．

$Zn^{2+} + 2e^- \rightleftharpoons Zn$　　$E° = -0.76\,V$
$Cu^{2+} + 2e^- \rightleftharpoons Cu$　　$E° = +0.34\,V$

上側の還元体が電子 $e^-$ を出し，それを下側のペア (の酸化体) が受けとるように矢印を描く．

$Zn^{2+} + 2e^- \longleftarrow Zn$　　$E° = -0.76\,V$
$Cu^{2+} + 2e^- \longrightarrow Cu$　　$E° = +0.34\,V$

電池反応：
$Zn + Cu^{2+} \longrightarrow Zn^{2+} + Cu$　　電圧 (起電力)
　　　　　　　　　　　　　　　　$= +0.34 - (-0.76)$
　　　　　　　　　　　　　　　　$= 1.10\,V$

ダニエル電池 (コラム "流れをつかむ"，p.141) は次のように図解できる．

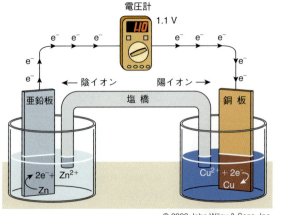

© 2003 John Wiley & Sons, Inc.

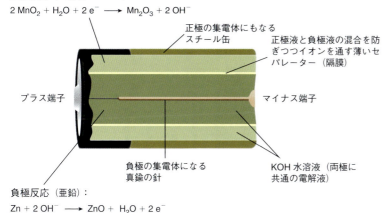

正極反応（二酸化マンガン）：
$2 MnO_2 + H_2O + 2 e^- \longrightarrow Mn_2O_3 + 2 OH^-$

負極反応（亜鉛）：
$Zn + 2 OH^- \longrightarrow ZnO + H_2O + 2 e^-$

図解 10·8 アルカリ乾電池

**確 認**
外部回路に向けて電子が出るのは，電池のプラス端子かマイナス端子か？
［答］マイナス端子

鉛 Pb の酸化数が 0 から +2 に増えるのを確かめよう．

還元の半反応（正極）では，二酸化鉛 $PbO_2$ が硫酸 $H_2SO_4$ および 2 個の水素イオン $H^+$ と反応して硫酸鉛 $PbSO_4$ になる．鉛 Pb の酸化数が +4 から +2 に減るのを確かめよう．

半反応の標準電極電位 $E°$ の差が電池電圧（約 2 V）になる．実際のバッテリーは，6 個の単位電池を直列につないで 12 V としてある（図解 10·9）．

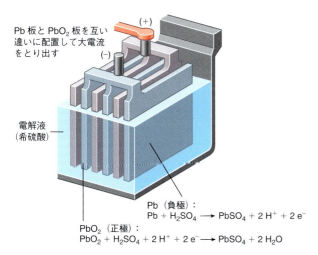

図解 10·9 鉛蓄電池の 1 単位　［ⓒ 2012 John Wiley & Sons, Inc.］

放電が進みすぎたら充電器につなぎ，次節の電解をして充電する．充電反応は電池反応の逆だから次式に書ける．
$2 PbSO_4 + 2 H_2O \longrightarrow Pb + PbO_2 + 2 H_2SO_4$

**リチウムイオン電池**　リチウムは密度がいちばん小さい金属で，標準電極電位 $E°$（−3.04 V）がいちばん低い．だから金属リチウムを使う一次電池は，エネルギー密度が大きくて携帯機器の電源にふさわしい．

**リチウムイオン電池**（lithium-ion cell）は，同じ"リチウム"がついてもまったく別の反応を使う二次電池で，携帯機器やハイブリッド車，電気自動車に用途が広い．電池反応の細部には目をつぶり，原理をざっと紹介しよう．

(a) **放 電**　電池内の $Li^+$ が負極から正極へ向かい，電子が外部回路を逆向きに流れる．

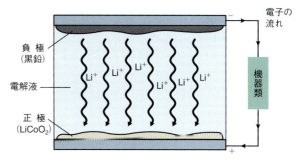

(b) **充 電**　外部回路の電子を正極から負極へ流し，電池内の $Li^+$ を正極から負極へ動かす．

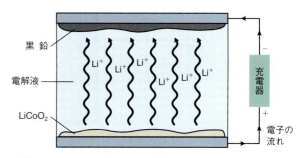

図解 10·10　リチウムイオン電池の原理　負極が炭素（黒鉛 graphite），正極がコバルト酸リチウム $LiCoO_2$ の例を示す．
［ⓒ 2012 John Wiley & Sons, Inc.］

リチウムイオン電池では，電極と電極の間をリチウムイオン $Li^+$ が行き来する．放電のときは，$Li^+$ が負極から電解液を通って正極に向かい，電子は負極から外部回路を通って正極に向かう（図解 10・10 a）．充電のときは電子を逆向きに流し，$Li^+$ を正極→電解液→負極の向きに動かす（図解 10・10 b）．

## 電　解

**電解**（electrolysis）では，電気エネルギーを使って非自発変化を進ませる（電池の逆）．たとえば水を電解すると，$H_2O$ が水素 $H_2$ と酸素 $O_2$ に分かれる．

英国の科学者ウィリアム・ニコルソンは 1800 年，ボルタが発明したばかりの電池（電堆）に心を引かれ，すぐさま自作した．2 本の白金電極を水溶液に浸して電池につないだら，1 本の電極から水素の泡が，他方の電極から酸素の泡が出た（史上初の水電解）．いまの実験室で水の電解は図解 10・11 のように行う．

電解には，進めたい反応ごとに決まった最小電圧を要する．たとえば酸性溶液の水を水素と酸素にする電解は，次の半反応の組合わせで進む．

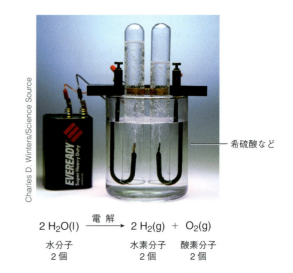

$$2\,H_2O(l) \xrightarrow{\text{電解}} 2\,H_2(g) + O_2(g)$$
水分子 2 個　　水素分子 2 個　酸素分子 2 個

**図解 10・11　水の電解**

| 確認 |
|---|
| 写真右側の逆立ち試験管に集まる気体は？　[答] 水素 |

陰極（還元）：$4\,H^+ + 4\,e^- \longrightarrow 2\,H_2$　　　　　$E° = 0.00\,V$

陽極（酸化）：$2\,H_2O \longrightarrow 4\,H^+ + O_2 + 4\,e^-$　　$E° = +1.23\,V$

電解反応：$2\,H_2O \longrightarrow 2\,H_2 + O_2$　　　最小電圧 $= +1.23 - 0 = 1.23\,V$

電解は，化学合成原料の製造，金属の精錬，金属の表面加工（電気めっきなど）に役立ち，変わったところで脱毛にも使える．電解の応用例をいくつか以下に紹介しよう．

**電解製造**　濃い食塩水を電解すると，価値の高い 3 物質（塩素 $Cl_2$，水素 $H_2$，水酸化ナトリウム $NaOH$）がつくれる（図解 10・12）．消費電力が多いため，安価な水力発電の電気がないと採算に合わない．

酸化力の強い塩素は，水道水やプール，下水の殺菌に使う．全世界で飲み水の塩素殺菌が多くの人命を救ってきた．また塩素は，塩ビ（ポリ塩化ビニル）という有用なプラスチックや，特別な化学構造をもつ医薬の合成原料になる．

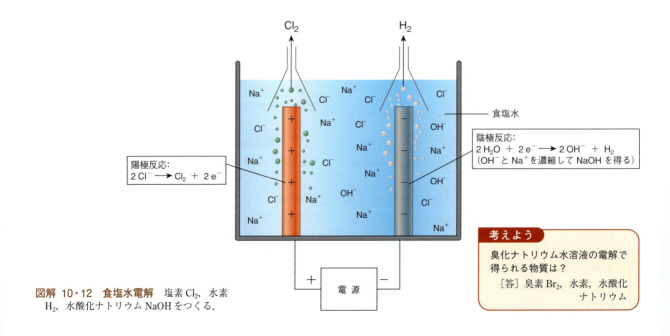

**図解 10・12　食塩水電解**　塩素 $Cl_2$，水素 $H_2$，水酸化ナトリウム $NaOH$ をつくる．

| 考えよう |
|---|
| 臭化ナトリウム水溶液の電解で得られる物質は？　[答] 臭素 $Br_2$，水素，水酸化ナトリウム |

水素の用途も広く，植物油と反応させればマーガリンやショートニングができる（5章）．燃えてできるのは水だから環境を汚さない．化石燃料に代えて水素を使う**水素エコノミー**（hydrogen economy）を唱える人もいるけれど，水素が爆発しやすいこともあって見通しは明るくない．

水酸化ナトリウム（苛性ソーダ）は，石鹸（11章）やガラスの製造に欠かせない．家庭の排水口やオーブンの洗浄液にもする．使うときは皮膚につかないよう注意する．

**金属製錬と電解めっき** 社会インフラ用に欠かせないアルミニウムは，酸化アルミニウム $Al_2O_3$ の電解でつくる．23歳だった米国のチャールズ・ホールが1886年に製造法を見つけ，同じころフランスの科学者ポール・エルーも同じ方法に気づいた（それ以前のアルミニウムは高価な希少金属）．二人が開発したホール・エルー法はいまなお使い，原料の $Al_2O_3$ は**ボーキサイト**（bauxite）を精製して得る（図解 10・13）．軽くて丈夫，腐食しにくいアルミニウムは，缶やアルミ箔，建材や自動車，航空機などに用途が広い．

**電解めっき**（electroplating）では，金属の表面に電解で他金属の膜をつけ，金属の腐食を防いで外観を美しく保つ．金やクロム，銅，スズ，亜鉛などがめっきできる．

電解めっきでは，めっきしたいものを陰極にする．ビーカーに電解液を入れ，2本の電極（1本は品物）を電源につなぐ（図解 10・14）．宝飾品やトロフィーの金銀めっきは，見た目を華やかにする．クロムめっきしたバイクや自動車の部品は，外観がきれいで腐食もしにくい．

**亜鉛めっき**（galvanization）した鉄（スチール）製品が多い．亜鉛めっきは高温の溶融亜鉛に物体を浸してもでき，製品には釘やネジ，トタンがある．亜鉛の表面にできる薄い酸化物

精製して酸化アルミニウムにするボーキサイト

$$2\,Al_2O_3 \xrightarrow[1000\,°C]{電解} 4\,Al + 3\,O_2$$

酸化アルミニウム　　アルミニウム　酸素

> **考えよう**
>
> アルミ缶をリサイクルする理由は？
> 〔答〕鉱石の採掘＋電解より消費エネルギーがずっと少なくてすむ

**図解 10・13　アルミニウムの電解製造**　高温で融かした $Al_2O_3$ を電解し，陰極に Al を析出させる（溶融塩電解）．

が保護膜になるし，亜鉛層が割れて鉄が露出しても，亜鉛のほうが酸化されやすいため，亜鉛が残っているかぎり鉄は腐食しにくい．つまり亜鉛が鉄の"身代わり"になる．

巨大な鉄のタンクや管は電解めっきしにくい．そこで，亜鉛 Zn やアルミニウム Al，マグネシウム Mg（犠牲金属）の

(a) クロムめっきしたバイク　$Cr^{3+}$ や $Cr^{6+}$ を Cr に還元する．1 μm（0.001 mm）未満の薄いめっき層が本体（スチール）を腐食から守る．

(b) 銀めっき　+1 電荷の銀イオン〔実際の姿は負電荷の錯イオン $Ag(CN)_2^-$〕を Ag に還元する．

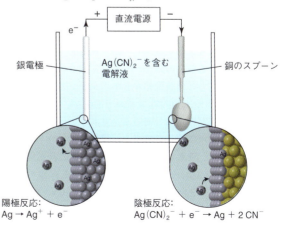

陽極反応：
$Ag \rightarrow Ag^+ + e^-$

陰極反応：
$Ag(CN)_2^- + e^- \rightarrow Ag + 2\,CN^-$

**図解 10・14　電解めっき**　金属製品はたいてい表面に電解めっきがしてある．〔図 b：© 2006 John Wiley & Sons, Inc.〕

ブロックを土に埋め，導線でタンクとつないでおく．Zn などが身代わりに酸化され，本体の鉄材を守る．

**電解脱毛**　微小電極を毛包(毛穴)に挿して弱い電流を流す．毛包内の塩分と水分が図解 10・12 と似た状況をつくるため電解が進み，できた NaOH が毛包を壊すから毛が永久に生えなくなる．

### 振返り 🛑

1. ダニエル電池が働くとき，反応物の酸化数はどう変わる？
2. 陽イオンの $Au^+$ と $Na^+$ では，どちらが還元されやすい？
3. 電池を回路につなぐとたちまち電流が流れる理由は？
4. 蓄電池の充電は，電解の例になる．なぜか？

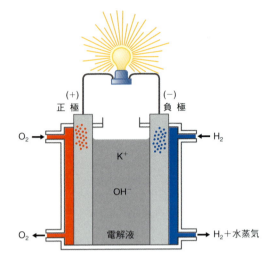

負極 (酸化)：$2H_2 + 4OH^- \longrightarrow 2H_2O + 4e^-$

正極 (還元)：$O_2 + 2H_2O + 4e^- \longrightarrow 4OH^-$

電池反応：$2H_2 + O_2 \longrightarrow 2H_2O$

図解 10・15　**水素燃料電池**　負極で水素 $H_2$ の酸化，正極で酸素 $O_2$ の還元が進み，水(水蒸気)だけが生じる．[© 2013 John Wiley & Sons, Inc.]

## 10・3 燃料電池と太陽電池

- 燃料電池と太陽電池で，似ている点とちがう点は？
- 太陽電池はどのように働く？

エネルギー消費が増え，化石燃料の枯渇が心配な昨今，新しいエネルギー源に注目が集まる．うち二つ，燃料電池と太陽電池のことを調べてみよう．

### 燃料電池

一次電池は，物質が消費されたらもう使えない．充電できる二次電池も，使用中に切れたら充電に少し時間がかかるし，充放電を無限にはくり返せないため，いつか買替える．

**燃料電池** (fuel cell) の利点は何か？　化学エネルギーを電気エネルギーに変える点は同じだが，反応物質を外から供給し続けるため，電極系の寿命がくるまで働き続ける．

燃料電池は，電力の連続供給が必須のシーンとか，送電線を引きにくい離島や山頂の電源にふさわしい．停電を嫌うデータセンターなどに常備している企業も多い．

環境面では自動車に注目が集まる．燃料電池のうち，触媒を使って水素 $H_2$ と酸素 $O_2$ を反応させる水素燃料電池を考えよう(図解 10・15)．生成物は水だから，走行中の大気汚染はない．バスや自家用の**燃料電池車** (FCV = fuel cell vehicle) も実用化段階だが，水素供給やコスト，安全に不安があって普及はまだ広くない．それでもメーカーが新モデルの発表を続けているため，少しずつ台数も増えてきた．

**電気自動車** (EV = electric vehicle) と同じくモーターで動く燃料電池車には，ガソリンもエンジンオイルもいらない．ただしインフラの"水素ステーション"が欠かせない．

**ハイブリッド車** (HV = hybrid vehicle) は，モーターとガソリンエンジンの両方を積んでいる．HV の**回生ブレーキ** (regenerative brake) が，減速時に運動エネルギーを電気エネルギーに変え，蓄電池を充電する．さしあたり"次世代車"は HV が主流だけれど，EV も増え(コラム参照)，FCV も追いかけている．

### 太陽電池

太陽エネルギーは全生物を養う．地球表面に届く太陽エネルギーは，1 時間分で世界の年間エネルギー消費に等しい．受光量が場所ごとに変わるとはいえ，太陽光はタダだし枯れ

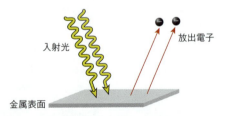

図解 10・16　**光電効果**　光子エネルギーが一定値より大きい(波長が一定値より短い)光を当てると，金属の表面から電子が飛び出す．

## 化学こぼれ話：意外に古い電気自動車

化石燃料を使う内燃機関より電池のほうがよさそうなのに，電気自動車（EV）や燃料電池車（FCV）の普及はまだ進まない．けれど20世紀の初頭は，電池や蒸気で動く自動車が主流で，両者はほぼ同じシェアを誇った（ガソリン車は全体の2割台）．だが17年後の1917年，自動車の98％までがガソリン車になり，蒸気自動車もEVも絶滅寸前となる．EVは走行距離が短くて遅いし，電池が重く充電時間も長い．ガソリン車の改良が進んだこともあってEVは（ひとまず）舞台を降りた．

しかしガソリン車は大気を汚す．カリフォルニア州は1990年，都市の大気汚染を減らすため，連邦法よりきびしい排出規制を実施した．それを契機にハイブリッド車（HV）やEVが増え，ほかの州いくつかもカリフォルニアの後を追っている．

いま大半のメーカーが売るHVも大気を汚す．EVは排出ゼロだから，技術の進歩もあって復活の気配が強い．日産はリーフ（図）を売り，テスラ社はEVの高級車とスポーツカーを売る．シボレー社のEV"ボルト"は，長距離走行用にガソリンエンジンを積んでいる．

EVが今後どれほど普及するかは読みにくい．加速性と操作性はガソリン車に近い．充電1回で走る距離は徐々に延び，160 kmを超す製品もある．"充電ステーション"も増えてきた．

ただしEVは"汚染ゼロ"でもない．米国の場合，必要な電気は大半を火力発電で生む（根元で$CO_2$と汚染物質を出す）．FCV用の水素も化石燃料からつくり，そのとき$CO_2$を出す．とはいえ電池の革新・改良を通じ，クルマ社会が100年前に戻る可能性はゼロでもない．

電気自動車（日産リーフ）のダッシュボード．270 kgのリチウムイオン電池で100〜160 km走行が可能．

電池温度の表示．温度が低すぎると出力が落ち，高すぎると余計な化学反応が進む

次の充電までに走れる距離の表示．横棒の本数が充電度を表す（フル充電に近い）

---

ることもない．太陽エネルギーの利用には，太陽熱をそのまま使う温水器のほか，光エネルギーを電気エネルギーに変える道がある．後者だけを紹介しよう．

**光電池**（photovoltaic cell）ともいう**太陽電池**（solar cell）は，光エネルギーをそのまま電気に変える．エネルギー変換の背後には**光電効果**（photoelectric effect）がある．光電効果とは，光を当てた金属の表面から電子が飛び出す現象をいう（図解10・16）．電磁波（電波から赤外線，可視光，紫外線を通ってX線，γ線まで．図解11・14，p.162）は波と粒子の両面をもつ——と1905年にアルベルト・アインシュタインが証明した（1921年のノーベル物理学賞）．粒子とみたときの電磁波を**光子**（photon）とよぶ．

太陽電池は1950年代に発明された．固体が光を吸収すると，高エネルギーになった電子が（外には飛び出さず）回路を流れる（光電流）．光電流の大きさは，当てた光の波長や電池の表面積のほか，吸収光子100個あたり何個の電子が動くかという**量子効率**（quantum efficiency）で決まる．光電流の値は入射光の強さに比例するため，時刻や気象（晴れ，曇り，雨），季節，設置場所などで変わる．

いま太陽電池材料の97％以上を占めるケイ素（シリコン）Siは**半導体**（semiconductor）で，純粋な結晶だと電流が流れにくい．そこで，微量のホウ素BやリンPを**ドーパント**（dopant）として混ぜ，導電性をぐっと上げる．周期表を思い出そう．価電子の数は，13族のホウ素が3個，14族のケイ素が4個，15族のリンが5個なのだった．

原子どうしは価電子を使って結びつく．純粋なケイ素なら，Si原子が価電子4個を使ってそばのSi原子4個と結合する（図解10・17 a）．ケイ素にホウ素BかリンPを添加（ドープ）すると，ケイ素の結合に乱れ（欠陥）ができる（図解10・17 b, c）．そのとき固体内では，正電荷の"正孔"が流れる

(a) 純粋なケイ素（シリコン）
結合電子対は自由に動けないため，絶縁体に近い．

(b) ホウ素 B をドープしたケイ素　B の価電子が 3 個しかないため，正電荷の正孔 (hole) ができ，正孔が原子間を飛び移って電流を運ぶ．正電荷 (positive charge) の p から **p 型半導体** (n-type semiconductor) という．

(c) リン P をドープしたケイ素　P の価電子 5 個のうち 1 個が余り，余分な電子が原子間を飛び移って電流を運ぶ．負電荷 (negative charge) の n から **n 型半導体** (n-type semiconductor) という．

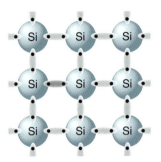
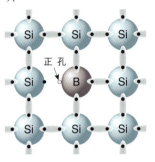
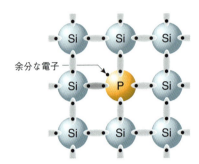

**図解 10・17　ケイ素の半導体化**

か（p 型半導体），負電荷の電子が流れる（n 型半導体）．
　p 型半導体と n 型半導体を接触させると太陽電池になる．二つの境界を **p–n 接合** (p–n junction) とよぶ．p–n 接合は "整流性" を示し，電子を一方向だけに流す．光吸収で生まれた電子は，p 型→n 型の向きに流れる．電子は n 型層から回路に出て p 型層に戻り，回路の中で電気的仕事ができる（図解 10・18）．

## 振返り

1. 水素燃料電池が働いたときの生成物は？
2. 太陽電池をつくるときケイ素に不純物（ドーパント）を加える理由は？

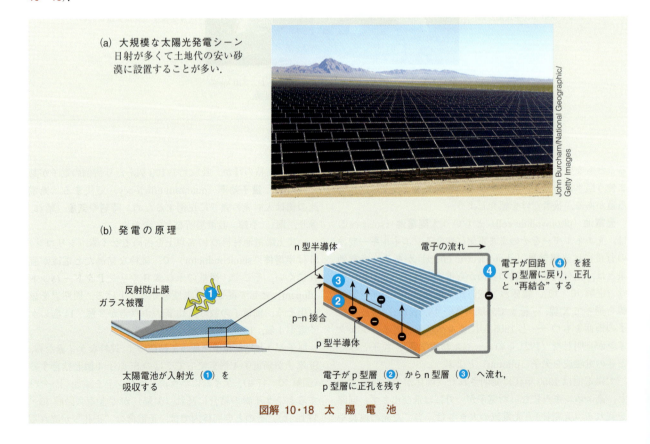

**図解 10・18　太 陽 電 池**

## 章末問題

### 復習

1. アルカリ（マンガン）乾電池の"アルカリ"は何を意味するか.

2. 電子が動く向きは"酸化剤 → 還元剤"か，"還元剤 → 酸化剤"か．

3. 下記のうち (a) 最強の酸化剤と (b) 最強の還元剤はどれか（表10・1参照）．
   $Zn$  $Cl^-$  $Br_2$  $K^+$  $H^+$  $H_2O$  $Cl_2$

4. (a) 希硫酸，(b) 食塩水，(c) 塩化カリウム水溶液を電解したときの生成物を，それぞれ名称と化学式で書け．

5. 電解に必要な最小電圧は，表10・1のようなデータからどう計算するか．

6. 巨大な鉄管に亜鉛めっきはできない．配管の腐食を防ぐにはどうすればよいか．

7. イチゴや緑茶，ブラックチョコレートが含む体にいい物質の総称は何か．

### 発展

8. 強い酸化剤と強い還元剤は，標準電極電位 $E°$ がどのような値になるか．

9. 無色の KBr 水溶液に家庭用の漂白液を垂らすと橙褐色になる．なぜか．

10. ダニエル電池（コラム"計算のヒント"，p.144）の塩橋を銅の針金に変えても，電池は働くだろうか．理由とともに答えよ．

11. 水素燃料電池に供給する酸素は空気そのものでよい．水素はどうやって得るか．

12. 電気自動車と比べたとき，ガソリン車がもつ最大の利点は何か．

### 計算

13. 銅板，硫酸銅水溶液，マグネシウム板，硫酸マグネシウム水溶液でつくる電池の電圧はいくらか．

14. 表10・1（p.143）に示す電位データの基準点（原点）を "$F_2(g) + 2e^- \rightleftharpoons 2F^-(aq)$" に変更したとする．そのとき，(a) $H^+/H_2$ 系の $E°$ 値と (b) ダニエル電池の電圧（起電力）はどう変わるか．

15. アスコルビン酸（ビタミン C）を $H_2A$ とすれば，その電子授受平衡は次のように書ける（A をデヒドロアスコルビン酸とよぶ）．

$$H_2A \rightleftharpoons A + 2H^+ + 2e^- \qquad E° = -0.06 \text{ V}$$

表10・1を参考に，(a) ヨウ素 $I_2$ とアスコルビン酸の反応を反応式で書き，(b) $A/H_2A$ 系と $I_2/I^-$ 系を組合わせた化学電池の電圧（起電力）を計算せよ．

# 11 キレイの化学

11・1 石鹸と界面活性剤
11・2 化粧品とスキンケア
11・3 口腔ケアとヘアケア

## 11・1 石鹸と界面活性剤

- 表面張力とは？
- 石鹸はどのように働く？
- 陰イオン・陽イオン・非イオン界面活性剤はどうちがう？
- 硬水は何を含む？ どうやって軟水にする？

日ごろ体の手入れや洗濯に使う石鹸（せっけん）と合成洗剤は，共通して水の表面張力を下げる．まずは表面張力の素顔をつかみ，石鹸や洗剤の働きと表面張力の関係を調べよう．

### 表面張力

池の表面をアメンボが"飛び歩く"のも，ワックスがけ直後の車体に降った雨が水玉になるのも，**表面張力**（surface tension）のなせるわざだ．コップ中の水にそっと置いた小さな金属片（一円玉など）も，密度が水より高いのに，表面張力のおかげで水面に"浮かぶ"．

友だちが一緒なら，こんなことをしてみてもいい．浮かべた金属片から遠くない水面に，爪楊枝（つまようじ）を半分ほど突き刺す．波立たないようにやれば金属片は沈まない．爪楊枝を引抜いて友だちに渡し，同じことをしてもらう．するとあら不思議，水面に爪楊枝を刺したとたん，金属片は沈んでしまう．その

---

### マクロとミクロ　表面張力

表面近くの分子は居心地が悪いため，液体はできることなら表面をつくりたくない．縮まろうとする力（表面張力）が，液体表面を"ピンと張ったトランポリン"状態にする．

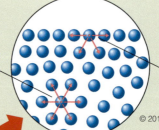

四方八方から仲間に引かれて居心地がいい内部の $H_2O$ 分子

仲間との引合いが少ない分だけ居心地が悪い表面の $H_2O$ 分子

© 2012 John Wiley & Sons, Inc.

環境が整えば（油の上など）水は球（表面積が最小の立体）になりたい

表面張力（トランポリン状態）のおかげで水上を飛び歩けるアメンボ

種明かしをしよう．

じつは"実験"の前に，爪楊枝の"半身"を洗剤で濡らし，乾かしておき，自分は"濡らさなかったほう"を刺す．友だちに爪楊枝を渡すときは，（バレないよう）反対側の端をつかませる．すると友だちは"洗剤つき"のほうを水面に刺し，表面張力が下がるので金属片が沈む．

最初に金属片を浮かばせた表面張力は，水面近くと水の内部で，水分子 $H_2O$ の居心地に大差があるから生まれる．それをコラムで鑑賞しよう．

## 界面活性剤

石鹸の歴史は古く，製法はもう 5000 年前のバビロン人が知っていたとおぼしい．古代フェニキア人もエジプト人もたぶん石鹸をつくったけれど，文書記録は古代ローマ以後のものしかない．ローマ人は，木が燃えてできる灰のエキス（抽出物）とヤギの乳を混ぜて煮た（いまの知識でいうと，木灰中の塩基が脂肪の加水分解を促した）．

繊維や皮膚，髪の油汚れを落とす石鹸は，界面活性剤の仲間になる．以下では，品物のほうを漢字で**石鹸**と書き，肝心な分子（長鎖カルボン酸のナトリウム塩）を片仮名で**セッケン**と書こう（英語はどちらも soap）．**カルボン酸**（carboxylic acid）のカルボキシ基 $-COOH$ は，プロトン（水素イオン）$H^+$ を出して陰イオン形 $-COO^-$ になる（8・3 節）．セッケンの場合，$-COO^-$ の負電荷をナトリウムイオン $Na^+$ が中和している（図解 11・1）．

セッケンを代表とする**洗剤**（detergent）の分子は，**親水性**（hydrophilic）部位と**疎水性**（hydrophobic）部位をもつ．水面の洗剤分子は，親水性部位を水の本体に向け，疎水性部位が水から遠ざかるように並ぶ（図解 11・2）．親水性部位が $H_2O$ 分子の間に割りこんで，水面の"張り"（表面張力）を弱める結果，浮いていた金属片が沈む．

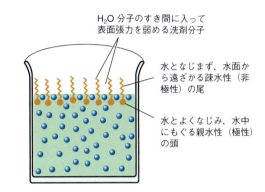

**図解 11・2 洗剤が表面張力を弱めるしくみ** 洗剤の分子は水面で"単分子層（monolayer）"になる．[© 2003 John Wiley & Sons, Inc.]

洗剤分子など，水の表面張力を変える物質を**界面活性剤**（surface-active agent，短縮形 surfactant）とよぶ．表面張力を下げる作用は目覚ましい（0.1% 石鹸水の表面張力は純水のわずか 30%）．

**ミセル** 水に洗剤を加えていけば，水面は界面活性剤でたちまち飽和する．加え続けると，界面活性剤の分子は水中で集まりたがる．そのとき，疎水性の尾が密集したコアを親水性の頭がとり囲み，親水性部分で $H_2O$ 分子と引合う球状の**ミセル**（micelle）ができる（図解 11・3）．

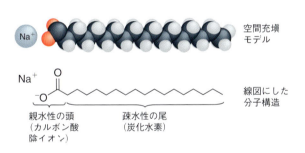

### 考えよう
ステアリン酸ナトリウムの分子式を書いてみよう．［答］$C_{18}H_{35}NaO_2$

**図解 11・1 セッケン分子** 代表例のステアリン酸ナトリウムを図示した．[© 2006 John Wiley & Sons, Inc.]

図解 11・1 の線図では，次のことに注意しよう．

- 結合線の曲がり角には，"C"と明記していないけれど，炭素原子がある．
- 水素原子の H も，C–H 結合も省いてある（省かないと右端は $-CH_3$，その左は $-CH_2-$）．

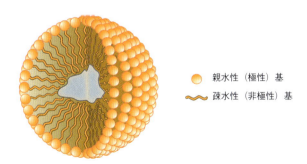

**図解 11・3 ミセル** 水中の界面活性剤分子は，親水性の頭で疎水性の尾を"隠した"球状構造になる．[© 2015 John Wiley & Sons, Inc.]

水中に分散したミセルは，"溶けている"わけではなく，コロイド（7・1 節）の類になる．

## 11. キレイの化学

**洗浄のしくみ**　万物は水に濡れると思いがちだが，そうでないシーンも多い．ワックス塗り直後の車体に降った雨は，小さな水滴になるだろう．衣服や傘についた雨水も，まず玉になってからゆっくりと浸みこんでいく．

洗濯のとき水は，繊維によく浸みこんでほしい．水の表面張力を減らす洗剤分子のミセルを含む水なら，繊維の内部まで入りこむ．そのミセルがグリースや油を疎水基で包み，石鹸水のほうへ戻る．もはや繊維のほうへ戻れなくなった油汚れを，すすぎの水で洗い流す（**コラム**）．

ミセル表面には親水性の $-COO^-$ がびっしり並ぶ．負電荷が反発し合うため，油滴を包んだミセルは凝集せず，水中によく分散する．そんな洗剤を**陰イオン洗剤**（anionic detergent）という．

**石鹸づくり**　ローマ人のようにヤギの乳と灰のエキスを煮ても，いまの化学工場でつくっても，起こる化学の出来事に変わりはない．セッケンは，天然の油脂（トリグリセリド．5章）を加水分解してつくる．

加水分解前の姿は**エステル**とよぶ．エステルはアルコールとカルボン酸の反応でできる．

$$CH_3CH_2OH + HO-\underset{\underset{\text{酢 酸}}{\text{（カルボン酸）}}}{\overset{O}{\underset{\|}{C}}-CH_3} \rightleftharpoons CH_3CH_2O-\underset{\underset{\text{酢酸エチル}}{\text{（エステル）}}}{\overset{O}{\underset{\|}{C}}-CH_3} + H_2O$$

（エステル結合）

いまの例では，エタノール（アルコール）と酢酸（カルボン酸）から酢酸エチル（エステル）ができ，そのとき水分子1個が外れる．反応を速めるには温度を上げて，触媒（酸など）を加える．エステル化は可逆反応だから，エステルが水と反応してアルコールとカルボン酸に戻る（**加水分解** hydrolysis）．塩基（NaOH など）を加えてエステルを加水分解すれば，アルコールと，（カルボン酸自体ではなく）カルボン酸の塩ができる（図解 11・4）．

$$CH_3CH_2O-\underset{\underset{\text{酢酸エチル（エステル）}}{}}{\overset{O}{\underset{\|}{C}}-CH_3} + \underset{\text{水酸化ナトリウム（塩基）}}{NaOH}$$

$$\xrightarrow[\text{加 熱}]{H_2O} \underset{\underset{\text{エタノール（アルコール）}}{}}{CH_3CH_2OH} + \underset{\underset{\text{酢酸ナトリウム（カルボン酸の塩）}}{}}{Na^+ \ ^-O-\overset{O}{\underset{\|}{C}}-CH_3}$$

> **考えよう**
> 同じ条件で酢酸メチル $CH_3COOCH_3$ を加水分解すると何ができる？
> ［答］メタノールと酢酸ナトリウム

**図解 11・4　エステルの加水分解**　エステルと塩基の水溶液を加熱する．

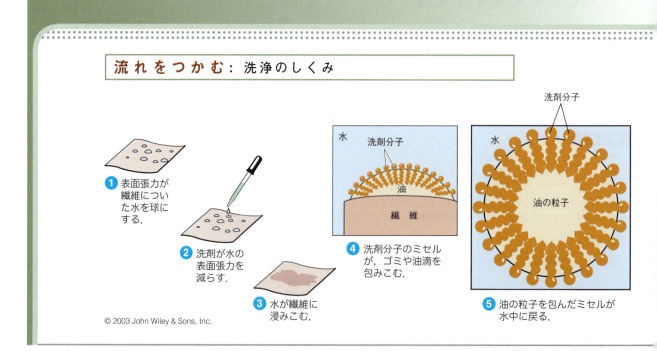

### 流れをつかむ：洗浄のしくみ

❶ 表面張力が繊維についた水を球にする．

❷ 洗剤が水の表面張力を減らす．

❸ 水が繊維に浸みこむ．

❹ 洗剤分子のミセルが，ゴミや油滴を包みこむ．

❺ 油の粒子を包んだミセルが水中に戻る．

© 2003 John Wiley & Sons, Inc.

## 11・1 石鹸と界面活性剤

**図解 11・5 石鹸づくりの反応**　NaOH水溶液中でエステルのトリグリセリド（獣脂や植物油）を加熱する.

> **考えよう**
> トリグリセリドの分子が共通にもつ3種の部位は？
> ［答］グリセロール骨格，エステル結合（3個），炭化水素鎖（3本）

　NaOH水溶液中でトリグリセリド（油脂というエステル）を加水分解すれば，グリセロール（グリセリン）とセッケンができる．その反応を**けん(鹸)化**（saponification）という（図解11・5）．

　セッケンは，長鎖カルボン酸（**脂肪酸** fatty acid）のナトリウム塩にほかならない．反応後に溶液を冷やし，水面で固まったセッケンを集める．天然の脂肪酸はたいてい直鎖で，偶数個のC原子を含む．セッケンは，C原子が10〜18個の脂肪酸ナトリウム塩だと思ってよい．市販の石鹸には，スキンコンディショナーや香料，安定化剤，色素なども加えてある．

　セッケンと洗剤，界面活性剤の関係を図解11・6にまとめた．"界面活性剤"がいちばん広い意味をもつ．界面活性剤の一部をなす洗剤は，食器洗いや洗濯に使う．トリグリセリドを加水分解してつくるセッケンは，洗剤の一部だと考えよう．

　セッケンも洗剤分子も，疎水性の"尾"（炭化水素鎖）が親水性の"頭"と結合している．頭が負電荷なら**陰イオン界面活性剤**（anionic surfactant），正電荷なら**陽イオン界面活性剤**（cationic surfactant），電荷ゼロなら**非イオン界面活性剤**（nonionic surfactant）とよぶ．いま市販の洗剤は陰イオン系が主流で，吸水性の高い綿や麻，合成繊維などに適する．ほかに両性界面活性剤もある．

　陽イオン系には，N原子に計4個のアルキル基や炭化水素基が結合した"第四級アンモニウム塩"が多い．殺菌力が強いため，滅菌スプレーやウェットティッシュ，マウスウォッシュにも使う．負電荷をもつ繊維とよく引合い，柔軟化作用を発揮するため柔軟（仕上げ）剤に使われる．陽イオン系の疎水基（尾）が繊維表面から突き出る形になるので，洗濯後の布は"絹の手触り"を示す．

　非イオン系には，親水性部位にO原子がいくつも共有結合したものが多い．毛，絹，ポリエステルなど合成繊維の洗濯に適する．非イオン系は泡立ちにくいから，食器洗いや洗濯用の液体洗剤にするときは陰イオン系と組合わせる．界面活性剤3種の基本構造を図解11・7にした．

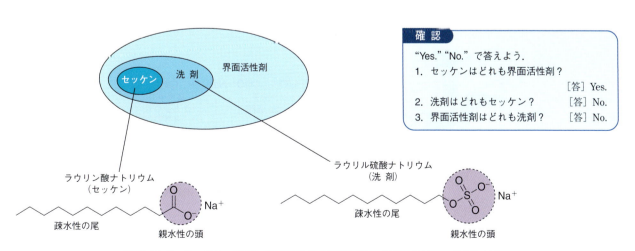

> **確認**
> "Yes.""No."で答えよう.
> 1. セッケンはどれも界面活性剤？　　　　［答］Yes.
> 2. 洗剤はどれもセッケン？　　　　　　　［答］No.
> 3. 界面活性剤はどれも洗剤？　　　　　　［答］No.

**図解 11・6　セッケン，洗剤，界面活性剤の相互関係**　界面活性剤の一部を洗剤といい，洗剤の一部をセッケンという．具体例を二つ示す．

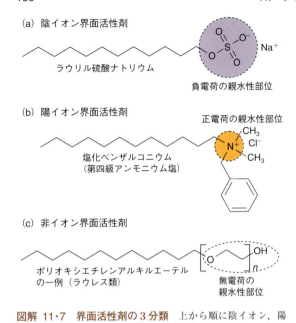

図解 11・7 界面活性剤の3分類 上から順に陰イオン，陽イオン，非イオン界面活性剤の例を示す．

## 硬水と軟水

飲み水は，弱酸性の雨水に触れた土や岩から溶け出るミネラル分を含む（7章）．陽イオンのカルシウム $Ca^{2+}$ やマグネシウム $Mg^{2+}$，鉄 $Fe^{2+}$ が多い水を**硬水**（hard water），少ない水を**軟水**（soft water）とよぶ．硬水で石鹸を使うと，セッケン分子の陰イオン部位に $Ca^{2+}$ や $Mg^{2+}$ が結合し，不溶性の塩ができる（ちなみに鍋物の野菜がつくる灰汁は，シュウ酸と $Ca^{2+}$ が出合ってできる不溶性の軽いシュウ酸カルシウム）．水の硬度が高い場所では，そんな**石鹸垢**（soap scum）がバスタブや洗面ボウルに付着しやすい（図解 11・8）．

だから硬水は石鹸をムダにする．セッケンの大半は洗浄に役立たず，$Ca^{2+}$ や $Mg^{2+}$，$Fe^{2+}$ をつかまえるだけ．陽イオンの"始末"が終わってようやく，洗浄作用を発揮できる．おまけに石鹸垢が繊維にくっつき，洗い上がりの見た目を汚くしてしまう．

硬水の作用を確かめるには，まず PET ボトルに半分ほど蒸留水を入れる．石鹸のかけらを入れて振り混ぜると，大量の泡が立つ．次にフタを開け，茶さじ1杯の牛乳を入れる．牛乳のカルシウム分 $Ca^{2+}$ が水の硬度を上げ，泡を消していくだろう．水中には固体（石鹸垢）もできる．

**硬水軟化剤** 硬水の面倒をなくすには，主犯の陽イオンを除けばいい．市販の**硬水軟化剤**（water softener）は，$Ca^{2+}$ や $Mg^{2+}$，$Fe^{2+}$ をナトリウムイオン $Na^+$ に置き換えて軟水化する．

家庭用の浄水器（硬水軟化装置）には，おびただしい陰イオン基をもつ"イオン交換樹脂"が詰めてある．まず濃い食塩水を通じると，樹脂上の陽イオンを $Na^+$ が追い出して居座る．そこに硬水を通せば，$Ca^{2+}$ や $Mg^{2+}$ が $Na^+$ を"蹴り飛ばして"陰イオン基に結びつくため，浄水器から軟水が出ていく（図解 11・9）．

**合成洗剤** 合成洗剤は，石鹸とちがって硬水中でも洗浄力が落ちない．ふつう合成洗剤の親水性部位は（カルボキシラト基 $-COO^-$ ではなく）スルホナト基 $-SO_3^-$ にしてある．

スルホナト基なら，金属陽イオンと結合しても不溶性の塩にならないのだ．代表例のアルキルベンゼンスルホン酸塩（ABS）は硬水にもよく溶け，洗濯用洗剤に多用される．ただし側鎖が枝分かれした ABS は，クリーニング店や下水処理場の排水に出会うと集合して泡立ちやすい．そこで，生分解性もある直鎖アルキルベンゼンスルホン酸塩（LAS）が登場した（分解後は硫酸イオン $SO_4^{2-}$ と水 $H_2O$，二酸化炭素

図解 11・8 洗面所の石鹸垢 $Ca^{2+}$ や $Mg^{2+}$，$Fe^{2+}$ が $Na^+$ と置き換わる結果，不溶性の固体ができる．

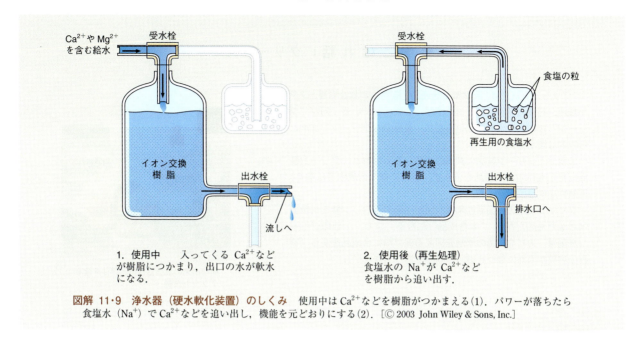

**図解 11・9　浄水器（硬水軟化装置）のしくみ**　使用中は $Ca^{2+}$ などを樹脂がつかまえる(1)．パワーが落ちたら食塩水（$Na^+$）で $Ca^{2+}$ などを追い出し，機能を元どおりにする(2)．〔© 2003 John Wiley & Sons, Inc.〕

$CO_2$ になる）．LAS の一例を下に描いた．

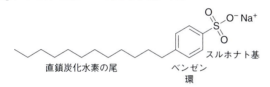

洗濯用洗剤には何が配合してあるのか？　むろん最多の成分は界面活性剤で，当初は陰イオン系の ABS が主体だった．昨今は，陰イオン系に非イオン系も混ぜてある．非イオン系だと，金属イオンをとらえて軟水化する**ビルダー**〔洗浄助剤 builder．洗浄効果を強める（build up する）もの〕が少なくてすむ．水が硬水なら石鹸より合成洗剤のほうが適し，さらには陰イオン系より非イオン系のほうがいい．非イオン系だとビルダーの量を減らせるから，パッケージも小さくて廃棄物が減り，重さあたりの界面活性剤が多いので洗濯 1 回あたりの使用量が少ない．

初期のビルダーには，リン酸 $H_3PO_4$ 由来の**リン酸塩**（phosphate）を使った．安いうえに毒性がなく，金属イオンをしっかりつかむ．だがひとつ欠点があった．淡水の生物には願ってもない養分だから，水面近くの藻類が大増殖して酸素を呼吸に使う結果，水中が酸欠になってほかの生物が死ぬ．それを水圏の**富栄養化**（eutrophication）という．富栄養化が大問題になったため，諸国や諸州が洗剤のビルダーへのリン酸塩使用を禁じた．

いまはリン酸塩の代わりに**ゼオライト**（zeolite）という鉱物を使う．アルミニウム Al とケイ素 Si，酸素 O からできた固体で，内部にケージ（かご）構造をもつ．洗剤に加えると，ゼオライトの $Na^+$ を硬水の金属イオンが追い出し，そこに居座るので硬水が軟水化する．

市販の洗剤には，シミ抜き用の漂白剤や，血や植物片などの生物組織を分解する酵素，油や垢を繊維に再付着させない懸濁剤なども入れてある．そうした成分が，洗濯物をきれいに仕上げる．

紫外線を吸って青っぽい光（蛍光）を出す有機分子を入れた製品も多い（青い染料も有効）．かすかな青い光や色が黄ばみの色に重なると，錯覚で“白っぽく”見える．香料もたいてい入れてある．典型的な洗濯用洗剤の組成を表 11・1 にまとめた．

**表 11・1　典型的な洗濯用洗剤の成分**

| 成　分 | 物質の例 | 働　き |
| --- | --- | --- |
| 界面活性剤 | アルキルベンゼンスルホン酸塩 | 洗浄作用 |
| ビルダー（助剤） | ゼオライト | 軟水化（洗浄力の強化） |
| 酵　素 | プロテアーゼ／アミラーゼ | タンパク質系のシミ抜き |
| 懸濁剤 | カルボキシメチルセルロース（CMC） | 汚れの再付着防止 |
| 漂白剤 | 過ホウ素酸塩 | シミ抜き |
| 蛍光漂白剤 | 蛍光色素 | 白さ増強 |
| 香　料 | ― | 香り付与 |

**製品の“グリーン”化**　環境を思う風潮が，家庭用品の成分と包装を変えてきた．製品の原材料・調合・包装と，

## 化学こぼれ話: グリーン洗剤

"グリーン"洗剤は，天然素材を使い，毒物や刺激性物質，フタル酸塩，石油化学製品などは不使用だと表示している．何が"グリーン"かに共通理解はないのだが，量販の"グリーン"洗剤と伝統的な製品を比べてみよう．

伝統品とグリーン製品に共通の成分もあるけれど，グリーン製品はたとえば蛍光漂白剤を含まず，香料にも（合成物ではなく）天然物を使う．

グリーン洗剤の界面活性剤は，植物由来のラウリン酸を化学変化させたものだから，"半合成品"になる．また，一部のグリーン洗剤は，カビや細菌の繁殖を抑える保存料に合成品を使う（望みの物質が天然になければ，合成品を使うしかない）．

植物由来の界面活性剤と精油を含むグリーン洗剤

| 成　分 | 伝統的な製品 | "グリーン"洗剤 |
|---|---|---|
| 界面活性剤 | アルキルベンゼンスルホン酸塩（陰イオン），ラウレス-9（非イオン） | ラウリル硫酸ナトリウム（陰イオン），ラウレス-6（非イオン） |
| ビルダー | ホウ砂，DTPA（ジエチレントリアミン五酢酸），クエン酸 | ホウ酸，クエン酸ナトリウム |
| 酵素 | プロテアーゼ，アミラーゼ，マンナナーゼ | プロテアーゼ，アミラーゼ，マンナナーゼ |
| 懸濁剤/酵素安定化剤 | ポリエチレングリコール，プロピレングリコール，エタノールアミン | グリセリン，塩化カルシウム |
| 蛍光漂白剤 | ジアミノスチルベンジスルホン酸ナトリウム | なし |
| 香料 | 合成化合物 | 精油と植物エキス |
| 保存料 | メチルイソチアゾリノン | メチルイソチアゾリノン |

> **考えよう**
> 石鹸は天然物，半合成物，合成物のどれ？
> ［答］半合成物（天然油脂を化学変化させた製品）

輸送などのエネルギー消費を総合し，LCA（図解1・3, p.4）の眼で考える．"グリーン"洗剤なら，界面活性剤や溶媒，香料をなるべく植物材料からつくり，健康や環境にあぶない物質は使わない（コラム）．

## 振返り

1. セッケンはどうやって水の表面張力を下げる？
2. ミセルの内部には分子のどんな働き合いがある？
3. 陽イオン界面活性剤と陰イオン界面活性剤は，分子のどこがちがう？
4. 硬水の軟水化では，どんなイオンが交換される？

## 11・2　化粧品とスキンケア

- 化粧品（cosmetic）という語の由来は？
- 皮膚のつくりと，スキンケア製品の働きとの関係は？

自分をきれいに見せ，匂いもよくするスキンケア製品と，背後の化学を調べよう．

### 化粧品の今昔

人間は古今東西，植物エキスや鉱物の粉を体に塗って，見栄えをよくしようとしてきた．たとえば，アフリカやインド，中東産のヘナ（ヘンナ）という植物から抽出され，いまも使

**図解 11・10 ヘナ染色の化学** 人類は古くから皮膚や髪の染色にヘナのエキスを使ってきた．

う赤っぽい染料（図解 11・10）は，エジプトで出土したミイラの髪にも見つかる（当時の人々がアンチモン鉱石の粉をアイシャドーにした史実も名高い）．あの世でも美しくあれと願ったのだろう，ふつうファラオ（王）の墓には，化粧品や油，軟膏の類が副葬されている．

英語の cosmetic（化粧品）は，秩序・装飾・宇宙を意味するギリシャ語 *kosmos* にちなむ．古代ギリシャの哲学者が，"秩序は美しい．ゆえに秩序ある宇宙は美しい" と思っていたからだ．米国の食品医薬品化粧品法は化粧品を，"清潔を保ち，美しさを増し，魅力を上げ，外見を整える" ために塗るもの，と定義する．同法は石鹸を化粧品とみないが，魅力向上のため皮膚をきれいにする製品だから，石鹸も化粧品の類とみてよい．

健康な体は魅力的……という発想が，化粧品と医薬（次章）の境目をぼやけさせる．そのためスキンケア製品のメーカーが "肌を健康にして若返らせる" クリームを宣伝したりするけれど，確かな証拠を食品医薬品局に提出できないと "不当表示" の批判を受ける．

米国の場合，パーソナルケア製品の販売額で，総計のほぼ半分が ① ヘアケア製品，② スキンケア製品，③ 石鹸・ボディーソープ類，④ 香水・コロン類のどれかになる．どれも "儲かる" 製品だ．大まかにいうと，製品価格のうち原材料（界面活性剤，香料，保湿剤など）はせいぜい 10% しか占めず，90% 以上が研究開発や容器・包装，配送，宣伝費だと思ってよい．

パーソナルケア製品の（水と溶媒を除く）成分で目立つのは，次の二つだといえる．

- 界面活性剤（シャンプー，石鹸，歯磨き剤などの主役）
- 香料（重さで製品の 1% 以下だが，原材料費の約 25% も占める）

化粧品などパーソナルケア製品には，少なくとも以下三つの機能が要求される．① 基本機能（シャンプーなら髪の汚れをよく落とす）．② 使用部位（髪，歯，肌，爪など）ごとの要求（シャンプーなら洗髪後のつや．歯磨きなら虫歯を防ぎ，口臭を消す）．③ 宣伝文句どおりの効果を示し，使い勝手がよく，高級感がある，など．

## スキンケア

皮膚は体の器官としていちばん大きい（成人の平均的な体表面積は 1.6 m$^2$）．化粧品に使うお金のほぼ 4 分の 1 が，保湿剤やクリーム類，洗顔石鹸やボディーソープ，体臭防止剤や発汗抑制剤といった形でスキンケアに回る．

皮膚は大事な内臓を収納し，外からの衝撃や微生物から体を守るほか，体温の調節，温度・湿度の感知，ビタミン D の合成（14 章）なども担う．

皮膚のつくりを図解 11・11 に示す．**真皮**（dermis）には神経や毛細血管，汗腺，毛包がある．数層ないし 10 層の細胞からできた**表皮**（epidermis）の最下部（真皮の表面）で，1 層だけの**基底細胞**が分裂を続け，生まれた細胞は体表へと向かう．体表に達すると死に，毛髪と同じケラチン質の**角質層**（stratum corneum）となる（角質層が "垢" になって落ちる．皮膚の細胞は生まれてから約 1 週間で剝落＝新陳代謝する）．

**スキンローション**　クリームやローションは，皮脂と同様，皮膚を軟らかく湿った状態に保つ．どちらもコロイド（7 章）状の**エマルション**（乳剤 emulsion）になっている．成分表（配合量の順に記載）のトップが油なら，油が 50% 以上の**油中水**（water-in-oil）型だろう．トップが水なら，水が 50% 以上の**水中油**（oil-in-water）型だと思ってよい（図解 11・12）．昔ながらのコールドクリームは，ミネラルオイル（石油系炭化水素）に水とワックスを混ぜたエマルションだ．皮膚に広げやすいローションやボディーローションは，ワックス分を減らしてある．ローションやクリーム類は角質層の保湿が目的だから，皮膚が湿っている入浴後やシャワー後に使うと効果が高い．

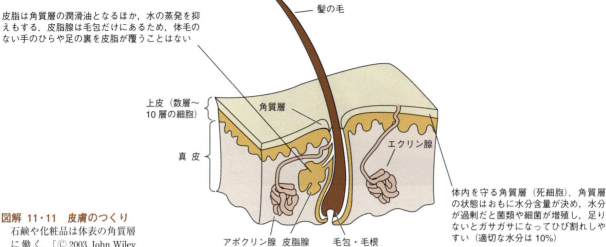

**図解 11・11 皮膚のつくり** 石鹸や化粧品は体表の角質層に働く. [© 2003 John Wiley & Sons, Inc.]

皮脂は角質層の潤滑油となるほか,水の蒸発を抑えもする.皮脂腺は毛包だけにあるため,体毛のない手のひらや足の裏を皮脂が覆うことはない

体内を守る角質層（死細胞）.角質層の状態はおもに水分含量が決め,水分が過剰だと菌類や細菌が増殖し,足りないとガサガサになってひび割れしやすい（適切な水分は 10%）

**制汗剤と体臭防止剤** 汗は体温調節のために出る（蒸発する水分が熱を奪う.図解 6・3, p.71）.暑いときや緊張したときに汗腺が汗を出す.汗腺のうち,"真の汗腺"ともいう**エクリン腺**（eccrine gland. 図解 11・11）は,皮膚のほぼ全面にある.額や顔,手のひら,足の裏,腋の下に多く,弱い酸性を示し,微量の無機イオン（おもに $Na^+$, $K^+$, $Cl^-$）,乳酸 $CH_3CH(OH)COOH$,尿素 $H_2NCONH_2$,グルコースなどを含む.

かたや**アポクリン腺**（apocrine gland）は,腋の下や鼠径部など体のくぼみだけにあり,皮脂腺と同じく,毛包に向けて液体を分泌する.分泌液自体はほぼ無臭でも,腋の下などに棲む細菌が代謝する結果,悪臭物質に変わる.発汗と悪臭を抑えるには,制汗剤（発汗抑制剤）と体臭防止剤を使う.制汗剤は汗を抑えて体表を乾燥状態に保ち,体臭防止剤は悪臭分子に襲いかかる.

制汗剤のクロロヒドロキシアルミニウム $Al_2Cl(OH)_5$ は,成分の $Al^{3+}$ が水分子を結合して皮膚の細胞に入り,細胞を膨らませてエクリン腺の"パイプ"を絞るから,汗が出にくくなる.またアルミニウム化合物には,細菌を殺して悪臭を減らす効果もある.

| | (a) 標準的なコールドクリーム | (b) 標準的な保湿ローション |
|---|---|---|
| 成分の記載順 | ミネラルオイル,水,セレシンワックス,蜜ろう,トリエタノールアミン | 水,グリセリン,ワセリン,ステアリン酸,ステアリン酸グリコール |

**考えよう**

保湿剤に使うトリエタノールアミン $(HOCH_2CH_2)_3N$ やグリセリン $HOCH_2CH(OH)CH_2OH$ と水分子 $H_2O$ との引合いを何とよぶ？

［答］水素結合

**図解 11・12 クリームとローション** 成分表のトップに書いてある物質名から,エマルションの型が推定できる.[© 2012 John Wiley & Sons, Inc.]

## 化学者の眼：色が命の化粧品

色素には有機系（炭素化合物）と無機系（金属化合物）がある．有機系の色素は，**共役二重結合**（conjugated double bond. p.138）が可視光の一部を吸収して色がつく．無機系の顔料は，鉄やクロム，チタンなど**遷移金属**（transition metal）の化合物が可視光の一部を吸収または散乱する．

**アイシャドー** ウルトラマリンブルー（Al, O, Si, Na, S の無機高分子），赤系統の酸化鉄，カーボンブラック（黒），酸化チタン $TiO_2$（白）などの無機顔料が主体．

**まつげ** 色が薄くて見えにくい先端部分を黒いマスカラで太く見せる．アレルギー反応が起こりにくい天然の無機顔料とカーボンブラックが主体（食品医薬品局の規制）．

**フェイスパウダー（おしろい）** 皮脂や汗のテカリを抑え，顔色をよくして肌に"つや"を出し，香りもつける．ふつうパウダーは次の3成分を含む．

| 成　分 | 化学式 | 効　果 |
|---|---|---|
| タルク（滑石） | $Mg_3(Si_2O_5)_2(OH)_2$ | 質感と"のび" |
| カオリン（高陵石） | $Al_2SiO_5$ | 吸　水 |
| 酸化亜鉛 | $ZnO$ | シミ隠し，肌色補正 |

**マニキュア** 色素（無機顔料，カーボンブラック，有機色素）とニトロセルロース，樹脂類，可塑剤を有機溶剤に溶かして塗り，溶媒が蒸発してできる柔軟なうるし状の皮膜．溶剤には次の2種類をよく使う．

**口　紅** 赤系統には下図の二つが多い．共役二重結合の部分が長いほど，吸収する可視光の波長が長くなる．

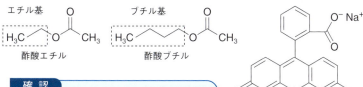

酢酸エチル　　酢酸ブチル　　ジブロモフルオレセイン（橙）　　テトラブロモフルオレセイン（赤）

> **確認** 口紅用の色素はどちらも，共役二重結合が分子全体に広がっているのを確かめよう．

---

体臭防止には，悪臭を隠す香料や，悪臭を根元から断つ抗菌剤を使う．アルミニウム塩のほか，トリクロサンという抗菌剤もある（薬用石鹸に添加したが2016年に販売停止）．日ごろ清潔に心がければ体臭も減る．

**メイク用（着色用）の化粧品** メイク用の化粧品には，口紅（リップスティック）やアイシャドー，マニキュア，フェイスパウダー（おしろい）などがある．重さで口紅の半分近くを占めるヒマシ油（トリグリセリド混合物）は，色素を溶かすうえ，容器内でワックス状の固体を唇によく"広げる"．配合された油とワックス，高分子が，質感を上げ，唇によく乗せて"うるおい"を恵む．ほかにわずかな色素と香料，保存料が入っている．メイク用化粧品に使う物質の一部をコラムに紹介した．

**香水の類（フレグランス）** 化粧品と同じく香水やコロンも歴史が古い．香水の英語 perfume はラテン語の *per*（〜を通じて）と *fumus*（煙）からでき，もともとは儀式で焚く香炉や香木の匂いを指した．香水より安いコロンは，香料の濃度が香水の10％しかない．なおコロンの英語 cologne は，1700年代の初めに柑橘類系ローションをつくっていたドイツのケルン（独語 Köln，仏語 Cologne）にちなむ（ケルンの旧名は古代ローマの植民都市コロニア．またオーデコロンは"ケルンの水"を意味する仏語）．

# 11. キレイの化学

> **確認**
> 例示した分子は上から順にアルデヒド，アルコール，ケトンだといえる．確かめよう．

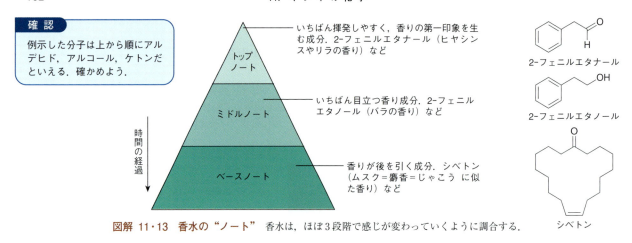

図解 11・13　香水の"ノート"　香水は，ほぼ3段階で感じが変わっていくように調合する．

　調香の長い歴史を引きずる現代の香水は，多彩な天然物と合成化合物の10〜25％エタノール溶液で，どれも**揮発性**（volatility）があるため，空気に出て鼻へと届く．揮発しやすさは化学構造で決まるが，むろん体温が高いほど揮発しやすい．調香の際は，3種のノート（香調 note．"音符"と同じ単語）がほどよい時間差で香るようくふうする（図解 11・13）．

　ふつう香料の分子は，次のどれかの形をもつ（R と R' は炭素 C を含む原子団）．アルデヒドとケトン，エステルには，カルボニル基 C=O がある．

$$
\underset{\text{アルコール}}{\text{R—OH}} \quad \underset{\text{アルデヒド}}{\text{R—C(=O)—H}} \quad \underset{\text{ケトン}}{\text{R—C(=O)—R'}} \quad \underset{\text{エステル}}{\text{R—C(=O)—OR'}}
$$

　香料分子のうちエステルには，果実の匂いを示すものが多い（ナシの香りの酢酸プロピル $C_3H_7O(C=O)CH_3$ など）というように，ある程度は一般化できる．

　どんな香料を使うかは，香り自体と入手しやすさ，安全性などで決まる．うるわしい香りの物質も，たちまち酸化されて悪臭物質になるなら，パウダーや洗剤には使えない．用途もしっかり考える．たとえばデオドラント（体臭防止）石鹸には，森の空気を思わせる強い香りをつけてもいい．ただし口紅の香料には，飲食物の味を乱さないよう，香りの控えめな物質を選ぶ．

**日焼け止め**　皮膚がなぜ日に焼けて，日焼け止めがどう働くのかをつかむには，太陽光の素性を知っておく必要がある．太陽光は"光の速さで進む振動電場"つまり電磁波の仲間で，波の山から山までを**波長**（wavelength），毎秒の波打ち回数を**振動数**（frequency）という．波長と振動数は反比例し，波長が短いほど振動数は高い．

　**電磁波のスペクトル**（electromagnetic spectrum）全体を図解11・14にした．粒（光子）とみたエネルギーは，振動数が高いほど大きい．

> **確認**
> X線とマイクロ波で，光子エネルギーはどちらが大きい？
> ［答］X線

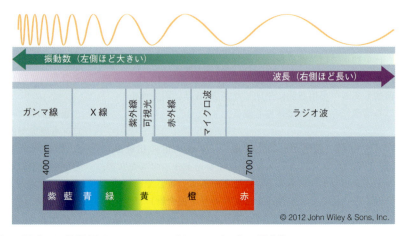

図解 11・14　電磁波のスペクトル　波長がほぼ400〜700 nm（ナノメートル）の電磁波を可視光という．どの電磁波も真空中を光速（$3×10^8$ m/s）で進む．

## 11・2 化粧品とスキンケア

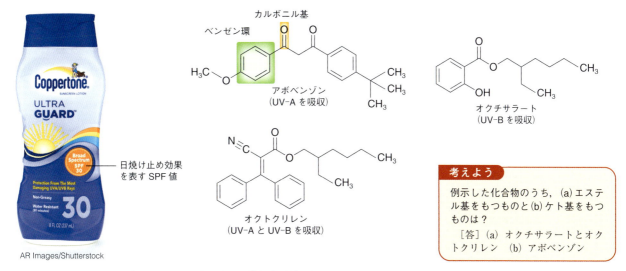

図解 11・15 日焼け止めに使う紫外線吸収剤　ベンゼン環とカルボニル基（>C=O）の二重結合が紫外線を吸収する．

**考えよう**

例示した化合物のうち，(a) エステル基をもつものと(b) ケト基をもつものは？

［答］(a) オクチサラートとオクトクリレン　(b) アボベンゾン

---

　可視光（visible light）のうちでは，赤の波長（約 700 nm）がいちばん長い．可視光より波長の長い電磁波（>700 nm）を**赤外線**（infrared radiation），短い電磁波（<400 nm）を**紫外線**（ultraviolet radiation＝UV）とよぶ（なお波長が 280 nm 未満の紫外線は地球に届かない）．

　日焼けは，紫外線障害から身を守ろうとする生体応答にほかならない．具体的には，光吸収が引き金になって，紫外線をさえぎる黒い色素**メラニン**（melanin）が基底細胞（p.159）のあたりで合成される．

　紫外線は，波長の長い（光子エネルギーの小さい）ほうから UV-A，UV-B に分類する．あぶない UV-B（280〜320 nm）の作用には，すぐ出るものと，時間をかけて出るものがある．急性応答の**サンバーン**（sunburn）は，皮膚の赤変と水ぶくれ，剝落（皮むけ）を起こす．UV-B を浴び続けると，肌の白い人は皮膚がんになりやすい（適量の UV-B はビタミン D の合成を促すが）．

　UV-A（波長 320〜400 nm）の作用は軽い日焼け（**サンタン** suntan）にとどまる．ただし波長が長くて皮層の深部まで届く UV-A も，浴び続ければ皮膚の老化を早めたり皮膚がんにつながったりする．

　日焼け止め剤には，UV-B も UV-A も防ぐ**広域対応**（broad-spectrum）タイプが多い．成分は次の二つに分類できる．

- **紫外線吸収剤**（UV absorber）　紫外線を吸収する有機化合物
- **光散乱剤**（scattering agent）　酸化亜鉛 ZnO や酸化チタン $TiO_2$ など，光を散乱させる白色粉末

　初期に使われた $p$（パラ）-アミノ安息香酸（PABA）類は紫外線をよく吸うが，アレルギーなどのリスクがあって脱落した．紫外線吸収剤の例を図解 11・15 に示す．

　ZnO や $TiO_2$ は紫外線を散らす．最近は**ナノ粒子**（nanoparticle）にしたものが多い．サイズ数十 nm の $TiO_2$ 粒子は無色なのに，紫外線をよく散乱してくれる．

　日焼け止め製品には，**日焼け防止指数**（sun protection factor＝SPF）が書いてある．SPF が 30 なら，皮膚に届く紫外線（UV-B）を 30 分の 1 にする（素肌に 1 分間だけ紫外線を浴びたときの日焼け度は，日焼け止めを塗ったら 30 分間も浴びて同じになる）．SPF が 30 より大きい製品もあるが，30 を超して効果が画期的に変わるわけでもない．なお，UV-A の遮蔽効果を表す PA（protection grade of UV-A）も付記した製品が多い（PA++ などと表示）．

　太陽がなくても"日焼け"はできる．たとえばジヒドロキシアセトンという有機分子は，皮膚のアミノ酸と反応して褐色の物質をつくる（図解 11・16）．

**考えよう**

ジヒドロキシアセトンがもつ二つの官能基は？

［答］ケト基とアルコール基

図解 11・16 人工日焼け剤　化学反応で褐色の肌にする"日焼け剤"．

## 振返り

1. 化粧品の重さのうち，比率が最大の成分は？
2. 保湿用ローションは，どんな型のエマルションか？

### 11·3 口腔ケアとヘアケア

- 歯の化学組成と，口腔ケア製品に利用される化学反応は？
- 毛髪はどんな構造をもち，ヘアケア製品にはどんな化学反応を利用する？

本節では，歯と毛髪の成り立ちを眺め，関連するケア製品の化学を調べよう．

#### 口腔ケア（歯の手入れ）

真っ白に輝く歯は，健康そうで印象がよい．歯磨きの泡は界面活性剤が生み，泡立ちこそ歯磨きの命だと思いたくなるけれど，**歯磨き剤**（dentifrice）の主役は界面活性剤ではない．米国の食品医薬品局（FDA）も界面活性剤を練り歯磨きの有効成分とはみなさず，界面活性剤を含まない歯磨き粉もある．歯の美しさと健康を保つ成分は"穏やかな研磨材"だ．その理解に向け，歯の化学を眺めよう．

健康な歯のエナメル質は，食物を砕くほか，歯の内部を守ってもいる．たいへん硬いエナメル質は，**ヒドロキシアパタイト**（hydroxyapatite）$Ca_{10}(PO_4)_6(OH)_2$ という鉱物と微量のタンパク質でできている．そのエナメル質も，**歯垢**（プラーク plaque）という多糖の膜がつくとあぶない．

一部の口内細菌が食物の糖類から歯垢をつくる．エナメル質の表面に固着した歯垢は，いろいろな細菌の棲みかになる．ミュータンス菌という菌が，歯垢を食べて酸を出す．その酸がヒドロキシアパタイトから $Ca^{2+}$ とリン酸を溶け出させるため，放っておくとエナメル質に穴が開き，細菌が歯の内部に棲みつく．そうやって**虫歯**（dental caries）ができる．

虫歯の予防には，とにかく歯垢を除くこと．そこに研磨材が働く．まめに歯垢を除いていれば，酸のせいで溶ける $Ca^{2+}$ とリン酸を，唾液中の $Ca^{2+}$ とリン酸が補充し（**再石灰化** remineralization），エナメル質を丈夫に保つ．歯磨き剤用の研磨材は，歯垢を削り落とせるほど硬い半面，エナメル質を削らない程度に軟らかくなければいけない．

練り歯磨きは"フッ素添加"してあるものが多い．有効成分はフッ化物イオン $F^-$ で（"飲み水のフッ素添加"は7章参照），化合物はフッ化スズ(II) $SnF_2$ やフッ化ナトリウム $NaF$ など．$F^-$ は次のことをする．

- $F^-$ がヒドロキシアパタイトのヒドロキシ基 $OH^-$ と置換し，硬さも耐酸性も向上したフルオロアパタイトになる．
- 細菌の毒として働き，細菌由来の酸を減らす．

虫歯予防にほぼ無力な界面活性剤も，食べかすの一部は除けるし，きれいになった"感じ"はくれる．たいていの歯磨きに入れてあるサッカリンや香料が，ブラッシング後の甘味と爽やかさにつながる．典型的な練り歯磨きの成分を図解 11·17 に示す．

#### ヘアケア（髪の手入れ）

哺乳類の体毛は，皮膚を保護して体温を調節する．毛の本体は生命活動をやめた組織で，タンパク質のケラチンでできている．動物のひづめや角，羽毛も同様．ケラチンも 20 種のアミノ酸（表 5·1）がつながったポリペプチドだが，硫黄原子 S を含むアミノ酸（システイン）が多い（アミノ酸全体の 15％）．ポリペプチド鎖にあるシステインのチオール基（−SH）は，そばの鎖の −SH と結合して −S−S− の**ジスルフィド結合**（disulfide link）をつくりやすい．そのときシステインは酸化され（S 原子の酸化数が −2 → −1 と変化），**シスチン**（cystine）という名前に変わる．ジスルフィド結合が毛をしっかりさせる（図解 11·18）．

直径が 0.05〜0.1 mm の髪の毛は，皮膚の浅い場所にある毛包内の毛根から生え，1 カ月に約 1 cm 伸びる．毛根の活動が何年か続くと髪は抜け，次の1本が毛根から生えてくる．髪の本体は（毛）**皮質**（cortex）といい，色素も皮質にある．

| 成分 | 物質の例 | 働き |
| --- | --- | --- |
| フッ化物 | フッ化スズ(II) $SnF_2$ | 虫歯予防 |
| 穏やかな研磨材 | 水和シリカ $SiO_2 \cdot H_2O$ | 歯垢除去 |
| 界面活性剤 | PEG-6（ポリエチレングリコール，非イオン），ラウリル硫酸ナトリウム（陰イオン） | 泡立ち |
| 香味剤 | サッカリン（人工甘味料） | 爽快感 |
| 色素 | 酸化チタン $TiO_2$，青色1号など | 着色 |

**図解 11·17 練り歯磨きの成分と働き**

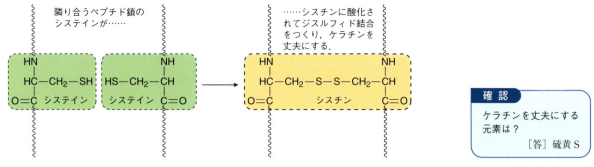

**図解 11・18 ケラチンのジスルフィド結合** 毛や爪や皮膚（角質層）の主成分ケラチンは，ジスルフィド結合が強くしている．

> **確 認**
> ケラチンを丈夫にする元素は？
> ［答］硫黄 S

その皮質を，うろこ状の半透明な**キューティクル**（**毛小皮** cuticle）が包む（図解 11・19）．毛包に近い皮脂腺の分泌する皮脂が，毛包を出て行く毛の潤滑剤になると同時に，髪に輝きを与え，キューティクルを皮質に貼りつかせて髪の乾燥を防ぐ．皮脂が多すぎると髪はギラつき，ゴミもつきやすい．逆に皮脂が少なすぎると，髪は乾いた感じで生気がない．

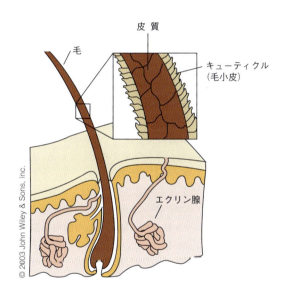

**図解 11・19 毛のつくり** 毛根以外の部分は生命活動を終えている．中心の皮質をキューティクルが包む．

シャンプーの界面活性剤は髪と頭皮の汚れを除き，過剰な皮脂も除いて髪を美しく見せる．ただし皮脂の全部を除くのはよくない．だからシャンプーには，界面活性が適度に弱いラウリル硫酸塩などを配合する．たいていのシャンプーに入れてあるコンディショナー（リンス）は，シャンプー洗いで失われた油分を補充する．

**シャンプーとコンディショナー**　シャンプーの成分表示には，ラウリル硫酸アンモニウムとラウリル硫酸トリエタノールアンモニウムがよく見つかる．どちらも陰イオン界面活性剤で，負電荷を $NH_4^+$ 型の"アンモニウムイオン"が中和している（下図）．ナトリウム塩とちがってアンモニウム

ラウリル硫酸アンモニウム

ラウリル硫酸トリエタノールアンモニウム

塩は，冷水によく溶け，過敏な皮膚を傷めにくく，髪の乾燥を抑えてくれる．

シャンプーには，泡立ち保持剤，保存料，粘度調節剤，pH 調節剤，軟水化剤，着色料，香料も加えてある．シャンプーの弱酸性は，髪の"つや"と弾力を保つ．髪は pH 4〜6 で見

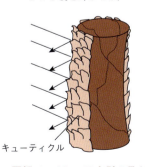

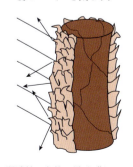

**図解 11・20 pH と髪の見た目** 弱酸性の条件で髪は"シャキッ"とする．［© 2003 John Wiley & Sons, Inc.］

## 11. キレイの化学

表 11・2 典型的なシャンプーの成分

| 成分 | 物質の例 | 働き |
|---|---|---|
| 溶媒 | 水 | 成分の溶解・分散 |
| 界面活性剤 | ラウリル硫酸アンモニウム（陰イオン） | 洗浄作用 |
| 酸性化剤 | クエン酸などカルボン酸 | 酸性化 |
| 発泡剤 | コカミド DEA など脂肪酸アミド | 発泡 |
| 保湿剤 | セチルアルコール $CH_3(CH_2)_{15}OH$ など長鎖アルコール | 保湿と油分補給 |
| 調整剤 | ポリクオタニウム（陽イオン界面活性剤） | 柔軟化・静電気防止 |
| 香料 | さまざま | 香り付与 |
| 保存料 | メチルイソチアゾリノン | 抗菌・殺菌 |

た目がいちばんいい．pH が 6 以上だと，キューティクルが膨潤してケバ立ち，光を散乱させるため，髪が光沢を失う．弱酸性のもとで皮質に貼りつくキューティクルは光を同じ方向に反射し，髪の輝きを生む（図解 11・20）．典型的なシャンプーの成分を表 11・2 にまとめた．

シャンプーは，余計な皮脂を除きながらも，油分の全部を除かないのがミソだった．とはいえ油は抜けすぎになりやすく，そのとき髪は "コシ" と "つや" を失い，もつれ合いやすくなる．だからシャンプーのあとコンディショナーで油分を補充し，静電気を抑えて指通りをなめらかにする．コンディショナーは通常，水分を引きつけて保持する**保湿剤**

表 11・3 典型的なコンディショナーの成分

| 成分 | 物質の例 | 働き |
|---|---|---|
| 溶媒 | 水 | 成分の溶解・分散 |
| 保湿剤・油・ワックス | グリセリン $HOCH_2CH(OH)CH_2OH$ など（保湿剤）<br>セチルアルコール $CH_3(CH_2)_{15}OH$ など（脂肪酸アルコール）<br>セチルエステル $CH_3(CH_2)_{15}O(CO)(CH_2)_{14}CH_3$ など（脂肪酸エステル） | 保湿と油分補給 |
| 調整剤 | ポリクオタニウム（陽イオン界面活性剤） | 柔軟化・静電気防止 |
| 酸性化剤 | クエン酸などカルボン酸 | 酸性化 |
| 潤滑剤 | ジメチコン（ケイ素系高分子） | からみ合い防止 |
| 香料 | さまざま | 香り付与 |
| 保存料 | メチルイソチアゾリノン | 抗菌・殺菌 |

（humectant）も含む．典型的なコンディショナーの成分を表 11・3 にした．

**トリートメント**　直毛か巻き毛かは，遺伝とホルモン要因（具体的には毛包の形）で決まる．毛包の出口が真円に近ければ直毛に，楕円形だと巻き毛になりやすい．また，髪そのものをつくるケラチンの化学的性質も直毛か巻き毛かの運命を分け，同じ巻き毛でも固巻きとウェーブのどちらかにする．ケラチンの化学的性質には次のものがある．

・ジスルフィド結合（ケラチン鎖を結びつける S−S 結合）
・塩 形 成（鎖をまたぐ陽イオン部分と陰イオン部分の引合い）
・水素結合（鎖をまたぐ H⋯O や H⋯N の引合い）

ジスルフィド結合は図解 11・18 で見た．2 番目の塩形成では，アスパラギン酸やグルタミン酸のカルボキシ基 −COOH が $H^+$ を失って $-COO^-$ になり，隣の鎖のリシンやプロリンのアミノ基 $-NH_2$ が $H^+$ をもらって $-NH_3^+$ となる結果，$-COO^-$ と $-NH_3^+$ が引合う．3 番目の水素結合には 6・1 節で出合った．髪や爪のケラチンを例に，以上三つを図解 11・21 にまとめた．

−NH− や −OH の H 原子が近くの O 原子や N 原子と引合う水素結合は，イオン結合や共有結合よりずっと弱いものの，数が膨大だから，髪の強さの大半を生む．ただし髪が濡れると，水分子がケラチン鎖の網目に入って水素結合を乱し，鎖の配列を変える．髪が乾くにつれて水が蒸発し，濡れる前とは別の形に固まる．洗髪後に櫛を使い，ドライヤーを当てる人は，ケラチンの水素結合を乱して鎖の配列を変え，"新しい髪"をつくる ── という化学変化を促している．次に洗った髪の内部は，また別の形に変わる．

ケラチン鎖の配列を長く固定させるには，市販の縮毛矯正剤を使うか，"パーマ"キットと硫黄の化学を使う．隣り合うケラチン鎖の S−S 結合が，鎖どうしの配列を固定するのだった．縮毛矯正剤は，成分の強塩基（水酸化リチウム LiOH など）が S−S 結合を切って直毛にする．かたや "パーマ"キットは，ひとまず S−S 結合を切ってから新しい S−S 結合をつくる（コラム）．ただの水洗いとはちがってパーマでは，強い S−S 結合が働いているため，濡らしても簡単には髪形がくずれない．

### 振返り

1. 練り歯磨きに入れてある "穏やかな研磨材" は何をする？
2. シャンプーとコンディショナーは互いの仕事をどう補い合う？

(a) ジスルフィド結合
システインの酸化型（シスチン）が鎖をつなぐ．

(b) 塩形成
酸性アミノ酸と塩基性アミノ酸の解離型どうしが引合う．

(c) 水素結合
H原子がそばのO原子やN原子と引合う．

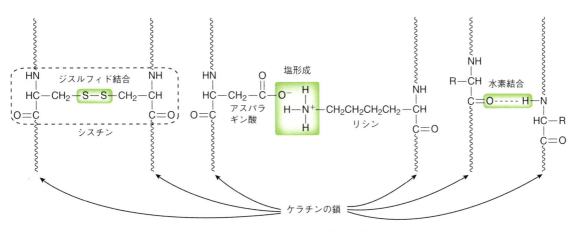

図解 11・21　タンパク質鎖の引合い

## 流れをつかむ："パーマ"の化学

還元剤でS−S結合を切り，形を整えたあと酸化して新しいS−S結合をつくる．

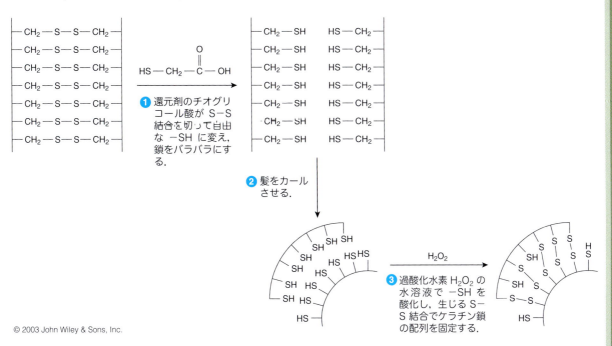

❶ 還元剤のチオグリコール酸が S−S 結合を切って自由な −SH に変え，鎖をバラバラにする．

❷ 髪をカールさせる．

❸ 過酸化水素 $H_2O_2$ の水溶液で −SH を酸化し，生じる S−S 結合でケラチン鎖の配列を固定する．

© 2003 John Wiley & Sons, Inc.

## 章末問題

### 復 習

1. 水の表面張力を下げる簡単な方法は何か.
2. エステルを（a）強酸か（b）強塩基で加水分解したとき, 生じる二つの物質はそれぞれ何か.
3. 古代ローマ人が石鹸づくりに使った（a）トリグリセリドと（b）塩基はそれぞれ何か.
4. 水の硬度を上げるおもな三つの金属イオンは何か.
5. 初期の洗剤にリン酸塩を配合した理由と, やがてリン酸を配合しなくなった理由はそれぞれ何か.
6. パーソナルケア製品の類に配合する物質のうちで最大量を占めるのは, どんな種類の物質か.
7. 制汗剤（発汗防止剤）と体臭防止剤（防臭剤）の働きにはどんな差があるか.
8. （a）電磁波の振動数と波長はどんな関係にあるか.
   （b）電磁波の光子エネルギーと振動数はどんな関係にあるか.
9. 化粧品やパーソナルケア製品に配合する物質のうち, 重さあたりいちばん高価なのはどんな種類の物質か.
10. 髪の皮質とキューティクル（毛小皮）は, どのようにちがうか.
11. 髪を強くしている三つの化学的な力は何か.
12. 紫外線の UV-A と UV-B はどのようにちがうか.

### 発 展

13. セッケンでない界面活性剤はあるか.
14. 硬水が含むミネラルのイオンは, どこからくるのか.
15. 水に溶けている陰イオンは, 水の硬度に関係しない. なぜか.
16. 練り歯磨きがないときはベーキングソーダ（$NaHCO_3$）を代用できるという. ベーキングソーダは, 穏やかな研磨材となるほかに, どんな利点があるだろうか.
17. シャンプーと練り歯磨きの（a）共通点と（b）相違点はそれぞれ何か.
18. 髪の見た目は pH で変わる. なぜか.

### 計 算

19. 練り歯磨きの容器に "フッ素 0.16 w/v％" と表示してあった.
    （a）製品全体（125 mL）は何 g のフッ化物イオン $F^-$ を含むか.
    （b）1 回分の練り歯磨き（0.4 mL）は何 g のフッ化物イオン $F^-$ を含むか.
20. 波長 400 nm の光（紫）は, 可視光と紫外線の境界にあたる. 波長を 50％だけ増して 600 nm にしたとする.
    （a）光子エネルギーは増すか, それとも減るか.
    （b）光はどんな色に変わるか（図解 11・14, p.162 参照）.

# 12 くすりと遺伝子

12・1 市販薬
12・2 処方薬
12・3 快楽用ドラッグ，違法ドラッグ，乱用ドラッグ
12・4 遺伝子の化学

## 12・1 市販薬

- アスピリンはどんないきさつで発見され，どのように働く？
- 鼻炎薬，抗ヒスタミン薬とはどんなもの？

まずは痛みや風邪，アレルギー用の市販薬いくつかを眺めよう．大半は安全だから薬局で買えるけれど（OTC 薬），副作用が心配な薬も少しある．

### 鎮痛薬

少し前まで"くすり"は，ほとんどが動植物由来の**生薬**だった．効くものも効かないものもあり，常習性や毒性（または両方）を示すものもあった．

ようやく 19 世紀の後半に，**天然物**（natural product）を化学変化させた**半合成**（semisynthetic）の医薬ができる．天然物より効き目が強く，副作用は弱い．代表例にアスピリンがある．

アスピリンは生薬の発展版だといえる．ヤナギの皮を煎じた液の解熱効果は，古代ギリシャの"医学の父"ヒポクラテスも知っていた．ヤナギはサリチル酸を含む（名前はギリシャ語の *salix* = ヤナギから）．1827 年にヤナギの皮から単離されたサリシンを，1853 年に化学者がアセチルサリチル酸に変え，それがアスピリンの名で市販される（図解 12・1）．

アスピリンは**鎮痛剤**（analgesic），**解熱剤**（antipyretic），**抗炎症剤**（anti-inflammatory agent）になる．関節リウマチの緩和にも，血小板が血管に詰まって起こる心臓発作の予防にも役立つ．商品名の Aspirin は，サリチル酸を含むユキヤナギの属名 *Spiraea* にアセチル化の "a" をかぶせてできた．サリチル酸を次ページ図の"アセチル化"でアセチルサリチル酸（ASA）にする（アセチル化では，青色で示した"アシル基"が移動する）．

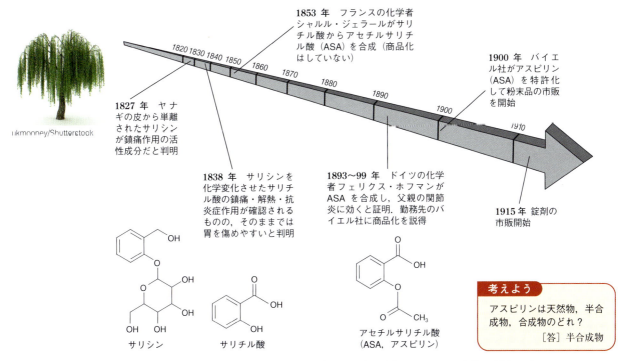

1827 年 ヤナギの皮から単離されたサリシンが鎮痛作用の活性成分だと判明

1838 年 サリシンを化学変化させたサリチル酸の鎮痛・解熱・抗炎症作用が確認されるものの，そのままでは胃を傷めやすいと判明

1853 年 フランスの化学者シャルル・ジェラールがサリチル酸からアセチルサリチル酸（ASA）を合成（商品化はしていない）

1893～99 年 ドイツの化学者フェリクス・ホフマンが ASA を合成し，父親の関節炎に効くと証明．勤務先のバイエル社に商品化を説得

1900 年 バイエル社がアスピリン（ASA）を特許化して粉末品の市販を開始

1915 年 錠剤の市販開始

サリシン　　サリチル酸　　アセチルサリチル酸（ASA，アスピリン）

**考えよう**
アスピリンは天然物，半合成物，合成物のどれ？
[答] 半合成物

**図解 12・1 アスピリンの歴史**　アセチルサリチル酸は 1853 年に合成され，ほぼ 50 年後に市販された．

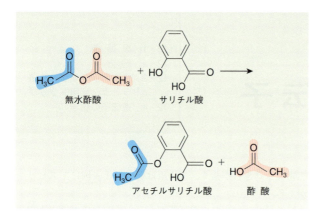

(a) 正常な酵素反応

基質Sが活性サイトに入り……　　処理されて……　　生成物Pになる.

(b) 酵素の阻害

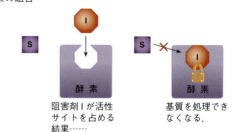

阻害剤Iが活性サイトを占める結果……　　基質を処理できなくなる.

© 2013 John Wiley & Sons, Inc.

アスピリンは血液に入ってから効く．錠剤の場合，まず胃の中で錠剤がくずれる．胃液の酸性度が低いほどくずれやすく，ASA もサッと血液に入れる．だから一部の製品は，炭酸マグネシウム $MgCO_3$ や水酸化マグネシウム $Mg(OH)_2$ などの塩基を混ぜてある．バッファー（緩衝液）を匂わせる名の製品もあるが，pH をせまい範囲に保つ本物の緩衝液（8・3節）ではない．pH が上がって錠剤がくずれやすくなるにすぎず，薬効が高まるという試験データはない．

**アスピリンの働き**　アスピリンも，同類のイブプロフェンも，分子がステロイド系（後述）でないため**非ステロイド性抗炎症薬**（NSAIDs = non-steroidal anti-inflammatory drugs）と総称する．NSAIDs は体内で**プロスタグランジン**（prostaglandin）の合成を抑える（名前は最初に見つかった部位の**前立腺** prostatic gland から）．プロスタグランジンのひとつを下に描いた．

プロスタグランジン類は全身にあって，痛覚の発生や神経伝達，発熱，炎症部位の膨潤など多彩な生体反応にからむ．NSAIDs は，プロスタグランジン合成酵素の**阻害**（inhibition）を通じて薬効を発揮する（図解 12・2）．なお抗エイズ薬も，酵素の働きを邪魔するので効く．

胃のむかつきやアレルギー反応などの副作用もあるアスピリンは，血液の凝固に働く血小板の合成を抑えもする．血小板が少ないと，消化管の出血や傷つき，脳卒中のリスクが上がる．だから外科手術を受ける患者に医師は，手術日の数日前からアスピリンの服用をやめるよう申し渡す．

**ほかの鎮痛薬**　NSAIDs には，イブプロフェン（商品名　アドビルなど）やアセトアミノフェン（商品名　タイレノール）もある．アセトアミノフェンは $p$(パラ)-アミノフェノール類で，解熱鎮痛薬のうち毒性がいちばん低い（抗炎症効果

> **考えよう**
> (a)アスピリン，(b)プロスタグランジン，(c)イブプロフェンは，それぞれ S（基質），I（阻害剤），P（生成物）のどれにあたる？　　　［答］(a) I，(b) P，(c) I

**図解 12・2　酵素の阻害**　阻害剤（inhibitor）は，酵素の活性サイトをふさいで本来の反応が進まないようにする．

はない）．1886 年から市販の解熱剤だったアセトアニリドを祖先にもつ化合物群だ．毒性のアセトアニリドを化学変化させ，1887 年にフェナセチン，1893 年にアセトアミノフェンができる．ただし米国の食品医薬品局（FDA）は 1983 年，過剰服用が腎臓を傷つけ血液系を狂わせかねないフェナセチンの使用を禁じた（図解 12・3）．

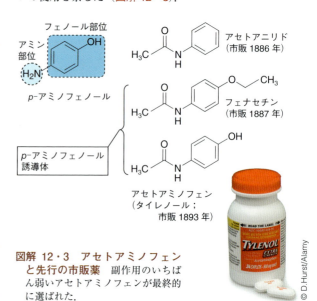

**図解 12・3　アセトアミノフェンと先行の市販薬**　副作用のいちばん弱いアセトアミノフェンが最終的に選ばれた．

毒性の低いアセトアミノフェンにもリスクはある．服用量が多すぎたり，お酒と一緒に飲んだりすると肝臓を傷めやすい．また，長期の服用は腎機能障害につながる．

### 風邪薬とアレルギー薬

風邪や季節性アレルギー（花粉症）に苦しむ人は多い．風邪はウイルスが起こし，季節性アレルギーは花粉などのアレルギー誘発物質（**アレルゲン** allergen）が起こす．病気としてまるで別物の風邪とアレルギーが，鼻づまりやくしゃみなど共通の症状を示す．

風邪を"ほんとうに治す"薬はまだないが，症状を軽くする対症療法の市販薬は多い．同じ薬がアレルギー症状も和らげ，たとえば**鼻炎薬**（decongestant）は静脈洞への血流を減らして鼻腔の鬱血を抑える．また**抗ヒスタミン薬**（antihistamine）は，ヒスタミンの働きを妨害し，アレルギー性の炎症や涙目，くしゃみを減らす（図解 12・4）．ヒスタミンはアミノ酸のヒスチジン（histidine）と構造が似ている（ヒスチジンの脱炭酸でヒスタミンになる）．

---

**振 返 り** 🛑

1. アスピリンがプロスタグランジンの生成を抑えるしくみは？
2. ヒスタミンとは？

## 12・2 処方薬

- 処方薬の開発はどう進める？
- よく出合う処方薬の化学構造と働きは？

医師がくれる処方箋の背後には，数十年来の新薬開発史がひそむ．処方薬を開発する手順と，抗生物質やステロイド薬などの化学を調べよう．

### 創薬（新薬開発）

体調が悪ければ薬を飲む．米国で処方箋は年に 40 億通ほど出され，薬代は 35 兆円にのぼる．創薬ではまず，次のどれかで**候補化合物**（drug candidate）を決める．

- **合理的薬物設計**（rational drug design＝ドラッグデザイン）病気にからむタンパク質や酵素を特定し，それと原子レベルで働き合いそうな少数の化合物を設計する（一例が抗エイズ薬）．
- **高速大量スクリーニング**（high-throughput screening）数千（以上）の化合物から候補を絞っていく．
- 偶然の発見（好例がペニシリン）
- すでにある薬剤の改良（薬効の向上，副作用の低減）

創薬の流れを次ページの図解 12・5 にした．使う時間も経費もすさまじく，候補の選定から 1 個の最終認可までおよそ 10 年・1000 億円かかるのも珍しくない．人間を使う**臨床試験**（clinical test）の経費がいちばん大きい．

認可の成否は，臨床試験の結果がほぼ決める．臨床試験には候補化合物と**プラセボ**（placebo, 偽薬）を使う．プラセボという語は，"喜ばせる"という意味のラテン語にちなむ．参加者が"妙薬"を投与されたかと喜んで快復を期待するからだ．偽薬もときには咳を止め，傷の治りを早め，気分をよくし，血圧や脈拍を下げる．それを**プラセボ効果**（placebo effect）という．

臨床試験では参加者を 2 群に分け，一方に薬剤候補を，他方（対照群＝コントロール）にプラセボを与える．バイアスがかからないよう**二重盲検**（double-blind）とし，実施担当にも参加者にも，誰が何を投与されたのか知らせない．薬剤候補とプラセボの見た目を同じにし，試験の実施は完全な第三者がとり仕切る．薬剤候補とプラセボの効果にはっきりした差があれば，薬効が確かめられたことになる．

(a) 鼻腔の鬱血を減らす鼻炎薬フェニレフリン（上図）　構造が向精神薬のフェニルエチルアミン類（下図）に似ているため，服用すると情緒不安定になる人もいる．

(b) 新しい抗ヒスタミン薬ロラタジン　アレルギー応答の主役となるヒスタミンの働きを抑える．従来品とちがい，服用したときに眠くならず習慣性もない．

**図解 12・4　鼻炎薬と抗ヒスタミン薬**　花粉症などのアレルギーには，鼻炎薬や抗ヒスタミン薬が効く．

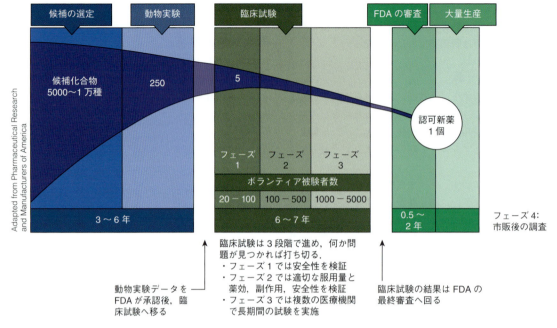

図解 12・5 創薬の流れ

新薬の特許が有効な期間，ほかの企業は製造販売できない．特許の失効後に他社が売る薬を**後発薬**（**ジェネリック薬** generic drug）とよぶ．むろん後発薬は値段が安い．

## 治療薬

米国の医薬品集 "The Physician's Desk Reference (PDR)" に 1000 種以上も載っている処方薬は，がんや感染症，心血管系疾患（高血圧を含む），ホルモン関連疾患（糖尿病など），精神疾患（鬱病など）などに処方される．その一部だけ眺めよう．

**抗生物質** 古くからヒトも動植物も，細菌やウイルス，寄生虫などが起こす感染症に苦しんできた．7500 万人が死んだ中世の腺ペスト（細菌感染）と，20 世紀だけで 3 億人以上が死んだ天然痘（ウイルス感染．予防接種が功を奏し 1979 年以降は死亡例ゼロ）を，人類の二大感染症という．ただし 1980 年代以降はウイルス感染症のエイズ（後天性免疫不全症候群，HIV）が，2500 万人以上の命を奪っている．

カビや菌類が備えている "化学兵器" を**抗生物質**（antibiotic）という．細菌感染症に効くとわかった約 80 年前から抗生物質は，傷口感染に苦しむ第二次大戦の兵士とか，細菌性髄膜炎や肺炎，肺結核の患者を救ってきた．抗生物質の略史をコラムに示す．

約 100 年前の米国で，死因の 1 位は感染症だった．抗生物質がそんな時代の幕を引き，いまは心臓病とがんが二大死因でも，抗生物質の使いすぎが**抗生物質耐性**（antibiotic resistance）の菌を増やした．たとえば，抗生物質が肺結核の死者を激減させた半面，抗生物質に強い結核菌が増えている．また，家畜の餌に混ぜる抗生物質が耐性菌を生むという負の面もある．

抗生物質は，細菌の細胞膜合成酵素を阻害する．だから抗生物質は細菌 "だけ" に効くと思いがちだが，通常，細菌でない微生物や，"生物未満" のウイルスに働く物質も抗生物質とみる．抗ウイルス薬のひとつをエイズ（図解 12・6）の治療に使う（医療機関では昨今，"抗生物質" という呼称を使わず，"抗菌薬"，"抗ウイルス薬"，"抗寄生虫薬" などとよぶ場面が多い）．

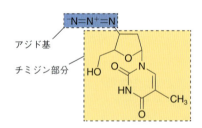

図解 12・6 抗エイズ薬 抗エイズ薬はエイズウイルスの増殖を抑える．1987 年に登場したアジドチミジン（略称 AZT）は図の分子構造をもつ．

**向精神薬** 体の痛みには，物理的な苦しみのほか，不安感から精神病まで，心や感情の苦しみもある．精神疾患の治療薬は多彩だが，**鎮静剤**（**精神安定剤** tranquilizer）と**抗鬱剤**（antidepressant）が両横綱になる．

鎮静剤はベンゾジアゼピン類が多く，代表例にアルプラゾラムがある（図解 12・7a）．ベンゾジアゼピン類は，1950

## マクロとミクロ　抗生物質の略史

ヒト体内に棲む細菌の一部は病原性をもつ．抗生物質は細菌感染症に効く．

(a) **ペニシリン類**　1928年に英国の細菌学者アレクサンダー・フレミングが，培養皿にまぎれこむカビが細菌を殺したのに気づく．カビの属名から活性物質を**ペニシリン**（penicillin）と命名．

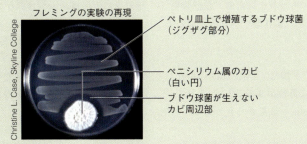

フレミングの実験の再現
- ペトリ皿上で増殖するブドウ球菌（ジグザグ部分）
- ペニシリウム属のカビ（白い円）
- ブドウ球菌が生えないカビ周辺部

フレミングの発見から10年以上あと，ペニシリンの化学構造と大量生産法が確立．第二次大戦ではペニシリンが兵士を救った．やがて天然物に手を加え，薬効がさらに高い**類似体**（analog）もつくられて，その代表に**アモキシシリン**（amoxycillin）がある．

ペニシリン　　　アモキシシリン

(b) **その他**　1940〜60年に続々と見つかった抗生物質には，図の**テトラサイクリン**（tetracycline: 名前は *tetra*（4個）＋*cyclo*（環）から）やセファロスポリン類がある．1980年にはマクロライド（大環状化合物）系の抗生物質も見つかり，処方薬によく使われる．

> **確認**
> アモキシシリンはペニシリン分子をどう化学変化させたものか，見比べて確かめよう．

---

(a) **鎮静剤**　アルプラゾラム（商品名 ザナックス．左）を代表とするベンゾジアゼピン類は，ベンゼン環とジアゼピン環が縮合した共通構造をもつ．

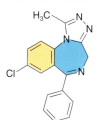

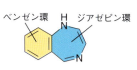

ベンゼン環　ジアゼピン環

ベンゾジアゼピン構造

(b) **抗鬱剤**　フルオキセチン（商品名 プロザック）を代表とする SSRI 類は，脳内に快感物質のセロトニンを増やして不安感などを減らす．

> **確認**
> フルオキセチン分子が含む独特な元素は？　　［答］フッ素 F

**図解 12・7　鎮静剤と抗鬱剤**

年代の動物実験で鎮静作用のほか筋肉弛緩作用も見つかり，たちまちヒトにも使われた．同類のジアゼパム（ヴァリウム）も鎮静作用は高いけれど，常習性（次節）が難点だった．

抗鬱剤のほうは，商品名プロザックで名高いフルオキセチンが，**選択的セロトニン再取込み阻害薬**（SSRI = selective serotonin reuptake inhibitor）の第一号だった．プロザック発売の1988年以降，シタロプラム（商品名 セレクサ）など多彩なSSRI類が登場する．SSRIは，脳内のニューロンで進むセロトニン（神経伝達物質）の再吸収を抑える．"快感物質"のセロトニンが脳内にたまる結果，鬱状態や不安感が減ることになる（図解12・7 b）．

### ステロイド薬

ステロイド類は，4個の環が縮合した構造をもち（下図 a），一例に男性ホルモンのテストステロン（下図 b．名前の語頭はtestis＝睾丸 から）がある．

性ホルモン（女性ホルモンのエストロゲンやプロゲステロン，男性ホルモンのテストステロン）もステロイド類に属す．**タンパク同化ステロイド**（anabolic steroid）は，テストステロンと似た働きをし，アスリートの筋肉増強に使う．

天然のステロイドを変化させた半合成の性ホルモンは多い．経口避妊薬もそうやって生まれた．1920年代にガソリンのオクタン価（4・3節）を考えた米国の化学者ラッセル・マーカーが，植物ステロイドの研究に手を染める．プロゲステロンに近い構造の**ジオスゲニン**（diosgenin）が多い植物を，テキサス州とメキシコで探した．ジオスゲニンの化学変化で，当時の医学界がほしがった高価なプロゲステロンをつくれる．1942年にマーカーは，メキシコシティー郊外に自生するヤムイモ属の植物が有望だと確かめ，数百kgの塊茎から3kgものプロゲステロンを得た．

1944年にマーカーはシンテックス社を共同設立し，プロゲステロン類の製造を始める．共同経営者とソリが合わず1年後に退職するが，同社は以後，欧州と米国から名高い有機化学者をリクルートして繁栄を続けた．そのひとり，オーストリアに生まれ米国で学んだ化学者カール・ジェラシ率いるチームが，経口投与できて女性ホルモン活性をもつ**ノルエチンドロン**（norethindrone）をつくる（図解12・8）．プロゲステロン模倣分子（**プロゲスチン** progestin）の第一号だった．

少しあとの1952年，シカゴの製薬企業サール社の化学者フランク・コルトンが，ノルエチンドロンと構造の近いプロゲスチンとして**ノルエチノドレル**（norethynodrel）を合成する．同社の研究費でプロゲステロンを研究していた内分泌学者グレゴリー・ピンカスによると，プロゲステロンを投与したウサギは排卵しなくなった．つまり避妊作用がある．臨床試験を経て1960年，ノルエチノドレルは初の経口避妊薬として認可された．いま使われるピルにも，ノルエチンドロンのようなプロゲスチンと，合成エストロゲンが配合してある．

(a) ステロイド類の基本構造

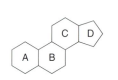

(b) テストステロン分子

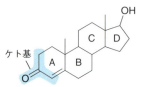

ステロイド類は，天然物と合成物を合わせて数百種が知られ，体内では性分化と生殖，代謝の調節，炎症，水分保持などに大活躍する．

ステロイド薬のうち**コルチコステロイド**（corticosteroid）は，副腎ホルモンの**コルチゾール**（cortisol）をまねて合成された．コルチコステロイドは炎症を抑え，関節に注射すれば関節炎や腱炎の痛みと腫れを減らす．ミストを吸入すると喘息に効き，皮膚に塗れば湿疹のかゆみや炎症を和らげる．ただし長く服用を続けると副作用（体重増加，不眠，感染耐性の低下）が出やすい．

(a) 1943年に天然物から半合成された女性ホルモンのプロゲステロン

プロゲステロンの原料ジオスゲニンを含むヤムイモの塊茎

(b) 1951年に合成されたプロゲステロン類縁体のノルエチンドロン

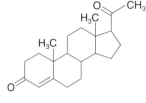

> **確認**
> 上記2種類の分子どうしで，同じ部分とちがう部分を確かめよう．

**図解 12・8　経口避妊薬になるステロイド**　メキシコ産ヤムイモの研究が経口避妊薬への道を拓いた．

> **振返り** 🛑
>
> 1. 臨床試験でプラセボ（偽薬）を使う理由は？
> 2. ペニシリンはどうやって見つかった？

## 12・3 快楽用ドラッグ，違法ドラッグ，乱用ドラッグ

> - アルコールの代謝（解毒）はどのように進む？
> - アルカロイドとは？ アルカロイド薬物にはどんなものがある？
> - フェニルエチルアミン構造のドラッグにはどんなものがある？

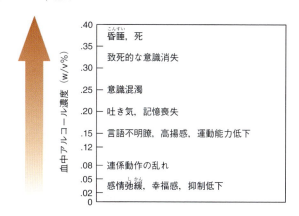

**図解 12・9　エタノールの急性症状**　血中濃度は飲酒量と飲酒後の経過時間で変わる．ふつう 0.08 w/v% 以上が違法運転になる（日本は 0.03 w/v% 以上が酒気帯び運転，0.05 w/v% を超すと反則点数が上昇）．

　医薬・薬剤（medicine）とドラッグ（薬物 drug）の区別はむずかしいが，医薬と比べてドラッグには，依存性（常習・中毒性）や違法性，犯罪性など負のイメージがつきまとう．本節では，違法なものばかりではないけれど，ドラッグのイメージが強い物質いくつかを調べよう．

### アルコールとマリファナ

　米国は 1920 年に禁酒法を施行した．だがアルコール（エタノール）の需要は大きく，違法行為と犯罪の根源にもなる（禁酒法は 1933 年に廃止）．マリファナは，連邦法なら違法でも，近ごろいくつかの州が，医療目的にかぎって合法化している（後述）．

**アルコールの作用**　アルコール $C_2H_5OH$ は，穀類や果物などの炭水化物を酵母に食べさせる発酵でつくる（酵母の排泄物がエタノール）．炭水化物をグルコースとみた発酵反応はこう書ける．

$$C_6H_{12}O_6 \xrightarrow{\text{酵母}} 2\,C_2H_5OH + 2\,CO_2$$
$$\text{グルコース} \qquad\qquad \text{エタノール} \quad \text{二酸化炭素}$$

　お酒の種類は素材植物や製造法で変わり，コムギの発酵でビール，ブドウの発酵でワインができる．アルコール濃度はビールが 4〜6 v/v%，ワインが 12〜14 v/v% の範囲になる．ウォッカやラムのような強い酒（スピリッツ）は，発酵途中の混合物を蒸留してつくり（たとえばビールの途中からウィスキー），アルコール濃度が 40 v/v% ほどになる．

　エタノールは，中枢神経抑制作用で脳〜全身の神経伝達を遅くする．急性症状は，**血中アルコール濃度**（blood alcohol concentration）がおおむね決める（図解 12・9）．

　コーヒーやお茶のカフェインを除外すれば，エタノールは消費量最大のドラッグだといえる．米国で"過去 1 年内の飲酒"を尋ねると，高校生の約 65%，大学生の 75% 近くがイエスと答える．むやみな飲酒は，飲酒運転や暴力で社会的なリスクを生む．"2 時間以内のビール換算 350 mL 缶×4 以上"とみる**大量飲酒**（binge drinking）はあぶない．エタノールは中枢神経に作用し，飲み続けると依存症になりやすい．妊婦の飲酒は胎児の発達に障る．

　そんなリスクの一方で，飲酒にはプラス面もある．心臓発作など心血管系のリスクを抱える人は，日にビール換算 350〜750 mL の飲酒が症状の進行を抑えるという．

　体に入ったエタノールは肝臓に行き，酵素反応で酸化される．最初の 2 段階はこう進む．

エタノール　　　→（酸化）　アセトアルデヒド　→（酸化）　酢酸イオン

　第 2 段階（アセトアルデヒド → 酢酸イオン）が第 1 段階より遅いため，飲酒のピッチが速いと体内にアセトアルデヒドがたまりやすい．たまると赤面や吐き気，頭痛，嘔吐などの副作用が出る．

**マリファナ**　乾燥させた大麻の葉をマリファナとよぶ．成分のテトラヒドロカンナビノール（THC）が，脳内で快感や思考，五感にからむレセプター（受容体）に作用する．時間感覚が乱れ，短期記憶や問題解決スキル，判断が狂って"ハイ"になる．マリファナを吸うとたちまち目が赤くなり，口内が渇き，食欲が増したりする．

　米国でマリファナは違法ドラッグ（危険ドラッグ）の筆頭を占める．アンケート調査をすると，高校生も大学生もほぼ 3 分の 1 が"過去 1 年間に経験した"と答える．合法・違法は微妙で，医療用なら許容する州や，少量の所持を罪に問わない州がある．マリファナは，緑内障を和らげ，がんの化学療法で起こる吐き気を減らす．

THC分子（図解12・10）は親油性（lipophilic）なので、マリファナを吸ったあと体内の残留分は脂肪細胞にためられる。すっかり追い出すには数日～数週間かかる。

図解 12・10　**マリファナ**　マリファナの活性成分、テトラヒドロカンナビノール（THC）の分子構造

## アルカロイド

アルカリ性（塩基性）の植物成分を**アルカロイド**（alkaloid）と総称する。下記のアミン部分が分子内に1個以上ある。苦いものが多く、体に入ると多様な生理反応をひき起こす。

アミン部分

**カフェインとニコチン**　私たちは日ごろ、大量のアルカロイドを体に入れている。コーヒーやお茶の**カフェイン**（caffeine）と、タバコの**ニコチン**（nicotine）だ。それぞれの分子構造を下に描いた。

カフェインは中枢神経と心筋を刺激し、感覚を鋭敏にする。500 mLのコーラには60 mgほど入れてあり、お茶とコーヒーにはもともと含まれる（昆虫の食害から身を守る"化学兵器"）。レギュラーコーヒー1杯は100～150 mgのカフェインを含む。経口摂取の致死量は成人で約10 gだから、70～100杯分のコーヒーで死ぬ恐れがあるけれど、致死量のだいぶ手前で体調が狂うはず。

同じ化学兵器でもニコチンは毒性がずっと強く（農業で殺虫剤に使う）、成人が50 mgを摂ると数分内に死ぬ。喫煙の際は、高温の気流中でニコチンの大半が酸化され、毒性の弱い物質に変わる。そうでなければ、喫煙の風習も生まれなかっただろう。

数世代前は高尚な趣味だった喫煙も、昨今は健康リスクがあるからと、公共空間では分煙や禁煙が進む。

タバコのリスクは、ニコチンより、血液の酸素輸送を妨げる一酸化炭素COのほうが強い。また煙は発がん物質も含む。妊娠中の喫煙は、流産や未熟児・奇形出産、死産のリスクがあるため控えるのがいい。

**麻薬系の麻酔薬**　ギリシャ語の *narkotikos*（麻痺させること）にちなむ英語 narcotic（麻酔薬）は、精神の活動を鈍らせ、眠気を誘い、感覚一般を鈍らせる物質をいう。

麻酔の歴史は古い。もう6000年前のシュメール人が、ケシの汁を乾かしたアヘンの麻酔作用に気づき、ケシを"快楽の植物"とよんでいた。最古の文書記録は紀元前300年ごろの古代ギリシャから伝わる。アラビアと中東の治療師もケシ汁の治癒力を利用した。17世紀には"英国のヒポクラテス"とよばれたトマス・スナイダーマンが、アヘンの鎮痛作用をこう書き記す：

> 全能の神が人類を苦しみから救おうと恵んだ薬のうち、アヘンほど強力なものはない。

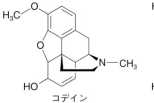
コデイン

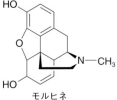
モルヒネ

傷つけたケシの鞘（未熟果）から浸み出す乳液。乾かして得るアヘンが多種多様なアルカロイドを含んでいる

> **確認**
> 1. コデインとモルヒネで、分子構造のどこがちがうかを確かめよう。
> 2. "アルカロイド"の呼び名はどこからくる？
> ［答］3本の単結合をもつ窒素原子N

図解 12・11　**アヘンが含む麻薬**

アヘンの効き目は，乾燥重量の約 25％ を占めるアルカロイドが出す．乾燥重量の約 10％ を占めるモルヒネは，1803 年にドイツの薬剤師フリードリッヒ・ゼルチュルナーが単離して性質を調べ，ローマ神話の"夢の神"モルフェウスから命名．麻酔作用の強いモルヒネを医師は長らく使い続けた．鎮痛作用と咳止め効果もある．1832 年にフランスの薬剤師ピエール＝ジャン・ロビケが単離したコデインは，鎮痛作用はモルヒネより弱いものの咳止め効果は抜群に強い．

常習性の強い麻薬系アルカロイドは，便秘誘発性が強い性質を下痢止めに利用する．コデインとモルヒネを図解 12・11 に示す．

**半合成麻薬**　医療効果の高いモルヒネには，常習性という負の面がある．アセトアニリドを化学変化させて低毒性の解熱剤 *p*-アミノフェノール（12・1 節，p.170）を得たのにならい，常習性のないモルヒネ代替物が探索され，有望な半合成品が見つかる．1898 年にドイツの企業が，モルヒネを"サリチル酸 → アスピリン"と同様にアセチル化し，ジアセチルモルヒネ（ヘロイン）をつくった（図解 12・12）．20 世紀初めに医薬となったヘロインは，麻酔力も咳止め効果もモルヒネをしのぐとわかる．効き目が高ければ用量を減らせるため，常習性は低そうだった．

だがその期待は外れてしまう．ヘロインの常習性は抜群だから，いま各国はヘロインの使用・所持・製造・輸入を禁じている．ヘロイン（heroin）は，"英雄（hero）になったような高揚感"の意味で 1898 年にドイツのバイエル社が命名したのだが，その科学証拠は何ひとつない．

ヘロインの取締りでは，少しだけ化学を使う．モルヒネをアセチル化したとき酢酸が少し残るため，麻薬探知犬（p.7）は酢の匂いにも反応するよう訓練する．

ヘロイン以外の半合成麻薬を三つ紹介しておこう．

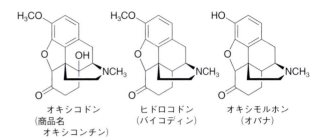

オキシコドン（商品名 オキシコンチン）　　ヒドロコドン（バイコディン）　　オキシモルホン（オパナ）

こうした半合成品も鎮痛剤になるが，乱用・常習の問題がある．徐放性（持続放出型）の錠剤にするオキシコンチンは，乱用を減らすために開発された．服用後に数時間かけて効くから，即効の"ハイ"は起こらない．けれど砕けば微粉になり，それを鼻から吸うと大量摂取ができるため，たちまち乱用薬物の筆頭に躍り出た．2010 年には錠剤の処方を変え，加工できなくしてある．

**合成麻薬**　天然・半合成麻薬と同じく脳内のレセプターに働くが，分子構造のちがう合成麻薬もできた．代表例に，麻酔・鎮痛効果がモルヒネの 80 倍も強いフェンタニルや，ヘロイン中毒の治療にも使うメサドンがある．メサドンなら，常習性はあっても"ハイ"にならない．メサドンで離脱治療を受けるヘロイン常習者はあまり苦しまないので，社会生活に支障はない．

**刺激性アルカロイド**　南米に生えるコカの木がつくるコカインは，先住民が局所麻酔に使ってきた．局所麻酔の面でコカインはモルヒネと近いが，コカインも常習性が強く，服用すると強い幸福感と幻覚に見舞われる．ただし以後に鬱症状が見舞い，それを解消しようとコカインをまた服用し，すると鬱状態が来て……の悪循環になりやすい．

モルヒネとヘロインの離脱治療中には，涙目や鼻水，発汗，鳥肌，瞳孔拡大といった中毒症状が現れる．コカインなら身体的な中毒症状につながらないのだが，離脱治療中の精神的中毒は，身体的な中毒に負けず劣らず激しい．

精神分析の創始者ジグムント・フロイトは，コカインが単離されて数年のうち，常習性と麻酔作用を目撃してもいる．そのころモルヒネ中毒だった同業の医師カール・コラーに，離脱のためコカイン服用をすすめた．コラーは離脱に成功するも，コカイン中毒になってしまう．コカインの麻酔作用を認めたコラーは 1884 年，患者の目の手術で局所麻酔にコカインを使った．翌年には別の歯科医が歯の治療でコカインを

> **確認**
> ヘロインになくてモルヒネにある官能基（原子団）は？
> ［答］アルコールの −OH 基

**図解 12・12　ヘロインの合成**

局所麻酔に使っている．

コカインは，物質の化学的性質と用途（や乱用）の関係をつかむ素材にふさわしい．コカインはN原子を含む塩基だから，一般のアミン類と性質が似ている．つまり，塩化水素のような酸と反応して塩をつくる．コカの葉から抽出したコカインを酸処理すると，塩化ナトリウムと同様な塩（コカイン塩酸塩）ができる．塩酸塩は水によく溶け，熱に強く，揮発性は低い．塩酸塩と塩基を反応させればコカインに戻る（図解 12・13）．

コカインの塩基型と酸型（塩酸塩）は性質がだいぶちがう．塩酸塩に塩基を作用させてできる塩基型は白い板状の固体で，それを割って（"クラック"して）粒状にする．だからコカインは通称をクラックという．

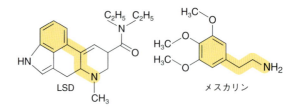
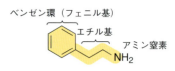

図解 12・14　**LSDとメスカリン**　どちらもフェニルエチルアミン（ベンゼン環とアミン窒素NをC原子2個がつないだ分子）の部分をもつ．

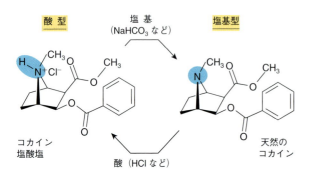

図解 12・13　**コカイン**　天然の塩基型コカイン（通称"クラック"）に酸を作用させると，吸引常習性が強い酸型の塩酸塩になる．

## ほかの乱用ドラッグ

ドラッグ類は，痛みのほか五感にも強く働く．幻覚症状を生み，現実感覚を失わせたりする物質もある．そんな化合物を**幻覚剤**（hallucinogen）とよぶ．

**幻覚剤**　来歴が興味深い幻覚剤に，リセルグ酸ジエチルアミド（ドイツ語名 **L**ysergs**ä**ure**di**äthylamid の略号LSD）とメスカリンがある（図解12・14）．

天然物のメスカリンは，テキサス州南西部〜メキシコ産のペヨーテというサボテンに含まれる．食べると恍惚状態になるペヨーテを，先住民が宗教儀式に使ってきた．いま米国では原則禁止だが，先住民教会（信者25万人）の行事にかぎって使用を許す地域もある．

LSDは化学実験室で生まれた．麦の病気を起こす麦角菌のアルカロイド（リセルグ酸）を調べていたスイス・サンド社のアルベルト・ホフマンが1943年，リセルグ酸を化学変化させて数ミリグラムのアミドを得た直後，不思議なめまいに襲われる．

ひょっとしたら……と彼は，わずか0.00025 gほどのリセルグ酸ジエチルアミドを飲んでみた．すると以後6時間も，視覚と空間・時間感覚が狂い，不安感と身麻感が交互に襲って，喉が渇き，理由もなくわめきちらし，窒息の恐怖を感じたという．視覚の狂いも一日じゅう続いた．

反体制運動の若者が1960年代に多用したLSDも，いまはもう主流ではない．米国政府はLSDとメスカリンを，最重点の規制ドラッグにしている．

**アンフェタミン類**　LSDやメスカリンなど，知覚異常をもたらす化合物の多くは"フェニルエチルアミン"部位をもつ．その構造が，脳〜全身の神経伝達を狂わせる．アンフェタミンと総称する一群の化合物もそうだ（図解12・15）．

アンフェタミン類は脈拍と血圧を上げ，疲労感と食欲を減らし，睡眠欲も抑える．**注意欠陥過活動性障害**（ADHD = attention / deficit hyperactivity disorder）に処方するが乱用

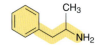
アンフェタミン

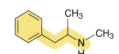
メタンフェタミン
（通称"スピード"）

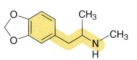
メチレンジオキシメタンフェタミン
MDMA（通称"エクスタシー"）

> **確認**
> 1. アンフェタミンとメタンフェタミンで，分子構造のどこがちがうかを確かめよう．
> 2. メタンフェタミンとMDMAで，分子構造のどこがちがうかを確かめよう．

図解 12・15　**アンフェタミン類**　三つに共通な"フェニルエチルアミン"部分を黄色で示した．

もされやすいアデロールは，鏡像異性体を分離しないまま製品にする（コラム）．

乱用されやすいアンフェタミン類は，妄想や精神疾患が心配される．強力な興奮剤メタンフェタミン（通称"スピード"）は，乱用と常習性がとりわけ高い．通称が"エクスタシー"のMDMA（図解12・15）は，メタンフェタミンと似た構造でも作用はちがう．MDMAは興奮剤にも幻覚剤にもなり，時間・空間感覚を狂わせる一方で，幸福感や他者愛を強めたりもする．MDMAは脳内のセロトニン濃度を上げて幸福感をもたらすのだが，しばらくするとセロトニン濃度が下がって不安感や興奮性，不幸感に見舞われる．

## 振 返 り

1. アルコールの代謝で生じ，体調をおかしくする物質は？
2. アルカロイドが共通にもつ官能基は？
3. フェニルエチルアミンの構造を描いてみよう．

---

### 深 い 考 察　鏡像異性とアデロール

炭素原子Cに原子団4個（W, X, Y, Z）が結合した分子（図a）には，特別な異性体ができる．アデロールの主剤アンフェタミン（図b）もその形をもつ（Phはフェニル基＝ベンゼン環）．

原子団4個の配列は2種類あって（図c），互いに**鏡像異性体**（enantiomer）とよぶ．鏡像異性体どうしは右手と左手の関係だから，"同じ化合物"ではない（確かめよう）．

右手型と左手型がある分子を，"手"という意味のギリシャ語から**キラル**（chiral）という．自然界にはキラルな分子が多く，たとえばα-アミノ酸（表5・1, p.64）は，20個のうち19個までがキラルだ（キラル炭素のないグリシン $H_2N-CH_2-COOH$ だけは例外）．

医薬やドラッグにもキラル化合物が多い．異性体の一方だけが効き，他方は悪い副作用を示す化合物もある．

医薬やドラッグには，異性体の片方だけのものや，等量の異性体を含む**ラセミ体**（racemic modification）がある．制酸剤オメプラゾール（商品名 プリロセック）はラセミ体だが，胃潰瘍の薬エソメプラゾール（商品名 ネキシウム）は異性体の片方しか使わない．アデロールは少し変則的で，鏡像異性体の片方が多い混合物にする（図d）．

(a) C原子を中心にした四面体分子

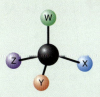

(b) アンフェタミン分子

PhCH₂—C(NH₂)(H)—CH₃

(c) アンフェタミンの鏡像異性体

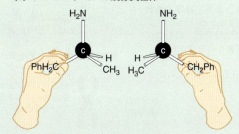

(d) アデロールの鏡像異性体（X⁻は陰イオン）　異性体の一方をL体（語源はギリシャ語 levo = 左），他方をD体（dextro = 右）という．市販の薬はD体の多い混合物．本来はADHDの治療薬だが，"学習効果を高める"と誤解して使う人も多い．

## 12・4 遺伝子の化学

- DNA はどんな化学構造をもち，どのような働きをする？
- 遺伝子の変異が病気を起こすしくみは？
- 遺伝子工学にはどんな応用面がある？

細菌やウイルスなど病原体が起こす病気のほか，大事だが欠陥のある分子を親から受け継ぐせいでの"遺伝病"もある．遺伝病は，ほかの病気とはちがう方法で処置する．遺伝病の処置法は別の分野でも役立ち，作物や家畜の生産性向上や，病害に強い作物をつくるのに役立つ．そんな分野の本質をつかむため，まずは遺伝を化学で考えよう．

### 遺伝の分子化学

子が親に似るのは古代人も知っていた．その原理をもとに作物や家畜の品種改良が進み，リンゴもイヌも多彩な品種ができている．けれど人類が遺伝の秘密を解いたのはつい最近のこと．

19世紀にオーストリアの僧グレゴール・メンデル（1822～1884）が，エンドウの交配で生じる形質（特徴）を調べた.

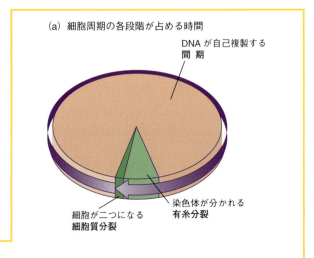

(a) 細胞周期の各段階が占める時間

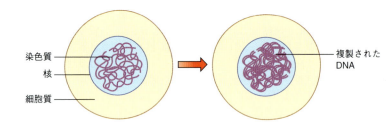

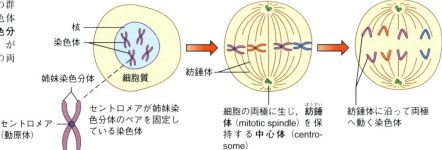

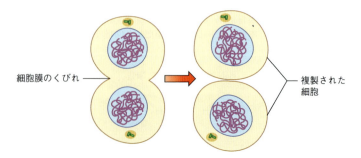

図解 12・16　細胞周期と有糸分裂　細胞は"間期 → 有糸分裂 → 細胞質分裂"のサイクルをたどる．

## 12・4 遺伝子の化学

花の色などの形質が伝わるさまを調べた結果，形質の**優性**（dominant）・**劣性**（recessive）に思い至る．何か目に見えない因子が，形質の遺伝を決めるのだろう．いま私たちは，親の**遺伝子型**（genotype）が子の外見つまり**表現型**（phenotype）を決める，といい表す．遺伝子型など知りようもなかったメンデルの仕事が，遺伝の秘密に迫る道を拓いた．親から子へと生化学的な情報を伝える分子が，DNAにほかならない．

**細胞の構造と複製**　どんな生物も**細胞**（cell）からできている．赤血球や原核生物などわずかな例外を除き，細胞どうしは膜で仕切られ，内部に**細胞核**（核 nucleus）をもつ．細胞内（核外）の**細胞質**（cytoplasm）という液体内にある絶妙な構造が，光合成（植物）や細胞呼吸（動植物）など，あらゆる仕事の進む場となる．

遺伝情報は細胞核にひそむ．ふだん遺伝物質は，糸に似た**クロマチン**（**染色質** chromatin）の姿で核内を漂う．だが細胞分裂の直前，クロマチンは整然と集まって**染色体**（chromosome）になる．染色体が特別な色素に染まるため，ギリシャ語 khroma（色）と soma（もの）から英語の chromosome ができた．どんな生物でも，生殖に関係しない**体細胞**（somatic cell）の染色体は，ヒトは46本，イネは24本，ネコは38本，ゾウは56本……というふうに，決まった数の染色体をもつ．ふつう染色体は2本ずつペアになっている（ヒトの染色体は23対）．

細胞が**有糸分裂**（mitosis）で増えるとき，細胞1個が2個になる（図解12・16）．遺伝物質は自己複製し，それぞれ同じものが新しい細胞2個に入っていく．皮膚の細胞も血球の細胞もそうやって増える．

生殖細胞（精子と卵）は，やや複雑な**減数分裂**（meiosis）をする．染色体ペアの一方が新しい細胞の1個に入り，他方がもう1個の細胞に入る．染色体セットが完全な（ヒトでは46個の）細胞をつくるには，精子細胞と卵細胞の1個ずつが合体し，ヒトなら23対の染色体ができなければいけない．染色体（遺伝情報）の半分は父親から，あと半分は母親からくる．減数分裂では両親の遺伝情報が混ざり合い，最初と同じ細胞2個ではなく，新しい細胞1個が生まれる．

**DNAの構造と複製**　染色体は，**デオキシリボ核酸**（**DNA**＝deoxyribonucleic acid）という長い分子が巻き上がってできる（図解12・17）．どんな生物でも遺伝情報はDNAが運び，同じ個体なら，どの細胞の核もまったく同じDNAをもつ．

DNA分子には，以下三つの部分がある．

- 環状部分をもつ**核酸塩基**（nucleobase）〔アデニン，シトシン，グアニン，チミンのどれか．以下では簡単に**塩基**（base）と表記〕

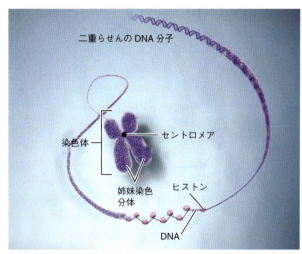

**図解 12・17　染色体と DNA**　長い DNA 分子は，糸巻のようなヒストンというタンパク質にあちこちで巻きつきながら，形の整った染色体をつくる．一対の姉妹染色分体は同じDNA からできる．

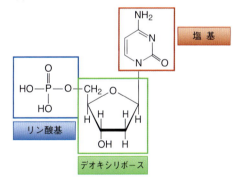

**図解 12・18　DNA の部品と一次構造**

（次ページにつづく）

(c) ヌクレオチドのつながり

(d) 図cの略記形（Pはリン酸基，Sはデオキシリボース＝糖 sugar）

**図解 12・18 DNA の部品と一次構造**（つづき）

- デオキシリボース（C 原子 5 個の糖＝五炭糖）
- リン酸 $H_3PO_4$ の骨格部分（リン酸基）

塩基・デオキシリボース・リン酸基のセットを**ヌクレオチド**（nucleotide）という（図解 12・18 a）．デオキシリボースとリン酸基の"主鎖"に結合した塩基（図解 12・18 b）が，DNA の一次構造（図解 12・18 c, d）となる．

タンパク質の一次構造（アミノ酸配列）は機能の一部しか伝えず，二次・三次・四次構造がタンパク質の本質なのだった（5章）．同様に DNA の一次構造（塩基配列）も，全体像の一部でしかない．ふつう DNA は二重らせんの形をもつ（図解 12・19）．それを 1953 年に米国のジェームズ・ワトソンと英国のフランシス・クリックが突き止め，遺伝学が一気に前進する．英国のケンブリッジ大学で二人は，女性生物物理学者ロザリンド・フランクリンが得ていた DNA 結晶の X 線回折データをもとに DNA 分子の構造を決めた．

1962 年に二人はノーベル医学生理学賞を，フランクリンの同僚だったモーリス・ウィルキンスと共同受賞する．1958 年に 37 歳で他界していたフランクリンは受賞を逃した．

細胞分裂のときは，二重らせんがほどけ，各 DNA 鎖に相補的な新しい鎖ができ（図解 12・20），生じる同じ 2 個の二重らせんを細胞の 1 個 1 個が受けとる．

**DNA と遺伝子**　ヒト DNA は約 60 億個（30 億対）の塩基からなる（生殖細胞はその半分）．サイズ 0.001 mm 以内の核が，総延長 2 m もの DNA 分子を収納していることになる．DNA 分子のあちこちに，**遺伝子**（gene）の部分がある．遺伝子は，酵素やホルモン，構造タンパク質，制御用タンパク質の設計図となり，できたタンパク質が生物の形や外見，機能を生み出す．

遺伝子それぞれの塩基配列が，タンパク質のアミノ酸配列（結合順序）を決める．タンパク質の合成は細胞質内（核外）で進むため，核内の DNA がもつ情報を，細胞質のほうへ移さなければいけない．それにはまず**転写**（transcription）という営みで，DNA 分子の情報を**リボ核酸**（RNA = ribonucleic acid）にコピーする．核内の生化学反応で生じる RNA は，DNA と比べ次の点がちがう．

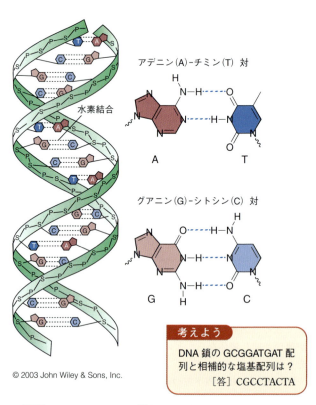

© 2003 John Wiley & Sons, Inc.

**図解 12・19　DNA の二重らせん**　水素結合でアデニン A とチミン T，グアニン G とシトシン C が引合う結果，DNA は塩基群を"芯"とする二重らせん構造になる．2 本の鎖は，補い合う関係にあるため**相補的**（complementary）という．

> **考えよう**
> DNA 鎖の GCGGATGAT 配列と相補的な塩基配列は？
> ［答］CGCCTACTA

- DNAがチミンを使うところ，ウラシルを使う（下図）．

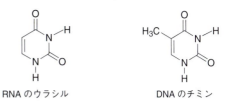

RNAのウラシル　　　　DNAのチミン

- 遺伝情報の一部しか運ばないため，DNA分子よりずっと短い．

RNAには2種類がある．そのひとつ**メッセンジャーRNA**（**mRNA**=messenger RNA）は，DNAの情報を核内から細胞質（タンパク質合成の場）へ移す．もうひとつの**転移RNA**（**tRNA**=transfer RNA）は，必要なアミノ酸を見つけてとらえ，タンパク質合成の場へと運ぶ．合成段階は，RNAの言語（塩基配列）をタンパク質の言語（アミノ酸配列）に変えるので**翻訳**（translation）という．タンパク質合成は，**リボソーム**（ribosome）という巨大なタンパク質複合体の上で進む（毎秒10個ほどのアミノ酸がつながる）．

**遺伝コード**　　mRNA分子の塩基配列が，合成されるタンパク質（ポリペプチド）のアミノ酸配列を決める．mRNA分子上の塩基3個が，アミノ酸1個を指定するか，合成（重合）反応の"開始"や"停止"を指令する．そんな塩基3個の組を**コドン**（codon）とよぶ．コドンとアミノ酸（または指令）の対応を，**遺伝暗号**や**遺伝コード**（genetic code）という（表12・1）．

4種類ある塩基から3個のコドンをつくれば，合計64種ができる．かたやアミノ酸は20種だから，同じアミノ酸を複数のコドンが指定することとなり，たとえばグリシンのコドンはGGA，GGC，GGG，GGUと四つある．重合の停止コドンにもUAA，UAG，UGAの三つがある．タンパク質合成の流れを次ページのコラムに示す．

まとめよう．DNA分子の情報（塩基配列）をコピーしたmRNAが核内で合成される．mRNAの塩基4種は，1種だけがDNAと異なる．できたmRNAは核を出て細胞質に入り，リボソームというタンパク質複合体に結合してタンパク質合成の"鋳型（テンプレート）"となる．

**ヒトゲノム**　　遺伝子の総体を**ゲノム**（genome）という．ヒトのゲノム（遺伝子と塩基配列）を明るみに出すヒトゲノム計画が1990〜2003年に実施された結果，ヒトの遺伝子は約20,500個だとわかった．遺伝子1個の塩基数は平均3000個でも，サイズは幅広い．最大級のタンパク質（ジストロフィン）は，220万塩基の遺伝子が設計図になる（体内でジストロフィンをうまく合成できなければ筋ジストロフィーを発症）．

ヒトゲノム計画の結果を見ると，DNA分子をつくる塩基

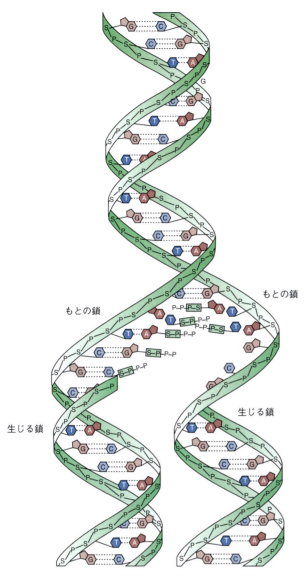

**図解 12・20　DNAの複製**　水素結合を切って二重らせんをほどくにも，新しい鎖をつくるにも，専用の酵素が働く．
[© 2003 John Wiley & Sons, Inc.]

- 核内から細胞質（核外）へと移動できる．
- デオキシリボースではなくリボースを使う（両者の差は下図の青い部分）．

## 流れをつかむ：タンパク質合成

タンパク質合成はリボソーム上で進み，できるタンパク質のアミノ酸配列は mRNA の塩基配列が決める（コドンとアミノ酸の関係は表 12・1）．ヒトの場合，毎秒ほぼ 10 個のアミノ酸分子がつながっていく．

**❶** 1・2 番目がメチオニン・プロリンのタンパク質合成．3 番のアスパラギン酸（Asp）が接近中

- 伸長中のペプチド鎖
- アミノ酸
- **tRNA**：アミノ酸の運び手．相補的なアンチコドン（anticodon）で mRNA と結合（C と G，U と A が対形成）
- アンチコドン
- **リボソーム**：タンパク質合成の場
- **mRNA**：タンパク質のアミノ酸配列を決める"鋳型"
- コドン

**❷** アスパラギン酸をもつ tRNA が mRNA に接合

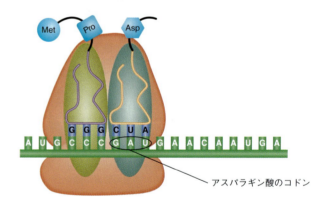

アスパラギン酸のコドン

**❸** アスパラギン酸とプロリンが結合

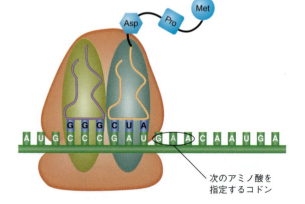

次のアミノ酸を指定するコドン

> **考えよう**
> 4～6 番目に結合するアミノ酸は？
> ［答］順にグルタミン酸，グルタミン，なし（合成停止）

## 12・4 遺伝子の化学

表 12・1 遺伝コード

| アミノ酸 | コドン | アミノ酸 | コドン | アミノ酸 | コドン |
|---|---|---|---|---|---|
| Ala | GCA | Ile | AUA | Thr | ACA |
|  | GCC |  | AUC |  | ACC |
|  | GCG |  | AUU |  | ACG |
|  | GCU | Leu | CUA |  | ACU |
| Arg | AGA |  | CUC | Trp | UGG |
|  | AGG |  | CUG | Tyr | UAC |
|  | CGA |  | CUU |  | UAU |
|  | CGC |  | UUA | Val | GUA |
|  | CGG |  | UUG |  | GUG |
|  | CGU | Lys | AAA |  | GUC |
| Asn | AAC |  | AAG |  | GUU |
|  | AAU | Met | AUG | 合成開始 | AUG |
| Asp | GAC | Phe | UUU |  | GUG |
|  | GAU |  | UUC | 合成停止 | UAA |
| Cys | UGC | Pro | CCA |  | UAG |
|  | UGU |  | CCC |  | UGA |
| Gln | CAA |  | CCG |  |  |
|  | CAG |  | CCU |  |  |
| Glu | GAA | Ser | AGC |  |  |
|  | GAG |  | AGU |  |  |
| Gly | GGA |  | UCA |  |  |
|  | GGC |  | UCC |  |  |
|  | GGG |  | UCG |  |  |
|  | GGU |  | UCU |  |  |
| His | CAC |  |  |  |  |
|  | CAU |  |  |  |  |

A=アデニン, C=シトシン, G=グアニン, U=ウラシル

> **確認**
> コドン CAC が指定するアミノ酸は？
> [答] ヒスチジン

遺伝子は70％までがヒトと共通している．そこに注目すれば，ほかの生物の遺伝子を調べても，ヒトに役立つ情報が得られることになる．

### 健康と病気の遺伝的因子

親からもらった遺伝子には，髪や目の色など外見を決めるもののほか，特定の病気にかかるリスクを決めるものもある．たとえば鎌状赤血球貧血も，肺の囊胞性線維症も，遺伝子1個の変異が起こす**単一遺伝子疾患**（single-gene disorder）だ．ただし遺伝病の多くは**多因子疾患**（multifactorial disorder）で，遺伝と環境の組合わせが進行を左右する．心臓病や糖尿病，一部のがん，アルコール依存症，一部の精神疾患も，多因子疾患として発症する．

多因子疾患の進行リスクは，ライフスタイルで変わるという．たとえば，喫煙せずによく運動し，食習慣が健全な人は，心臓病や一部のがんになりにくい．かたや単一遺伝子疾患は生まれつきだから，せいぜい監視と治療しかできない（遺伝子治療はあとで紹介）．

単一遺伝子疾患の例として，出自が西アフリカの人に多い鎌状赤血球貧血を眺めよう．酸素を運ぶ赤血球のヘモグロビン分子は，2対のポリペプチド鎖からなる．片方のポリペプチド鎖上，1個のアミノ酸が別のものに変わっていると鎌状赤血球貧血になる（図解12・21）．高次構造が狂い，ヘモグロビン分子どうしが凝集する結果，赤血球は鎌の形になって，酸素運搬能が大きく落ちてしまう．

### 遺伝子工学

DNAの構造解明（1953年）が遺伝学を刷新した．新生の分野には，遺伝子組換え生物（GMO = genetically modified organism），遺伝子検査，DNA型鑑定などがある．先端分野ではクローニングが現実化し，コンピュータの進化と相まって**全ゲノム解析**（whole-genome analysis）もできた．そうした分野の現状と，やや心配な点などを本節で眺めよう．

**クローニング** 高等動物の生殖では，オスのDNAをもつ精子細胞が，メスのDNAをもつ卵細胞に入ったあと，2組のDNAが結びついて子のDNAになる．受精卵が分割して増える細胞も同じDNAをもつため，できる個体の細胞（ヒトは約37兆個）もみな同じDNAをもつ．

精子・卵子なしの生殖もできている．**核移植クローニング**（nuclear-transfer cloning）では，メスの卵細胞から，染色体の半分が入った核を除いたあとに，別の成体の体細胞（皮膚など）からとり出した核を移植する．その核は完全な染色体をもつため，卵細胞の姿は受精卵と同じでも，遺伝情報は（両親からきたものではなく）"ある個体のもの"だということになる．

次に卵細胞の分割を促し，150個ほどの細胞まで分割が進んだ**胚盤胞**（blastocyst）を，メス（代理母）の子宮に移植

配列の98％以上は，タンパク質をコードしていない．そんな"非コード"領域が，遺伝子と遺伝子の間にも，ある遺伝子の内部にも存在する．かつて非コード領域は，役に立たない"ジャンクDNA"とよばれた．だが非コード領域の一部には，特有な役割があるとわかりつつある（全貌の解明は今後の課題）．

私たちはヒトという種に属しながら，同時代や先人の誰ともちがう．すると体内のDNAは，どこまでが"自分"で，どこが他人と共通なのか？ 調べてみると，塩基配列のほぼ99.6％がヒトに共通で，個性はゲノムの0.4％未満にしかない．また，種どうしで共通の遺伝子も多く，たとえば酵母の

(a) α鎖（アミノ酸141個）-β鎖（146個）のペア2個からなるヘモグロビン分子（赤い部分の中心が鉄イオン $Fe^{2+}$）

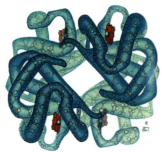

© 2003 John Wiley & Sons, Inc.

(b) β鎖遺伝子をつくる塩基の1個（アデニンA）がチミンTに変わる結果，できるアミノ酸がグルタミン酸からバリンに変化

|  | 正常な赤血球 | 鎌状赤血球 |
|---|---|---|
| DNA | ...G–A–G... | ...G–T–G... |
| mRNA | ...G–A–G... | ...G–U–G... |
| アミノ酸 | $H_2N-\overset{H}{\underset{CH_2CH_2COOH}{C}}-COOH$ | $H_2N-\overset{H}{\underset{\underset{H_3C\ \ CH_3}{CH}}{C}}-COOH$ |
|  | グルタミン酸 | バリン |

(c) 鎌状赤血球（左）と正常な赤血球

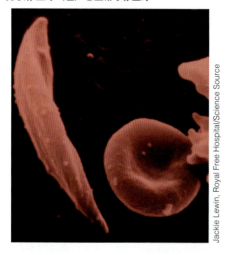

Jackie Lewin, Royal Free Hospital/Science Source

**考えよう**

変異が"GAG → GTG"ではなく"GAG → GAA"だったら，結果はどうなる（表12・1参照）？

［答］コドンGAAもグルタミン酸をコードするため，赤血球は正常なまま．

図解 12・21 鎌状赤血球貧血

する．胚盤胞は胎児を経て新生児になるが，その新生児（クローン）は"ある個体"の遺伝情報をもつ．以上の手順を**生殖型クローニング**（reproductive cloning）という．

別の**治療型クローニング**（therapeutic cloning）では，胚盤胞を代理母の子宮に入れるのではなく，胚盤胞から**幹細胞**（stem cell）を抽出する．その細胞（embryonic stem cell = **ES細胞** = 胚幹細胞）は，血液細胞や神経細胞，心筋細胞などに分化するので，病変や損傷の修復に利用できる．

クローニングはまだ失敗の確率が高い．最初の成功例，1997年に英国ロスリン研究所のイアン・ウィルムット博士らがつくった有名なヒツジのドリーは，背後に277回もの失敗例があった．

以後もウシやヤギ，マウス，ブタ，ヒツジ，ウマ，イヌのクローニング報告が続く．2001年には，87回の失敗を経てネコのクローンが誕生．クローンとドナー（2歳の雌猫）は，遺伝的に同じでも体表の模様がちがう．つまり生殖型クローンは，遺伝情報（遺伝子型）は同じでも，ドナーのレプリカではない（表現型がちがう）．外見の一部は，遺伝子以外の要因が左右する．そんな要因のひとつに，発達中の胎児が受ける血流の強弱があるという．

いまやヒトのクローニングも視野に入った．遺伝子型の同じ一卵性双生児は昔からいる．ただし，ほぼ同じ胎内環境で発達し，誕生後にほぼ同じ環境で育っても，双子の外見や気質（表現型）は微妙にちがう．だから，いつの日かヒトのクローンがつくれても，"完全に同じ二人"はできないだろう．どんな生物でも，DNA分子の塩基配列が万事を決めるわけではないのだ．

国連は2005年，倫理面などをもとに，ヒトのクローニングに反対する宣言を出した（強制力はない）．米国やカナダ，オーストラリア，EU諸国も，ヒトのクローニングを法律で禁じている．

**組換えDNA** **組換えDNA**（recombinant DNA）技術の誕生前，治療用のタンパク質は，屠殺動物の臓器から手に入れていた．糖尿病に使うインスリンはブタやウシ，ウマの膵臓から．血友病に使う血液凝固因子はヒトの血清から得たため，ウイルス感染の恐れがあった．

いま**生物製剤**（biologics）とよぶ治療用タンパク質は，まったく別の方法でつくる．たとえば，タンパク質をコードしたヒト遺伝子を大腸菌の遺伝子につなぎ（組換え），大腸菌にそのタンパク質をつくらせる．1982年にヒューマリン（ヒト組換えインスリン）が市販されて以後，類似の製品もいくつかある（表12・2）．大腸菌のほか酵母なども"生産工場"になる．

長いDNA分子鎖のあちこちに，遺伝子部分があるのだった．組換えDNAをつくるには，ある生物の遺伝子部分を切りとって，別の生物のDNAにつなぐ．その際，"分子はさみ"といってよい**制限酵素**（restriction enzyme）で，ねらった場

表 12·2 生物製剤の例

| 商品名（一般名） | 活性・用途 |
|---|---|
| ヒューマリン（ヒトインスリン） | 血糖値の調節 |
| エポジェン（エリスロポエチン） | 赤血球の増産・貧血の治療 |
| ヒューマトロープ（ヒト成長ホルモン） | 成長の促進 |
| 第VIII因子（血液凝固因子） | 血友病の治療 |
| アクチバーゼ（組織プラスミノーゲン活性化因子, t-PA） | 血栓の分解・心臓発作の抑制 |
| ウシソマトトロピン（bST） | 牛乳の増産 |

所だけを切れる．乱れた連結部分は，**リガーゼ**（ligase）という酵素がきれいに整える．ホストが大腸菌なら，働かせたい DNA 断片を，大腸菌の核外にある**プラスミド**（plasmid）という環状の DNA につなぐ（コラム）．

**遺伝子組換え作物**　遺伝子組換え生物（**GMO** = genetically modified organism）は広く普及した．GMO を含まないと思って有機（オーガニック）食品を好む人も，素材が GMO だった大豆油やコーンシロップからは逃れられない．なにしろ米国産のトウモロコシもダイズもワタも，92〜94％までが組換え品なのだから〔2017 年現在，世界 25 カ国が遺伝子組換え作物を栽培し，耕地の総面積は 190 万 km$^2$（日本の国土面積の 5 倍超）に及ぶ〕．

## 流れをつかむ：大腸菌を使う遺伝子組換え

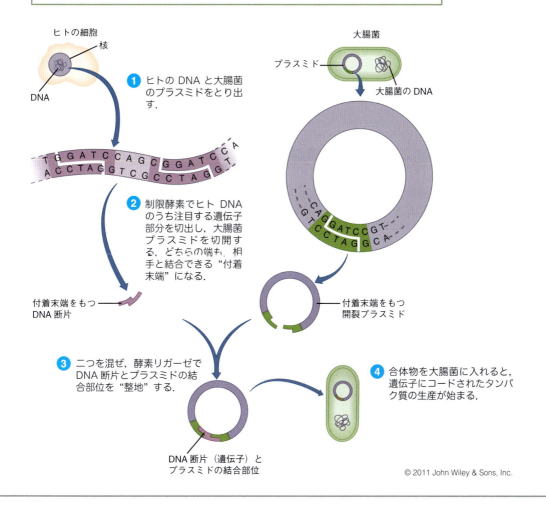

ふつう組換え作物の創出には，次のどちらか（または両方）が発現する遺伝子を使う．

- **除草剤耐性** 強力な除草剤（グリホサート．商品名 ラウンドアップ．下図）にもやられないため，畑の全面にグリホサートをまけば雑草だけが枯れる．

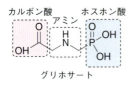

- **害虫抵抗性** 昆虫を殺すタンパク質を体内でつくるため，虫害や細菌性の病害を受けにくい．

組換え作物の栽培農家は，増収が期待でき，除草剤や殺虫剤の用量を減らせる．ただし組換え作物を心配する向きもある．除草剤耐性の遺伝子を含む花粉が散って雑草に入れば，除草剤で枯れない雑草ができる．だから米国では，組換え種子を使う農家に，畑のまわりに"緩衝帯"を設けて花粉の飛散を防ぐよう指導する．また，組換え品のタンパク質はヒトのアレルギー源になるかもしれない．たとえば環境保護庁（EPA）は1998年，組換えトウモロコシ"スターリンク"にアレルギー反応の弱いリスクがあるのだと，家畜飼料だけに用途を限定した．2000年にはスターリンクが食品（タコス皮）にまぎれこんだ結果，商用生産が全面禁止になっている．

組換え品の規制強化と，"組換え"表示の拡大を叫ぶ人もいる．とはいえ，いま食用に認可されている組換え食品は，安全性も栄養価も，非組換え品と変わりない．

**遺伝子と医薬** 病気と遺伝子の関係は，いまさかんに研究されている．ゲノム解析の費用が下がるにつれ，遺伝子に注目する医療も普及していく．**オーダーメイド医療**（personalized medicine）では，個人の遺伝子型をもとに薬と治療法を決め，同じ遺伝子型の人なら同じ処置ができるようにする．いままでの臨床試験は膨大な数の被験者を使ったけれど，遺伝要因が同じなら反応も似ているとわかったため，被験者の数をぐっと減らせる．

一部のがんなら，がん細胞の遺伝子型を調べる．略号で*BRCA*とよぶ遺伝子が起こす乳がんの場合，従来のホルモン療法には効かないものもあるため，遺伝子に注目した療法も始まった．略号で*HER2*とよぶ遺伝子は皮膚の成長を促すものだが，*HER2*を発現する乳がんは進行が速いとわかった．その乳がんなら，組換え技術でつくるハーセプチンという抗体医薬（タンパク質薬）が効きそうだという．

遺伝子1個の変異が起こす病気で，その変異がある臓器だけに影響する場合，**遺伝子治療**（gene therapy）ができるかもしれない．遺伝子の塩基配列を変えたDNA断片をつくり，ウイルスのような**ベクター**（vector．運び手）に結合させ，障害のある細胞に新しい遺伝子を届ける．うまく細胞内の遺

---

### 化学こぼれ話：遺伝子組換えでつくる有用物質

"薬学農業"では，家畜や作物の遺伝子を組換え，治療薬になるタンパク質の生産を目指す．もうFDAが認可した薬もある．たとえば2009年，組換えヤギの体内でつくる抗凝血剤をヒトに使い始めた．遺伝病のせいで血栓ができやすい人の治療に使う．2012年には，組換えニンジンでつくった脂肪代謝酵素をFDAが認可した．その酵素はゴーシェ病という遺伝病の治療に使う．

薬学農業は，培養細菌や酵母，哺乳類の細胞を使う従来の組換えタンパク質法に比べ，安価だし条件の調整もしやすい．飼育・栽培生物の数を増やせば，タンパク質の生産量が増す（図）．むろん一般の遺伝子工学と同様，倫理や環境面にからむ反対意見はある．使われる動物が"幸せ"かどうかとか，GMOと非GMOの交配で人工的な遺伝子が自然界に広まったりする心配だ．

細菌や植物の遺伝子を組換え，炭化水素や油脂の大量生産をねらう研究者もいる．

酵素リゾチームをヤギ乳内で発現させようとするカリフォルニア大学のジェームズ・マレー博士．途上国の子どもにリゾチームを投与すれば，下痢の原因になって命を奪いかねない細菌を殺せる．

伝子に組みこまれたら，細胞は正常なタンパク質をつくる．遺伝子治療にからむ臨床試験は1990年以降にいくつも行われたが，安全面などを心配する声が認可を遅らせてきた．ようやく2012年，ヒトへの利用が認可されている．

バイオ技術が進むにつれ，いずれはヘルスケアと関連分野に，DNAの解析と操作がどんどん広まっていくだろう（コラム）．

### 振返り

1. DNA上の遺伝コードと，できるタンパク質の関係は？
2. 鎌状赤血球貧血をもたらす化学のしくみは？
3. 生殖型クローニングと治療型クローニングはどうちがう？

### 章末問題

#### 復習

1. 以下の用語ペアには，どんな関係（や差）があるか．
   (a) サリチル酸とアスピリン
   (b) NSAIDとプロスタグランジン
   (c) モルヒネとヘロイン
   (d) メタンフェタミンとMDMA
   (e) ジェネリック薬と先発薬
2. アスピリンやイブプロフェンは効くが，アセトアミノフェンは効かない症状は何か．
3. アルコールやフェノールのエステル化に使う試薬をひとつあげよ．
4. 依存性があるのに，全世界で大量に消費される2種類のアルカロイドは何か．
5. DNAとRNAが含む4種の核酸塩基はそれぞれ何か．
6. DNAの二重らせんを支えているのはどんな力か．
7. 以下の用語ペアは，それぞれどうちがうか．
   (a) 遺伝子型と表現型　　(b) 遺伝子とゲノム
   (c) クロマチンと染色体　(d) DNAとRNA
   (e) mRNAとtRNA　　(f) コドンとアミノ酸

#### 発展

8. ヘロインはかすかに酢の匂いがする．なぜか．
9. カフェインなど刺激物質を含む飲料をアルコールと一緒に飲むと，体調が狂うことがある．なぜだろうか．
10. 使用が始まったころ"驚異の薬"と思われていた抗生物質も，やがて慎重に扱われるようになった．なぜだろうか．
11. 自分で動けない植物は，昆虫から身を守るのにどんな対策をしているか．
12. 生殖型クローニングの産物は，遺伝的にまったく同じでも完全なコピーではない．なぜか．
13. 遺伝子組換え技術に対しては，どんな賛成意見と反対意見がありうるか．

#### 計算

14. ヒト遺伝子のうちサイズが最大級のものは，略号でCNTNAP-2とよぶタンパク質をコードし，230万個の塩基からなる．その遺伝子は何個のコドンを含むか．
15. ヒトDNAは約31億の塩基対からなる．チミン-アデニン対は2個の水素結合で，シトシン-グアニン対は3個の水素結合で引合う．それぞれの対が同数ずつだとすれば，DNA全体にある水素結合の総数はいくつか．

# 13 石油化学と環境汚染

13・1 高分子の用途と化学
13・2 高分子の進歩と未来
13・3 環境汚染と廃棄物

## 13・1 高分子の用途と化学

- プラスチックと高分子（ポリマー）のちがいは？
- 合成高分子はどう分類できて，どのような化学構造をもつ？

身近には高分子（ポリマー）のプラスチックがあふれる．プラスチックの製造と加工は大きな産業だ．本節では高分子とプラスチックの分類や用途，化学構造を眺めたい．

### プラスチックと社会

身近なプラスチック製品を思い浮かべよう．飲料のボトルやカップ，台所用品，テイクアウト容器，シャンプーや洗剤や化粧品の容器，クレジットカード，ボールペン，歯ブラシ，ひげそり，レジ袋，ゴミ袋，テレビやパソコン，スマホの外装などなどがある．自動車や家具，塗料や接着剤の成分，衣服やカーペットやソファもプラスチック製が多い．

プラスチックには，硬いものから軟らかいものまである．安価だし，製品の形に果てはない（図解 13・1a）．ただし分解しにくい性質は，廃棄のあと問題を起こしやすい．

いま年に3億トンほど生産されるプラスチックは，図解 13・1b のような用途に回る．

英語 plastic はギリシャ語の *plastikos*（成形できるもの）にちなむ．プラスチックは**高分子（ポリマー polymer）**の仲間で，**モノマー（monomer 単量体）**とよぶ小分子が結合し合ってできる．分子量は大きく，たとえば水差しなどにするポリエチレンの平均分子量は28万を超す．エチレン $C_2H_4$ の分子量は28だから，約1万個のエチレン分子が鎖のようにつながっている．

たいていの実用プラスチックは，工場でつくるため**合成高分子（synthetic polymer）**という．ポリエチレンは気体のエチレンからつくり，そのエチレンは石油から手に入れる．合成高分子のほとんどは"石油製品"だと思ってよい．

生物がつくる**天然高分子（biopolymer）**も身近に多い．デンプンやセルロースなど多糖（5章）はグルコースの重合物で，タンパク質（5章）はアミノ酸の重合物，DNA（12章）はヌクレオチドの重合物だ．プラスチックは合成高分子だけれど，天然高分子はプラスチックではない．

### 高分子の合成

モノマーをつなげて高分子とする代表的な方法には，**付加重合（addition polymerization）**と，**縮重合（condensation polymerization）**がある（縮重合は"縮合重合"や"重縮合"ともいう）．両者のちがいを眺めよう．

**付加重合** 一列に並んだ人々が"そのまま手をつなぐ"形の重合をいう．モノマー分子には**二重結合（double bond）**があり，二重結合の一方は強く，他方はずっと弱い．弱いほうの結合をつくっていた電子2個を1個ずつに分け，そばのモノマーとの結合形成に使う．そうやって長い鎖ができていく（図解 13・2）．

いま生産される高分子のうちでは，ポリエチレンと同類が最大量を占める．どれもエチレンの仲間をつなげてつくる

(a) 3D プリンターでつくった卓上ランプ

(b) プラスチックの用途

図解 13・1 プラスチックの用途　昨今は3Dプリンター(a)の素材にもするプラスチックの用途(b)は広い．

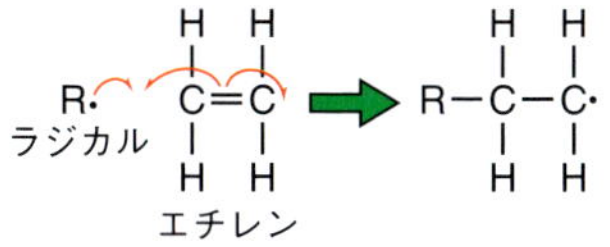

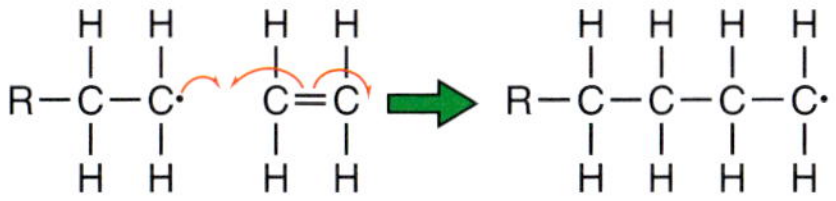

**❶** ラジカル（radical）R・とエチレン分子が結合し，少し大きいラジカル RCH₂CH₂・になる．

> **確 認**
> (a) エチレンの炭素間結合と(b) ポリエチレンの炭素間結合は，それぞれ何個の電子がつくる？
> ［答］(a) 4個　(b) 2個

**❷** RCH₂CH₂・が隣のエチレン分子と反応し，少し成長したラジカル RCH₂CH₂CH₂CH₂・になる．

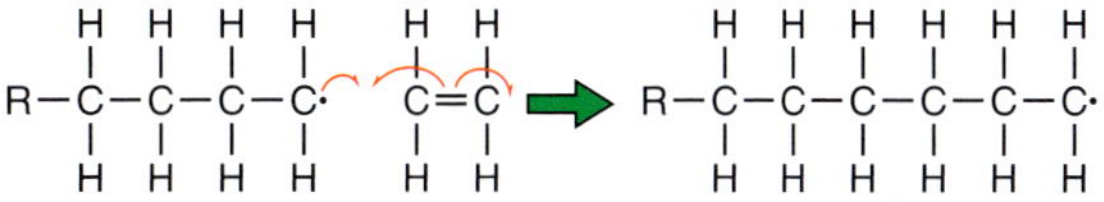

**❸** 同じことのくり返しで鎖が伸びていく．

数百～数千回の反応が続く結果，長い高分子鎖（ポリエチレン）ができる．

**図解 13・2　付加重合でつくるポリエチレン**
赤い矢印1本が，電子1個の流れを表す．

（表 13・1）．テトラフルオロエチレンを重合させたテフロン®は，フライパンの内張りに使う．ポリエチレンの仲間は，モノマー単位 A を使って ─[A]ₙ─ と書ける．$n$ を**重合度**（degree of polymerization）という．

**縮 重 合**　縮重合では，小分子を1個ずつ放出しながらモノマーがつながっていく（英語 condensation は"水蒸気 → 液体"の"凝縮"も意味する．開発の初期，フラスコの内壁につく水滴を見た人が condensation という語を選んだのかもしれない）．

**表 13・1　ポリエチレンの仲間**

| モノマー | 高分子 | 用 途 | モノマー | 高分子 | 用 途 |
|---|---|---|---|---|---|
| 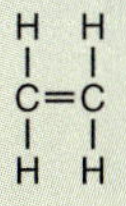 エチレン | 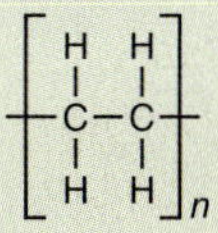 ポリエチレン (PE) | レジ袋，洗剤容器，おもちゃなど | 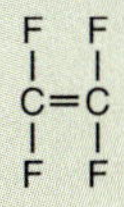 テトラフルオロエチレン | 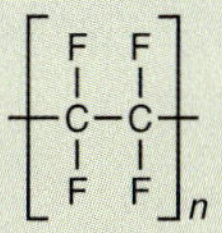 ポリテトラフルオロエチレン (PTFE, テフロン®) | フライパンの内張り，マニキュア液成分，カーペットなど |
| 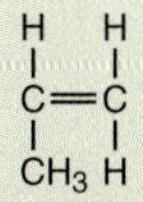 プロピレン | 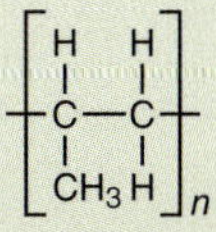 ポリプロピレン (PP) | 飲料ケース，瓶キャップ，ストロー，バケツ，ロープなど | 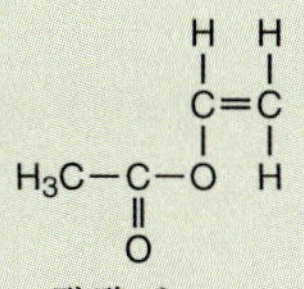 酢酸ビニル | 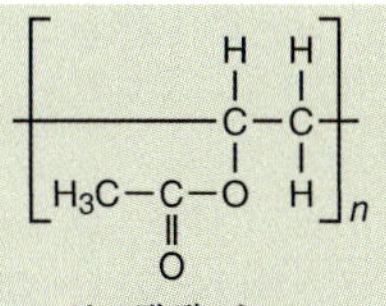 ポリ酢酸ビニル | ホワイト糊，塗料など |
| 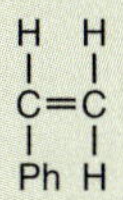 スチレン (Ph はベンゼン環) | 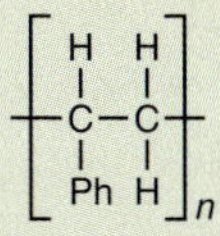 ポリスチレン (PS) | 発泡スチロール製品，台所用品など | | | |
| 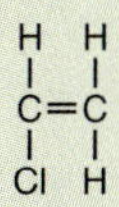 塩化ビニル | 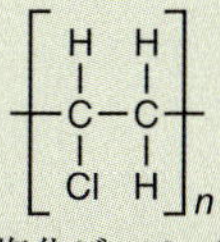 ポリ塩化ビニル (PVC) | パイプ類，フローリング，絶縁材，戸外用家具など | | | |

> **確 認**
> 表にあげたモノマー全部の共通点は？
> ［答］C=C 二重結合をもつ．

タンパク質（5章）も縮重合で生まれ，2個のアミノ酸分子がペプチド結合するときに1個の水分子が放出される．身近な合成高分子には，飲料瓶のポリエチレンテレフタラート（PET）や，繊維やロープのナイロンがある．PET（ポリエステル）のモノマーはエステル結合でつながり，ナイロン（ポリアミド）のモノマーはアミド結合でつながる（コラム）．

付加重合でも縮重合でも，できた高分子は二つに分類できる．そのひとつ**共重合体**（コポリマー copolymer）は，異種のモノマーが重合して生じる（PET，ナイロンなど）．モノマーAとBが …A-B-A-B-A-B… のようにつながり，重合度を$n$として $+\!\!A\text{-}B\!\!+_n$ の形に書ける．

もうひとつの**単独重合体**（ホモポリマー homopolymer）は，同じモノマーが …A-A-A-A… のようにつながる（表13・1のポリエチレン類）．重合度が$n$なら $+\!\!A\!\!+_n$ と書ける．

## 高分子の性質

高分子には，ゴムのように軟らかくて曲げやすいものから，防弾チョッキにするほど硬くて丈夫なケブラーなどもある．高分子の力学的性質は次の要因が決める．

- モノマーの分子構造
- 高分子鎖の平均長さ
- 直鎖か枝分かれか．鎖どうしが引合うかどうか
- 可塑剤などの添加剤が混ぜてあるかどうか

---

### マクロとミクロ　　縮重合でつくる高分子

水$H_2O$などの小分子を放出しながらモノマーがつながっていく．

**(a) ポリエステルのPET（ポリエチレンテレフタラート）**

エステル結合（11・1節）では水$H_2O$が外れる．

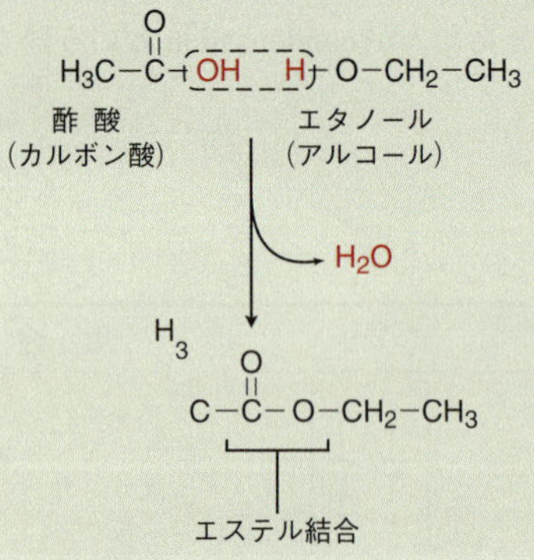

カルボキシ基2個の"ジカルボン酸"と －OH基2個の"ジオール"が縮重合する．

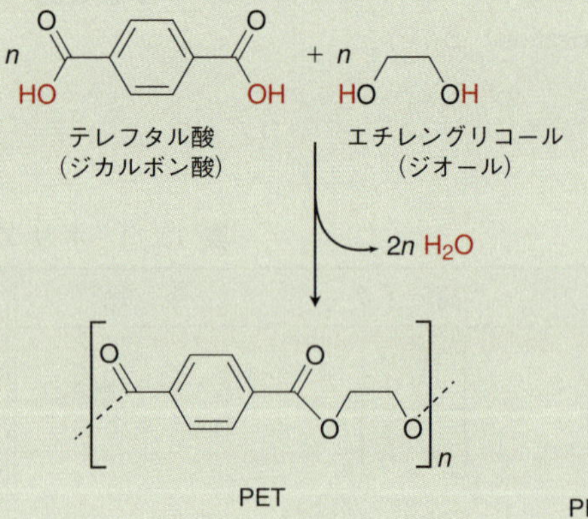

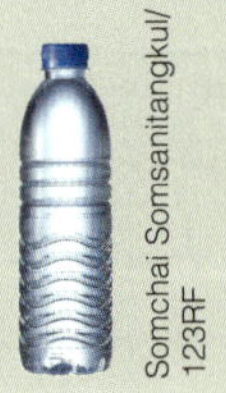

テレフタル酸（ジカルボン酸）＋エチレングリコール（ジオール）→ PET ＋ $2n\,H_2O$

PETボトル水

**(b) ポリアミドのナイロン**

カルボン酸とアミンのアミド結合（ペプチド結合．5・4節）でも水$H_2O$が外れる．

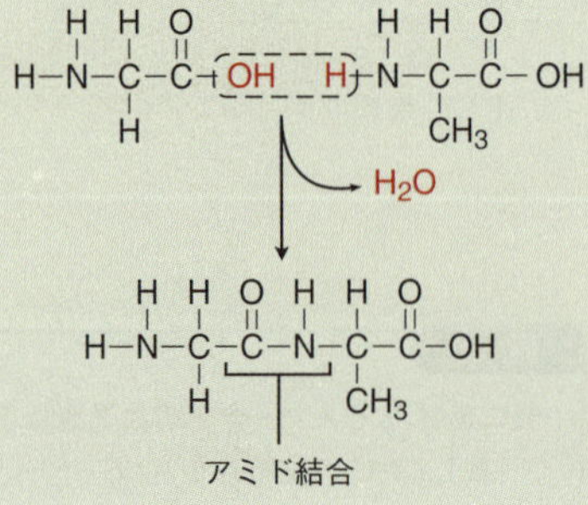

ジカルボン酸とジアミンが縮重合する．

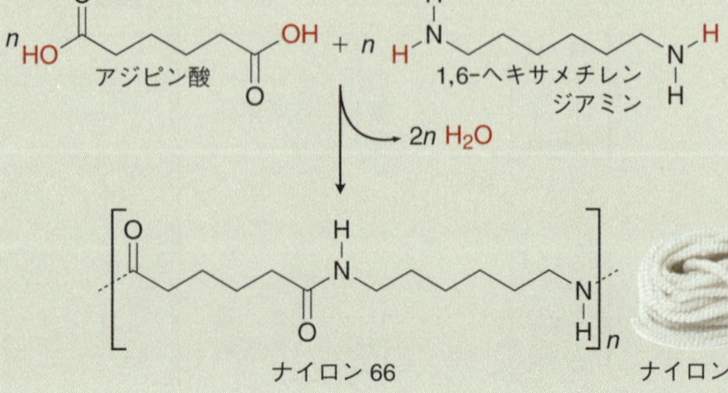

アジピン酸 ＋ 1,6-ヘキサメチレンジアミン → ナイロン66 ＋ $2n\,H_2O$

ナイロン製のロープ

## 化学者の眼：低密度ポリエチレンと高密度ポリエチレン

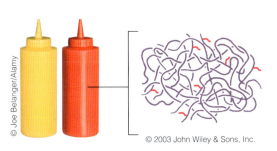

(a) 枝分かれがあって乱れの大きい LDPE は，レジ袋やケチャップ容器などにする．

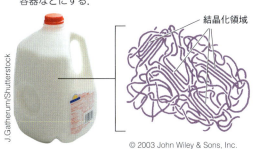

(b) 鎖の秩序が高くて硬い HDPE は，洗剤や潤滑油の容器などにする．

---

ふつう高分子はペレット（直径 2〜5 mm の円柱や球）状につくり，それを融解したあと成形する．しなやかで細長い繊維から，被覆材や袋にする薄膜，配管用のパイプ，断熱材や包装材にする発泡体，機械部品にする高密度の固体まで，形に応じた力学的性質を示す．

米国のプラスチック年産量 5300 万トンのうち 36％以上も占めるポリエチレンを例に，力学的性質を考えよう．ポリエチレンには，**低密度ポリエチレン**（**LDPE** = low-density polyethylene）と**高密度ポリエチレン**（**HDPE** = high-density polyethylene）がある．平均密度の差（LDPE: 0.92 g/cm$^3$, HDPE: 0.95 g/cm$^3$）は，内部構造の差からくる．

鎖が枝分かれした LDPE は，分子鎖の乱れが大きい．かたや HDPE は直鎖だから密に集合でき，内部には結晶に近い部分もできる（上のコラム）．分子鎖の秩序が高い分だけ HDPE は LDPE より密度が高く，融点も高い（5 章で見た脂肪の飽和・不飽和に似ている）．

プラスチックは，加熱時の性質でも二つに分類できる．ポリエチレン類など，高温で軟らかくなるものを**熱可塑性プラスチック**（thermoplastics）という（日なたや車の中に置いたプラスチック製品がそうなる）．かたや**熱硬化性プラスチック**（thermosetting plastics）は高温で硬くなり，再び冷やしても軟化しない（十分な高温では分解する）．熱硬化性プラスチックの例には，台所用品にするメラミン樹脂や，鍋の取っ手にするベークライト，接着剤や塗料のエポキシ樹脂，ソファの詰め物や断熱材にする発泡ポリウレタンなどがある．

食品にたとえると，熱可塑性プラスチックは脂肪，熱硬化性プラスチックは卵だといえよう．

ほかに，**エラストマー**（elastomer. "elastic polymer" から）かどうかの分類もある．エラストマーは弾性を示し，引張ると伸び，離せば元どおりになる．合成エラストマーには椅子

---

(a) イソプレンの付加重合でできるポリイソプレン
　　赤い矢印 1 本は電子 2 個の移動を表す（全部を左向きに変えてもよい）．

(b) ポリイソプレンの多いゴムノキ乳液の採取

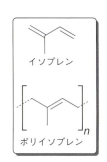
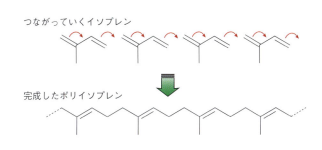

**考えよう**
モノマー 1000 個が重合したポリイソプレン鎖は，何個の C 原子を含む？　　［答］5000 個

**図解 13・3　ゴ ム**

のクッション材に使うポリウレタンがあり，天然エラストマーにはタイヤなどにするゴムがある．ゴムの英語 rubber は，鉛筆の字をこすって（rub して）消せるところからきた．化学でゴムは，ゴムノキの乳液（ラテックス）が含むポリイソプレンという高分子を指す（図解 13・3）．

> **振返り** 🛑
>
> 1. プラスチックはみな高分子だが，プラスチックでない高分子もある．どういうことか？
> 2. 付加重合と縮重合のちがいを説明しよう．
> 3. ふつう高温用途に熱硬化性プラスチックを使う理由は？

## 13・2 高分子の進歩と未来

> ● プラスチックはどんなふうにして見つかった？
> ● プラスチックの環境リスクを減らすには？

高分子の分子構造と性質を心に置いて，高分子化学が歩んできた道と，先端素材などを眺めよう．"環境にやさしい"といわれる**生分解性**（biodegradable）の高分子も紹介したい．

### 開発の初期

まず 19 世紀中期に，綿のセルロースなど天然高分子から，**半合成**（semisynthetic）の高分子がつくられた．例には，ニトロセルロース（別名 "綿火薬"）とセルロイドがある．

1845 年にスイスの化学者クリスチャン・シェーンバインが，台所の床に硝酸と硫酸を一緒にこぼし，綿の前掛けで拭く．水洗いした前掛けをストーブの脇に吊るしておいたら突如，煙をほとんど出さずに燃え上がった．セルロースが硝酸と反応し，ヒドロキシ基 $-OH$ が $-O-NO_2$ に変わっていた（硫酸は反応の触媒）．無煙火薬ともいう綿火薬は，従来の火薬より優秀だった．

1860 年代の末にはセルロイドができる．そのころ彫像などに象牙を多用し，アフリカでゾウが次々に殺されていた．1869 年に米国のジョン・ハイアットが，少し硝酸化したニトロセルロースにショウノウを混ぜて得たセルロイドは，象牙のような質感をもつ．彼の興した会社と後続の企業群が，義歯や写真フィルム，櫛，ブラシの柄，ピンポン玉などのセルロイド製品をつくる．映画フィルムにもセルロイドを使ったが，映写機の熱でときどき発火した．

**ゴム** ゴムも用途が広い．純粋な天然ゴムは，熱すると"ダレて"弾力を失う．高温ではポリイソプレン分子鎖の引合いが熱運動の勢いに負け，分子鎖がズルズル動いてしまうのだ（図解 13・4 a）．

1839 年に米国の発明家チャールズ・グッドイヤーが，高温でも弾性を保つゴムにたまたま出会う．ある日うっかり，天然ゴムと硫黄の混ぜ物をストーブの上に落とした．少し冷えてまだ温かいゴムが弾性を示す．ゴムの分子構造を誰も知らない当時，当人も同僚も何が起こったのかはわからなかった．いまの知識でいうと硫黄原子が高分子鎖を**架橋**（cross-link）し（図解 13・4 b），鎖どうしをつながり合わせた．そ

(a) 天然ゴム　高温では分子鎖が自由に動くため，伸ばしたあと元に戻らない．

(b) 加硫ゴム　分子鎖どうしが結びついているため，高温でも弾性を失わない．

硫黄原子の橋かけ

**図解 13・4 天然ゴムと加硫ゴム**
[© 2003 John Wiley & Sons, Inc.]

の化学操作（**加硫**(かりゅう)）を，ローマ神話の "火の神" ウルカヌスから vulcanization とよぶ（火山に硫黄は付き物）．グッドイヤー自身は事業化できず極貧のうちに世を去るが，いまほとんどの天然ゴムは加硫処理したあと製品にする．そんな強化ゴムが，自動車のタイヤや配管類のガスケット（シール材），靴底などに使われる．

いまは天然ゴムに代えて合成ゴムを，タイヤやエンジンホース，駆動ベルトなどに使う．いちばん多いスチレン-ブタジエンゴム（SBR = styrene-butadiene rubber）は，スチレン 25％・ブタジエン 75％からつくる（図解 13・5 a）．もうひとつ，ネオプレンという合成ゴムはクロロプレンの単独重合体で（図解 13・5 b），1931 年に米国のウォーレス・カロザースが発明した（彼はその数年後にナイロンも発明）．

**ほかの合成高分子**　綿火薬やセルロイド，加硫ゴムなど初期の高分子は，天然素材を化学変化させた半合成品だった．本物の合成高分子は 1909 年，ベルギー生まれの米国の化学者レオ・ベークランドが発明する．カイガラムシ科の昆虫が出す樹脂（セラック）に似たものを目指すうち，熱硬化性の物質ができてベークライトと命名．彼は会社を興して大富豪になる．

耐熱性も絶縁性も高いベークライトは，フェノールとホル

(a) スチレン-ブタジエンゴム
たいへん丈夫なため、タイヤやベルト、ホース類に使う.

ブタジエン：スチレン＝3：1で重合

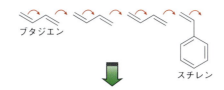

共重合体の部分構造

(b) ネオプレン（ポリクロロプレン）
加硫ゴムより熱や有機溶剤（ガソリン，グリース，オイル）に強い．断熱性も高いためウェットスーツの素材にする．

クロロプレンの重合

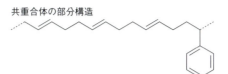

ネオプレン

ネオプレン製ウェットスーツ

図解 13・5　合　成　ゴ　ム

(a) 大量使用時代の用途　ラジオや電話のケース，装飾品の部材，ポットや鍋の取っ手など．

(b) 重合反応　フェノールとホルムアルデヒドの縮重合で生じ（青い網かけ部分の $H_2O$ が脱離），$-CH_2-$ の橋かけが複雑なネットワークをつくる．

図解 13・6　ベークライト　"フェノール樹脂"のひとつベークライトは，建材の合板や繊維ボード，プリント基板の接合材などに使われている．［© 2003 John Wiley & Sons, Inc.］

ムアルデヒドの縮重合でつくり，おびただしい製品に使われた（図解 13・6）．

1935 年にデュポン社のウォーレス・カロザースが，アジピン酸と 1,6-ヘキサメチレンジアミンの縮重合でナイロン 66（コラム"マクロとミクロ", p.192 参照）をつくる．絹糸のような繊維になる高分子だった．歯ブラシの毛（1938 年）に続くストッキングが大ヒットする．やがて始まる第二次大戦で米国は，わずかな在庫をパラシュートやロープなど軍需品の製造に回した．1950 年代になると生産量も増え，民生品が続々と生まれる．いまナイロンはロープや釣り糸，繊維，機械部品のほか，パラシュートやアウトドア衣料，テントや寝袋などにも使う．

1920 年代後半〜1950 年代は高分子開発の全盛期で，ナイロンやポリエチレン，PET，ポリスチレン，テフロンなどができた．開発史を図解 13・7 に示す．高分子化学はいまも前進を続け，先端高分子材料が輸送や軍事，保安，民生エレクトロニクス機器，ファッション，スポーツ，医療などに役立っている（コラム参照）．

## プラスチックと環境

プラスチックは，暮らしを支えるほか省エネルギーにも役立つ．ガラスや金属に代わる包装材となり，軽いので輸送用エネルギーが少なくてすむ．軽量・低密度の割に力学強度が高いから，自動車や航空機の部材にふさわしい（軽い車体や機体は燃費を上げる）．ボーイング 787 の機体と翼にも，アルミニウム合金より軽くて強い炭素繊維強化プラスチックが使われた．

ただし大量消費は環境を傷める．原料の石油や天然ガスなど化石資源は有限だし，安定な廃プラスチックが環境に残留しやすい．2011 年に米国が出した廃プラスチック 3200 万トンのうち，10% しかリサイクルされていない（80% 以上は埋立てと焼却に回る）．

世界全体だと年に約 700 万トンの廃プラスチックが海に行き，生物を傷めつける．太平洋では，水面に浮く廃プラスチックの群れが，カリフォルニア〜ハワイ間の"東太平洋ゴミベルト（Great Eastern Pacific garbage patch）"に漂い，その広さは 10 万 km$^2$ を超す．プラスチックはゆっくりと小さな

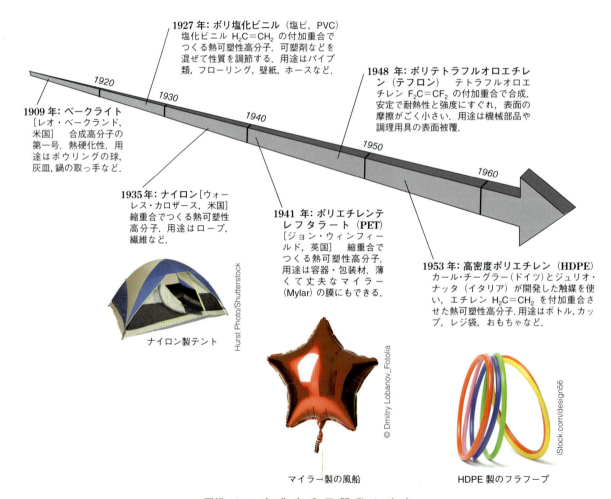

図解 13・7　合 成 高 分 子 開 発 の 略 史

## 化学者の眼: 先端高分子材料

分子構造の巧みな設計を通じ，高性能の高分子がつくられてきた．

ケブラー (Kevlar) 軽量で強く，ヘルメット類や防弾チョッキに使う．

ノーメックス (Nomex) 火に強く，レーサーや消防士のボディスーツに使う．

ポリカーボネート (polycarbonate) 衝撃に強く，風防板や防弾板，眼鏡レンズに使う．

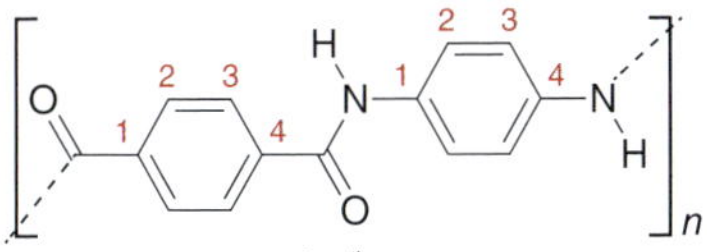

ケブラーもノーメックスもポリアミドだが，素材にするジアミンの分子構造がちがう．ケブラーの場合，分子鎖間の水素結合（下図）が強度をさらに上げる．

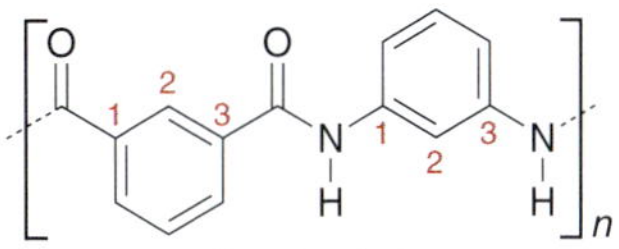

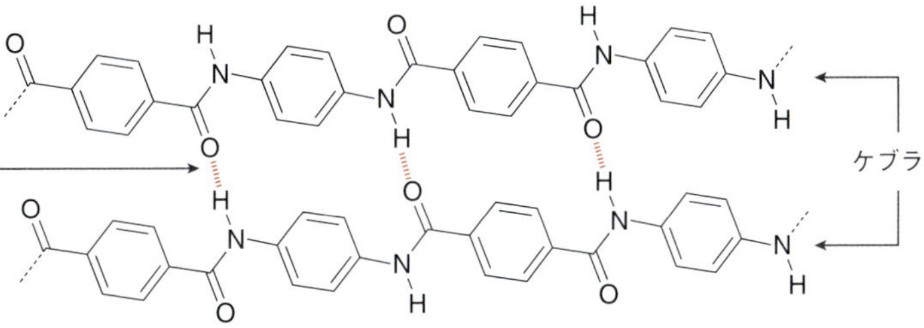

鎖を寄り添わせる水素結合

ケブラーの高分子鎖

> **確認**
> ケブラーとノーメックスで，重合させるジアミンの分子構造のちがいを観賞しよう．

---

かけらになっていき，それを魚や海鳥が食べる．

環境負荷を減らすには，まず 3R (reduce, reuse, recycle = 消費削減・再使用・リサイクル）を考える．過大包装をやめ，新品の代わりにリサイクル品を使えば消費量が減る．ひとりひとりの行動が，世界規模では大きな削減につながる．ボトル水を買わず，水筒の水を飲むのもいい．

**リサイクル** 紙やガラス，金属と同じく，廃プラスチックのリサイクルも資源の保全に役立つかもしれない．プラスチックでは PET がおもにリサイクルされる．ただし，廃 PET の回収・分解・再重合の操作で使うエネルギーが膨大なら，リサイクルすればするほど化石資源の浪費になってしまう．

**バイオプラスチック** 生物体を化学処理してプラスチックに使う試みもある．生分解性もあるプラスチックの代表例がポリ乳酸 (PLA = polylactic acid) だろう（図解 13・8）．透明な PLA でつくった宅配料理の容器やカップ，皿，食器などがある．

原料が再生可能資源の PLA は，生分解性があり，PET の

(a) ポリ乳酸（PLA）の製造　PLA はデンプン由来の乳酸を重合してつくる．

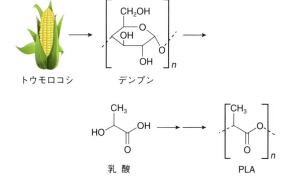

(b) 植物由来のエチレングリコールと石油由来のテレフタル酸を重合させた PET ボトル

> **考えよう**
> PLA は単独重合体（ホモポリマー）か，共重合体（コポリマー）か？
> ［答］単独重合体

**図解 13·8** バイオプラスチック

代用になる．ただし廃 PLA の生分解は，専用の工場を使わないかぎり進まない．工場では，微生物活動の生む高温（60°C 以上）と高湿のもと酸素にさらして分解させるが，それでも完全分解には数カ月かかる．

だがそんな工場をつくっても，わずかな廃 PLA しか運びこまれないだろう．見た目は PET と区別しにくいから，PET と一緒に捨てる人が多い．PET のリサイクル側から見れば，少しでも PLA が混じると再生 PET の質が落ちる．一般ゴミに混ざって埋立てに回った廃 PLA は，処分場でたやすく分解したりもしない．

それならと，植物由来のモノマーを使う PET もできた．モノマー二つのうち（コラム"マクロとミクロ"，p.192）エチレングリコールを，石油ではなくデンプンからつくる．そんな PET を使う製品（ボトル）も現れた（図解 13·8 b）．テレフタル酸もデンプンからつくれたら，純バイオの PET ができるだろう．

見た目だけ"環境にやさしい"製品が嫌いな人は，バイオプラスチックにも反対する．作物の栽培と手入れ，収穫・加工に使う莫大なエネルギーは，ふつう化石資源を燃やして生む．容器がいくら"グリーンな"ボトル水も，見えないとこ

ろで環境に負荷をかける．むろん推進派は"バイオプラスチックは化石資源の節約になる"というのだけれど．

> **振 返 り** 🛑
> 1. 天然ゴムと加硫ゴムはどうちがう？
> 2. 合成高分子の開発が進んだ時期は？

## 13·3　環境汚染と廃棄物

> ● "汚染"とはどんな状況か？
> ● 汚染はどのように分類でき，それぞれの対策は？
> ● 都市ゴミと有害廃棄物の区別は？

プラスチックの便利さと心配な点を大まかに眺めてきた．プラスチックの廃棄は，"廃棄物と環境汚染"問題の一部にすぎない．本節では，輸送や産業を含む人間活動が出す廃棄物による環境汚染一般を調べよう．汚染防止や有害廃棄物の管理も考える．

### 環境汚染

廃棄物とくれば，すぐに"汚染"が頭に浮かぶ．だが"汚染"の定義はむずかしい．法規制なら"基準値"を超せば汚染になる．そのためたとえば米国の飲料水安全法（7章, p.99）が決めている基準に合わない飲料水は"汚染されている"という．

個人レベルだと主観が入る．たとえば虫歯予防のため水道水に添加する 1 ppm 程度のフッ素は無害なのに，とにかくフッ素を嫌う人はいる．また，世界保健機関（WHO）は飲み水のナトリウム濃度として 200 ppm 以下を勧告し，それ以下なら"汚染"ではないのだが，かすかな塩味を嫌がる人もいる．

人間活動のほか，自然現象が起こす汚染もある．火山の噴火は大気に汚染物質をどっと出す．1991 年のフィリピン・ピナツボ山の大噴火では，1日に 2000 万トンの二酸化硫黄（亜硫酸ガス）$SO_2$ が出た．落雷が大気中に生む窒素酸化物 $NO_x$ やオゾン $O_3$ も，濃ければヒトの猛毒になる．

何が汚染かは場所でも変わる．オゾンだと，大気底層の **対流圏**（troposphere）では，毒性の汚染物質として呼吸器を傷めかねない．けれど高度 10〜50 km の **成層圏**（stratosphere）にある同じオゾンは，太陽のあぶない紫外線をさえぎる恵みの物質になる．

以下で **汚染**（pollution）は，厳密な定義ではないものの，人間活動や自然現象が生み出す"過剰量の何か"だと考えよう．陸地でも水圏，気圏でも，汚染度が一定値未満なら"汚染なし"とみなす（図解 13·9）．

落雷が生むオゾンや，動植物が出す揮発性化合物を含む空気

天然物の $SO_2$ と $CO_2$ が溶けこんで弱酸性を示す雨粒

岩から溶け出したミネラルや天然の微生物を含む淡水

**図解 13・9 環境のきれいさ** 空気も雨も淡水も，完璧に清浄なものはありえない．

## 汚染のタイプ

人間は200年ほど前から，産業活動を通じ，環境に物質を出し続けてきた．46億年に及ぶ地球史上，そういう**人為起源**（anthropogenic）汚染の始まりは，つい最近のことだった．地球史を1年に縮めたら，汚染の開始時点は大晦日の23時59分59秒に近い．だがその営みが環境をずいぶん変えた．大気と水圏，陸地を汚すおもな物質を化学の目で眺め，汚染を減らす方法を考えよう．

**大気汚染** 人間が1年間に使う総エネルギー（約 $5.7 \times 10^{17}$ kJ）は，$1.4 \times 10^{15}$ kg（1兆4000億トン）の氷を100 °Cの熱湯にする威力がある．そのほとんどは化石燃料を燃やして得る（4章，p.40）．炭化水素が燃えて $CO_2$ と $H_2O$ が大気に出るけれど，化石燃料は純粋な炭化水素ではないし，石油も石炭も少し硫黄を含む．石油の硫黄は有機硫黄化合物の姿をとり，石炭の硫黄は黄鉄鉱（パイライト）という鉱物 $FeS_2$ の姿をとる．

化石燃料の不純物は"ゼロ"にはできない．石炭やガソリンを燃やせば，炭化水素のほか不純物も酸化される．たとえば石炭が含む黄鉄鉱からは，毒性の二酸化硫黄 $SO_2$ ができる．

$$4\,FeS_2 + 11\,O_2 \longrightarrow 2\,Fe_2O_3 + 8\,SO_2$$
　　黄鉄鉱　　酸素　　　　　酸化鉄　　二酸化硫黄

$SO_2$ のようなものを**一次汚染物質**（primary pollutant）とよぶ．$SO_2$ は大気中でさらに酸素と反応し，三酸化硫黄 $SO_3$ などの**二次汚染物質**（secondary pollutant）になる．$SO_3$ が水に溶けてできる硫酸も二次汚染物質だ．大気中の一次・二次汚染物質を図解13・10に示す．**粒子状物質**（PM = particulate matter）のように，化学変化と直接関係しない汚染物質もある．

石炭は（いくぶんかは石油も）水銀などの重金属を少し含み，それが燃焼のとき大気に出る．米国の大気が含む水銀は，大半を石炭火力発電所が放出する．出た水銀はやがて陸地や水圏に行く．水圏に入ったものは細菌の体内で"メチル化"され，メチル水銀のイオン $CH_3Hg^+$ になったあと**食物連鎖**（food chain）に入っていく（図解13・11）．食物連鎖をたどるにつれ，**生物濃縮**（bioaccumulation）が進む．連鎖の上位にいるマグロは水銀が多いため，幼児や妊婦，授乳期の女性は摂取を控えたほうがいいという声もある．メチル水銀の摂取量が限度を超せば，奇形児出産や神経系の発達不全に見舞われる（不幸な実例が，日本で起こった水俣病）．

窒素酸化物 $NO_x$ も大気を汚す．化石燃料由来の硫黄酸化物 $SO_x$ とちがって $NO_x$ は，空気自身の化学変化で生じる．稲妻やエンジン内の超高温（最高2500 °C）で窒素 $N_2$ と酸

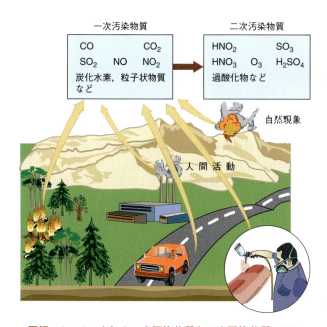

**図解 13・10 大気の一次汚染物質と二次汚染物質** 人間活動や自然現象が出す物質を一次汚染物質，その反応産物を二次汚染物質という．［© 2011 John Wiley & Sons, Inc.］

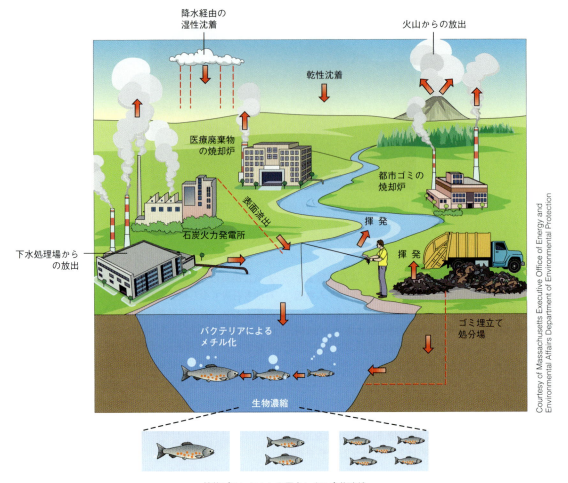

**図解 13・11 水銀の生物濃縮** 石炭火力発電所やゴミ焼却炉から出た水銀が水圏に入り，食物連鎖の中で濃縮される．

素 $O_2$ が反応し，無色の一酸化窒素 NO ができる．

$$N_2 + O_2 \longrightarrow 2\,NO$$
窒素　酸素　　　一酸化窒素

NO がたちまち酸素と反応してできる褐色の気体・二酸化窒素 $NO_2$ は，目や呼吸器系を刺激する．$NO_2$ の一部はさらに酸素と反応し，酸化力の強まった $NO_3$ になる．

太陽の紫外線を吸った $NO_2$ は，NO 分子と O 原子（酸素ラジカル）に分解する．活性な O 原子は，まわりの酸素分子 $O_2$ と結合してオゾン $O_3$ を生む．こうしてできる $NO_2$ と $O_3$，炭化水素などの複雑な混合物が，大都市を褐色の靄で覆う**光化学スモッグ**（photochemical smog）の正体だと思ってよい（コラム）．光化学スモッグの中では目がチカチカし，呼吸困難になる人もいる（主犯はオゾン $O_3$）．

別の汚染物質に一酸化炭素 CO がある．無色・無味・無臭だから"無言の殺人鬼"ともいわれ，肺から血液に入ったあとヘモグロビンと強く結合して命を奪いやすい（一酸化炭素中毒）．CO は自動車エンジン内の不完全燃焼から生まれ，都市の大気を汚している．

**揮発性有機化合物**（**VOC** = volatile organic compound）もあぶない．VOC は，ガソリンや塗料，シンナー，ニス，屋根用タール，油性洗浄剤，エポキシ接着剤などから大気に出る．マニキュアやマニキュア落とし，ヘアスプレー，香水，コロン，シェービングローションも VOC を含む．新築家屋や新車の内部，新調カーペットの匂いも VOC が出す．通気の悪い室内で吸う VOC は健康によくない．だから塗料などの VOC 含有量が規制されている（図解 13・12）．

**CFCs とオゾン層破壊** かつて**クロロフルオロカーボン類**（**CFCs** = cholorofluorocarbons．日本での通称"フロン類"．6・2 節）は，スプレー缶の噴射剤，冷蔵庫やエアコンの冷媒，断熱性の軽量プラスチック用発泡剤，IC（集

## 13・3 環境汚染と廃棄物

### 流れをつかむ：光化学スモッグ

(a) ロサンゼルスの街を覆う光化学スモッグ

(b) オゾン生成のしくみ

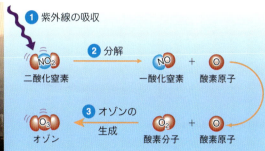

**考えよう**
光化学スモッグは大都市で起こりやすい．なぜか？
［答］自動車（$NO_x$の発生源）が多いから．

---

積回路）基板の洗浄剤に使われた（最盛期だった1986年の世界年産量は約125万トン）．安定で引火性も毒性もなく安価……という美点が裏目に出た趣で，環境破壊の問題が起こった．大気に出ると分解しないまま成層圏に昇り，高度20〜30 km の**オゾン層**（ozone layer）を壊すというのだ．

オゾン層のオゾン $O_3$ は，紫外線を吸って O 原子と $O_2$ 分子に分解する．活性な O 原子は，そばの $O_2$ 分子と結合してオゾンを再生する（図解 13・13）．分解–再生のサイクルが成層圏のオゾン量を太古からほぼ一定に保ち，それが危険な紫外線を吸収してくれるおかげで，4〜5億年前に生物は海中から上陸できた（なお成層圏のオゾン全部を1気圧の純気体として地表に積もらせたとすれば，厚みはたった3 mm しかない）．

成層圏に昇った CFCs は，紫外線を吸収して分解し，塩素原子 Cl を出す．たとえば CFCs のひとつ $CF_2Cl_2$ はこう化学変化する．

$$CF_2Cl_2 + 紫外線 \longrightarrow CF_2Cl + Cl \quad \cdots\cdots ①$$

Cl 原子がオゾン分子 $O_3$ と反応し，酸素 $O_2$ と一酸化塩素 ClO ができる．

$$O_3 + Cl \longrightarrow O_2 + ClO \quad \cdots\cdots ②$$

できた ClO が次のように O 原子と反応し，Cl 原子が再生

VOC の放出

1 kg あたり VOC が 50 g 未満の "低VOC" 塗料

**図解 13・12　VOCを減らした塗料**　基材を水にし，不揮発性の高分子を含む塗料も出回ってきた．

(a) 太陽光が含む紫外線の約99%を吸収するオゾン

(b) 成層圏で進むオゾンと酸素の循環

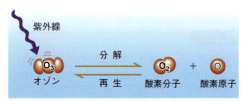

**図解 13・13** 地表の生命を守るオゾン層

表 13・2 大気汚染のおもな発生源（米国, 2008年）

| 発生源[†] | 百万トン | | | | |
|---|---|---|---|---|---|
| | CO | $NO_x$ | PM | $SO_2$ | VOC |
| 化石燃料<br>（固定発生源） | 5.3 | 5.6 | 2.3 | 9.9 | 1.4 |
| 化石燃料<br>（移動発生源） | 56.9 | 9.5 | 0.9 | 0.5 | 6.0 |
| 産業活動 | 3.8 | 1.0 | 2.2 | 1.0 | 7.1 |
| その他<br>（農業，自然界） | 11.7 | 0.3 | 14.3 | 0.1 | 1.3 |
| 合　計 | 77.7 | 16.3 | 19.7 | 11.4 | 15.9 |

† PM: 粒子状物質，VOC: 揮発性有機化合物
　固定発生源: 工場や事業所のボイラー，焼却炉など
　移動発生源: 自動車，船舶，航空機など

〔出典: U.S. Statistical Abstracts, 2012〕

**大気汚染対策**　次のような方法で大気汚染を減らそう……との意見がある．

・化石燃料の代わりに再生可能エネルギー源を使う．
・発電所や乗り物のエネルギー効率を上げて省エネにつなげる．
・石炭から天然ガスへの切替えを進める．
・発電所や乗り物の排ガスから汚染物質を除く．

　自動車の触媒コンバータ（4・3節, p.44）は有害な窒素酸化物を減らす．いまエネルギー供給の主役となった石炭火力の発電効率を上げれば，汚染物質の排出が減ることにもなる．やや新しい**流動床燃焼**（fluidized-bed combustion）では，微粉化した石炭と石灰石を混ぜ，気流の中で燃やす．燃焼効率が上がる結果，一定量の電力を生むのに必要な石炭が減らせる．石灰石 $CaCO_3$ は硫黄酸化物の排出を減らしてもくれる（すぐあとの記述も参照）．

　排ガスの粒子状物質（PM = particulate matter）を除く手段に，**電気集塵**（electrostatic precipitation）がある．PMとは，煙の中に分散した液体や固体の微粒子をいう〔よく話題になる $PM_{2.5}$ は，サイズが 2.5 μm 以下の粒子．$PM_{2.5}$ は肺胞（7・2節）まで入るからあぶない〕．排ガスを電極2個のすき間に通す（図解 13・14 a）．陰極に触れて負電荷をもらった粒子が，続いて出会う陽極に付着して中和され，液滴なら集合して陽極面を流れ落ち，装置の底にたまる．

　排ガスの洗浄装置（スクラバー）では，排ガスに水のシャワーを浴びせる（図解 13・14 b）．炭酸カルシウム $CaCO_3$ か水酸化マグネシウム $Mg(OH)_2$ のスラリー（粘性の懸濁液）に排ガスを通じる装置は，排ガス中の二酸化硫黄 $SO_2$ を除ける．そうした**脱硫**（desulfurization）は先進国で1970年代の前半から導入され，工場や火力発電所の排ガスから $SO_2$

される．

$$ClO + O \longrightarrow O_2 + Cl \quad \cdots\cdots ③$$

　その Cl が反応 ② に戻るため，オゾンの分解がどんどん進む（① で生じた Cl 原子1個は，反応 ② と ③ のサイクルに1万〜10万回も使われる）．

　CFCs がオゾンを減らす可能性には，1974年にカリフォルニア大学のシャーウッド・ローランドとマリオ・モリーナが気づいた．二人は，別のオゾン分解反応を調べたドイツのパウル・クルッツェンと1995年のノーベル化学賞を共同受賞している．なおオゾン濃度が低い**オゾンホール**（ozone hole）は，8月下旬〜11月下旬の約3カ月間だけ，南極の上空にできやすい．

　1987年には140以上の国々が**モントリオール議定書**（Montreal Protocol）に署名し，オゾン層を守るため CFCs の生産低減を目指すこととした．

　当面，化石燃料の燃焼（エネルギー利用）が大気汚染の主因となる．国連環境計画と世界保健機関によると，全世界で約10億人が大気汚染の健康被害を受けやすく，その半数以上は二酸化硫黄 $SO_2$ の害をこうむる．2008年の米国を例に，大気汚染の発生源を**表 13・2** にまとめた．

(a) 電気集塵機の図解

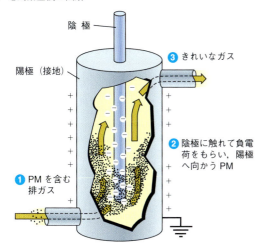

(b) 洗浄装置(スクラバー)の図解

図解 13・14　産業排ガスの汚染対策
[© 2003 John Wiley & Sons, Inc.]

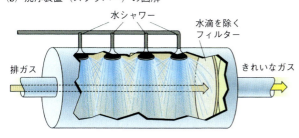

を除き，いっとき上がっていた雨の酸性度をpH 4.5〜5.5に戻してきた(8・3節, p.115)．Mg(OH)$_2$を使う脱硫なら次の反応が進み，スクラバーの底にたまる白色固体の亜硫酸マグネシウムを回収する．

$$SO_2 + Mg(OH)_2 \longrightarrow MgSO_3 + H_2O$$
二酸化硫黄　水酸化マグネシウム　亜硫酸マグネシウム　水

**水質汚染**　水の汚染源には，生物と熱，懸濁物，有害物質(化学)がある．飲み水の**生物汚染**(biological contamination)は，病原菌や，毒物を出す微生物が起こす．生物汚染を減らすには，原水を塩素Cl$_2$またはオゾンO$_3$で殺菌する．

**熱汚染**(thermal pollution)は，水温が上がる現象をいい，おもな原因には工場排水や原子炉排水がある．高温ほど気体は水に溶けにくいため，水が酸欠になって生き物が死ぬ．

**懸濁物汚染**(sedimentary pollution)とは，雨水に流された土壌粒子などが漂って水が濁る現象をいう．濁った水が太陽光をさえぎる結果，藻類や植物プランクトンの光合成が弱

まって水中の物質生産が減る．有害物質や病原菌が付着した懸濁粒子も多い．地球全体だと，水質汚染の筆頭が懸濁物汚染になる．

**化学汚染**(chemical pollution)では，有害物質が水に入りこむ．発生源には農業(肥料，農薬)，家庭(塗料，溶剤)，産業(工場排水，鉱山廃水)や事故(流出石油)がある．汚染物質のうち肥料の硝酸イオンNO$_3^-$やリン酸イオンPO$_4^{3-}$は，湖や川の表層に棲む藻類の養分になる．藻類の大増殖が水を酸欠にし，水に棲む生物を苦しめるのが**富栄養化**(eutrophication)だった(11・1節)．

**陸地の汚染**　固体や液体を気ままに捨てると陸上が汚染される．農業の肥料・殺虫剤・除草剤，工場や鉱山の有害廃棄物，家庭・企業・公共施設のゴミが陸地の汚染を生む．

廃棄物が含む物質には，環境に出てすぐ移動を始めるものも多い．そのため，たとえば大気に出た汚染物質も，いずれは環境のあちこちを危険にさらす．陸上に捨てた物質も，数カ月あとに水圏を汚染したりする．脱硫以前の時代，大気に出た硫黄酸化物がいっとき雨の酸性度を上げ，水の生き物を苦しめたり木を枯らしたりしたのもそんな例になる．

## 振返り

1. 汚染は，環境中の"場所"ごとに考えるのが望ましい．なぜか？
2. 排ガスの脱硫はどのように行い，環境の浄化にどう役立ってきた？

## ■ 章末問題

### 復習

1. 以下の用語ペアは，どのようにちがうか．
   (a) モノマーと高分子
   (b) 単独重合体と共重合体
   (c) 付加重合と縮重合
   (d) 熱可塑性高分子と熱硬化性高分子
   (e) ポリアミドとポリエステル

2. 以下のモノマー(単量体)対からできる高分子は何か．
   (a) アジピン酸と1,6-ヘキサメチレンジアミン
   (b) フェノールとホルムアルデヒド
   (c) スチレンとブタジエン
   (d) エチレングリコールとテレフタル酸

3. 食事で体に入れる高分子を三つあげよ．

4. 以下の高分子はポリアミドか，ポリエステルか．
   (a) ナイロン　(b) ポリペプチド　(c) ポリ乳酸
   (d) PET　(e) ノーメックス　(d) ケブラー

5. 以下の原子や原子団を含む汎用高分子には何があるか．
   (a) 塩素  (b) フッ素  (c) 窒素  (d) 酢酸基
6. 窒素原子 N を含む一次大気汚染物質と二次大気汚染物質を二つずつあげよ．
7. 石炭の流動床燃焼は，環境汚染対策の面でどう有用か．
8. 水質汚染でいちばん多いタイプは何か．
9. 水道水の殺菌に使う物質を二つあげよ．

## 発 展

10. プラスチックと高分子（ポリマー）はどうちがうか．
11. 以下のような天然高分子にはどんな例があるか．
    (a) 縮重合した単独重合体（ホモポリマー）
    (b) 縮重合した共重合体（コポリマー）
    (c) 付加重合した単独重合体
12. プラスチックの材料特性を左右する三つの分子レベル要因は何か．
13. $CH_2=CH-Br$ と書ける分子が付加重合してできる高分子は何とよぶか．
14. ナイロンとタンパク質の共通点は何か．また，ちがう点はどこか．
15. DNA は単独重合体か，共重合体か．理由も述べよ．
16. 大気を汚す窒素酸化物 $NO_x$ の窒素原子 N はどこからくるか．
17. 一酸化炭素 CO による大気汚染を減らすベストの方法は何か（世界のエネルギー消費はほぼ現状のまま続くとする）．
18. 生命にとってオゾンが (a) 有益な面と (b) 有害な面は何か．
19. ある場所では有益だが別の場所では有害になる物質をひとつあげよ．ただし水とガソリンは除く．
20. 天然ゴムには含まれないがネオプレンに含まれる元素は何か．
21. 綿火薬づくりに使う三つの物質は何か．
22. オゾン層を守るためスプレー缶の噴射剤はフロン類から液化石油ガス（p.50）などに切替わったが，それが新たなリスクを生むことになった．どんなリスクか．

# 14 食品の微量成分

14・1 微量栄養素
14・2 食品添加物
14・3 食の安全

## 14・1 微量栄養素

> ● ビタミンの定義と種類,体内での役割は？
> ● ミネラルの定義と種類,体内での役割は？

食品は,多量栄養素（脂肪,炭水化物,タンパク質.5章,p.52）のほかに,ビタミンやミネラルなどの**微量栄養素**（micronutrient）も含む.適量の微量栄養素もとらないと健康によくない.本節では微量栄養素を紹介し,摂取源になる食品や欠乏症なども眺めよう.

### ビタミン

命と健康に欠かせない有機化合物を**ビタミン**（vitamin）という.用語 vitamin の原形はポーランド出身の生化学者カシミール・フンクが1912年につくる.彼は大事な有機化合物がどれもアミン類（12・2節）だと誤解していたため,"命に大事なアミン"（vital amine）つまり vitamine と名づけた.ほどなく末尾の e が落ちて現在の姿となる.以後"アミンではないビタミン"も見つかるが,"命に大事（vital）"なところは変わりない.

なお,何がビタミンかは生物種で変わる.ヒトのビタミンは,体内機能に必須だが自前で合成できないため,殺した動植物の組織から奪うしかない.その点でビタミンは,必須アミノ酸（5・4節）に似ている.

ビタミンには,化学名のほか A や $B_{12}$ などアルファベット1文字をつけた名前もあり,たとえばアスコルビン酸はビタミン C,レチノールはビタミン A とよぶ.ビタミン B 群には,チアミン（$B_1$）,リボフラビン（$B_2$）,パントテン酸,ナイアシン,ピリドキシン（$B_6$）,コバラミン（$B_{12}$）がある（$B_{12}$ は"シアノコバラミン"ともよぶ）.

ビタミンは,**脂溶性ビタミン**（fat-soluble vitamin）と**水溶性ビタミン**（water-soluble vitamin）に分類できる.脂溶性ビタミンは,水よりも油や炭化水素にずっと溶けやすい.ビタミン A, D, E, K が脂溶性,ビタミン B 群と C が水溶性だ.

表 14・1 ビタミン類

| ビタミン名 | 摂取源 | 欠乏症など |
|---|---|---|
| **水溶性ビタミン** | | |
| アスコルビン酸（ビタミン C） | 果物（とくに柑橘類）,野菜 | 壊血病,組織の病変 |
| コバラミン（ビタミン $B_{12}$） | 動物起源の全部の食品（貝類,レバー）,干しのり | 悪性貧血 |
| チアミン（ビタミン $B_1$） | 豚肉,臓物,全粒粉,ナッツ類,豆類 | 脚気,筋力低下,麻痺 |
| ナイアシン | 肉類,豆類,穀物 | ペラグラ,皮膚・消化器・神経系の不全,鬱症状 |
| パントテン酸 | ほぼ全部の食品（レバー,納豆,卵） | 代謝異常,皮膚炎 |
| ビオチン | 多彩な食品（レバー,落花生） | 欠乏症（吐き気,食欲減退）は希.皮膚炎,脱毛 |
| ピリドキシン<br>ピリドキサール　　ビタミン $B_6$ の多形<br>ピリドキサミン | マグロ,カツオ,ニンニク | 欠乏症（アミノ酸代謝異常）は希.皮膚炎 |
| 葉酸 | レバー,肉類,緑色野菜 | 貧血 |
| リボフラビン（ビタミン $B_2$） | 肉類（とくに臓物）,乳と乳製品,緑色野菜 | 口内炎,眼球炎,皮膚炎 |
| **脂溶性ビタミン** | | |
| コレカルシフェロール（ビタミン $D_3$） | レバー・肝油,脂身の魚（サケなど）,強化牛乳 | くる病,骨変形,骨軟化症 |
| α-トコフェロール（ビタミン E） | 多彩な食品（とくに穀物油） | 欠乏症（溶血性貧血,末梢神経障害）は希. |
| フィロキノン,メナキノン類（ビタミン K） | 野菜（腸内細菌も合成），納豆 | 血液凝固遅延,出血 |
| レチノール（ビタミン A） | レバー・肝油,ニンジンなど有色野菜 | 夜盲症,皮膚角化,成長不良 |

C. Snyder, "The Extraordinary Chemistry of Ordinary Things", Fourth Edition, p.466, John Wiley & Sons, Inc.（2003）をもとに作表.

ただし脂溶性か水溶性かは，食品の性質とは関係しない．脂っこい食品には水溶性ビタミンの多いものがあるし，緑色野菜も脂溶性ビタミンが多い．おもなビタミンと摂取源，欠乏症を表14・1にまとめた．

以下では，知名度の高い水溶性のビタミンCと，脂溶性のビタミンA，Dだけを紹介しよう．

**ビタミンC**　ビタミンCはサプリの王者だろう．化学名 **アスコルビン酸**（ascorbic acid）が，化学的性質と生物学的性質の両方を表す（図解14・1）．まず，カルボン酸ではないものの，やや複雑なしくみで$H^+$を放出し，酸の性質を示す．また化学名のascorbicは，ラテン語 *scorbutus*（壊血病）に否定の"a"をつけた語だから，化学名は"壊血病をなくす酸"を意味する．

ビタミンC不足の食事が壊血病につながる．ビタミンCは，体内の結合組織をつくるコラーゲン（5・4節）の合成に欠かせない（コラーゲン合成酵素の補佐役）．皮膚も筋肉も血管も，コラーゲンの強い繊維でできる．歯ぐき（歯肉）は血管が多く，食事や歯磨きでしじゅう摩擦を受ける．だからコラーゲンが劣化すると，まず歯ぐきから出血しやすい．壊血病が進むと歯ぐきは崩れ，歯が抜け落ちるころ体のあちこちからも出血する．

壊血病は200年ほど前まで，船乗りや探検家や長期遠征軍隊の奇病だった．出港後しばらくたつと，ビタミンCの多い新鮮な果物や野菜が底を突く．1500年代のオランダや英国の船乗りたちも，長期航海で健康を保つのに新鮮な野菜やレモンが効くと知っていたらしい．英国海軍はようやく1795年，艦隊の常備品リストにレモンを入れた．

**ビタミンA**　ビタミンAは目や皮膚や粘膜の健康に欠かせない．欠乏すると夜盲症（鳥目）になりやすく，度を超せば全盲になる恐れがある．

脂溶性だから肝臓の脂肪組織にたまりやすい．過剰分は肝臓にため，どこかの部位で必要になったらそちらに回す．た

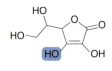
アスコルビン酸

天然のアスコルビン酸も合成のアスコルビン酸もまったく同じ物質

**考えよう**
化学構造のうち，アスコルビン酸を水溶性にする部位は？
［答］$H_2O$と水素結合できる6個のO原子

**図解 14・1　ビタミンC**　化学構造から，水溶性だとわかるだろう．OH（ヒドロキシ基）が多いため水に溶けやすい．青のOHが酸解離する．

だし貯蔵容量を超せば吐き気や目のかすみ，脱毛に見舞われ，最悪の場合は死に至る．また，胚の発達に必須なビタミンAも，妊娠の初期や直前に過剰摂取すると，奇形児の出産につながりかねない．

ビタミンAサプリの摂りすぎや，珍しい食品の常食で過剰摂取になりやすい．たとえばシロクマの肝臓85 gが含むビタミンAは，一日必要量の200倍にもなる．北極探検者がシロクマの肝を大量に食べ，中毒したり死んだりした昔の報告が残る．

肝臓にビタミンAをためる動物とちがい，植物はまったくビタミンAを含まない．ビタミンAのよい摂取源とされるニンジンも，ビタミンA自体は含んでいない．そう聞いて首をひねる人もいるだろうが，ビタミンAの化学を知れば納得できる．

人体は，ビタミンA（レチノール）そのものを使うか，近い化合物をビタミンAに変化させて使うか，関連化合物をビタミンAの代用にできる．だから食品やサプリにビタミンAは，"レチノール活性当量（RAE＝retinol activity equivalent）"とか"国際単位（IU＝international unit）"の値

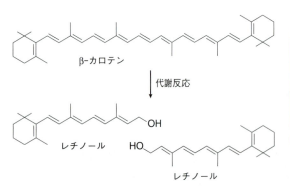

**考えよう**
β-カロテンやレチノールを脂溶性にする原子団は？
［答］炭化水素基（環状部分と，共役二重結合部分）

β-カロテンは根菜（サツマイモ，ニンジン），メロン，カボチャ，緑色野菜（ホウレンソウ，キャベツ），一部の果物（アンズ，マンゴー，パパイヤ）に多い

**図解 14・2　ビタミンAの合成**　β-カロテンは体内で二分され，"切り口"に酸素原子Oが付加されてレチノール（ビタミンA）になる．そのためβ-カロテンはプロビタミンAともいう．

で表示してある．RAE も IU も，ビタミン A 活性をもつ物質群の総量を表す（1 RAE は純レチノール換算で 1 μg，1 IU は同 0.3 μg にあたる．つまり 1 RAE = 3.33 IU）．

レチノール自体を含まないニンジンは，レチノールに変身できる黄色の β-カロテンを含む（図解 14・2）．肝臓のビタミン A 備蓄が十分なら，体は β-カロテンをレチノールに変えない．つまり，β-カロテンの多い果物や野菜をいくら食べても，ビタミン A 中毒にはならない．

過剰な β-カロテンを摂ると，一部は体表面まで行くため，皮膚や目が橙黄色を帯びる．ニンジンやトマトジュースの摂りすぎでそうなった例の報告がある．だが害はなく，ニンジンやトマトジュースを控えれば自然に治る．

**ビタミン D**　ビタミン D はカルシウムとリンの吸収を助け，骨を健康に保つ．ビタミン D 不足の子供は骨が発達しにくく，脚の湾曲や骨格変形（くる病）につながる．予防にはビタミン D 強化牛乳を飲むとよい（牛乳はカルシウムが多く，ビタミン D は牛乳の脂肪分となじむ）．

ビタミン D には化学作用のちがう化合物が複数あって，それぞれをビタミン $D_1$，$D_2$，$D_3$，… と区別する．ビタミン $D_2$（エルゴカルシフェロール）はきのこ類に含まれる．皮膚に紫外線が当たると，もともと皮膚にある 7-デヒドロコレステロールという分子がコレカルシフェロール（ビタミン $D_3$）に変わってくれる（図解 14・3）．

日光を十分に浴びれば，皮膚の中で十分な量のコレカルシフェロール（ビタミン $D_3$）ができるため，くる病などは発生せず，ビタミン D も "ビタミン" ではなかった．だが南北の極地だと日光が少なく，寒いので着ぶくれし，生活の場も仕事場もおもに屋内だから，体内でビタミン D ができにくい．とりわけ骨の成長が速い子供は，ビタミン D 強化乳製品などを食べさせないと，くる病になりかねない．

## ミネラル

ミネラルは本来 "鉱物" の意味だから，**ミネラル**（mineral）という語には，鉛や金，ルビーなど "固体" や "結晶" の香りがある．けれど栄養学でミネラルは，体重の 96％以上を占め多量栄養素の成分となる 4 元素（炭素 C，水素 H，窒素 N，酸素 O）以外の 7 元素をいう．重さで 4 元素に次ぐカルシウム Ca が，ミネラルの筆頭にくる（図解 2・15，p.22）．

ミネラルとビタミンは，姿かたちも発生源もくっきりちがう．まずビタミン類は有機化合物で，ミネラルは原子やイオンの姿をもつ．また，ビタミンの分子は食物（動植物）の体内で合成されるが，ミネラルは合成できず，植物が大地から吸い上げたものか，そんな植物を食べた動物が体内で使うものだと心得よう．

**多量ミネラル**　陽イオン $Ca^{2+}$ のカルシウムは体重の 1.5〜2.0％を占め（体重が 70 kg の人なら 1.0〜1.5 kg），その 99％以上が骨と歯にある．

**多量ミネラル**（major mineral）の第 2 位，重さでカルシウムのほぼ半分のリン P は，骨と歯の構造をまとめ上げる．体内の軟組織もリンを（DNA 分子などに）含み，70 kg の人ならリンの体内総量は 1 kg に近い．

続くカリウムと塩素，ナトリウム，マグネシウムのイオンが，細胞内外の水溶液中にある．カリウムイオン $K^+$ は細胞内に多く，酵素の活性を調節する．細胞外に多いナトリウムイオン $Na^+$ は，細胞内外の水分量を健全な値に保つ．$Na^+$ と $K^+$ は，体液の pH を正常に保つ役目もする．また，神経のシグナル伝達は $Na^+$ と $K^+$ の共同作業で進む．

陰イオンの $Cl^-$ は，体内の水分バランスに働くほか，水素イオンと一緒に胃液（希塩酸）をつくる．陽イオンがもつ正電荷の中和も $Cl^-$ の役目だ．

マグネシウムも陽イオン $Mg^{2+}$ の形で働く．骨と歯を硬くする役目は $Ca^{2+}$ に次ぎ，生化学反応の調節役としては $K^+$ に次ぐ．$Mg^{2+}$ は，DNA の解離型リン酸基（図解 12・18 c）がもつ負電荷を中和し，タンパク質の合成を助け，細胞間のシグナル伝達を担う．

多量ミネラルのうち量が最小の硫黄 S は，アミノ酸（メ

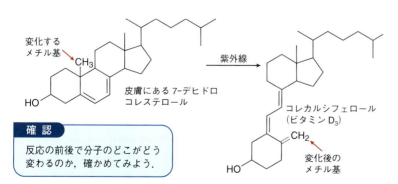

皮膚を守る日焼け止めは，ビタミン D の合成を減らす

**図解 14・3　ビタミン D の合成**　紫外線に当たればビタミン D は体内で合成される．
[© 2003 John Wiley & Sons, Inc.]

チオニンとシステイン)の素材だからタンパク質に含まれる. 硫黄は, 代謝や解毒で働く分子の成分にもなるほか, 血液中にある硫酸イオン $SO_4^{2-}$ の部品でもある.

**微量ミネラル** 多量栄養素(および水)の成分 C, H, N, O, S と, 微量栄養素の Ca, P, K, Cl, Na, Mg……以上の 11 元素が体重の約 99.9% を占める. ほか約 10 個の必須元素を**微量ミネラル** (trace mineral) という. 微量ミネラルの一日必要量は 0.1 g (100 mg) に満たない.

微量ミネラルには, 体内量の順に鉄 Fe, フッ素 F, 亜鉛 Zn, 銅 Cu, セレン Se, マンガン Mn, ヨウ素 I, モリブデン Mo, クロム Cr, コバルト Co がある. その大半は酵素やホルモンなどの大事な分子に組みこまれている.

たとえば鉄は, ヘモグロビンの肝心な部位にいる. 肺の奥にある肺胞で鉄 ($Fe^{2+}$) が酸素分子 $O_2$ を結合し, 結合後のヘモグロビンが全身に酸素を届ける. 鉄が足りないと貧血になりやすい.

フッ素のイオン $F^-$ は歯のエナメル質を硬くする. 米国では, 虫歯予防のため水道水にフッ素の塩を加える自治体が多い. フッ化ナトリウム NaF を配合した練り歯磨きもある.

亜鉛は, 体の成長や傷の治癒, 男性の性腺の発達に働く. ヨウ素は甲状腺ホルモンの部品だから, 足りないと甲状腺が

表 14・2 ミネラル類の摂取源

| 多量ミネラル | 摂 取 源 |
|---|---|
| 硫黄 S | 肉類, 卵, 乳製品, 穀類, 豆類 |
| 塩素 Cl | 食塩 |
| カリウム K | ほぼ全部の食品(とくに魚肉類, 乳製品, 果物) |
| カルシウム Ca | 牛乳と乳製品, 骨つき小魚, ブロッコリーなど濃緑色野菜, 豆類 |
| ナトリウム Na | 食塩 |
| マグネシウム Mg | 全粒穀類, ナッツ類, 緑色野菜, 海藻 |
| リン P | ほぼ全部の食品 |

| 微量ミネラル | 摂 取 源 |
|---|---|
| 亜鉛 Zn | 肉類, 卵, 海産物(カキなど), 乳製品, 全粒穀類 |
| クロム Cr | ビール酵母, 畜肉類, 全粒穀類 |
| コバルト Co | ほとんどの動物性食品 |
| セレン Se | ブラジルナッツ, 穀類, 肉類, 海産物 |
| 鉄 Fe | 肝臓など赤身肉, 干しブドウ, 干しアンズ, 全粒穀類, 豆類, カキ |
| 銅 Cu | 肝臓, 腎臓, 貝類, ナッツ類, 干しブドウ, 乾物の豆類, 一部地域の飲み水 |
| フッ素 F | 一部地域の水道水, お茶, 骨つき小魚 |
| マンガン Mn | ナッツ類, 全粒穀類, 緑葉野菜, 乾燥果物, 野菜の根と茎 |
| モリブデン Mo | 臓物, シリアル, 豆類 |
| ヨウ素 I | ヨウ素強化食塩, 海藻, パン |

© 2003 John Wiley & Sons, Inc.

## 化学者の眼: 周期表にみるミネラル類

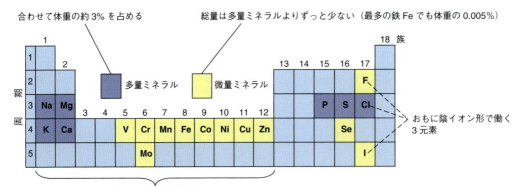

複数のイオン化合物を配合した総合ミネラルサプリ

**確認** 合計で体重の 96% 以上を占める 4 元素(水素 H, 炭素 C, 窒素 N, 酸素 O)を周期表に書きこんでみよう.

腫れたり（甲状腺腫），学習障害につながったりする．量がいちばん少ないコバルトは，構造がたいへん複雑なビタミン$B_{12}$分子の必須部品になっている．

ほかの微量ミネラルも，体内で特有の働きをする．銅が足りないと，毛髪の変色，貧血，骨の不全といった症状が出るし，免疫系を狂わせるとの説もある．マンガンは骨の健康や神経系の動作，生殖に欠かせない．クロムはグルコースの代謝に働く．

ミネラル類のおもな摂取源を**表 14・2** にまとめた．周期表のうえで多量ミネラルと微量ミネラルが占める場所を**コラム**に示す．

バランスのいい食事をすれば微量ミネラルは欠乏しないため，ビタミンやミネラルのサプリは必要ない．ただし，次のような人はサプリを摂るのが望ましい．

- 医師にカロリー制限（日に 1900 キロカロリー未満）を指示された人
- 完全菜食主義者（植物はビタミン$B_{12}$を含まない）
- 乳製品を受けつけない（カルシウムとビタミン D を十分に摂れない）人
- 日に 400 μg 以上の葉酸を摂るのが望ましい妊娠適齢期の女性と妊婦
- 高齢者

---

### 振返り 🛑

1. ニンジンは，ビタミン A をまったく含まないのに，よいビタミン A 源になる．なぜか？
2. それぞれ体内量が最大の多量ミネラルと微量ミネラルは？

---

## 14・2 食品添加物

- ● 食品添加物はなぜ規制する？
- ● そもそも食品添加物とは？
- ● 食品添加物の種類と役割は？

食品の天然成分（ビタミン，ミネラル）から目を転じ，**食品添加物**（food additive）を眺めよう．食品添加物とは，食品の保存性を上げたり，栄養価を高めたり，味や見た目をよくしたりするために加える物質をいう．簡単のため以下ではときに "添加物" と書く．

### 当局の規制

肉を塩漬けにして保存性を上げるのは，太古からの添加物利用にほかならない．3500 年前のエジプト人が，食品をきれいに見せようと色素を使っている．味つけにハーブやスパイス，甘味料を使う歴史も古い．

中世のヨーロッパでは，古い食材の味や匂いをスパイスで隠した．食品のよい保存法がなかったため，スパイスが珍重されたといえる．東を目指したマルコ・ポーロも，西に向かったコロンブスも，動機のひとつはスパイスの探索だった．

19 世紀の後半に化学と食品加工技術が進んだ結果，添加物が次々と使われるようになる．添加物にからむ米国特許の第一号（1886 年）は，食塩とリン酸カルシウムの混合物（風味料）だった．添加物に使う物質が増えるにつれ，消費者のリスクも増大していく．

19 世紀末の米国では，むやみに使われた添加物で体調をくずすばかりか死ぬ人も出て，連邦政府が腰を上げる．まずは農務省に，添加物の有用性とリスクを検討する集団ができた．座長の化学者ハーベイ・ワイリーが，12 名の若いボランティアに調査対象の添加物を食べさせ，体調がおかしくなるかどうか観察した（現在ならまず許されない行為）．

ワイリーの仕事などをきっかけに連邦議会も動き，1906 年に "食肉検査法" と "食品医薬品清潔法" を制定する．1931 年に連邦議会の設けた食品医薬品局（FDA）が，食品添加物と医薬の安全保障を担当した．いま FDA は保健福祉省に属し，食品医薬品清潔法の最新版を食品医薬品化粧品法（FD&C 法）とよぶ．FD&C 法の第 4 章が添加物を扱う．

### 食品添加物の働き

添加物は，品質の維持や向上を目的に使う．食塩や甘味料，香辛料（マスタード，コショウなど）は，味気ない食品をおいしくする．食用色素は食品を鮮やかに彩る．牛乳に添加したビタミン D は，味や香りや色は変えないけれど，カルシウムの吸収を助ける．またアスコルビン酸（ビタミン C）は，コラーゲン合成を補佐するほか，酸素と反応して食品成分の酸化を防ぐ保存料（酸化防止剤）の役割もする．

添加物の働きは，① 食品の見た目や味をよくする，② 栄

表 14・3 食品の見た目や味をよくする添加物の例

| 物 質 | 働 き |
|---|---|
| β-カロテン $C_{40}H_{56}$ | 着色料 |
| グルコース $C_6H_{12}O_6$ | 甘味料 |
| グルタミン酸ナトリウム $HOOC-CH_2-CH_2-CH(NH_2)-COONa$ | 調味料 |
| 酢酸エチル $CH_3-C(=O)-O-CH_2-CH_3$ | 香味料・香料 |
| 酸化チタン $TiO_2$ | 着色料 |
| 酸化鉄(Ⅲ) $Fe_2O_3$ | 着色料 |
| スクロース（砂糖） $C_{12}H_{22}O_{11}$ | 甘味料 |
| パプリカ | 香味料・着色料 |

© 2003 John Wiley & Sons, Inc.

表 14・4 食品の栄養価を上げる添加物の例

| 物　質 | 化学式 | 働　き |
|---|---|---|
| アスコルビン酸 | $C_6H_8O_6$ | ビタミン C |
| β-カロテン | $C_{40}H_{56}$ | プロビタミン A |
| ヨウ化カリウム | KI | 甲状腺保護 |
| リボフラビン | $C_{17}H_{20}N_4O_6$ | ビタミン $B_2$ |
| 硫酸亜鉛 | $ZnSO_4$ | ミネラル |
| 硫酸鉄(II) | $FeSO_4$ | ミネラル |

© 2003 John Wiley & Sons, Inc.

養価を上げる，③ 新鮮さを保つ，④ 加工食品の形を安定に保つ —— の四つに分類できる．

アスコルビン酸が栄養素と保存料を兼ねるように，ある添加物の仕事は "①〜④ のどれか" とはかぎらない．以上の 4 分類を表 14・3〜14・6 にまとめた．

表 14・5 の**保存料**（preservative）は，食品の鮮度を保ち，傷みや劣化を遅くする．保存料にはおもに次の 2 種類がある．

・酸素に酸化されにくくする**酸化防止剤**（antioxidant）
・細菌やカビにやられにくくする**抗菌剤**（antimicrobial）

アスコルビン酸は，食品の身代わりに酸化される．同類に，フェノール性ヒドロキシ基をもつ BHA と BHT がある．細菌（バクテリア）など微生物の繁殖を防ぐ添加剤は，食品の味や見た目を保つほか，微生物の毒から人間を守りもする．パンや焼き菓子の原材料リストには，よくプロピオン酸カルシウムを見かける．プロピオン酸はチーズなど乳製品が含む天然物で，酸もその塩もカビの増殖を抑える．果汁飲料に入れる安息香酸ナトリウム（ときに "カルボン酸塩" と表示）は，0.1％以下の添加量で抗菌作用を発揮する．

間接的な化学作用で食品を守る添加物もある．そのひとつエチレンジアミン四酢酸（EDTA = ethylenediaminetetraacetic acid）は，金属イオンをつかまえる．加工食品の素材は製造の段階で金属の器具や装置に接触するため，微量のアルミニウムや鉄，亜鉛などが食品に混入する．ごく微量なので人体にも食品の質にも影響しないが，食品の成分が酸化されるときの触媒になるから，食品を劣化させやすい．**封鎖剤**（sequestrant）の EDTA が金属イオンをとらえ，触媒の働きをさせなくする（コラム "マクロとミクロ" a）．

表 14・6 の添加物は，加工中の食品の形を整え，保存中も形がくずれないようにする．たとえば**保湿剤**（humectant）は水分子 $H_2O$ を結合して湿気を保つ．例には，ココナツフレークの湿気を保つプロピレングリコールや，マシュマロを軟らかくするモノステアリン酸グリセリンがある（コラム "マクロとミクロ" b）．

表 14・5　保存料の例

| 物　質 | 働　き |
|---|---|
| 亜硝酸ナトリウム　$NaNO_2$ | 肉類の抗菌剤 |
| アスコルビン酸　$C_6H_8O_6$ | 酸化防止・抗菌剤 |
| 安息香酸ナトリウム　$C_6H_5COO^-Na^+$ | 酸性食品の抗菌剤 |
| エチレンジアミン四酢酸（EDTA）　$C_{10}H_{16}N_2O_8$（次ページのコラム参照） | 酸化防止剤 |
| ソルビン酸とソルビン酸塩　$CH_3-CH=CH-CH=CH-COOH$ | チーズの防カビ剤 |
| ブチル化ヒドロキシアニソール（BHA） | 酸化防止剤 |
| ブチル化ヒドロキシトルエン（BHT） | 酸化防止剤 |
| プロピオン酸カルシウム　$(CH_3-CH_2-COO)^-Ca^{2+}(OOC-CH_2-CH_3)$ | 防カビ剤 |

© 2003 John Wiley & Sons, Inc.

表 14・6　形態安定化剤の例

| 物　質 | 働　き |
|---|---|
| アラビアゴム（ゴムノキの樹液） | 増粘・調質剤 |
| キサンタンガム（トウモロコシの発酵で得る複合多糖類） | 乳化・増粘剤 |
| グリセリン　$CH_2(OH)-CH(OH)-CH_2(OH)$ | 保湿剤 |
| ケイ酸カルシウム　$CaSiO_3$, $Ca_2SiO_4$, $Ca_3SiO_5$ | 固化防止剤 |
| 酢酸　$CH_3-COOH$ | pH 調節剤 |
| 二酸化ケイ素　$SiO_2$ | 固化防止剤 |
| モノグリセリド，ジグリセリド（コラム参照） | 乳化剤 |
| モノステアリン酸グリセリン | 保湿剤 |
| リン酸，リン酸塩　$H_3PO_4$, $NaH_2PO_4$, $Na_2HPO_4$, $Na_3PO_4$ | pH 調節剤 |

© 2003 John Wiley & Sons, Inc.

二酸化ケイ素やケイ酸カルシウムは**固化防止剤**（anticaking agent）で，食塩やベーキングパウダーなど粉末製品をサラサラに保つ．また，水と油を均一に混ぜ合わせる**乳化剤**（emulsifier）には，ドレッシングを分離させないキサンタンガムや，ピーナッツバターを均一に保つモノグリセリドとジグリセリドがある（コラム c）．乳化剤は界面活性剤（11・1節）にほかならない．

近ごろは，栄養のほか健康維持も食品に期待する消費者が増えた．**機能性食品**（functional food）がそれに応える．天然の果物や野菜が含む酸化防止剤も，それを添加した加工食品も，機能性食品の類になる（図解14・4）．米国のFDAは"機能性食品"とはよばないものの，科学的証拠が十分な物質なら，"健康によい"ふうの表示を許す．

## 振 返 り

1. 食品添加物はどのように分類できる？
2. 食品添加物としてのアスコルビン酸は何をする？

---

## マクロとミクロ　食品添加物

多彩な添加物のうち3種だけ紹介する．

### (a) EDTA（金属イオン封鎖作用をもつ酸化防止剤）

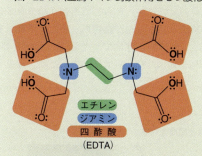

太字にした原子6個（N原子2個，O原子1個）の孤立電子対が金属イオンと"配位共有結合"をする
[© 2003 John Wiley & Sons, Inc.]

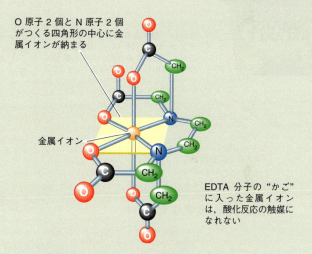

O原子2個とN原子2個がつくる四角形の中心に金属イオンが納まる

EDTA分子の"かご"に入った金属イオンは，酸化反応の触媒になれない

### (b) プロピレングリコール（保湿剤）

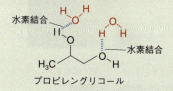

水素結合により $H_2O$ 分子をとらえ，ココナツフレーク（写真）の湿気を保つ

### (c) モノグリセリド，ジグリセリド（乳化剤）

R ＝ －$(CH_2)_{14}CH_3$ のような長鎖の炭化水素基

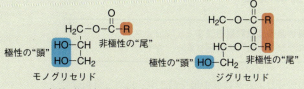

極性（親水）基と非極性（親油）基の両方をもつ．水と油を安定なエマルションにするため，ピーナッツバター（写真）も水と油が分離しない

## 14. 食品の微量成分

シトステロールを含むパン用スプレッド製品. シトステロールなど**植物スタノール**（plant stanol）は構造がコレステロールに近いため, コレステロールの吸収を抑える

シトステロール

リノレン酸を含むスプレッド製品. オメガ 3 脂肪酸（5・2 節, p.58）だから, 心血管系が弱い人の心臓発作や脳卒中リスクを下げる

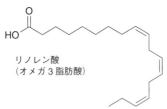

リノレン酸
（オメガ 3 脂肪酸）

**図解 14・4　機能性食品の例**

## 14・3　食 の 安 全

- 物質の毒性は摂取量で決まる. なぜか？
- リスクが"ゼロ"の食品はない. なぜか？

飲食物の成分は, ときに食中毒を起こす. ただし毒物は合成物質とはかぎらない. コーヒーのカフェインや, お茶のタンニン, ルバーブ（大黄）やホウレンソウのシュウ酸などの天然物も毒性をもつ（食中毒のほぼ全部は天然物が原因）. 食塩で体調が狂うこともある. 体重の 60% 以上を占め, 命と健康に必須な水も, 一気に大量を飲むと体調が狂い, ときには命を落とす. すると, 適量なら命と健康を守る水までも, 毒物とみるべきなのか？

本節では, その問いの意味と答えを考えよう. "安全"をどうみるかが要点になる.

### 毒とは何か？

大量の水を一気に飲むと, 体液の組成が変わり, **電解質**（electrolyte）のうち細胞外に多いナトリウムイオン $Na^+$ の血中濃度が急低下する. そのときに出る症状を, **水中毒**（water intoxication）や**低ナトリウム血症**（hyponatremia）という.

水中毒の報告は多い. 2008 年の英国では 44 歳の男性が, 歯ぐきの痛みを和らげようと, "8 時間に約 10 L"を 3 日も続け, 心臓発作で死亡した. 米国のフロリダ州では 29 歳の女性が, 体内に毒がたまっていると思いこみ, 毒を追い出そうと"日に 15 L"を何日か続けて命を落とす. 完走後のマラソンランナーが大量の水を飲んで発作に見舞われる例も珍しくない.

では水は, 毒物とみるべきか, それとも"状況しだいでは毒物になる"とみるべきなのか？　それを念頭に話を進めよう（図解 14・5）.

有害な物質を"毒物"と"毒素"に分けて考えるとわかりやすい. 天然・合成を問わず, 飲食や呼吸, 注射などで体に入ると体調不良や死を招く物質を**毒物**（ポイズン poison）という. 毒殺で定番のヒ素とか, 暮らしで出合う鉛やシアン化ナトリウム（青酸ナトリウム）が毒物だ. かたや**毒素**（トキシン toxin）とは, 動植物が体内でつくる毒（化学兵器）をいう. 腐った食品を食べたり, 病気に感染したり, 毒虫や

(a) 適量なら命と健康を守る

(b) 大量なら体調を狂わせ, ときに命を奪う

**図解 14・5　水の毒性**

## 14・3 食の安全

毒蛇にかまれたりすると毒素が体内に入る．

毒物や毒素の強さは，ある動物の命を奪う"致死量"で表せる．だが致死量を決める実験は，動物を殺すという倫理面はさておき，問題が多い．まず，ある物質の一定量を実験動物 1 匹に与えたら死んだとしても，その量は，致死量のよい目安とはいえない．

動物種が同じでも，同腹の仔たちでも，同じストレスや毒物への反応は個体ごとにちがう．強い個体は毒物に耐えやすく，ひ弱な個体はわずかな毒物にもやられる．だから毒物は，個体差が"ならされる"ほど多くの個体に投与する．そして，集団の半数が（ほぼ 1 週間内に）死ぬ投与量を求め，それを **半数致死量**（$LD_{50}$ = Lethal Dose of 50%）とよぶ．

物質の作用は高濃度ほど強いため，$LD_{50}$ は，動物の体重 1 kg あたりで表す．また，どんなふうに与えるかでも変わるから，投与方法も明記する．アスピリンなら，マウスかラットに経口投与したときの $LD_{50}$ は 1.5 g/kg となる．つまりマウスの集団に，体重 1 kg あたり 1.5 g のアスピリンを食べさせれば，集団の半数が死ぬ（図解 14・6）．あるいは，マウスかラットの個体に体重 1 kg あたり 1.5 g のアスピリンを与えれば確率 50％ で死ぬ……と言い換えてもよい．

同じラットへの経口投与で，シアン化ナトリウムの $LD_{50}$ は 15 mg/kg にすぎない．つまり"ラットへの経口投与"にかぎれば，シアン化ナトリウムはアスピリンの 100 倍も毒性が強い（$LD_{50}$ 値が小さいほど毒性は強い）．コーヒーやお茶のカフェインや，タバコのニコチン，甘味料のグルコース，食塩（塩化ナトリウム）なども含め，$LD_{50}$ 値の例を表 14・7 に示す（短時間の大量摂取なら命を奪う水の毒性は，$LD_{50}$ 値で表せるほど強くない）．

毒性の目安に $LD_{50}$ 値を使うときは，大事な点に注意しよう．同じ物質でも，反応は動物種ごとにちがうし，投与法（経口，皮下注射，腹腔注射，静脈注射）でも大きく変わる．たとえばマウスへのニコチンだと，$LD_{50}$ は経口投与が 230 mg/kg，腹腔注射が 9.5 mg/kg で，静脈注射ならわずか 0.3 mg/kg となる．

大量に摂ればどんな物質も毒なので，シアン化物（青酸化合物）や最強の生物毒から，カフェイン，ニコチン，グルコース，食塩までの全部を毒とみるのが正しい．もちろん水も，食品の多量栄養素も微量栄養素も，食品添加物も，条件しだいで毒になる．

そうなると，"食品は毒を含むのか？"の答えは"イエス"になる．だが万物が毒になるなら，問いも答えも意味をなさない．意味のある問いは"食品は安全なのか？"だけ．むろんその答えも単純ではないのだけれど．

表 14・7 身近な物質の $LD_{50}$ 値

| 物　質 | 実験動物[†] | $LD_{50}$ |
|---|---|---|
| アスピリン | マウス，ラット | 1.5 g/kg |
| アセトアミノフェン（鎮痛剤） | マウス | 0.34 g/kg |
| エタノール | ラット | 13 mL/kg |
| 塩化ナトリウム | ラット | 3.75 g/kg |
| カフェイン | マウス | 0.13 g/kg |
| クエン酸 | ラット（腹腔注射） | 0.98 g/kg |
| グルコース | ウサギ（静脈注射） | 35 g/kg |
| 酢　酸 | ラット | 3.53 g/kg |
| 三酸化ヒ素（小説の殺人で多用） | ラット | 0.015 g/kg |
| チアミン塩酸塩（ビタミン $B_1$） | マウス | 8.2 g/kg |
| ナイアシン | ラット（皮下注射） | 5 g/kg |
| ニコチン | マウス | 0.23 g/kg |
| BHA（酸化防止剤） | マウス | 2 g/kg |
| BHT（酸化防止剤） | マウス | 1 g/kg |
| リン酸三ナトリウム（pH 調節剤） | ラット | 7.4 g/kg |

[†] 特記しないものは経口投与．　　© 2003 John Wiley & Sons, Inc.

**考えよう**

表にあげた物質のうちで最強の毒は？
［答］三酸化ヒ素

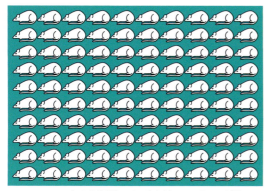

マウスの集団に 1 kg あたり 1.5 g のアスピリンを与えると……

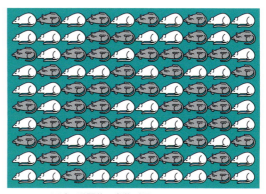

ほぼ 1 週間後に半数が死ぬ．

**図解 14・6　アスピリンの $LD_{50}$ 値**　［© 2003 John Wiley & Sons, Inc.］

## 食品の"安全性"

"食品は安全なのか？"への答えは，"安全"をどう考えるかで変わる．"安全"を"リスク・ゼロ"とみる人も多い．しかし無条件に"リスク・ゼロ"の物質など存在しない．物質の危険度は，次の要因で決まる．

- 化学的な性質
- 用量
- 摂取方法
- ヒトへの作用
- 個人への作用

ユタ大学医学部の有機化学者ウィリアム・ローランスは，物質の**安全性**（safety）を**リスク許容度**（acceptability of risk）とみた．要するに，ある範囲内のリスクは受け入れ，安全とみなすのだ．食品や物質一般のリスクも，そんなふうに考えればいい．読者が受け入れにくいリスクなら，読者にとっては"安全"でない．

そもそも何かが"完璧に安全"だとは証明できない．たとえば，マウスの毒性試験を1万回くり返し，そのたびに"毒性なし"の結論が出たとしよう．しかし，1万1回目の実験も"毒性なし"となる保証はない．

個人ベースなら物質の安全性は"リスク許容度"と考え，たとえば熱が出たときアスピリンを飲むかどうかは自由に決めてかまわない．日ごろ何を食べるかも，各人が自由に決める．だが国の姿勢はちがう．規制する側は，国民全体のことを考える．たとえば1970年に米国議会は"毒物予防包装法"を採択し，アスピリンの用法について判断した．成人には安全，幼児には危険……という判断だった．だからアスピリンは，幼児が開けないよう固いキャップの容器に入れる．

先ほどの食品添加物でも，個人個人の判断と政府の姿勢は同じではない．両者を隔てる溝は，どこまで行っても埋まらないだろう．

**食品の天然成分**　加工食品は多様な添加物を含む…果物や野菜はちがう…だから加工食品より生鮮食品のほうがずっと安全……と思う人も多い．そこに大きな誤解がある．加工食品には必ず成分表（添加物のリスト）がついている．成分表の添付をあらゆる食品に義務化したら，いったいどうなるのだろう？

新鮮なオレンジやジャガイモの成分表を想像しよう．生鮮食品の成分は，化学分析でわかる．だが物質の種類はおびただしい．たとえばオレンジ油（橙皮油）の成分は，主成分だけで40種を超え，アルコールやアルデヒド，エステル，炭化水素，ケトンなどに分類できる．ジャガイモの成分なら，150種くらいは実験室で合成できたり，薬品棚にあったりする．どの物質も，植物自身が（つまり自然が）合成した．

果物の王者とよぶ人もいる熱帯産のマンゴーを例に，生鮮食品の成分表を紹介しよう．香り成分にかぎって，しかもその一部だけリスト化すれば**図解14・7**ができる．マンゴーが含む物質のごく一部にすぎない．さらにいうと，食品添加物の候補として検討された物質はほんのわずかしかない．

Viktar Malyshchyts/123RF

| アルコール | アルデヒド | アルケン |
|---|---|---|
| 1-ブタノール | 5-メチルフルフラール | 3-カレン |
| 1-ヘキサノール | エタナール | α-フムレン |
| 1-メチル-1-ブタノール | フルフラール | α-テルピネン |
| カルベオール | ゲラニアール | α-テルピノレン |
| cis-3-ヘキセン-1-オール | ヘキサデカナール | α-ツジェン |
| エタノール | ヘキサナール | β-カリオフィレン |

| エステル | ケトン |
|---|---|
| クロトン酸エチル | 2,3-ペンタンジオン |
| 酢酸エチル | 4-メチルアセトフェノン |
| 酪酸エチル | 5-ブチルジヒドロ-3$H$-2-フラノン |
| デカン酸エチル | 6-ペンチルテトラヒドロ-2$H$-2-ピラノン |
| ヘキサデカン酸エチル | ジヒドロ-5-ヘキシル-3$H$-2-フラノン |
| オクタン酸エチル | ジヒドロ-5-オクチル-3$H$-2-フラノン |

**図解 14・7　マンゴーが含む物質**　マンゴーの精油を構成する物質群の一部．通常栽培でも有機栽培でも成分の差は何ひとつない．［© 2003 John Wiley & Sons, Inc.］

ではマンゴーは食べても平気なのか？　全世界でおびただしい人が食べ続けているからには，むろん平気に決まっている（マンゴーにアレルギーのある人や，糖尿病の人，成分のどれかに過敏な人は別）．けれど，成分の大半は安全性の確認も承認もされていないわけだから，いつの日か同じ物質群から"合成マンゴー"をつくったとしても，政府が販売を許すことはありえない．ここにも"個人の感覚"と"当局の姿勢"を隔てる広い溝がある．

**食品が含む毒素**　生鮮食品は，もっと危険な物質もあれこれ含む．植物が体内で合成し，私たちの口に入る物質には毒素が多い．数十億年の進化史を振返れば当然だろう．自分で動けない植物は，毒をもたないと，昆虫などに食べられて滅んでしまう．だから捕食者がいやがる毒素をつくって身を守るしかない．

植物の"化学兵器"には**発がん物質**（carcinogen）も多い．たとえば，北米に生えるササフラスという木の皮から抽出する油は，85％までをサフロールが占める（サフロールは，ココアや黒コショウ，ナツメグなどのハーブ，日本産のショウ

ガにも含まれる).サフロールはササフラス茶の味を出し,ルートビールの風味料にした時代もある.

マウスに肝臓がんを起こすサフロールを,環境保護庁(EPA)は"発がん物質"に指定した.そのためFDAも,サフロールやササフラス油を食品添加物として認可しない.マウスに発がん性のあるサフロールと関連物質を図解14・8に紹介し,生鮮食品が含んでいるか調理中にできるかする"危険物質"の一部を表14・8にまとめた.

動物実験で**発がん性**(carcinogenicity)を評価するのは,経費がかさむし倫理面の問題もある.だから,動物を殺さない迅速で安価な評価法がほしい.そのひとつに,カリフォルニア大学バークレー校のブルース・エイムスが開発したエイムス試験がある(次ページのコラム"流れをつかむ").エイムス試験の前提には,発がんも突然変異も原因は遺伝子の損傷で,**化学的突然変異原**(chemical mutagen)は発がん物質の可能性が高い……という発想がある.試験に使うサルモネラ菌は,外来物質に遺伝子を傷つけられやすい(突然変異しやすい)ように改変してある.さらに,野生株なら体内でつくるヒスチジン(5・5節)をつくれない体に改変した.ヒスチジンは必須アミノ酸だから,ヒスチジンのない培地では育たない.けれど,ある変異原に触れたとき,壊変前の姿に変異(復帰突然変異)すれば,ヒスチジンを体内でつくって増殖できる.

変異原と発がん物質は約90%までが共通だから,エイムス試験は,手際よく発がん物質を見つける方法になる(ただしサルモネラ菌はヒトとずいぶんちがうため,ヒトの発がん性を正しく評価するには,ヒトにずっと近い実験動物のデータに頼るのが望ましい).

生鮮食品が含む毒性物質や発がん物質の種類に果てはない.それでも私たちは日ごろ,自然が生み出して食品に含まれる物質のリスクを受け入れる.適量を摂るなら果物も野菜も,穀類,豆類,乳製品,卵,肉類,魚も安全とみなす.

肝心なのは"適量"だと心得よう.適量の食品が含む毒素は,急性毒性を起こすレベルよりずっと弱い.ナツメグのミリスチシンも,大量のナツメグを一気に食べれば幻覚や肝臓障害が出るのだが,適量なら危険レベルの1~2%でしかない.甘草(リコリス)が含むグリチルリチン酸で心血管障害が起こるには,甘草入りのキャンディーを100gずつ,何日も食べ続けなければいけない.マウスの$LD_{50}$が約130 mg/kgとなるカフェインは,レギュラーコーヒー1杯のカフェインが100~150 mgなので,体重70 kgの人は70杯でマウスの$LD_{50}$値に届く.ただしそのずっと手前で,ほかの急性症状があれこれ出るだろう.

解毒には肝臓が活躍し,多彩な酵素をくり出して毒の分子を化学変化させ,無害にする.特定の毒物がどっと入ってこないかぎり,肝臓はサッサと処理して体を守る.たとえば10種類の毒物が0.1 gずつなら,それぞれ専用の酵素で始末する.しかし,特定の毒物が1 g入ってくると手に余る.つまり,多様な食品を少しずつ摂り,それぞれの含む毒素を少量ずつ体に入れるのは,1種か2種の食品を大量摂取するのに比べ,はるかに安全性が高い.

どんな物質にもリスクはある.生鮮食品も加工食品も,毒物と発がん物質を必ず含む.規制当局は,リスクが明白な物質だけ規制して国民を守ろうとするのだが,最終的な"安全"は,私たちひとりひとりの"ここまでのリスクは受け入れる"

**図解 14・8 植物が含む発がん物質の例** 生鮮食品の成分なのに危険だからと食品添加物として許可されない物質は多い.[ⓒ 2003 John Wiley & Sons, Inc.]

サフロール(ササフラス油の主成分)

エストラゴール(タラゴン油の主成分.バジルやウイキョウなどハーブの成分)

シンフィチン(コンフリーなどハーブの成分)

イソチオシアン酸アリル(カラシナ,ホースラディッシュ,ニンニクなどの刺激成分)

**表 14・8 生鮮食品の毒性成分や,調理中に生じる毒性物質**

| 物 質 | 所 在 | リスク |
|---|---|---|
| イソチオシアン酸アリル | カラシナ,ホースラディッシュ,ニンニク | 腫 瘍 |
| エストラゴール | バジル,ウイキョウ,タラゴン油 | 腫 瘍 |
| グリチルリチン酸 | 甘 草 | 高血圧と心血管障害 |
| サキシトキシン | 貝 類 | 麻 痺 |
| ジメチルニトロソアミン | 炒めベーコン | が ん |
| シュウ酸 | ルバーブ(大黄),ホウレンソウ | 腎障害 |
| 青酸化合物 | 苦扁桃油,カシューナッツ | 一般毒性 |
| シンフィチン | コンフリー | 腫 瘍 |
| タンニン類 | 紅茶,コーヒー,ココア | 口内と咽喉のがん |
| テトロドトキシン | フグ | 麻 痺 |
| ヒドラジン | 生マッシュルーム | が ん |
| ベンゾ[a]ピレン | 燻製肉,焼肉 | 消化管がん |
| ミリスチシン | 黒コショウ,ニンジン,セロリ,ディル,メース,ナツメグ,パセリ | 幻覚症状 |

ⓒ 2003 John Wiley & Sons, Inc.

## 流れをつかむ：エイムス試験

エイムス試験では物質の変異原性を見積もる．一般に，遺伝子変異（DNA の変化）を起こす物質は，発がん性もあると考えてよい．

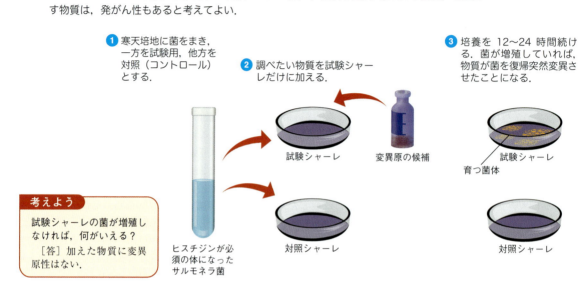

---

姿勢が決める．

"リスク・ゼロ"の食品など存在しない．正しい知識をもとに健全な判断をすれば，リスクよりずっと大きい恵みを食事から享受できる．食生活はそういうふうに送りたい．

### 振返り 🛑

1. 物質の $LD_{50}$ 値を述べるとき，一緒に必要な二つの追加情報は？
2. 食の安全とは，"一定のリスクは許容"を意味する．なぜか？

### ■ 章末問題

#### 復習

1. 多量栄養素と微量栄養素をそれぞれ二つ，物質群の呼び名で書け．
2. ビタミンのうち，(a) コラーゲンの強度と (b) カルシウムの吸収に働くものは何か．
3. どんな食品が (a) ビタミン A, (b) ビタミン C, (c) ビタミン D のよい摂取源か．
4. 食品添加物にするグリセリン（グリセロール）の機能は何か．
5. 壊血病の初期に歯ぐきから出血しやすいのはなぜか．
6. 以下の物質が食品添加物として発揮する機能をそれぞれ1個あげよ．
    (a) ヨウ化カリウム　　(b) 酸化鉄
    (c) プロピオン酸カルシウム
    (d) モノグリセリドとジグリセリド
    (e) 亜硝酸ナトリウム
7. 食品添加物のアスコルビン酸が果たす機能を二つあげよ．
8. 変異原物質と発がん物質は，どのようにちがうか．

#### 発展

9. 硫黄 S の摂取源になる多量栄養素は何か．
10. サプリとして摂るなら，レチノールより β-カロテンのほうがよい．なぜか．
11. 極北の地に住む人は冬に太陽をほとんど浴びず，寒さしのぎに着ぶくれし，ビタミンのサプリもビタミン強化乳もない．そうした集団のビタミン D 摂取源は何か．

12. 野菜は，なるべく少ない湯でサッと茹でるのがよい．その理由を，栄養学と化学の観点で説明せよ．
13. 食品添加物の場合，トリグリセリドは，モノグリセリドやジグリセリドの代用ができない．なぜか．
14. 中世の"食品添加物"はもっぱらスパイス類だった．なぜか．
15. ビタミンΛやDを強化した水に意味はほとんどない．なぜか．

## 計　算

16. "多量ミネラル"項の記述から，骨や歯をつくる2元素の個数比（モル比）"Ca：P"を見積もってみよ．
17. 72 gのニンジンが8000 IUのビタミンA源になるとしたら，ニンジンが含むレチノール等価物質の質量パーセント濃度はいくらか．
18. 表14・7の数値をもとに，マウスやラットに経口投与したとき毒性が強いものから，物質を三つあげよ．
19. 市販のアスピリン1錠は325 mgのアセチルサリチル酸を含む．マウスやラットの$LD_{50}$値がヒトにも当てはまるなら，体重70 kgの人が確率50%で命を落とすのは，何錠を一気に飲んだときか．
20. 以下の4物質を，毒性の強いものから順に並べてみよ．
    アスピリン　　　　塩化ナトリウム
    シアン化ナトリウム　　　水

# 章末問題の解答

## 1章

1. (a) 石鹸，洗剤など
   (b) 水にも油にもなじむため洗浄効果を発揮する．
2. 衣服，プラスチックなど
3. 16世紀スイスの医師・錬金術師．"どんな物質にも益と害の両方がある．毒と薬は量しだい"とみた．
4. 順にキログラム（kg），メートル（m），秒（s）
5. (a) 基礎研究は新知識の取得を目指し，応用研究は実用化も念頭に置く．
   (b) どんな製品や技術，産業も基礎研究の成果を下敷きにしているから．
6. (a) 少数の観察・実験結果をとりあえず説明するのが仮説．おびただしい観察・実験の結果に合う一般原理が理論．
   (b) 何かを注意深く調べるのが観察．手順を踏んで何かを確かめる営みが実験．
7. (a) $3.15 \times 10^{10}$ ミリ秒（315億ミリ秒）
   (b) $1.0 \times 10^9$ ミリグラム（10億ミリグラム）
8. $9.46 \times 10^{15}$ メートル $= 5.88 \times 10^{12}$ マイル

## 2章

1. 質量はほとんど同じ．陽子は正電荷をもつが，中性子は電荷をもたない．
2. 炭素12（$^{12}$C）原子の質量を12uと約束して決まる値
3. $^1_1H$, $^2_1H$, $^3_1H$
4. 高エネルギーの殻に移った電子が低エネルギーの殻に戻る現象
5. 重さは物体に作用する重力が決める．質量は"加速に逆らう度合い"を表す（質量は場所によらず一定だが，重さは場所で変わる）．
6. 原子価殻（最外殻）に電子を1個だけもつから．
7. 電子が波（定在波）の性質をあらわに示すから．
8. $^{13}_5B$
9. Co−Ni, Te−I, Th−Pa
10.

| 同位体の表記 | $^{11}_5B$ | $^{40}_{20}Ca$ | $^{58}_{28}Ni$ | $^{22}_{10}Ne$ |
|---|---|---|---|---|
| 原子番号 | 5 | 20 | 28 | 10 |
| 質量数 | 11 | 40 | 58 | 22 |
| 中性子数 | 6 | 20 | 30 | 12 |
| 電子数 | 5 | 20 | 28 | 10 |

11. 質量（60 kg×0.23 = 13.8 kg = 13800 g）は 13800/12.01 ≒ 1150 mol だから，アボガドロ数 $6.02 \times 10^{23}$ をかけて $6.92 \times 10^{26}$ 個
12. 105.0 g を核子1個の質量 $1.67 \times 10^{-24}$ g で割り，$6.29 \times 10^{25}$ 個

## 3章

1. 水素とヘリウム．1族と18族
2. 4個
3. 水素原子 H
4. ① 化合物をつくる元素の種類，② 化合物をつくる原子の個数比
5. $Li_2O$
6. 元素記号の下つき数字に注意しつつ，元素の原子量を足し合わせる．
7. (a) 結合角と原子の相対サイズは明確だが，結合長が誇張される．
   (b) 電子雲の空間的な広がりは明確だが，結合長と結合角がわかりにくい．
8. 一般に，正負電荷の引合いが，共有結合した原子核どうしの引合いより強いため．
9. (a)

3-メチルペンタン $C_6H_{14}$

2,2-ジメチルブタン $C_6H_{14}$

2,3-ジメチルブタン $C_6H_{14}$

   (b) 三つとも互いに異性体の関係にある．
10. (a) 電子殻の数が，リチウムは2個でナトリウムは3個．
    (b) どちらも原子価殻（最外殻）に1個の電子をもつ．
11. 電子雲の占める空間が，陽イオンになると減り，陰イオンになると増すため．
12. (a) 10本  (b) 20個  (c) $C_3H_8$
13. 含まない（金属のカルシウムと非金属のリンが反応してできるイオン化合物だから）．
14. :N̈=Ö
15. (a) 陽子19個，電子18個  (b) 陽子16個，電子18個
    (c) 陽子13個，電子10個  (d) 陽子26個，電子24個
16. (a) 191.36  (b) 101.96  (c) 78.05  (d) 34.83
    最大は CdSe，最小は $Li_3N$
17. (a) $SnF_2$  (b) 156.7
18. カフェインの分子量194.2より，$2.8 \times 10^{20}$ 個

## 4 章

1. (a) 二酸化炭素 $CO_2$ と水 $H_2O$　(b) 一酸化炭素 $CO$
2. (a) 一定量の炭化水素から引出せるエネルギーを多くするため．　(b) オクタン価を上げる．
3. (a) オクタン価を上げるため．(b) 排ガス浄化装置の触媒が鉛の被毒をもたらすため．(c) 毒性の鉛が環境に出なくなった．(d) メチル tert-ブチルエーテル（MTBE）
4. 　酸化炭素，窒素酸化物，未燃焼の炭化水素の排出を減らす．二酸化炭素と水の排出が少し増える．
白金 Pt，パラジウム Pd，ロジウム Rh
5. (a) 含酸素添加剤は炭化水素の燃焼効率を上げる．
(b) ある．エタノール
6. (a) 赤外線．(b) 分子内の原子間振動と共鳴する．
7. ヒトを含めた生物にとっての毒物だから．
8. 栽培や収穫，輸送，加工などに莫大な化石燃料を投入するから．
9. 発電所で化石燃料を燃やす（$CO_2$ を出す）から．
10. 約 26%
11. (a) 約 7.7 km/L　(b) 約 540 L
12. 約 45%，約 14 億 L

## 5 章

1. 短期的にはグリコーゲンの形で，長期的には脂肪組織に蓄える．
2. 必須脂肪酸
3. 穀類，野菜，果物など植物系食品
4. (a) グルコース（ブドウ糖），フルクトース（果糖），ガラクトースなどから二つ
(b) スクロース（ショ糖），ラクトース（乳糖），マルトース（麦芽糖），セロビオースなどから二つ
(c) セルロース，グリコーゲン，デンプンなどから二つ
5. (a) グルコースとフルクトース　(b) グルコースとガラクトース　(c) グルコース　(d) グルコース
6. 必須アミノ酸は体内で合成できず，食物から摂る必要があるもの（非必須アミノ酸は体内で合成できる）．それぞれの例は表 5・1 参照
7. 分子内に硫黄原子 S を含む．
8. アルギニン，ヒスチジン
9. (a) 高密度リポタンパク質（HDL）と低密度リポタンパク質（LDL）(b) グリコーゲン
10. 融点は下がる．
11. ヨウ素価は下がる．
12. 高次構造が壊れ，天然の形と機能を失う．
13. (a) 窒素 N　(b) 硫黄 S
14. 繊維状タンパク質
15. 1800 kcal
16. (a) ステアリン酸 $C_{18}H_{36}O_2$，オレイン酸 $C_{18}H_{34}O_2$
(b) 増える．
17. $C_{12}(H_2O)_{11}$

## 6 章

1. 気体の温度（運動エネルギーは絶対温度に比例）
2. 水蒸気が冷えると $H_2O$ 分子の運動エネルギーが減る結果，分子間の引力が主体になって凝縮するが，分子はまだ自由に動き回れる（液体）．温度がさらに下がると自由な動きもできなくなり，分子は一定の位置を占めて氷（固体）になる．
3. 酢酸分子や水分子どうしの引合いが，アンモニア分子やプロパン分子どうしの引合いより強いから．
4. 氷の結晶内で $H_2O$ 分子が六角形をなして配列するから．
5. どの元素の原子も反応の前後で個数が変わらないことを表す．
6. (a) どちらも液体から気体への変化を表す．
(b) 蒸発は，沸点より低い温度で表面の分子が気相に出ていく現象．沸騰は沸点で起こり，液体の本体をなす分子も気相に出ていく．
7. 外の気圧が下がるにつれ，風船内の気体は膨張する．上空ほど低い温度は気体を縮めようとするが，気圧低下のほうが大きく効く結果，膨張から破裂に至る．
8. 現実の気体分子は必ず大きさ（電子雲の広がり）をもつうえ，分子どうしの引合いもある．
9. 乗客の肺に十分な酸素を届けるため．
10. 質量（45.5×0.2＝9.1 g）を密度（3.5 g/cm³）で割った答えの 2.6 cm³
11. 絶対温度が 2 倍になったため，最初の絶対温度は 100 K．摂氏温度に換算して −173 ℃
12. $Cl_2 + 2\,NaBr \longrightarrow 2\,NaCl + Br_2$
13. (a) 20.2 g　(b) 96 g　(c) 17.7 g　(d) 1 g
14. 1.5 mol，66 g

## 7 章

1. 合金
2. (a) 細胞や血小板が（溶けずに）懸濁している．
(b) 糖や電解質，酵素，ホルモンなどが溶けている．
3. 油の炭化水素は非極性だから，極性の水分子とほとんど引合わない．
4. 乳化剤の分子は極性の部位と非極性の部位をもつため，水にも油にもなじむ．
5. 百万分率で 1 ppm と表すのがよい．
6. 溶けていた塩が結晶になって残る（コップに入れた海水の深さが 10 cm なら，蒸発後の底に厚み約 1.5 mm の固体が残る）．
7. 高温ほど気体は溶けにくいため，呼気のアルコール濃度が上がる．
8. エタノール分子の O 原子と水分子の H 原子が引合うか，エタノール分子がもつ −OH の H 原子と水分子の O 原子が引合う．
9. そのまま使えるドレッシングは，水とも油とも引合う乳化剤が混ぜてある．
10. 家庭用浄水器で水を沪過する．沸騰させて揮発性物質を飛ばし，細菌類を殺す．

## 7章 （つづき）

11. (a) 0.000143 ppm　(b) 0.143 ppb
12. 50 ppm
13. $8.7 \times 10^{-4}$ w/w%
14. $4.3 \times 10^{-3}$ M
15. (a) 0.04 g　(b) 2.0 g

## 8章

1. (a) 硫酸 $H_2SO_4$　(b) 水酸化カリウム KOH
   (c) 酢酸 $CH_3COOH$　(d) アスコルビン酸 $C_6H_8O_6$
   (e) クエン酸 $C_6H_8O_7$　(f) 炭酸水素ナトリウム $NaHCO_3$
2. (a) 青　(b) 赤　(c) 青　(d) 赤　(e) 赤
3. 状況に応じて酸にも塩基にもなること
4. 水素イオン $H^+$ は陽子（プロトン）だから，単独では安定に存在できない．$H^+$ が $H_2O$ 分子と（配位共有）結合したヒドロニウムイオン $H_3O^+$ は安定に存在する．
5. $HF + NaOH \longrightarrow NaF + H_2O$
   塩 NaF はフッ化ナトリウム
6. 二酸化硫黄 $SO_2$（二酸化炭素 $CO_2$ も酸性化にほんの少し効く）
7. $10^{-8}$ のような指数がつかない単純な 0～14 の数字で表せるところ
8. (1) $NH_3$（塩基）　(2) 硝酸（強酸．カルボン酸でない）
   (3) 水酸化ナトリウム（ほかは弱酸か弱塩基）
9. 酸
10. $2 NaHCO_3 + H_2SO_4 \longrightarrow Na_2SO_4 + 2 CO_2 + 2 H_2O$
11. ない．
12. (a) $10^{-3}$ M　(b) $10^{-10}$ M
13. (a) 0.01 M　(b) pH = 2.0
14. $[F^-]$ は 0.01 M より小さい．pH は 2 より大きく 7 より小さい．
15. (a) 0.1 L　(b) 1 L　(c) 0.4 L

## 9章

1. 原子番号が大きく（84 以上），中性子と陽子の数比が一定の安定範囲を外れる．
2. (a) α壊変　(b) β壊変　(c) 陽電子放出　(d) γ壊変
3. $^{18}_{9}F \longrightarrow {}^{18}_{8}O + {}^{0}_{1}e$
4. 透過力最高のγ線がいちばんあぶない．透過力最低のα粒子がいちばん安全．
5. 例：(a) $^{99m}Tc$（半減期 6 時間）　(b) $^{210}Po$（138 日）
   (c) $^{14}C$（5730 年）　(d) $^{238}U$（45 億年）
6. b, c, d の三つ（C 原子を含む有機物だから）
7. 核爆発には濃縮度 80% 以上の $^{235}U$ を要するが，発電用ウランの濃縮度は 5% 以下しかない．事故としては，炉心の過熱によるメルトダウンや，核反応と無縁な火事や爆発による放射性物質の放出がありうる．
8. $^{2}_{1}H + {}^{3}_{1}H \longrightarrow {}^{4}_{2}He + {}^{1}_{0}n$
9. 外部被曝：γ線，内部被曝：α粒子
10. 制御された形で核分裂反応が進む初の原子炉をつくり，以後の原発につながった．
11. 環境に向けた放射性物質の放出
12. 半減期 50 年の核種
13. 原子番号は 2 だけ減り，質量数は 4 だけ減る．
14. $^{210}_{84}Po \longrightarrow {}^{206}_{82}Pb + {}^{4}_{2}He$（α壊変）
15. 窒素
16. 16 は 2 の 4 乗 ($2^4$) だから，半減期の 4 倍だけさかのぼる．5730 年 × 4 ≒ 23000 年前

## 10章

1. 電解質に使う水酸化カリウム KOH
2. "還元剤 → 酸化剤"
3. (a) $Cl_2$　(b) Zn
4. (a) $H_2$ と $O_2$　(b) $Cl_2$ と $H_2$ と NaOH
   (c) $Cl_2$ と $H_2$ と KOH
5. 陽極反応の電子授受平衡を表す $E°$ 値から，陰極反応の電子授受平衡を表す $E°$ 値を引いた値になる．
6. 鉄管に接合した銅線を，地中に埋めた犠牲金属（アルミニウム，マグネシウム，亜鉛）のブロックにつなぐ．
7. 抗酸化剤（還元力のある物質）
8. 強い酸化剤を含む電子授受平衡の $E°$ は大きな正の値をもち（上限：+3.0 V 程度），強い還元剤を含む電子授受平衡の $E°$ は大きな負の値をもつ（上限：−3.0 V 程度）．
9. 漂白剤（酸化剤）が無色の臭化物イオン $Br^-$ を橙褐色の $Br_2$ に酸化するから．
10. 働かない（銅線はイオンを通さないので）．
11. ふつうは化石燃料を化学変化させて得る．
    例：$CH_4 + 2 H_2O \longrightarrow CO_2 + 4 H_2$
    その際，化石燃料をそのまま燃やしたときとほぼ同じ量の $CO_2$ が出る．
12. 走行距離が長いうえ，短時間で給油できる．
13. $Cu^{2+}/Cu$ 系の $E°$（+0.34 V）から $Mg^{2+}/Mg$ 系の $E°$（−2.38 V）を引いた 2.72 V になる（表 10・1 参照）．
14. (a) −2.87 V　(b) 原点がずれても電位の差は変わらないため，起電力も変わらない．
15. (a) $H_2A + I_2 \longrightarrow A + 2 HI$
    (b) $I_2/I^-$ 系の $E°$（+0.54 V）から $A/AH_2$ 系の $E°$（−0.06 V）を引いた 0.60 V になる．

## 11章

1. 石鹸や洗剤などの形で界面活性剤を加える．
2. (a) アルコールとカルボン酸　(b) アルコールとカルボン酸塩
3. (a) ヤギ（など家畜）の脂肪　(b) 木灰のエキス
4. $Ca^{2+}$, $Mg^{2+}$, $Fe^{2+}$
5. 水を軟水化させ洗浄効果を上げるために使ったが，富栄養化の原因だとわかって使わなくなった．
6. 界面活性剤
7. 制汗剤は発汗を抑えて乾燥状態を保つ．体臭防止剤は香料で悪臭を隠すほか，抗菌剤で細菌の活動を抑える．

8. (a) 互いに反比例する．(b) 互いに正比例する．
9. 香料
10. 皮質とは色素を含む毛髪繊維の芯をいい，半透明でウロコ状のキューティクルは皮質の"さや"をいう．
11. ジスルフィド結合，塩形成，水素結合（図解 11・21 参照）
12. 波長範囲で UV-A は 320～400 nm，UV-B は 280～320 nm
13. ある（界面活性剤の一部がセッケンなので）
14. 土壌（雨水が土壌から溶け出させたミネラルが淡水に入っていく）
15. 身近な水が含む陰イオンには，難溶性や不溶性の塩をつくるものがほとんどない．
16. 塩基として，歯のエナメル質から $Ca^{2+}$ や $PO_4^{3-}$ を溶出させる酸の作用を抑える．
17. (a) 泡立ちと洗浄作用を示す界面活性剤を含むところ．
    (b) シャンプーは界面活性剤の洗浄作用で髪のゴミや脂分を除く．練り歯磨きの洗浄作用は，穏やかな研磨材で歯垢（プラーク）を除くところに主眼がある．
18. 弱酸性（pH 4～6）だとキューティクルが"締まって"光をきれいに反射するため，髪が"つや"を帯びる．それより pH が高いとキューティクルが膨潤し，光を四方八方に散乱させるため髪の光沢が減る．
19. (a) 0.20 g  (b) 0.64 mg
20. (a) 減る  (b) 橙色

## 12 章

1. (a) サリチル酸が化学変化（アセチル化）でアスピリン（アセチルサリチル酸）に変わる．
   (b) NSAID はプロスタグランジンの合成を抑える．
   (c) モルヒネを無水酢酸で処理してヘロインに変える．
   (d) 分子構造の似ているメタンフェタミンと MDMA も，向精神作用はちがう．
   (e) 分子構造も薬理作用も同じだが，ジェネリック薬は先発薬の特許が切れてから製造販売される．
2. 炎症
3. 無水酢酸  $CH_3CO-O-COCH_3$
4. カフェインとニコチン
5. DNA: アデニン（略号 A），チミン（T），グアニン（G），シトシン（C）；
   RNA: アデニン，ウラシル，グアニン，シトシン
6. 相補的な塩基の間に働く水素結合
7. (a) 遺伝子型が表現型（生物の外見）を生み出す．
   (b) 遺伝子（ヒトの場合は 20,500 個）の全体をゲノムという．
   (c) ふだんは核内に漂う糸状のクロマチン（染色質）が，細胞分裂の直前に整然とまとまった染色体になる．
   (d) DNA は各生物に固有の遺伝情報をもち，RNA は遺伝情報の運び手となる．分子内の糖（DNA はデオキシリボース，RNA はリボース）と，核酸塩基のうち 1 個（DNA がチミンのところ RNA はウラシル）もちがう．
   (e) mRNA は転写した遺伝情報を核内から細胞質に運び，その情報に従って必要なアミノ酸を tRNA がタンパク質合成の場（リボソーム）へと運ぶ．
   (f) 1 個のコドン（塩基 3 個の配列）が 1 個のアミノ酸を指定する．
8. モルヒネのアセチル化で副生する酢酸が少し残るため．
9. 中枢神経に対してアルコールは抑制作用，カフェインは刺激作用を示す．両方を一緒に飲むと，酒酔い感が薄れて暴飲する恐れがある．
10. 抗生物質耐性菌が出現したため．
11. 昆虫などに食べ尽くされないよう，アルカロイドなどの毒物を合成して身を守る．
12. 胎児が発達する途上でランダムな環境変化を受けるため．
13. 多様な意見がありうるが，すぐれた医薬や高品質の組換え作物を重視するのが賛成意見の一部．また，"天然とはちがう"組換え作物のリスクを心配するのが反対意見の一部．
14. 約 77 万個
15. 約 78 億本

## 13 章

1. (a) モノマーがつながり合って高分子になる．
   (b) 単独重合体は 1 種類のモノマーから，共重合体は 2 種類以上のモノマーからできる．
   (c) 付加重合では多重結合の 1 本を使ってモノマーがそのままつながり，縮重合では小分子（$H_2O$ など）を放出してモノマーがつながる．
   (d) 熱可塑性高分子は高温で軟化し，熱硬化性高分子は高温でも硬さを保つ．
   (e) ナイロンのようなポリアミドはアミド結合（ペプチド結合）で縮重合し，PET のようなポリエステルはエステル結合で縮重合する．
2. (a) ナイロン  (b) ベークライト  (c) スチレン-ブタジエンゴム（SBR）  (d) ポリエチレンテレフタラート（PET）
3. デンプン，セルロース，タンパク質
4. (a) ポリアミド  (b) ポリアミド  (c) ポリエステル
   (d) ポリエステル  (e) ポリアミド  (f) ポリアミド
5. (a) ポリ塩化ビニル，ネオプレンなど  (b) テフロン
   (c) ナイロン，ケブラー，ノーメックスなど  (d) ポリ酢酸ビニル
6. 一次汚染物質: $NO$, $NO_2$；二次汚染物質: $NO_2$, $HNO_2$, $HNO_3$ など
7. 産出エネルギーあたりの所要量が少なくてすみ，$SO_2$ など汚染物質の排出量が少ない．
8. 懸濁物汚染
9. 塩素 $Cl_2$，オゾン $O_3$
10. 高分子のうち，硬い品物に成形できるものをプラスチックという．
11. (a) デンプン，セルロース  (b) タンパク質  (c) 天然ゴム
12. 以下のうちから三つ: モノマーの分子構造，重合度，ポリマー鎖の姿（直鎖，分枝），ポリマー鎖どうしの関係（引合い，結合），結晶化領域の有無，添加剤の有無

## 13 章（つづき）

13. ポリ臭化ビニル
14. 共通点：共重合体のポリアミドで，鎖どうしが水素結合で引っ張う．
    相違点：ナイロンはモノマー 2 種の共重合体だが，タンパク質は最大 20 種のモノマー（アミノ酸）からできるため，高次構造の多様性がナイロンよりはるかに高い．
15. 共重合体（モノマーの塩基にグアニン，チミン，グアニン，シトシンの 4 種があるため）
16. 空気中の窒素分子 $N_2$
17. 燃料の水素 $H_2$ への切替え，エンジンの燃焼効率向上，触媒コンバータの性能向上など．
18. (a) 有害な紫外線を吸収して陸上の生物を守る（成層圏のオゾン）．
    (b) 陸上の生物に害をなす（対流圏＝大気底層のオゾン）．
19. プラスチック，塗料，溶剤，除草剤，殺虫剤，電池，肥料など例は多い．
20. 塩素
21. セルロース，硝酸，硫酸
22. 液化石油ガスは可燃性だから，噴射場所のそばに火気があると引火・爆発の恐れが大きい（不燃性のフロンにはないリスク）．

## 14 章

1. 多量栄養素：脂肪，炭水化物，タンパク質から二つ．
   微量栄養素：ビタミン，ミネラル
2. (a) ビタミン C  (b) ビタミン D
3. (a) 濃色野菜・果物（ニンジン，メロン，カボチャ，ホウレンソウ，キャベツ，アンズ，マンゴー，パパイヤなど）
   (b) 果物（とくに柑橘類），野菜類
   (c) 強化牛乳，レバー，肝油
4. 保湿作用
5. 歯ぐきに多いコラーゲン（血管）が摩擦で破れ，出血しやすいから．
6. (a) 甲状腺腫の予防  (b) 着色料  (c) 防カビ・抗菌剤
   (d) 乳化剤  (e) 酸化防止・抗菌剤
7. 栄養（ビタミン C）になるうえ，ほかの食品成分の酸化を防ぐ．
8. 変異原物質は生物の突然変異を促し，発がん物質はがんを誘発する．
9. タンパク質
10. 1 分子の β-カロテンは体内で 2 分子のビタミン A になるから．
11. 魚の肝油や脂身が摂取源になる．暖かい季節には日光浴が効く．
12. 水溶性のビタミン B 群や C，葉酸，一部のミネラルが溶出して食品の栄養価を下げる．
13. 乳化剤には極性部位と非極性部位の両方が必要だが，トリグリセリドは極性部位をもたない．
14. 食品のよい保存法がなく，傷んだ食品のいやな味を隠すのにスパイスを使ったから．
15. ビタミン A と D は水に溶けないから．
16. Ca：P の質量比 "2：1" と，原子量比 "40：31" から，原子数比（Ca：P）≒3：2
17. $3.3 \times 10^{-3}$％
18. 三酸化ヒ素，カフェイン，ニコチン
19. $LD_{50}$ は 1.5 g/kg だから，体重が 70 kg だと 105 g.
    105 g ÷ 0.325 g ≒ 323 錠
20. シアン化ナトリウム＞アスピリン＞塩化ナトリウム＞水

# 索引

## あ

IUPAC　35
アインシュタイン，アルベルト　128, 149
アインシュタインの式　130
亜鉛　144
亜鉛めっき　147
悪玉コレステロール　57
アクチン　64
アジピン酸　192
アスコルビン酸　104, 206
アスパルテーム　68
アスピリン　104, 169
アセチル化　169
アセチルサリチル酸　3, 104, 169
アセトアニリド　170
アセトアミノフェン　170
圧縮比　42
圧力　75
アデニン　181
アニオン　25
アノード　140
油　54
アボガドロ，アメデオ　84
アボガドロ数　84
アポクリン腺　160
アミノ基　65
アミノ酸　64
アミノ酸配列　183
アミラーゼ　62
アモキシシリン　173
アモンの塩　32
アリストテレス　10
RNA　182
アルカリ　104
アルカリ乾電池　144
アルカリ金属　21, 29
アルカリ土類金属　30
アルカロイド　176
アルカン　34
アルキルベンゼンスルホン酸塩　156
アルコール　162, 175
アルデヒド　162
アルファ（α）壊変　120
アルファ（α）粒子　11, 120
アルミニウム　147
アレニウス，スヴァンテ　106
アレルギー　171
アレルゲン　171
安全性（食品の）　214
安息香酸メチル　7

アンチコドン　184
アンフェタミン　178
アンペール，アンドレ　142
アンモニア　104

## い，う

胃液　112
ES 細胞　186
硫黄　207
イオン　22, 90
イオン化合物　28
イオン化能　121
イオン結合　25
イオン交換樹脂　156
鋳型（タンパク質合成の）　183
異性体　35, 59, 179
イソプレン　193
位置エネルギー　38
一次汚染物質　199
一次構造　66, 182
　　タンパク質の――　66
　　DNA の――　182
一次電池　144
一日推奨摂取量　67
一酸化塩素　201
一兆分率　97
EDTA　210
遺伝暗号　183
遺伝コード　183
遺伝子　180, 182
遺伝子型　181
遺伝子組換え生物　185, 187
遺伝子工学　185
遺伝子治療　188
遺伝子変異　216
遺伝的損傷　123
イブプロフェン　170
違法ドラッグ　175
医薬　175
陰イオン　25
陰イオン界面活性剤　155
陰イオン洗剤　154
陰極　146
飲酒　175
ウィルキンス，モーリス　182
ウィルムット，イアン　186
ヴェーラー，フリードリッヒ　34
宇宙線　123
ウラシル　183
ウラン　128
ウラン原爆　131
運動エネルギー　38

## え，お

エイズ　172
エイムス，ブルース　215
エイムス試験　215
液化石油ガス　50
液化天然ガス　50
液量オンス　97
エクスタシー　179
エクリン腺　160
SI 単位系　7
エステル　154, 162
エストロゲン　174
SPF　163
エタノール　139
エチレン　191
エチレングリコール　192
エチレンジアミン四酢酸　210
HDL　57
HDPE　193
ADHD　178
NSAIDs　170
n 型半導体　150
エネルギー　1, 38
エネルギー保存　127
エネルギー保存則　39, 52, 86
エプソム塩　33
エポキシ樹脂　193
エマルション　90, 159
mRNA　183
MDMA　179
エラストマー　193
エル，ポール　147
LSD　178
LNG　50
LCA　4
L 体　179
LD$_{50}$　213
LDL　57
LDPE　193
LPG　50
塩　105
塩化水素酸　104
塩化ナトリウム　25
塩基　104
塩基（核酸）　181
塩基配列　182
塩橋　141
塩形成　167
塩　104
エンジン　41
遠心分離　92
塩素　207

エントロピー　38, 39
塩ビ　146
黄鉄鉱（石炭中の）　199
オーガニック　187
オキソニウムイオン　106
オクタン価　44
オクテット　29
汚染（環境の）　198
汚染物質　3
オゾン　198
オゾン層　201
オゾン層破壊　200
オゾンホール　202
オーダーメイド医療　188
OTC 薬　169
オメガ3脂肪酸　58, 212
重さ　8, 17
オレイン酸　55
オレストラ　68
温室効果　46
温室効果ガス　47
オンス　97

## か

加圧軽水炉　132
ガイガー，ハンス　11
壊血病　206
海水淡水化　100
回生ブレーキ　148
害虫抵抗性　188
回転（分子の）　71
壊変系列　122
界面活性剤　1, 88, 153, 211
化学汚染　203
化学結合　23
化学的突然変異原　215
科学の方法　6
化学発光　81
化学反応式　81
化学物質　3
化学変化　1, 70, 81
架橋　194
核　12, 181
核移植クローニング　185
核エネルギー　49
核酸塩基　181
核子　15, 128
角質層　159
核種　119
核生成　93
核廃棄物　133
核反応式　120

# 索引

核分裂　49, 129
核融合　135
化合物　11, 25
可視光　163
加水分解　61, 154
ガス遠心分離　131
ガス拡散法　131
化石資源　1
化石燃料　4, 39
仮説　6
可塑剤　192
カソード　140
ガソリン　44
カチオン　25
活性サイト（酵素の）　60
価電子　21, 23
カフェイン　3, 176
過飽和溶液　89
鎌状赤血球貧血　185
ガラス化　133
カラミンローション　92
カリウム　207
加硫　194
カルシウム　156, 207
カルボキシ基　65, 113
カルボン酸　113, 153
カロザース，ウォーレス　196
β-カロテン　136, 206
カロテン類　138
カロリー　39, 52
間期　180
環境汚染　198
還元　136, 141
還元剤　136
還元体　142
幹細胞　186
緩衝液　113
緩衝剤　116
緩衝地帯　116
岩石圏　46
完全タンパク質　67
乾燥空気　75
がん治療　125
ガンマ（γ）壊変　120
ガンマ（γ）線　120
ガンマナイフ　125
慣用名　32

## き

ギガ　8
貴ガス　21, 23
気化冷却　71
気圏　21, 46
危険ドラッグ　175
気候変動　47
基質　60, 170
基準値　198
基礎研究　5
基礎代謝　54
気体　75
気体の法則　75
基底細胞　159
気筒　42
機能性食品　211

揮発性　42, 162
揮発性有機化合物　89, 200
基本単位（SI）　7
偽薬　171
逆浸透　100
球状タンパク質　66
急性症状（エタノールの）　175
牛乳　90
吸熱反応　40, 81
吸熱変化　71
キューティクル　165
キュリー，マリー　119
強塩基　112
凝固　73
強酸　112
共重合体　192
凝集剤　101
凝縮　73, 99
鏡像異性体　179
京都議定書　49
共役　113
共役二重結合　138, 161
共有結合　25
共有結合化合物　31
極性　89
極性共有結合　26
極性分子　71, 90
キラル　179
キロ　8
キログラム　7, 8
キロメートル　6
均質な混合物　88
近接照射療法　126
金属　20
金属製錬　147

## く, け

グアニン　181
空間充塡モデル　31
空気　75
クエン酸　104
薬　2
グッドイヤー，チャールズ　194
組換え DNA　186
クラッキング　42
クラック　178
グラファイト　129
グラム　7
グリコーゲン　61
グリコシド結合　60
グリセリン　59
グリセロール　55
クリック，フランシス　182
クリーム　159
グリーンケミストリー　4
グリーン洗剤　158
グルコース　59, 125
α-グルコース　63
β-グルコース　63
クルッツェン，パウル　202
くる病　207
クローニング　185
クロマチン　181

クロロフルオロカーボン類　79, 200
経口投与　213
係数　82
形態安定化剤　210
系統名　32
ケシ　176
化粧品　158
下水処理場　100
血液　92, 96
結合エネルギー　127
結合電子対　26
結晶格子　28
血清　92
血中アルコール濃度　93, 175
ケトン　109
解熱剤　2, 169
ゲノム　183
ケブラー　197
煙感知器　126
ケラチン　64, 164
ケルビン卿　77
けん(鹸)化　155
幻覚剤　178
研究開発　5
原子　10
原子価殻　24
原子核　12
原子軌道　14
原子構造　11
原子質量単位　18
原子爆弾　129
原子番号　15
──と電子配置　24
原子量　18, 85
原子力発電　132
原子炉　129
減数分裂　181
元素　11
懸濁液　91
懸濁物汚染　203

## こ

鋼　88
抗鬱剤　172
抗エイズ薬　172
抗炎症剤　169
光化学スモッグ　200
光化学反応　82
合金　88
抗菌剤　210
口腔ケア　164
光合成　45
抗酸化剤　136
光子　149
恒常性　96
甲状腺がん　133
香水　161
硬水　98, 156
降水　99
硬水軟化剤　156
合成高分子　190
合成ゴム　194

向精神薬　172
合成洗剤　156
抗生物質　2, 172
抗生物質耐性　172
酵素　60, 139
高速大量スクリーニング　171
酵素反応　170
香調　162
光電効果　149
光電池　149
後発薬　172
抗ヒスタミン薬　171
高品質タンパク質　67
高分子　1, 82, 190
候補化合物　171
高密度ポリエチレン　193
香味料　209
合理的薬物設計　171
コカイン　7, 177
固化防止剤　211
呼吸　45
国際純正・応用化学連合　35
コデイン　176
コドン　183
コポリマー　192
ゴム　194
固溶体　88
コラー，カール　177
コラーゲン　64, 206
孤立電子対　26
コルチコステロイド　174
コルチゾール　174
コルトン，フランク　174
コレカルシフェロール　207
コレステロール　57
コロイド　89, 153
コロイド懸濁液　89
コロン　161
コロンブス，クリストファー　209
コンディショナー　165

## さ

再生可能資源　4, 40
再生不能資源　4, 40
再石灰化　164
最大汚染濃度　99
細胞　181
細胞核　181
細胞呼吸　45, 136
細胞質　181
細胞質分裂　180
細胞周期　180
酢酸　104
サリシン　169
酸　104
酸塩基反応　82
酸化　40, 136, 141
酸化還元反応　136
酸化剤　136
酸化数　140
酸化体　142
酸化防止剤　210
三重結合　27

## 索 引

三重水素 135
参照基準 8
酸性テスト 116
酸　素 93
三　態 70
サンタン 163
サンバーン 163

### し

ジェネリック薬 172
GMO 185, 187
シェールガス 40
シェーンバイン，クリスチャン 194
ジオスゲニン 174
紫外線 163
紫外線吸収剤 163
ジカルボン酸 113
時　間 6
式　量 30
ジグリセリド 211
資　源 4
歯　垢 164
自己解離 108
仕　事 52
脂　質 57
シス 58
指数表記 15
シスチン 164
ジスルフィド結合 164
示性式 34
自然被曝 122
実　験 6
実在気体 75
実用電池 144
質　量 7, 17
質量欠損 127
質量数 15
質量パーセント濃度 95
質量保存 127
質量保存則 81
シトシン 181
市販薬 169
ジペプチド 66
シーベルト 123
脂　肪 54
脂肪酸 155
脂肪族炭化水素 34
姉妹染色分体 180
弱塩基 112
弱　酸 112
シャルル，ジャック 77
シャルルの法則 77
シャンプー 165
十億分率 97
周　期 21
周期表 18, 208
重合度 191
重合反応 82
重水素 17, 135
ジュウテリウム 135
酒気帯び運転 95
シュトラスマン，フリッツ 128
ジュール 39, 52

ジュール，ジェームズ 52
シュレーディンガー，エルヴィン 14
準安定 124
昇　華 73
消化酵素 61
蒸　散 99
硝　酸 105
浄水器 156
使用ずみ核燃料 134
脂溶性ビタミン 205
小線源治療 126
状態図 80
状態変化 70
蒸　発 71, 99
小氷期 49
静脈注射 213
生　薬 169
蒸　留 1, 102
食後代謝 53
触　媒 42
触媒コンバータ 45
食　品 2
食品添加物 209
植物スタノール 212
食物繊維 62
食物の産生熱量 53
食物連鎖 199
除草剤耐性 188
ショ糖 68
処方薬 171
シリコン 149
人為起源
　── の汚染 199
　── の温室効果ガス 47
人工ダイヤ 80
親水性 57, 74, 153
親水性基 91
人　体
　── の元素組成 22
身体的損傷 123
振　動 71
浸　透 99, 100
浸透圧 101
振動数 162
真　皮 159
新薬開発 171
親油性 176

### す～そ

水圧破砕法 40
水　圏 21, 46
　── の元素組成 21
水酸化カリウム 104
水酸化ナトリウム 104, 146
水酸化物イオン 106
水質汚染 203
水素イオン 106
水素エコノミー 147
水素結合 71, 74, 167
水素分子 26
水中油型 91, 159
水溶液 88
水溶性ビタミン 205

水力発電 49
スキンケア 159
スクラバー 202
スクラロース 68
スクロース 68
スタチン 2
スタノール（植物） 212
スターリンク 188
スチール 88
スチレン-ブタジエンゴム 194
ステアリン酸 55
ステアリン酸ナトリウム 153
ステロイド 57
ステロイド薬 174
スパイス 209
スピード 179
3R 197
スリーマイル島 133

制汗剤 160
正　極 140, 141
制御棒 131
制限酵素 186
正　孔 149
制酸剤 113
生殖型クローニング 186
精神安定剤 172
精製水 102
成層圏 198
製　鉄 139
製臭防止剤 160
生物汚染 203
生物圏 46
生物製剤 186
生物濃縮 199
生分解性高分子 194
製　錬 139
ゼオライト 157
赤外線 46, 163
石　炭 40
石　油 40
石油精製 42
セシウム原子時計 8
赤血球 185
石　鹸 153
セッケン 153
石鹸垢 156
接触改質 44
接触水素化 57
接触分解 42
絶対温度 77
絶対零度 77
接頭語 8
ゼルチュルナー，フリードリッヒ 177
セルロイド 194
セルロース 61, 74
セレンディピティー 118, 139
セロトニン 173, 179
遷移金属 161
繊維状タンパク質 66
全ゲノム解析 185
洗　剤 1, 153
洗　浄 154
洗浄助剤 157
染色質 181
染色体 180, 181
線スペクトル 12, 13

選択的セロトニン再取込み阻害薬 174
善玉コレステロール 57
センチ 8
セントロメア 181
千分率 96
線量当量 123

相 89
相互作用エネルギー 71
相　図 80
相補的 182
創　薬 171
阻害（酵素の） 170
阻害剤 170
族（周期表の） 21
疎水性 57, 74, 153
疎水性基 91
組成式 29

### た，ち

大　気 21, 46
　── の元素組成 21
大気汚染 199
体細胞 181
体脂肪 54
代　謝 52, 81
体臭防止剤 160
対照群 171
対　照 100
体積パーセント濃度 96
体積モル濃度 95
大腸菌 187
体内被曝 123
ダイヤモンド 80
太陽光発電 49
太陽電池 148
太陽熱 49
対流圏 198
大量飲酒 175
多因子疾患 185
多原子イオン 33
脱　毛 148
脱　硫 115, 202
多　糖 60
ダニエル，ジョン 141
ダニエル電池 141
タバコ 176
多量栄養素 2, 52, 136, 205
多量ミネラル 207
単　位 6
　── の換算 8
単一遺伝子疾患 185
炭化水素 34
単結合 27
単原子イオン 30
炭　酸 105
炭酸飲料 92
炭酸カルシウム 104
炭酸水素ナトリウム 104
淡　水 97
淡水化（海水） 100
炭水化物 52, 59
断層撮影 125
炭素サイクル 46

炭素循環　46
炭素の回収・隔離（CCS）　50
単　糖　60
単独重合体　192
タンパク質　52, 64, 183
　——合成　184
　——の変性　66
タンパク同化ステロイド　174
単分子層　153
単量体　82, 190

チェルノブイリ　133
地　殻　21
　——の元素組成　21
地下水　98
地球温暖化　41
チーグラー，カール　196
致死量　213
縮重合　190
窒素酸化物　198
窒素バランス　67
地熱エネルギー　49
チミン　181
着色料　209
注意欠陥過活動性障害　178
抽　出　88
中心体　180
中性子　15, 129
中性脂肪　55
中　和　104
中和反応　104
調味料　209
超臨界流体　80
直鎖アルカン　34
貯蔵エネルギー　54
治療型クローニング　186
鎮静剤　172
チンダル現象　89
鎮痛剤　2, 169

## て，と

tRNA　183
TEF　54
DHA　58
DNA　181
　——の複製　183
定在波　14
ディーゼル，ルドルフ　51
D 体　179
低ナトリウム血症　212
低密度ポリエチレン　193
デオキシリボ核酸　181
デオキシリボース　181
デオドラント石鹸　162
デカ　8
テストステロン　174
鉄　208
鉄の腐食　140
テトラサイクリン　173
テトラヒドロカンナビノール　175
7-デヒドロコレステロール　207
テフロン　191
デモクリトス　10

テレフタル酸　192
転移 RNA　183
電　解　146
電解液　144
電解質　28, 141, 212
電解製造　146
電解脱毛　148
電解めっき　147
添加物　3, 209
電気陰性度　26
電気回路　140
電気化学電池　141
電気化学反応　82
電気自動車　49, 148
電気集塵　202
電　子　11
電子移動　29, 136
電子雲　14
電子殻　12
電子授受平衡　143
電子遷移　12
電子配置　23
電磁波のスペクトル　162
転　写　182
展　性　88
伝　達　6
電池電圧　144
電池反応　143
点電子構造　24
天然ガス　39
天然高分子　190
天然物　169
デンプン　61
電　離　26, 107
電離平衡　114
電離放射線　121
電　流　28, 140

同位体　17
同位体濃縮　131
統一原子質量単位　18
透過力　121
動的平衡　108
動物実験　172
糖　類　60
トキシン　212
毒　素　3, 212
毒　物　212
ドコサヘキサエン酸　58
α-トコフェロール　137
都市排水　100
ドーパント　149
トムソン，ウィリアム　77
トムソン，J.J.　11
ドラッグ　175
ドラッグデザイン　171
トランス　58
トランス脂肪　57
トランス脂肪酸　57
ドリー　186
トリカルボン酸　113
トリグリセリド　55, 155
トリチウム　17, 135
トリチェリ，エヴァンジェリスタ　76
トリートメント　166
トリペプチド　66

ドルトン，ジョン　11
ドレッシング　90

## な 行

内燃機関　42
ナイロン 66　196
ナッタ，ジュリオ　196
ナトリウム　207
ナノ　8
ナノ粒子　163
鉛蓄電池　144
軟　水　98, 156

二原子分子　25, 31
ニコチン　176
ニコルソン，ウィリアム　146
二酸化硫黄　114, 198, 202
　——の抗酸化作用　138
二酸化炭素　80, 114
二酸化マンガン　144
二次汚染物質　199
二次電池　144
二重結合　27, 55, 190
二重盲検　171
二重らせん　181
二　糖　60
ニトロセルロース　194
乳　液　90
乳化剤　91, 211
乳糖不耐症　61

ヌクレオチド　182

ネオプレン　194
熱　39
熱汚染　203
熱可塑性プラスチック　193
熱硬化性プラスチック　193
熱膨張　73
熱力学　39
熱　量　52
熱量測定　52
燃　焼　1, 40, 52, 136, 138
燃焼熱　87
燃焼反応　82
年代測定　124
燃料電池　148
燃料電池車　49, 148
燃料棒　129
濃縮率　131
濃　度　92
囊胞性線維症　185
ノッキング　42
NO$_x$（ノックス）　45
ノート（香水）　162
ノーメックス　197
ノルエチノドレル　174
ノルエチンドロン　174

## は，ひ

ハイアット，ジョン　194
バイオ燃料　40, 45, 50

バイオプラスチック　197
バイオマス　49
ハイゼンベルク，ヴェルナー　14
胚盤胞　185
ハイブリッド車　49, 148
肺　胞　94, 208
肺胞気　95
鋼　88
パーセント濃度　95
パーソナルケア製品　159
波　長　162
発がん性　215
発がん物質　214
発汗抑制剤　160
曝　気　101
バッテリー　142
発電容量　132
発熱反応　40
発熱変化　81
バッファー　170
花　火　12
パーマ　166
歯磨き剤　164
パーミル　96
パラケルスス　3
パリ協定　49
パルスイート　68
ハロゲン　23
ハーン，オットー　128
半金属　20
半減期　124
半合成高分子　194
半合成麻薬　177
半合成医薬　169
半数致死量　213
半導体　149
万能試験紙　111
半反応　143
非イオン界面活性剤　155
PET（ポリエチレンテレフタラート）　192
PET（陽電子放出断層撮影）　125
PA　163
pH　109
pH 試験紙　109
pH 指示薬　111
pH メーター　109
psi　76
p-n 接合　150
PM　199
PLA　197
鼻炎薬　171
東太平洋ゴミベルト　196
p 型半導体　150
皮下注射　213
光化学 → 光（こう）化学
光散乱剤　163
光電池 → 光（こう）電池　149
非極性　89
非極性共有結合　26
非極性分子　71
非金属　20
非結合電子対　26
ピコ　8
非コード領域　185
皮　質　164

## 索　引

ヒスタミン　171
非ステロイド性抗炎症薬　170
ヒストン　181
ビスフェノールA　3
ビタミン　205
ビタミンA　206
ビタミンB群　205
ビタミンC　136, 206, 209
ビタミンD　207
必須アミノ酸　64
必須脂肪酸　58
被　毒　45
ヒトゲノム　183
ヒドロキシアパタイト　164
ヒドロキシ基　74
α-ヒドロキシ酸　113
ヒドロニウムイオン　106
ppm　96
非必須アミノ酸　64
ppt　97
ppb　97
ヒポクラテス　169, 176
百万分率　96
日焼け止め剤　163
日焼け防止指数　163
表現型（遺伝子）　181
標準電極電位　143
漂白剤　33, 138
表　皮　159
表面張力　152
表面流出　99
微量栄養素　2, 52, 205
微量ミネラル　208
ビルダー　157

## ふ

VOC　89, 200
風力エネルギー　49
富栄養化　157, 203
フェナセチン　170
フェノール　194
フェルミ，エンリコ　129
フォード，ヘンリー　51
フォトクロミック　138
付加重合　190
不活性ガス　21
不完全タンパク質　67
負　極　140
福島第一原発　133
節　14
腹腔注射　213
フッ素　208
フッ素添加　164
沸　点　71
沸　騰　71
物理変化　1, 70
ブドウ糖　59
不飽和脂肪酸　55
プラーク　164
プラスチック　3, 190
プラスミド　187
プラセボ　171
プラセボ効果　171
フラッキング　40

フランクリン，ロザリンド　182
ブリーチ　138
フリッシュ，オットー　129
フリーラジカル　121, 136
フルオキセチン　173
プルトニウム原爆　131
プルーフ　96
フレグランス　161
フレミング，アレクサンダー　173
ブレンステッド，ヨハンス　108
ブレンステッド・ローリーの定義　108
フロイト，ジグムント　177
プロゲスチン　174
プロゲステロン　174
プロザック　173
プロスタグランジン　170
プロトン　15
プロパン　39, 86
"プロパン"ガス　50
プロピレングリコール　211
フロン　79, 200
フンク，カシミール　205
分散力　71
分子運動論　75, 77
分子間会合　55
分子間力　71
分子構造　31
分子式　32
分子量　33, 85
分別蒸留（分留）　42

## へ，ほ

ヘアケア　164
平衡定数　114
並　進　71
1,6-ヘキサメチレンジアミン　192
ベーキングソーダ　33
ベクター　188
ヘクト　8
ベークライト　193
ベークランド，レオ　194
ベクレル，アンリ　119
ベクレル　122
ベジタリアン食　67
ベータ（β）壊変　120
β-カロテン　136, 206
ベータ（β）粒子　120
PET（ポリエチレン
　　テレフタラート）　192
PET（陽電子放出断層撮影）　125
ペニシリン　173
ペプシン　112
ペプチド　66
ペプチド結合　65
ヘモグロビン　93, 185
ヘロイン　177
変異原性　216
変性（タンパク質の）　66
ヘンリー，ウィリアム　92
ヘンリーの法則　92
ボーア，ニールス　11

ボーアモデル　13
ポイズン　212
ボイル，ロバート　75
ボイル・シャルルの法則　78
ボイルの法則　75
法化学者　7
棒球モデル　31
ホウ酸　105
放射壊変　119
放射性降下物　131
放射性炭素（$^{14}$C）年代測定　124
放射性同位体　119
放射性トレーサー　125
放射性ヨウ素　124
放射能　118
紡錘体　180
飽和脂肪酸　55
飽和溶液　89
ボーキサイト　147
保湿剤　166, 210
保存料　210
ポテンシャルエネルギー　38
ホフマン，アルベルト　178
ホメオスタシス　96
ホモポリマー　192
ポリイソプレン　193
ポリウレタン　193
ポリエステル　74, 192
ポリエチレン　192
ポリエチレンテレフタラート　192
ポリ塩化ビニル　146, 191
ポリカーボネート　197
ポリ酢酸ビニル　191
ポリスチレン　191
ポリテトラフルオロエチレン　191
ポリ乳酸　197
ポリプロピレン　191
ポリペプチド　66, 183
ポリマー　190
ホール，チャールズ　147
ボルタ，アレッサンドロ　142
ボルタの電堆　142
ボルト　142
ホルムアルデヒド　194
ボルン，マックス　14
ポロニウム　119
翻訳（遺伝情報の）　183

## ま　行

マイクロ　8
マイトナー，リーゼ　128
マグネシア乳　33, 92
マグネシウム　156, 207
マクロライド　173
麻酔薬　176
マースデン，アーネスト　11
麻　薬　176
麻薬探知犬　7, 177
マリファナ　175
マルコ・ポーロ　209
マレー，ジェームズ　188
マンガン乾電池　144
ミオシン　64

水　97, 108
　　――の両性　108
水　垢　105
水循環　98
水中毒　3, 212
水分子　27, 31, 72, 90
ミセル　153
密　度　73
ミネラル　207
ミリ　8
ミリメートル　8
ミリリットル　8
虫　歯　164
ムリアチン酸　105
メ　ガ　8
メサドン　177
メスカリン　178
メタン　32, 86
メタン分子　32
メタンフェタミン　179
メチル基　113
メチル水銀　199
メッセンジャーRNA　183
メートル法　7
メラニン　163
メラミン樹脂　193
メルトダウン　132
綿火薬　194
メンデル，グレゴール　180
メンデレーエフ，ドミトリー　19
毛細血管　94
毛小皮　165
毛皮質　164
モーズリー，ヘンリー　21
モノカルボン酸　113
モノグリセリド　211
モノマー　190
モリーナ，マリオ　202
モル　84
モル質量　86
モル数　85
モル濃度　95
モル比　86
モルヒネ　176
モントリオール議定書　202

## ゆ，よ

融解　73
有機化学　34
有機化合物　34, 45
有機食品　187
有糸分裂　180
優　性　181
融　点　55, 71
油　脂　52
油中水型　91, 159
UV　163

陽イオン　25
陽イオン界面活性剤　155
溶　液　88

溶解性　89
陽　極　146
陽　子　15
溶　質　88
ヨウ素　133
ヨウ素価　56
溶存酸素　93
陽電子　125
陽電子放出核　125
陽電子放出断層撮影　125
溶　媒　88

## ら～わ

ライフサイクルアセスメント　4
ライムライト　116
ラヴォアジエ，アントワーヌ　106, 136
ラウリル硫酸ナトリウム　155
ラウリン酸ナトリウム　155
ラウレス類　156
ラクターゼ　61
ラクトース　61
ラザフォード，アーネスト　11, 119
ラジウム　119, 122
ラジオアイソトープ　119
ラジカル　191
ラセミ体　179
ラドン　122
乱用ドラッグ　175

リガーゼ　187
リサイクル　197
リスク許容度　214
リセルグ酸ジエチルアミド　178
理想気体　75
理想気体の法則　75
リチウムイオン電池　145
リットル　7, 8
リップスティック　161
リトビネンコ，アレクサンドル　123
リトマス紙　104
リトマス試験　116
リフォーミング　43
リボ核酸　182
リボース　183
リボソーム　183
リポタンパク質　57
硫　酸　105, 144
粒子状物質　199
流動床燃焼　202
量子効率　149
量子数　12
両　性（水の）　108
理　論　6
リ　ン　207
臨界未満　131
臨界量　129
臨床試験　171
リン酸塩　157
リンス　165
類似体　173
ルイス構造　24, 34
ルイスの定義　108
励起状態　120, 124
冷蔵庫　79
冷　媒　79
レシチン　91
レセプター　175
レチノール　206
レチノール活性当量　206
劣　性　181
レドックス対　142
レドックス反応　136
連鎖反応　129
連続希釈法　100
沪　過　101
ローション　159
炉心溶融　133
ピエール=ジャン，ロビケ　177
ローランド，シャーウッド　202
ローリー，トマス　108
ワイリー，ハーベイ　209
ワット　52
ワトソン，ジェームズ　182

渡　辺　　　正
　わた　なべ　　ただし

1948年　鳥取県に生まれる
1976年　東京大学大学院工学系研究科博士課程 修了
現 東京理科大学理学部第二部 嘱託教授
東京大学名誉教授
専攻 電気化学，光化学，科学教育，環境科学
工 学 博 士

第1版第1刷 2019年2月15日発行
第3刷 2021年3月9日発行

## 教 養 の 化 学
── 暮らしのサイエンス ──

訳　者　　渡　辺　　　正
発 行 者　　住　田　六　連
発　　行　　株式会社 東京化学同人
東京都文京区千石3丁目36-7（〒112-0011）
電話 (03) 3946-5311・FAX (03) 3946-5317
URL: http://www.tkd-pbl.com/

印刷・製本　株式会社 木元省美堂

ISBN978-4-8079-0953-7
Printed in Japan
無断転載および複製物（コピー，電子デー
タなど）の無断配布，配信を禁じます．